Power BI 数据分析

报表设计和数据可视化应用大全

北京上北智信科技有限公司　组编
金立钢　编著

前　　言

写作目的

在工作中经常会有客户或者同事问：“报表怎样才能做得高大上?”，我回答：“目前报表样式多种多样，以 Power BI 为例，首先应该了解不同可视化控件的应用场景，然后结合实际的业务需求，做出最适合客户的报表。”因此，本书旨在让大家了解和熟悉各种可视化控件的应用场景，以便在以后的工作中灵活应用。

读者对象

本书是关于 Power BI 数据可视化的书，非专业程序员完全可以看懂。如果你是项目经理、BA、UI 设计人员、BI 工程师、前端工程师，而且正在思考前端如何展现，如何设计报表才能更好地满足客户需求，那么这本书更是为你写的。如果你完全没有数据可视化、Power BI、编程等经验，但又想了解各种图形用法，那么这本书也是写给你的。

本书内容

本书内容通俗易懂，图文并茂。对于每个可视化控件一般分为 5 个部分进行介绍：图例介绍、属性、示例、应用场景、控件局限。部分图例中增加了拓展案例，供读者参考。书中还具有大量 Power BI 可视化控件的操作步骤。如果你之前完全没有接触过 Power BI 也不用担心，因为第 2 章详细介绍了如何使用 Power BI 工具快速地制作并发布报表。

本书一共有 5 章，其体系结构与内容安排如下。

第 1 章：Power BI 概述，介绍了 Power BI 各版本之间的区别以及如何快速搭建本地 Power BI 服务器。

第 2 章：报表设计基本流程，介绍了报表设计原则及报表制作流程。

第 3 章：原生可视化控件，介绍了原生可视化控件的用法及适用场景，包括折线图、柱形图、组合图、地图、漏斗图、切片器等。

第 4 章：第三方可视化控件，介绍了第三方可视化控件的用法及适用场景，包括第三方的折线图、柱形图、饼图、散点图、和弦图、雷达图、瀑布图、甘特图等。

第 5 章：Info Visual 可视化控件，介绍 Info Visual 中各控件的使用方法。

资源下载

案例下载：https://appsource.microsoft.com/en-us/marketplace/apps?page=1&src=office
https://www.sharewinfo.com/

控件下载：https://appsource.microsoft.com/en-us/marketplace/apps?page=1&src=office

https://www.sharewinfo.com/

Info Visual：https://www.sharewinfo.com/chanpinzonghui.html

https://www.sharewinfo.com/Example.html

作者在线

尽管笔者已经尽力保证书中内容的完整性与正确性，但是由于个人能力与精力有限，书中难免存在不足之处，可能会给读者朋友们造成困扰。如果读者朋友们发现书中存在什么问题，欢迎联系作者团队进行修正，对此表示非常感谢。相关的技术等问题也都可以反馈给微信公众号 sharewinfo。

目　录

前言

第 1 章　Power BI 概述……1

1.1 Power BI 简介……2
1.2 Power BI 版本……2
1.3 Power BI 软件安装……3
　1.3.1 Power BI Desktop 安装……
　1.3.2 Power BI 报表服务器安装……
　1.3.3 Power BI 界面介绍……1

第 2 章　报表设计基本流程……16

2.1 报表设计原则……17
2.2 报表制作流程……17
　2.2.1 创建报表……17
　2.2.2 连接数据源……18
　2.2.3 选择可视化控件……1
　2.2.4 填充数据……2
　2.2.5 属性设置……2
　2.2.6 部署发布……2

第 3 章　原生可视化控件……27

3.1 折线图和面积图（Line and Area Charts）……28
　3.1.1 折线图（Line Chart）……28
　3.1.2 堆积面积图（Stacked Area Chart）……31
　3.1.3 面积图（Area Chart）……34
3.2 柱形图和条形图（Column and Bar Charts）……36
　3.2.1 堆积条形图（Stacked Bar Chart）……36
　3.2.2 簇状条形图（Clustered Bar Chart）……39
　3.2.3 簇状柱形图（Clustered Column Chart）……4
　3.2.4 堆积柱形图（Stacked Column Chart）……4
　3.2.5 百分比堆积条形图（100% Stacked Bar Chart）……4
　3.2.6 百分比堆积柱形图（100% Stacked Column Chart）……5
3.3 组合图（Combinations Charts）……5
　3.3.1 折线和簇状柱形图（Line and Clustered Column Chart）……5
　3.3.2 折线和堆积柱形图（Line and Stacked Column Chart）……5

3.4 地图（Map Charts）…… 56
3.4.1 地图（Map）…… 56
3.4.2 着色地图（Filled Map）…… 59
3.4.3 ArcGIS 地图（ArcGIS Maps for Power BI）…… 61
3.5 其他图表控件（Other Charts）…… 63
3.5.1 散点图（Scatter Chart）…… 63
3.5.2 饼图（Pie Chart）…… 66
3.5.3 环形图（Donut Chart）…… 68
3.5.4 表（Table）…… 70
3.5.5 仪表（Gauge）…… 72
3.5.6 树状图（Treemap）…… 74
3.5.7 KPI 图（KPI）…… 76
3.5.8 漏斗图（Funnel）…… 79
3.5.9 功能区图表（Ribbon Chart）…… 81
3.5.10 瀑布图（Waterfall Chart）…… 83
3.5.11 卡片图（Card）…… 86
3.5.12 多行卡（Multi-row Card）…… 88
3.5.13 切片器（Slicer）…… 89
3.5.14 矩阵（Matrix）…… 92
第 4 章 第三方可视化控件 …… 95
4.1 折线图和面积图（Line and Area Charts）…… 96
4.1.1 ChartAccent 折线图（ChartAccent-LineChart）…… 96
4.1.2 脉冲图（Pulse Chart）…… 100
4.1.3 流图（Stream Graph）…… 102
4.2 柱形图和条形图（Column and Bar Charts）…… 105
4.2.1 ChartAccent 条形图（ChartAccent - BarChart）…… 105
4.2.2 直方图（Histogram Chart）…… 108
4.2.3 点阵直方图（Histogram with Points by MAQ Software）…… 111
4.2.4 水平条形图（Horizontal Bar Chart)…… 114
4.2.5 图表设计器（Infographic Designer）…… 117
4.2.6 龙卷风图表（Tornado Chart）…… 120
4.3 饼图和环形图（Pie and Donut Charts）…… 123
4.3.1 南丁格尔玫瑰图（Aster Plot）…… 123
4.3.2 MAQ 圆形仪表图（Circular Gauge by MAQ Software）…… 126
4.3.3 MAQ 环形图（Ring Chart by MAQ Software）…… 128
4.3.4 旭日图（Sunburst）…… 130
4.4 散点图和气泡图（Scatter and Bubble Charts）…… 132
4.4.1 Akvelon 气泡图（Bubble Chart by Akvelon）…… 132
4.4.2 MAQ 点阵图（Dot Plot by MAQ Software）…… 135
4.4.3 OKViz 点阵图（Dot Plot by OKViz）…… 138
4.4.4 增强散点图（Enhanced Scatter）…… 140
4.4.5 Enlighten 气泡堆叠图（Enlighten Bubble Stack）…… 143
4.4.6 影响气泡图（Impact Bubble Chart）…… 145
4.4.7 象限图（Quadrant Chart by MAQ Software）…… 148
4.5 和弦图（Chord Charts）…… 151
4.5.1 和弦图（Chord）…… 151
4.5.2 桑基图（Sankey Chart）…… 153
4.6 树状图（Tree）…… 156
4.6.1 MAQ 领结图（Bowtie Chart by MAQ Software）…… 156
4.6.2 Akvelon 层次结构图（Hierarchy Chart by Akvelon）…… 158
4.6.3 Mekko 图表（Mekko Chart）…… 161
4.6.4 树状分支图（TreeViz）…… 164

4.7 地图（Map Charts） …… 167
4.7.1 世界地图（Global Map） …… 167
4.7.2 热力图（Heatmap） …… 170
4.7.3 线路地图（Route Map） …… 173
4.7.4 OKViz 面板图（Synoptic Panel by OKViz） …… 176
4.7.5 流向地图（Flow Map） …… 179
4.7.6 钻取式统计地图（Drilldown Cartogram） …… 181
4.7.7 钻取式地区分布图（Drilldown Choropleth） …… 184
4.7.8 3D 数据条形地图（Globe Data Bars） …… 186
4.8 KPI 图（KPI） …… 189
4.8.1 MAQ KPI 柱形图（KPI Column by MAQ Software） …… 189
4.8.2 MAQ KPI 网格图（KPI Grid by MAQ Software） …… 192
4.8.3 双 KPI（Dual KPI） …… 195
4.8.4 KPI 指标（KPI Indicator） …… 198
4.8.5 MAQ KPI 卡片（KPI Ticker by MAQ Software） …… 201
4.8.6 Power KPI 矩阵（Power KPI Matrix） …… 203
4.8.7 Power KPI（Power KPI） …… 206
4.9 表型图（Table） …… 209
4.9.1 MAQ 网格（Grid by MAQ Software） …… 209
4.9.2 表分拣机（Table Sorter） …… 212
4.9.3 微图表（Vitara Charts-Micro Chart） …… 21
4.10 统计图（Statistical Charts） …… 221
4.11 雷达图（Radar Chart） …… 224
4.12 漏斗图（Funnel Charts） …… 227
4.13 瀑布图（Waterfall Charts） …… 230
4.14 文字图（Text Charts） …… 234
4.14.1 数据引导故事（Enlighten Data Story） …… 23
4.14.2 MAQ 文本包装器（Text Wrapper by MAQ Software） …… 23
4.15 子弹图（Bullet Chart） …… 239
4.16 扩展控件 …… 242
4.16.1 烛台图（Candlestick Charts） …… 24
4.16.2 日历（Calendar） …… 24
4.16.3 卡片图（Card） …… 24
4.16.4 集群图（Cluster Charts） …… 24
4.16.5 甘特图（Gantt Charts） …… 24
4.16.6 测量图（Gauge Charts） …… 24
4.16.7 图像图（Image） …… 25
4.16.8 关系图（Relation Charts） …… 25
4.16.9 切片器和过滤器图（Slicer and Filter） …… 25
4.16.10 饼图（Waffle Charts） …… 25
4.16.11 组合图（Combinations Charts） …… 26
4.16.12 其他控件（Other Charts） …… 26
第 5 章 Info Visual 可视化控件 …… 27
5.1 Info Visual 概述 …… 276
5.2 控件介绍 …… 276
5.2.1 高级自定义图表 …… 276
5.2.2 高级地图 …… 284
5.2.3 数据文本框 …… 297
5.2.4 可编辑表格 …… 30
5.2.5 组织架构图 …… 30
5.2.6 信息图 …… 30
5.2.7 报表查看器 …… 30
附录 …… 31

第 1 章

Power BI 概述

本章重点知识

1.1 Power BI 简介

1.2 Power BI 版本

1.3 Power BI 软件安装

1.1 Power BI 简介

Power BI 是微软新一代的交互式报表工具，它能够把相关的静态数据转换为酷炫的可视化报表，并且可以根据过滤条件对数据进行动态筛选，从而从不同角度和粒度上分析数据。Power BI 主要由两部分组成：Power BI Desktop 和 Power BI service，前者供报表开发者使用，用于创建数据模型和报表 UI，后者是管理报表和用户权限，以及查看报表的网页平台。在使用 Power BI 制作报表之前，请先下载 Power BI Desktop 开发工具，并注册 Power BI service 账户，在注册 service 账号之后，开发者可以一键发布到本地或云端，用户只需要在 IE 或 Edge 浏览器中打开相应的 URL 链接，就能在权限允许的范围内查看报表数据。

除上述工具外，Power BI 还包含移动应用，可在 iOS 和 Android 设备及平板电脑、Windows 手机上使用。

1.2 Power BI 版本

Power BI 主要版本有 Power BI Desktop、Power BI Pro、Power BI Premium 等。

1. Power BI Desktop

通过 Power BI Desktop 可以创建查询、数据连接和报表的集合，并轻松与他人共享。Power BI Desktop 能够连接上百种数据源、轻松完成建模分析，可以创建丰富的可视化报表，并将其共享发布到本地服务器。另外，Power BI Desktop 是免费的。

2. Power BI Pro

Power BI Pro 是一种基于云的商业分析服务，可以提供关键业务数据的单一视图，使用户可以实时仪表板监视业务运行状况，使用Power BI Desktop创建丰富的交互式报告，构建可全方位实时查看业务的仪表板，并将报表发布到云服务上。通过 Power BI Pro 可以共享数据进行协作，审核和管理数据的访问和使用方式，通过应用将内容打包并分发给用户。Power BI Pro 采用了包年形式的定价模式。

3. Power BI Premium

Power BI Premium 提供适用于组织或团队的专用容量，具有更稳定的性能和更大的数据卷，可以灵活地提供有价值的见解。为了满足客户在规模和成本上的需求，微软推出 Power BI Premium 作为官方在 Power BI Pro 版本上的补充。该产品将根据总容量定价，对同时使用 Power BI 内容的用户数量也没有限制。这样 Power BI Premium 可以实现广泛分发仪表板、报表和其他内容，而无须为每个人（无论是组织内部还是组织外部的人员）购买单个许可证。

4. Power BI Mobile

通过 Power BI Mobile 应用可以连接到本地数据和云端数据，在移动设备上安全访问和查看实时的 Power BI 仪表板和报表并进行交互，从而能够随时随地洞察和管理数据。这些移动设备可以是 iOS 设备（iPad、iPhone、iPod Touch 或 Apple Watch）、安卓手机/平板电脑或 Windows 10 设备。

5．Power BI Embedded

Power BI Embedded 适用于独立软件开发商和开发人员，使用 Power BI Desktop 创建丰富的可视化报表，可与开源工具、其他分析解决方案和专用应用程序集成。它能够帮助客户访问所需数据，并更好地做决策。在 Azure 上使用 Power BI Embedded 时，它提供的 API 集使嵌入分析变得轻松。

6．Power BI 报表服务器

Power BI 报表服务器是客户在自己的本地环境中部署的解决方案，用来创建、发布和管理报表，然后以不同的方式将报表传送给适当的用户，无论用户是在 Web 浏览器、移动设备中还是电子邮箱中都可以查看报表。

1.3 Power BI 软件安装

1.3.1 Power BI Desktop 安装

登录网址 https://www.microsoft.com/zh-cn/download/details.aspx?id=45331，下载 PBIDesktop_x64.msi 安装文件 PBIDesktop_x64.msi，如果是 32 位系统请选择 32 位安装文件 PBIDesktop.msi。

安装文件如图 1-1 所示。选择“安装”命令开始安装。

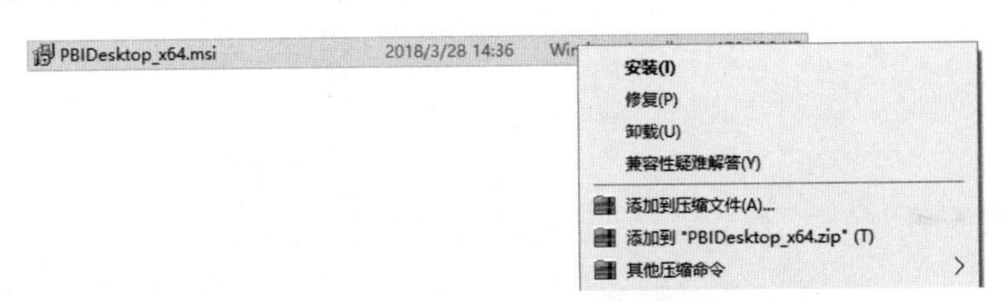

图 1-1　Power BI Desktop 安装文件

单击“下一步”按钮，如图 1-2 所示。

图 1-2　安装程序启动界面

勾选“我接受许可协议中的条款”复选框，单击“下一步”按钮，如图 1-3 所示。

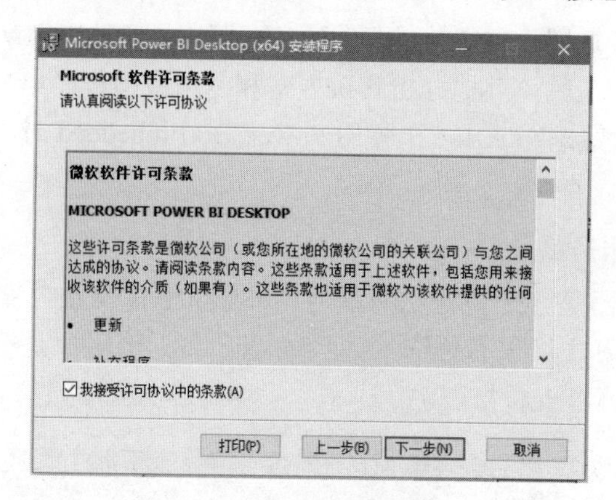

图 1-3　安装程序许可条款

选择安装位置后单击“下一步”按钮，如图 1-4 所示。

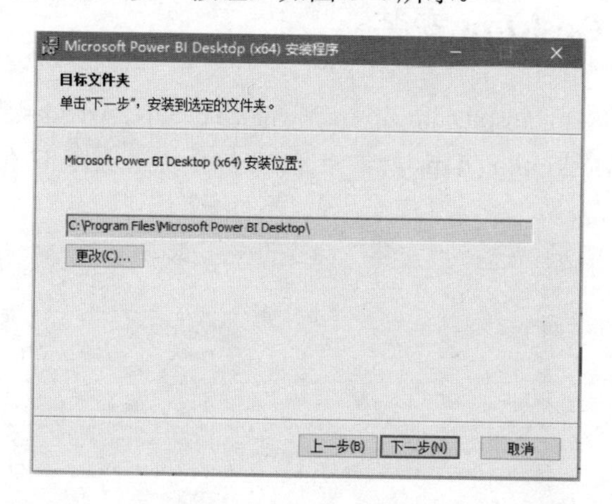

图 1-4　选择安装位置

单击“安装”按钮，如图 1-5 所示。

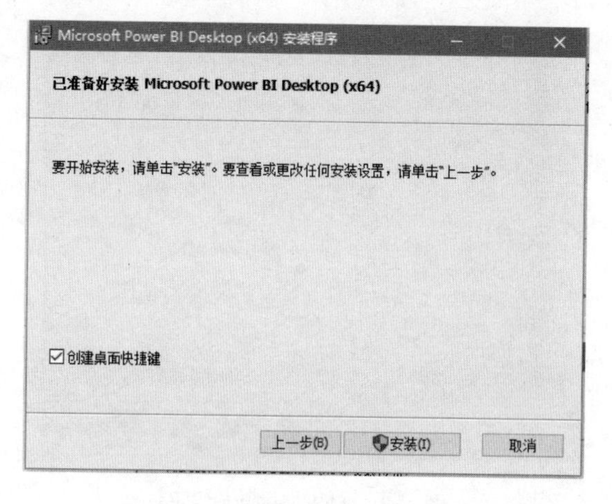

图 1-5　开始安装

单击“完成”按钮，完成安装，如图 1-6 所示。

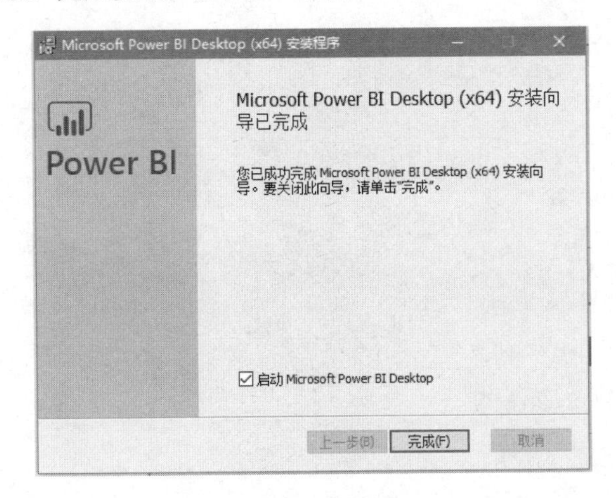

图 1-6　完成安装

1.3.2　Power BI 报表服务器安装

以管理员身份运行 Power BI ReportServer.exe，如图 1-7 所示。

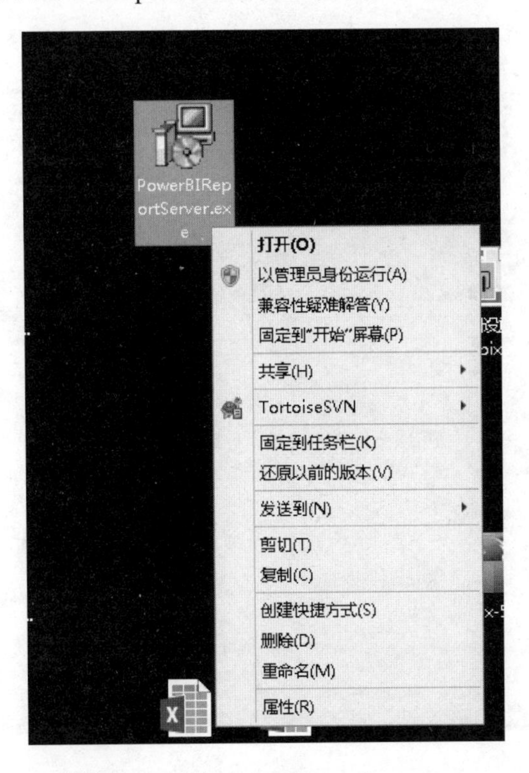

图 1-7　运行 PowerBIReportServer.exe

选择“安装 Power BI 报表服务器”选项，如图 1-8 所示。

图 1-8　选择“安装 Power BI 报表服务器”

单击“下一步”按钮，如图 1-9 所示。

图 1-9　选择安装版本

勾选“我接受此许可条款”复选框，单击“下一步”按钮，如图 1-10 所示。

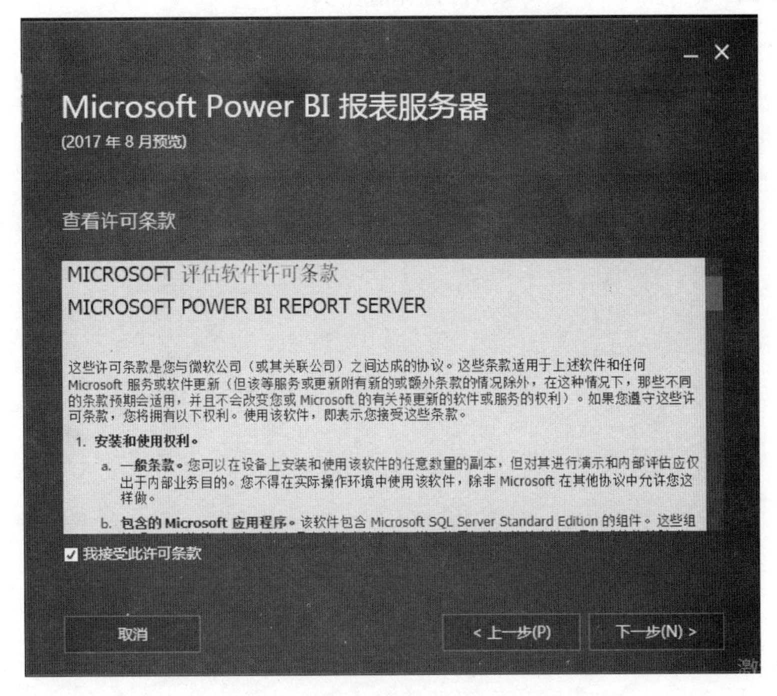

图 1-10　安装程序许可条款

单击“下一步”按钮，如图 1-11 所示。

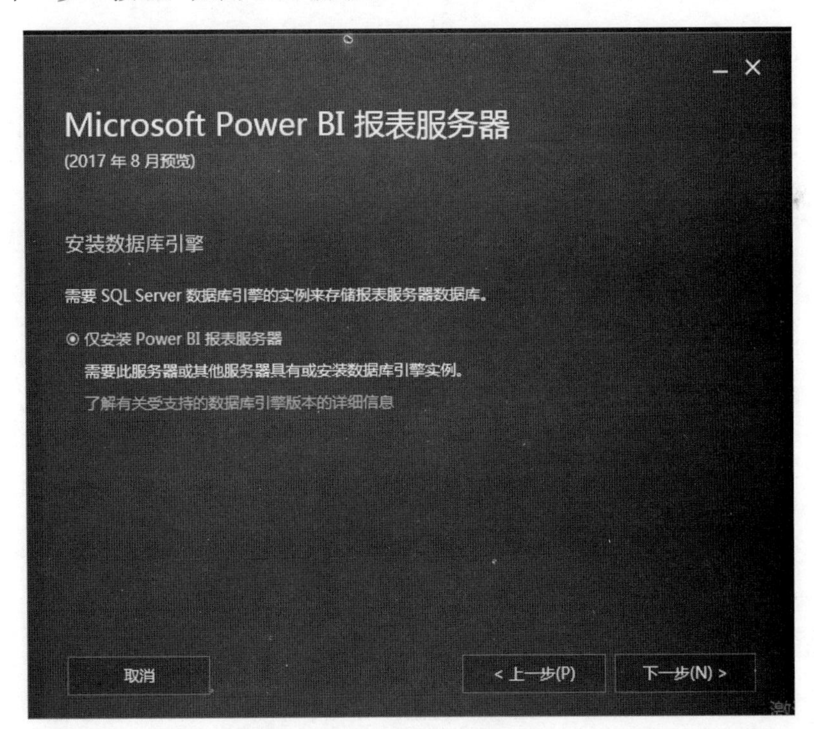

图 1-11　仅安装报表服务器

选择安装位置后单击“安装”按钮，如图 1-12 所示。

图 1-12　选择安装位置

单击“配置报表服务器”按钮，如图 1-13 所示。

图 1-13　配置报表服务器

配置连接后单击“连接”按钮，如图 1-14 所示。

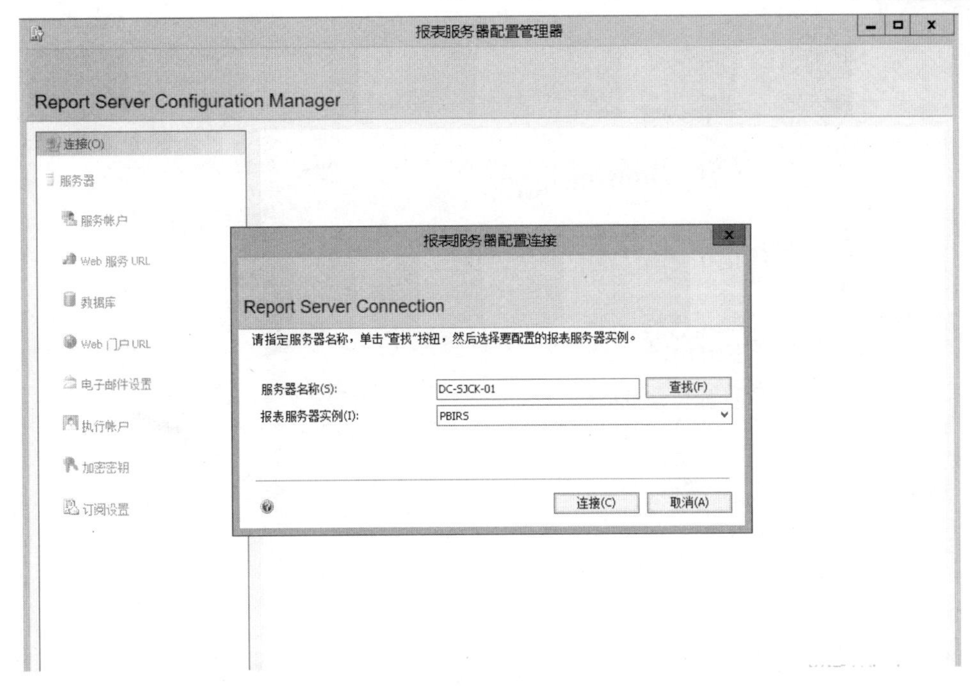

图 1-14　配置连接

选择“Web 服务 URL”选项，分配 TCP 端口号，单击“应用”按钮，如图 1-15 所示。

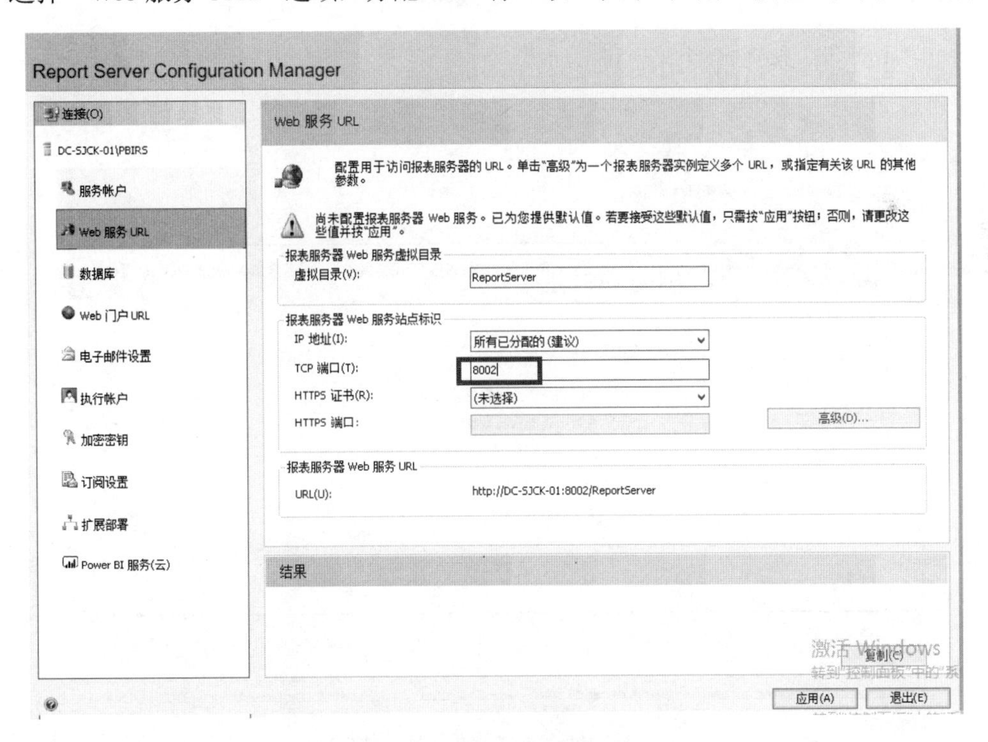

图 1-15　配置 WEB 服务 URL

选择“数据库”选项，单击“更改数据库”按钮，如图 1-16 所示。

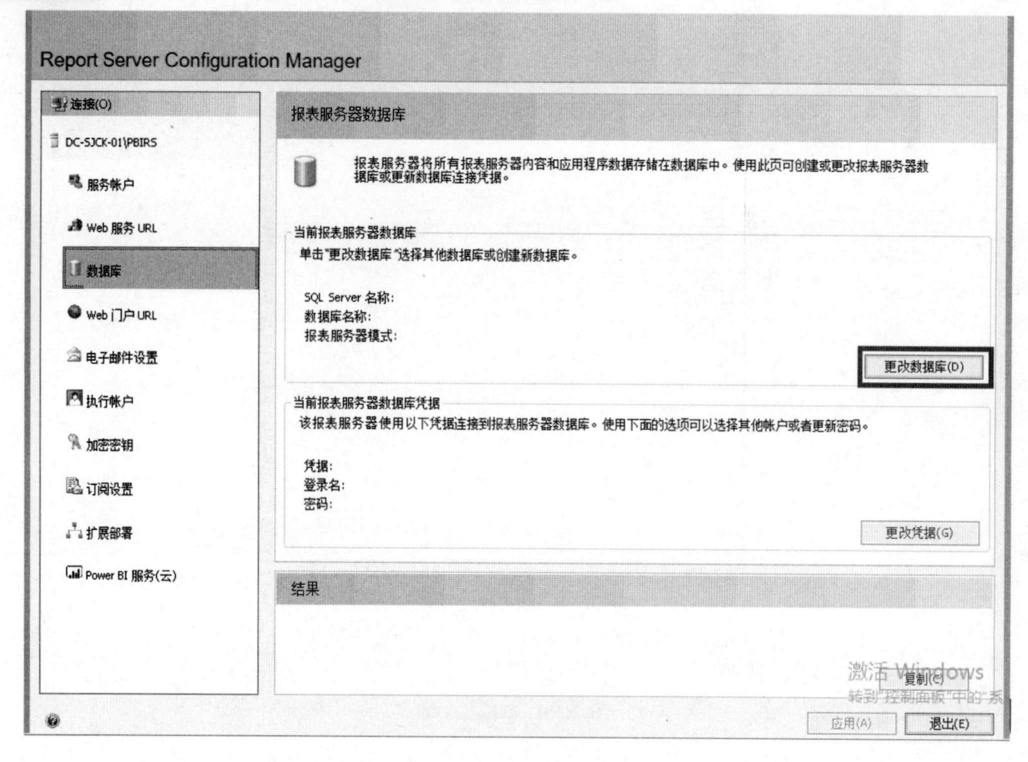

图 1-16　更改数据库

单击“下一步”按钮，如图 1-17 所示。

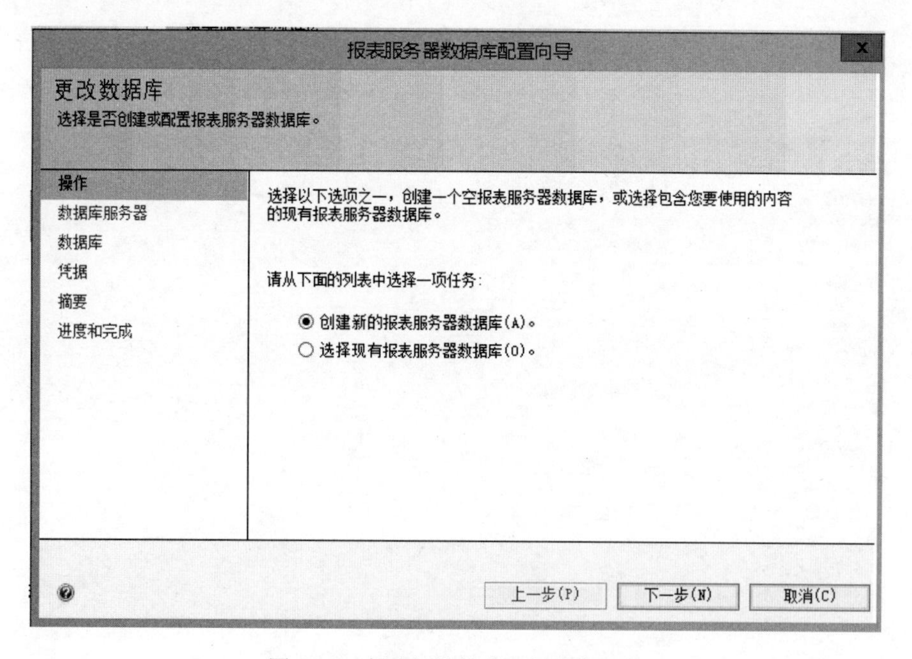

图 1-17　创建新的报表服务器数据库

单击“下一步”按钮，如图 1-18 所示。

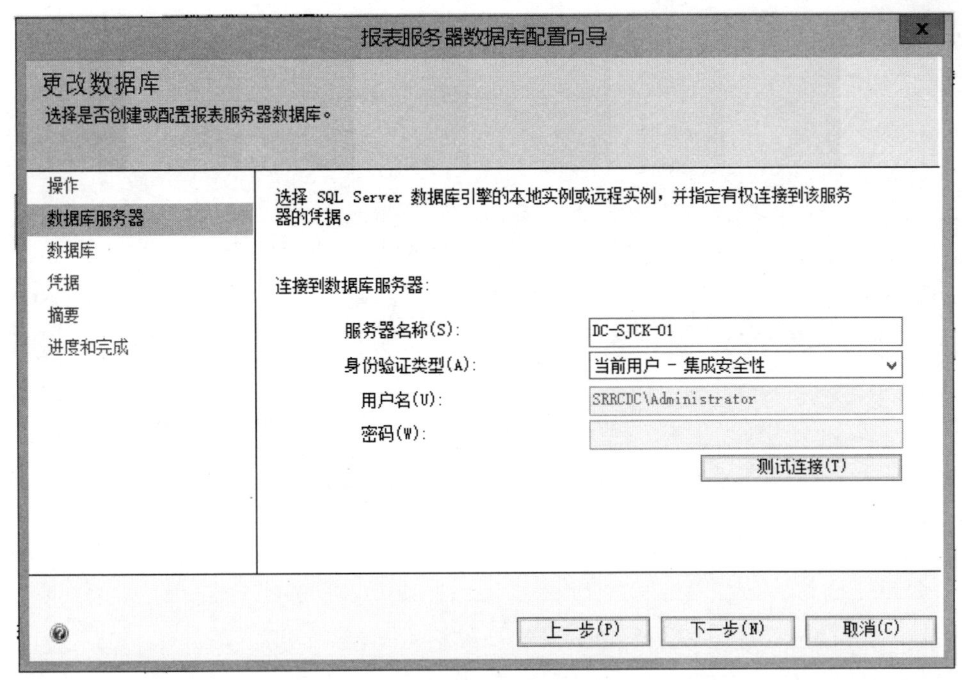

图 1-18　指定连接凭证

配置数据库名称，单击“下一步”按钮，如图 1-19 所示。

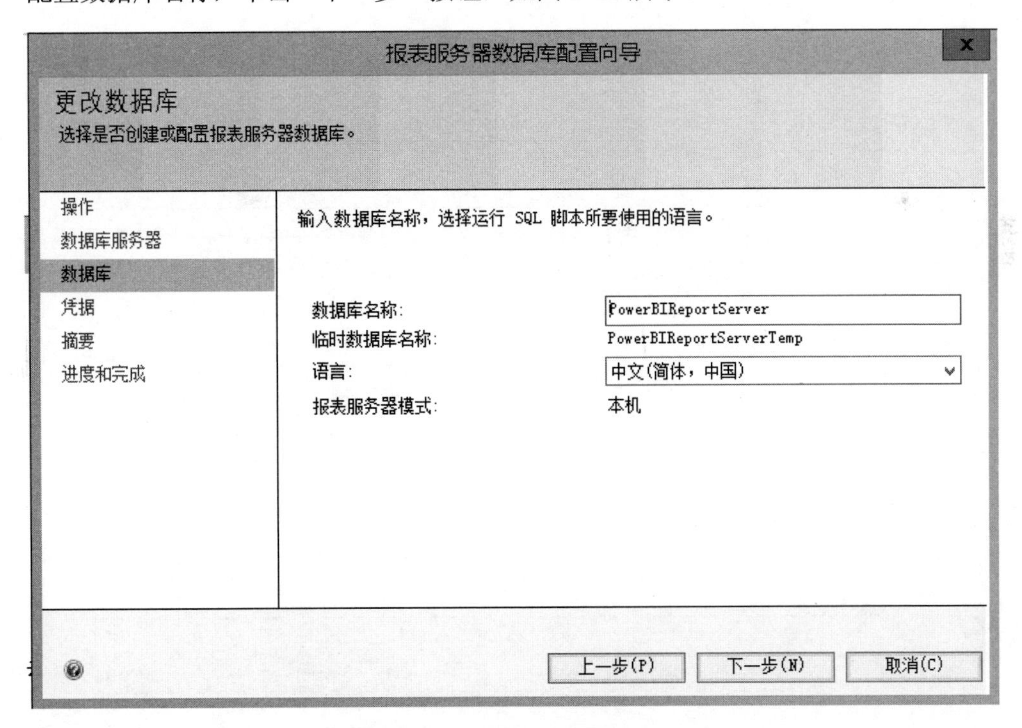

图 1-19　配置数据库名称

在“身份验证类型”下拉列表框中选择“Windows 凭据”选项，然后分别输入用户名和密码，单击“下一步”按钮，如图 1-20 所示。

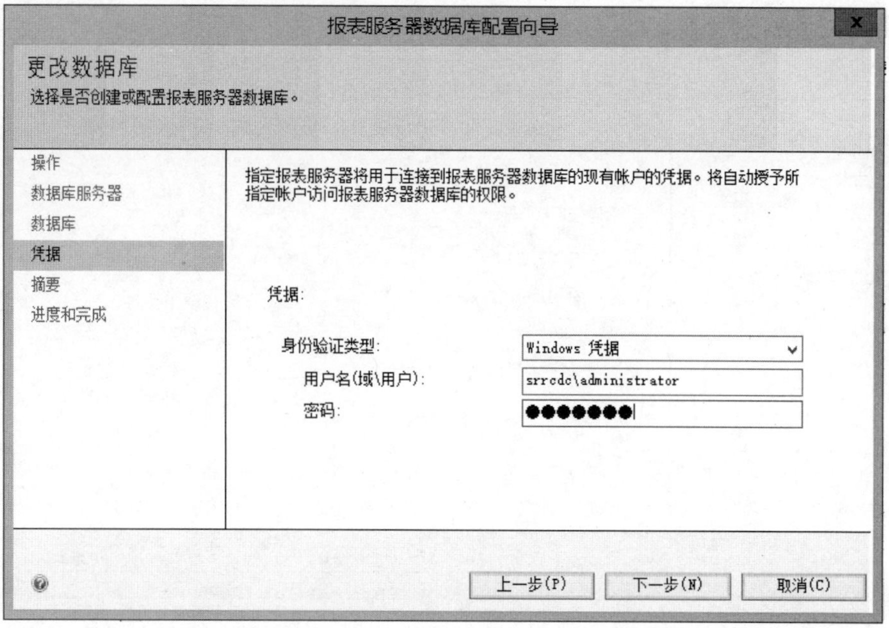

报表服务器数据库配置向导

更改数据库
选择是否创建或配置报表服务器数据库。

操作
数据库服务器
数据库
凭据
摘要
进度和完成

指定报表服务器将用于连接到报表服务器数据库的现有帐户的凭据。将自动授予所指定帐户访问报表服务器数据库的权限。

凭据:

身份验证类型: Windows 凭据
用户名(域\用户): srrcdc\administrator
密码: ●●●●●●●

上一步(P) 下一步(N) 取消(C)

图 1-20　指定连接凭据

单击“下一步”按钮，如图 1-21 所示。

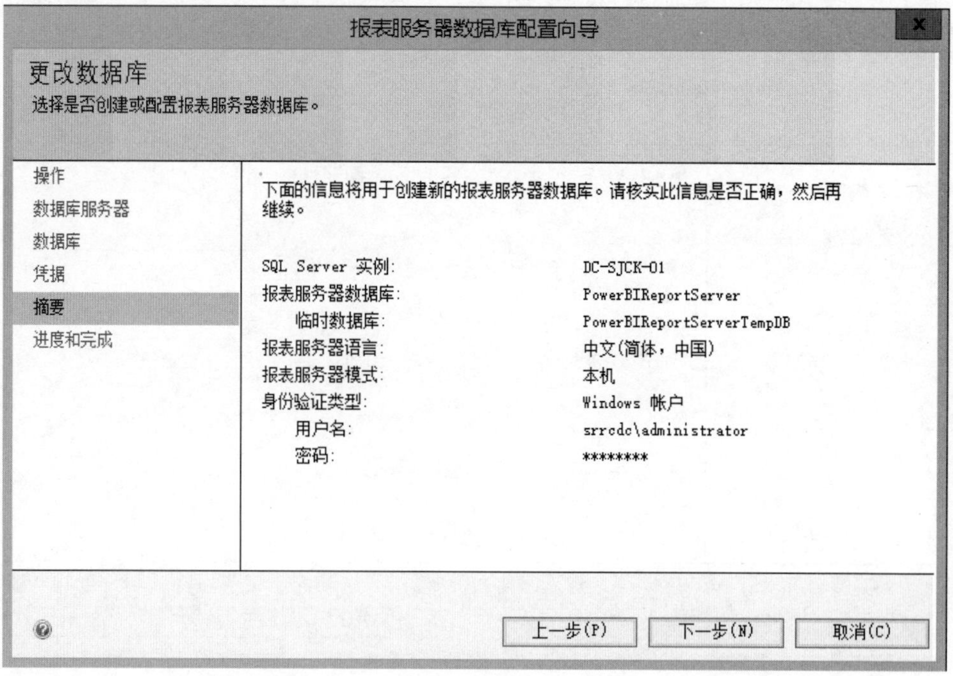

报表服务器数据库配置向导

更改数据库
选择是否创建或配置报表服务器数据库。

操作
数据库服务器
数据库
凭据
摘要
进度和完成

下面的信息将用于创建新的报表服务器数据库。请核实此信息是否正确，然后再继续。

SQL Server 实例:	DC-SJCK-01
报表服务器数据库:	PowerBIReportServer
临时数据库:	PowerBIReportServerTempDB
报表服务器语言:	中文(简体，中国)
报表服务器模式:	本机
身份验证类型:	Windows 帐户
用户名:	srrcdc\administrator
密码:	********

上一步(P) 下一步(N) 取消(C)

图 1-21　摘要

单击“完成”按钮，如图 1-22 所示。

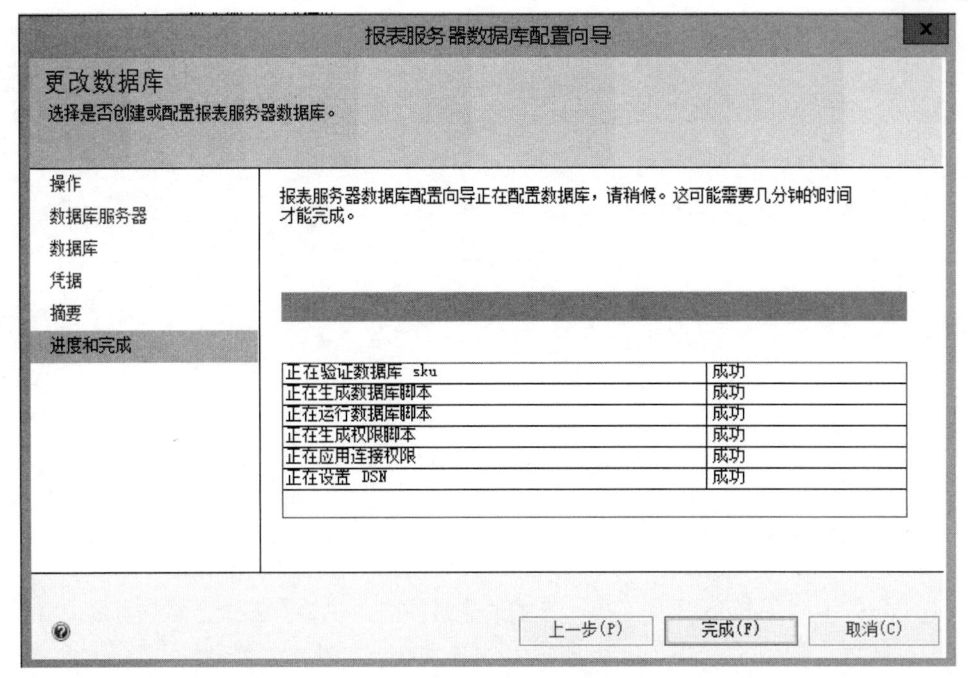

图 1-22　进度和完成

单击“应用”按钮，访问站点，如图 1-23 和图 1-24 所示。

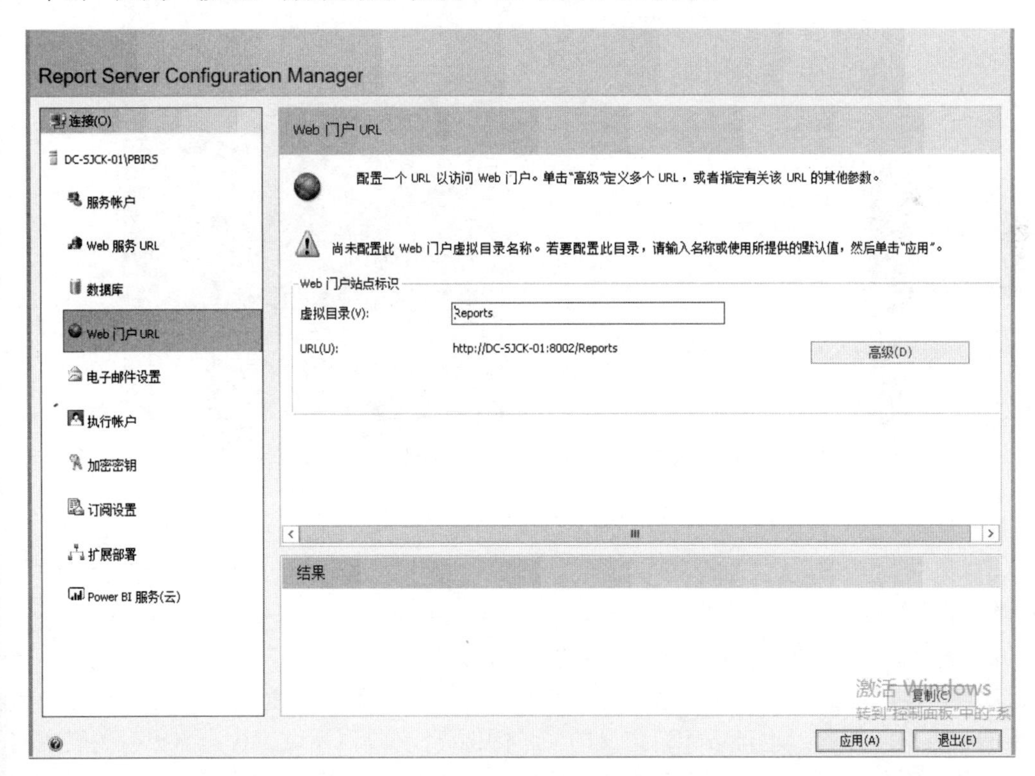

图 1-23　Web 门户 URL

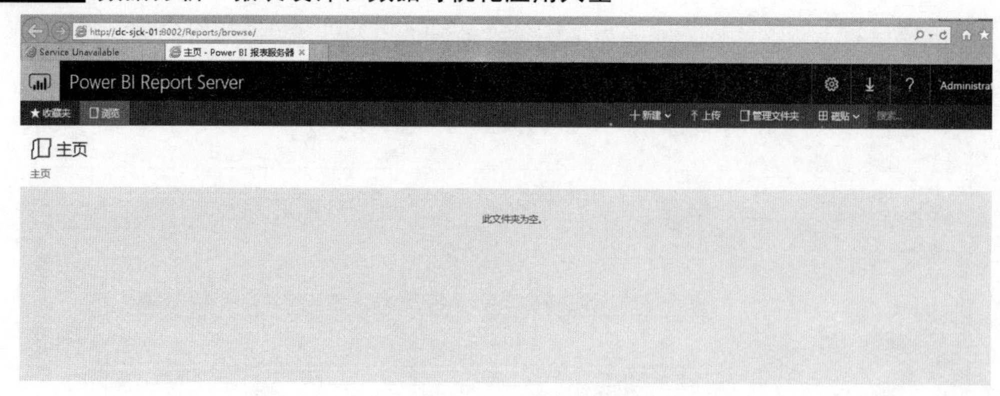

图 1-24　报表服务器

1.3.3　Power BI 界面介绍

打开 Power BI Desktop 开发工具，其主页非常简洁，主要有三个区域，即菜单工具栏、属性和数据区域、画布区，如图 1-25 所示。

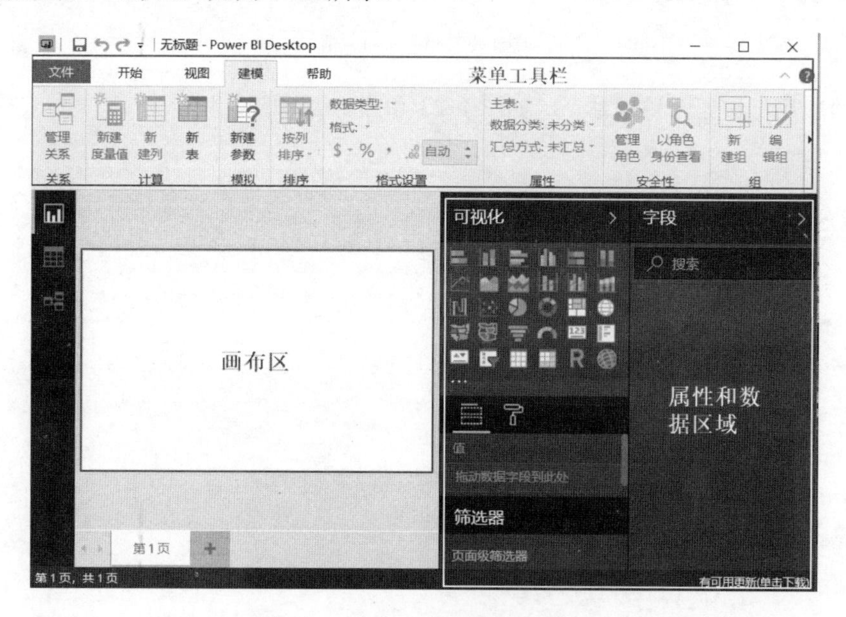

图 1-25　Power BI 界面布局介绍

1）菜单工具栏包含可视化效果设置及文件处理的基本功能，包括“开始”“视图”“建模”“帮助”等模块。

2）属性和数据区域可选择需要展示的数据以及图表样式，自定义报表的颜色、字体等样式属性。此区域又分为“可视化”“字段”“格式”“筛选器”等模块。“可视化”模块包含常用的报表展示图例，也可添加自定义的展示图例。“字段”模块包含当前报表关联数据的所有字段。“格式”模块用于调整属性，设置可视化效果。“筛选器”模块通过页面级、钻取、报告级别三种层次的筛选实现对数据的过滤。

3）画布区用于创建可视化效果图。使用“可视化”及“字段”模块创建图表之后，这里可以展示相应的可视化效果图。

如图 1-26 所示，操作界面部分功能介绍如下。

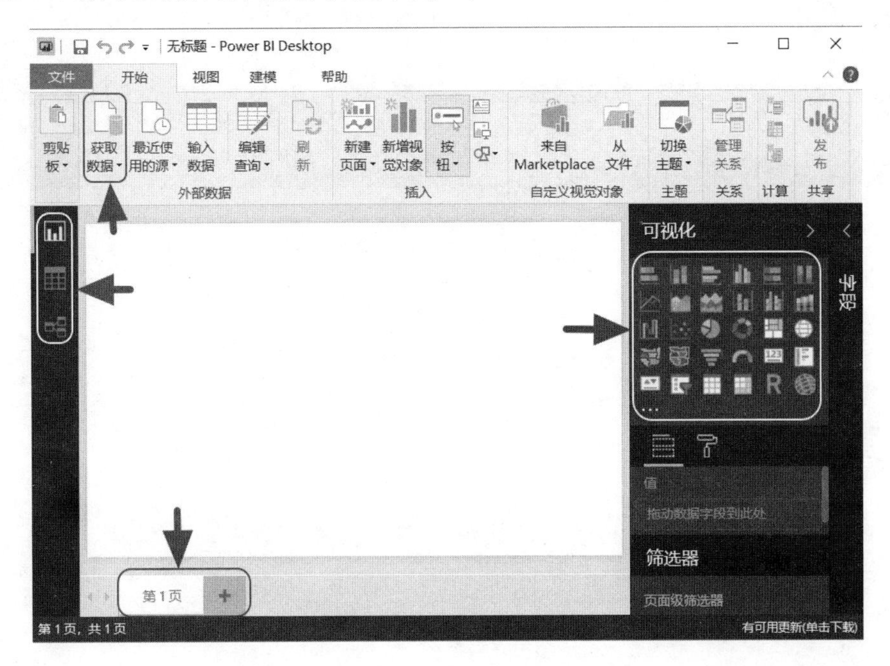

图 1-26　操作界面介绍

1）顶部是主菜单，打开“开始”菜单，通过“获取数据”创建数据连接。创建数据连接是通过 Power Query M 语言实现的，还可以通过“编辑查询”对数据源进行编辑。

2）左边命令图标分别是“报表”“数据”“关系”，在开发报表时可切换视图，在“关系”界面中可管理数据关系，而数据建模是报表数据交互式呈现的关键。

3）右边是“可视化”窗格和“字段”窗格，用于设计报表。系统内置多种可视化控件，能够创建复杂、美观的报表。

4）底部边框内是报表的页码，通过“+”号新建页。Power BI 允许在一个报表中创建多个页，多个页共享数据和数据关系。

第 2 章

报表设计基本流程

本章重点知识

2.1 报表设计原则
2.2 报表制作流程

2.1 报表设计原则

报表的设计原则有：

1）尽量使用常见图表，比如柱状图、折线图、饼图，因为用户更容易接受一个更常见的图表。

2）图表颜色尽量丰富，但是不要设置过多颜色，以免显得过于杂乱。另外，尽量选择同一色系的颜色。

3）适当使用图表背景色，一张报告中存在多个图表时，使用图表背景色并适当分隔各个图表会使报告更具有可读性。

4）饼状图分类尽量不超过 6 个，超过 6 个之后，饼图的可读性就会变差。

5）图表要设置升序或降序，这样显得图表更加规整。

2.2 报表制作流程

2.2.1 创建报表

双击快捷方式打开 Power BI Desktop 开发工具，如图 2-1 所示。

图 2-1 Power BI Desktop

程序打开后会自动创建一个基本报告页面，如图 2-2 所示。

图 2-2 基本报告页面

2.2.2　连接数据源

单击“获取数据”菜单，选择“Excel”选项，如图 2-3 所示。

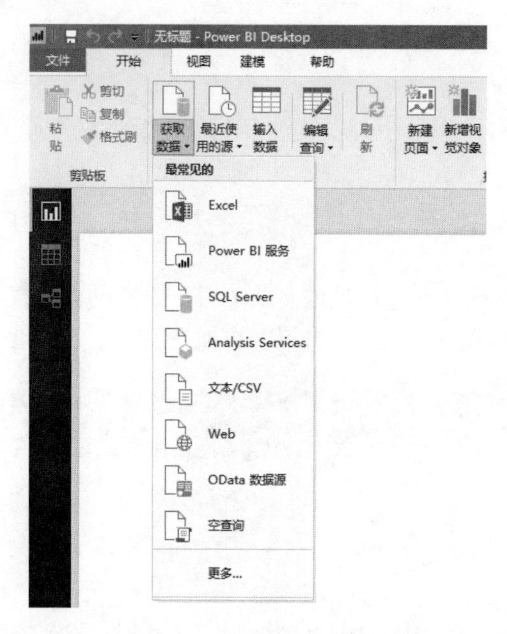

图 2-3　“获取数据”菜单

选择需要导入的 Excel 数据源，单击“打开”按钮，如图 2-4 所示。

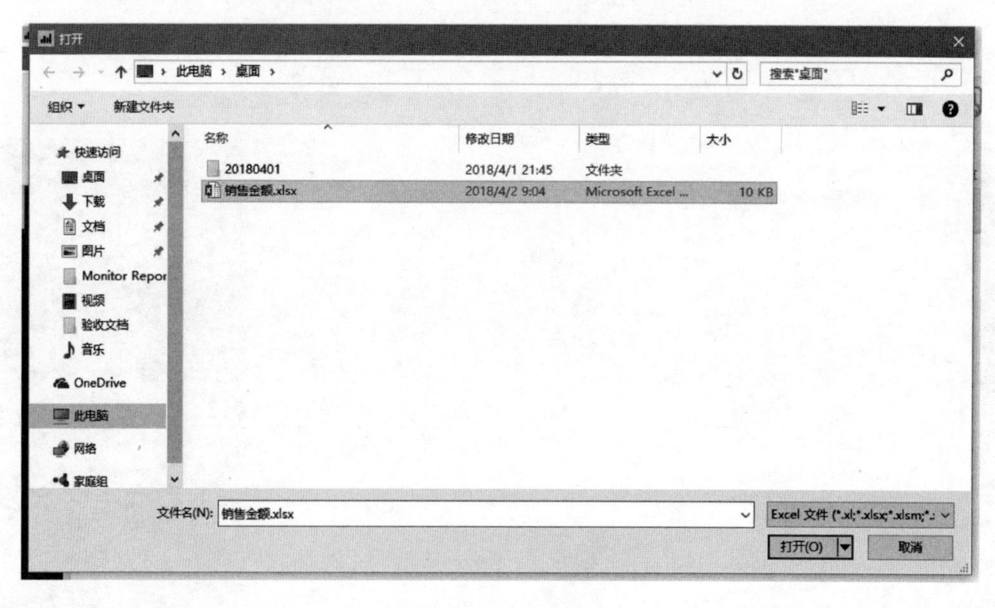

图 2-4　打开文件

选择需要导入的工作表，然后单击“加载”按钮，加载完毕即完成数据导入工作，如图 2-5 所示。

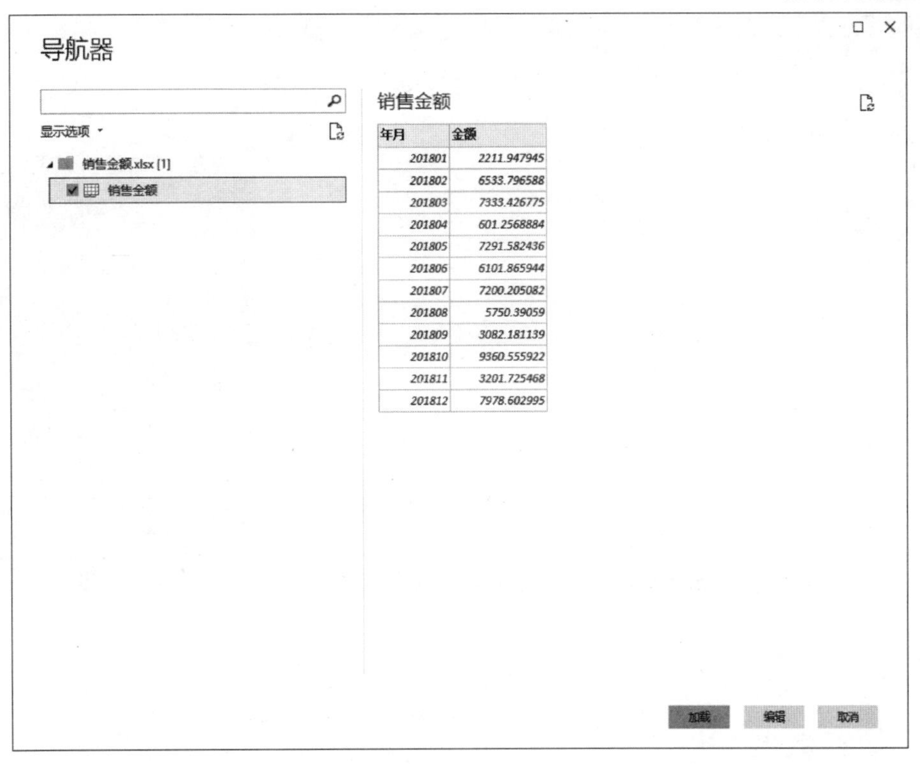

图 2-5　获取数据

数据导入完毕后，工作表中的字段会显示在 Power BI Desktop 的“字段”区域中，如图 2-6 所示。

图 2-6　导入结果

2.2.3　选择可视化控件

拖动一个可视化控件到画布中，以下步骤均以“簇状柱形图”为例。选择已添加的可视化控件，然后配置字段，如图 2-7 所示。

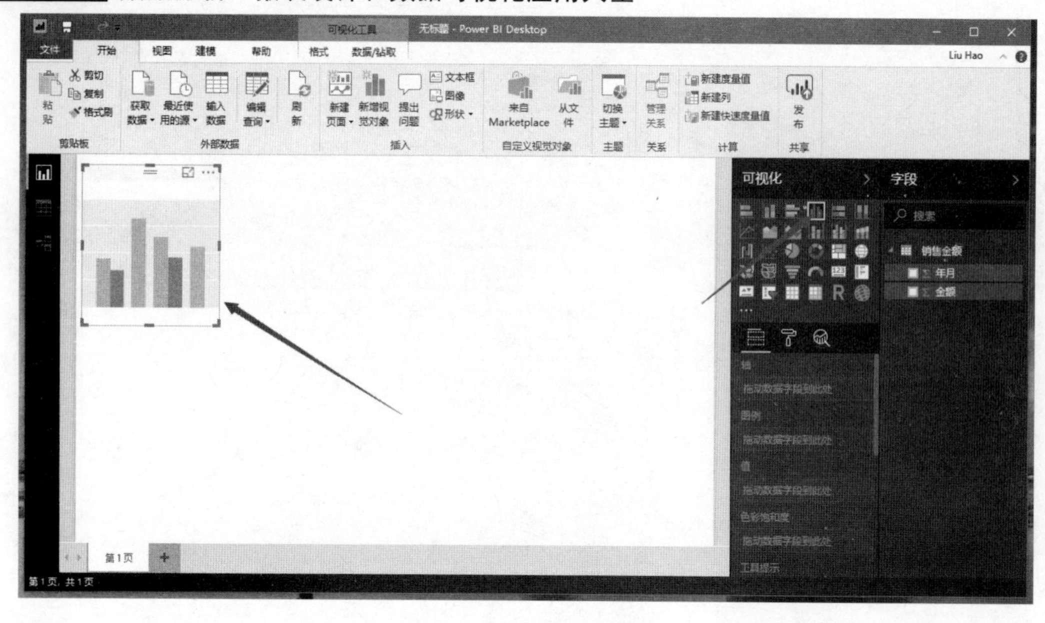

图 2-7　选择可视化控件

2.2.4　填充数据

分别将销售金额表中的“年月”和“金额”两个字段拖动到“轴”和“值”的位置上，如图 2-8 所示。拖动完毕后一个基本的图表就生成了，如图 2-9 所示。可视化控件图标下方依次为“字段”“格式”“分析”图标。

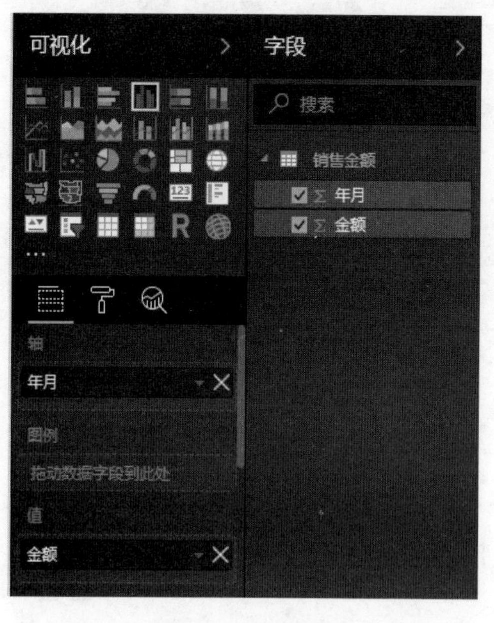

图 2-8　选择字段

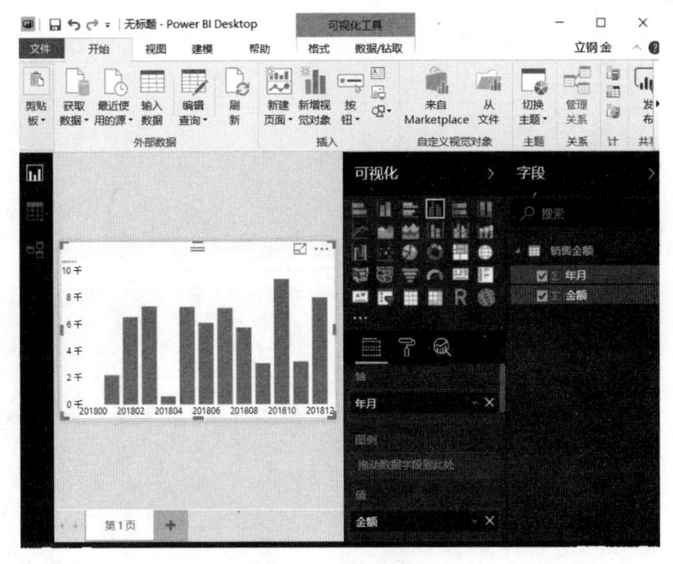

图 2-9　结果展示

2.2.5　属性设置

单击图表，图表周围会出现拉伸图标，拖动图标可修改图表大小，如图 2-10 所示。

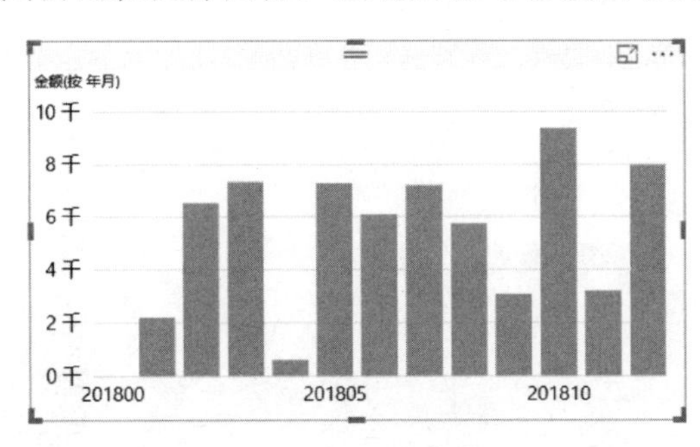

图 2-10　选中可视化图形

报表大小符合要求后，还有些特殊属性需要调整，如图 2-11 所示。

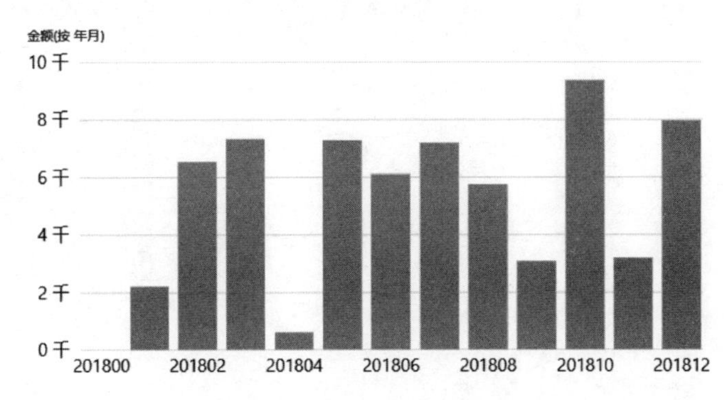

图 2-11　修改大小后效果图

单击报表，选择“格式”→“X 轴”，将“类型”从“连续”修改为“类别”，这样，这个图表的横坐标就完全显示了，如图 2-12 所示。

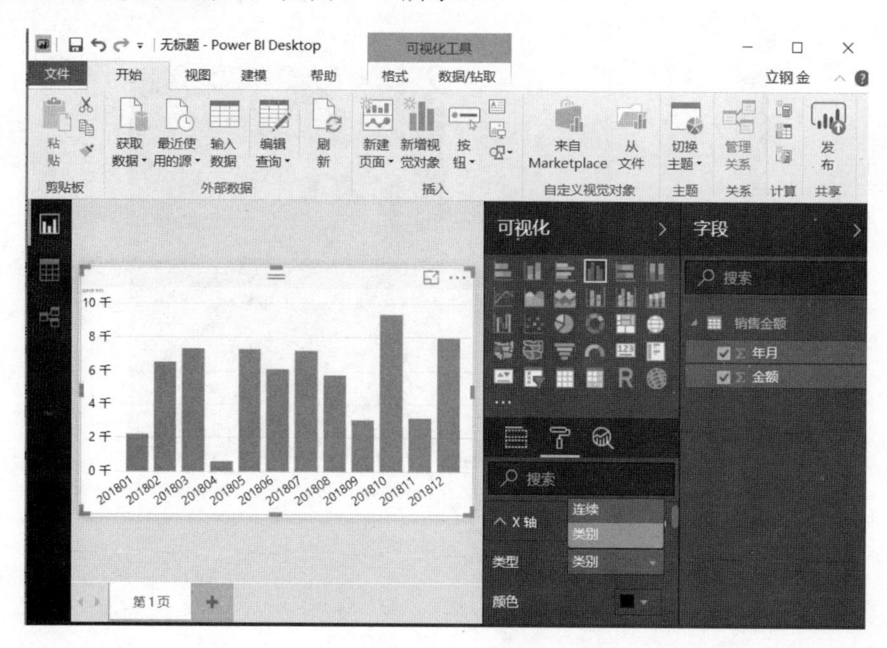

图 2-12 修改“类型”

单击报表，选择“格式”→“标题”，修改“对齐方式”为“居中”，修改“标题文本”为“销售绩效表”，如图 2-13 所示。

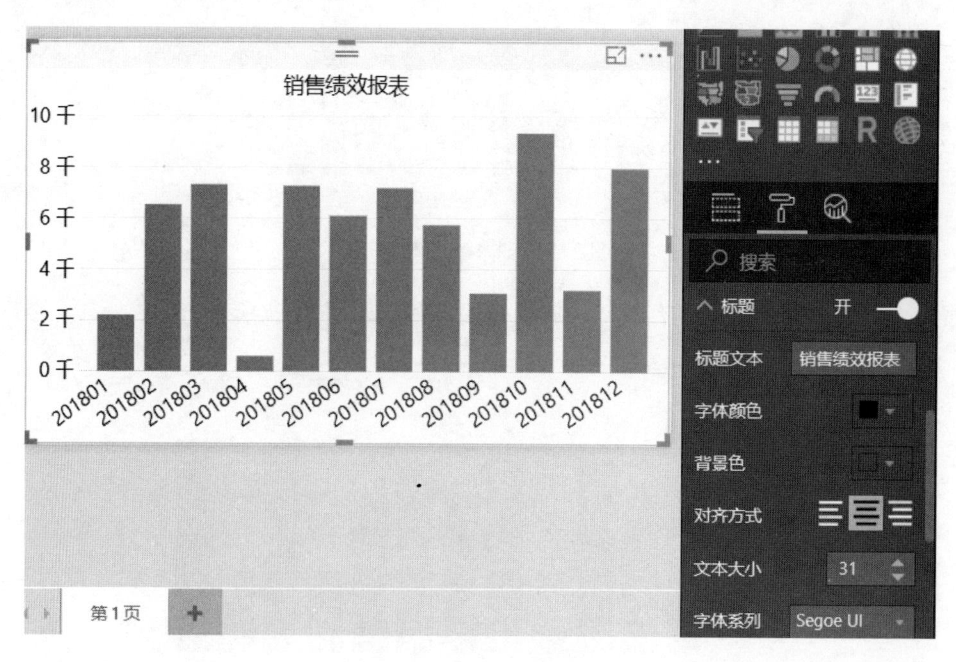

图 2-13 修改“标题”

单击报表，选择“格式”→“Y 轴”，将“显示单位”修改为“无”，如图 2-14 所示。

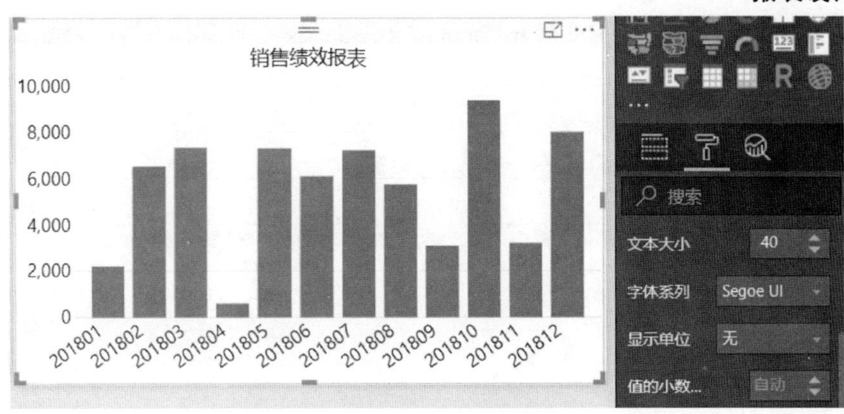

图 2-14　修改“显示单位”

2.2.6　部署发布

1．发布到 Power BI 报表服务器

双击打开“Power BI Desktop”，然后打开已经开发完毕的报表，选择“另存为”→“Power BI 报表服务器”，如图 2-15 所示。

图 2-15　发布到 Power BI 报表服务器

输入报表服务器地址“http://win-jroa5pur1ir:81/Reports”，单击“确定”按钮，如图 2-16 所示。

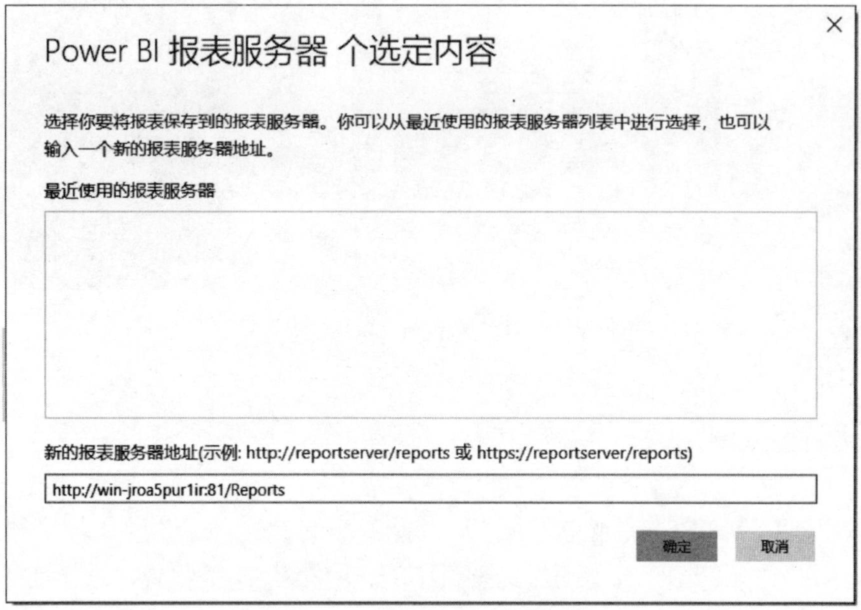

图 2-16　输入报表服务器地址

修改文件名之后单击“确定”按钮，完成保存，如图 2-17 所示。

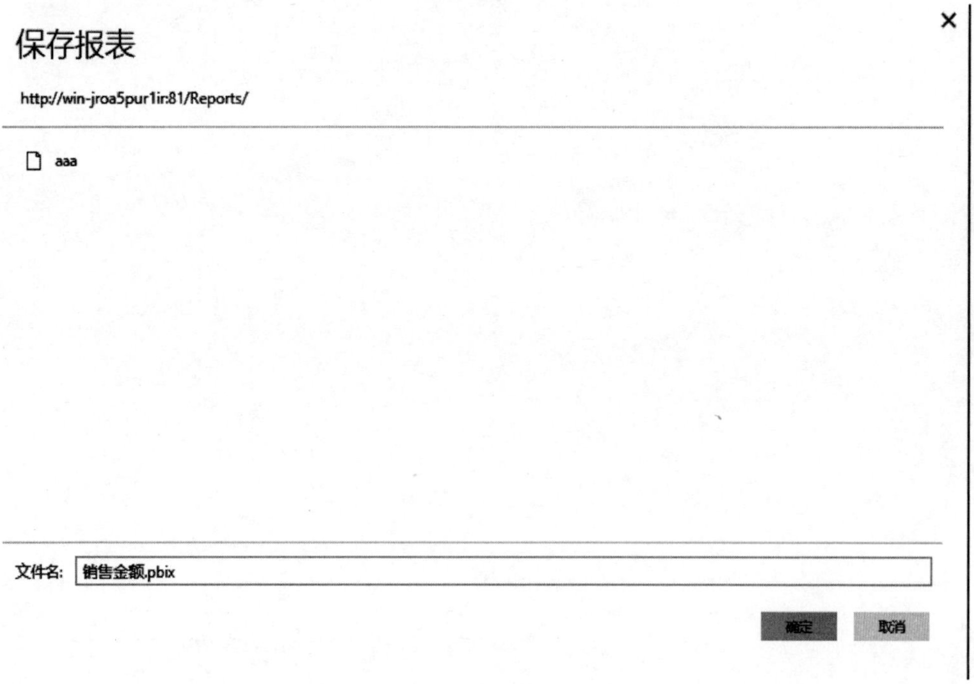

图 2-17　保存报表

报表发布成功，如图 2-18 所示。单击“前往”，查看报表，如图 2-19 所示。

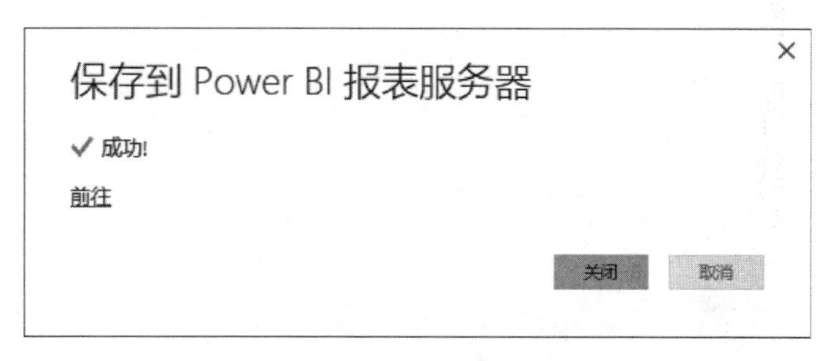

图 2-18　发布成功

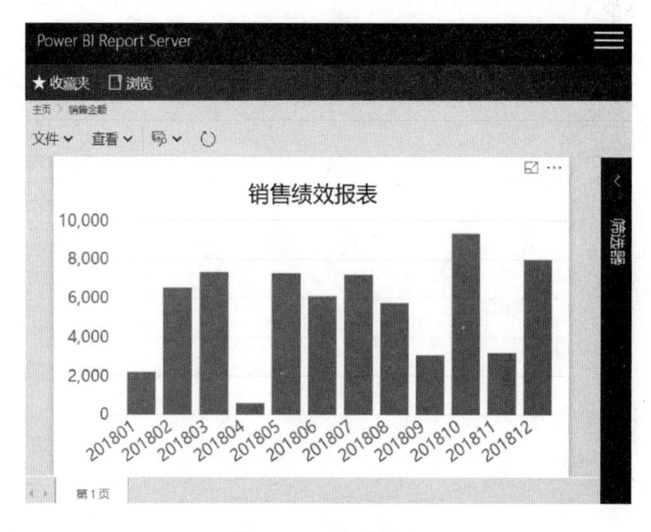

图 2-19　查看报表

2. 发布到 Power BI 工作区

打开报表，单击“文件”→“发布”→“发布到 Power BI”，选择一个工作区，然后单击“选择”按钮，如图 2-20 所示。

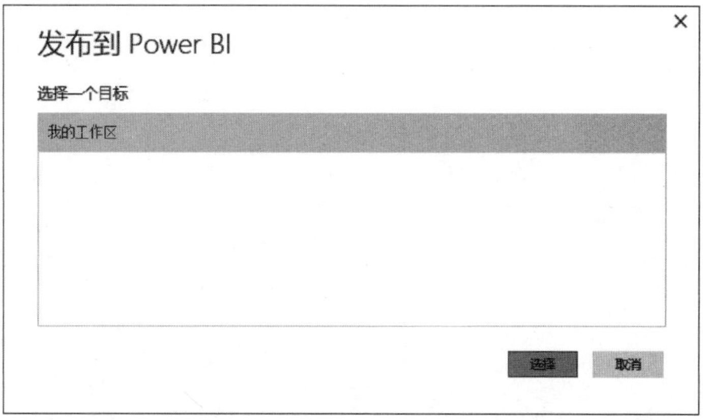

图 2-20　选择工作区

如图 2-21 所示，提示发布成功，销售金额.pbix 已经发布到 Power BI 工作区。

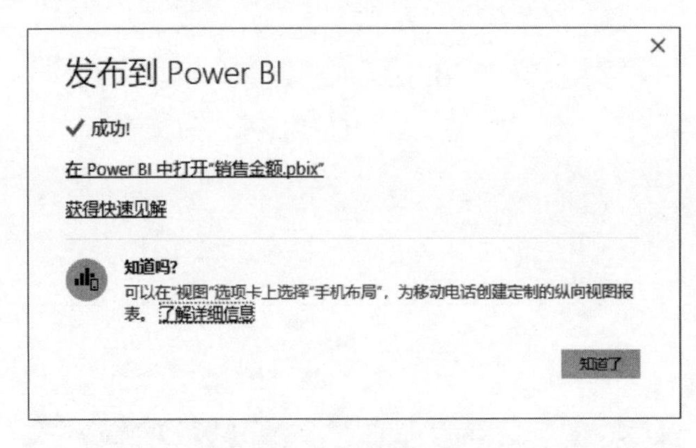

图 2-21　发布成功

第 3 章

原生可视化控件

本章重点知识

3.1 折线图和面积图（Line and Area Charts）
3.2 柱形图和条形图（Column and Bar Charts）
3.3 组合图（Combinations Charts）
3.4 地图（Map Charts）
3.5 其他图表控件（Other Charts）

原生可视化控件是指 Power BI 自带的 28 个基本控件，即安装 Power BI 软件后不需要其他导入操作就可使用的控件。这些控件的属性分为三类，分别为字段（Fields）、格式（Format）、分析（Analytics）。字段属性通过拖动可用的数据字段展示相应的可视化效果；格式属性用于对视觉对象进行外观上的更改；分析属性用于为可视化对象增加动态参考线，以便进行数据分析和功能预测。各个控件拥有的公共选项介绍请参见附录。本章将对这些原生可视化控件进行详细介绍。

3.1 折线图和面积图（Line and Area Charts）

3.1.1 折线图（Line Chart）

1. 图例介绍

折线图适用于观察数据在一个连续时间段内或者不同类别中的变化趋势，Power BI 可以为折线图添加参考线，如平均值、最大值、最小值等。折线图示例如图 3-1 所示。

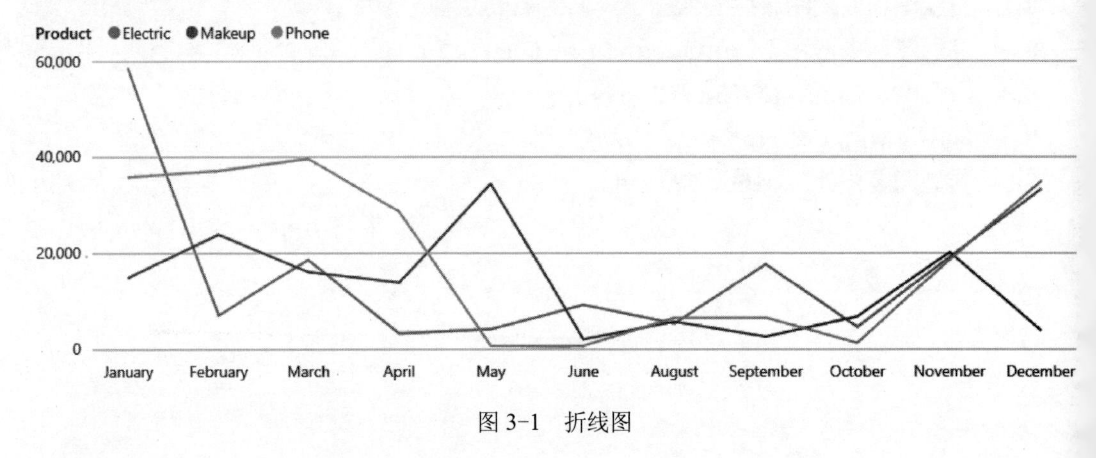

图 3-1　折线图

2. 属性

折线图三类属性下的非公共选项及其描述分别见表 3-1～表 3-3。

表 3-1　字段（Fields）属性

序号	选　项	描　述
1	轴（Axis）	X 轴的分类
2	图例（Legend）	只能选择一列，显示分类中各个系列
3	值（Value）	Y 轴统计值

表 3-2　格式（Format）属性

序号	选　项	描　述
1	X 轴（X Axis）	实现 X 轴间距、字体大小、颜色、标题等属性的自定义调整

（续）

序号	选项	描　述
2	Y 轴（Y Axis）	实现 Y 轴位置、数据范围、字体大小、颜色、标题等属性的自定义设置
3	数据颜色（Data Colors）	实现线条颜色的设置
4	数据标签（Data Labels）	实现数据标签的字体大小、颜色、单位等属性的自定义设置
5	形状（Shapes）	实现线条样式的自定义设置
6	绘图区（Plot Area）	实现背景图片及其透明度的自定义设置

表 3-3　分析（Analytics）属性

序号	选　项	描　述
1	恒线（Constant Line）	增加自定义参考线并进行样式设置
2	最小值线（Min Line）	增加最小值参考线并进行样式设置
3	最大值线（Max Line）	增加最大值参考线并进行样式设置
4	平均线（Average Line）	增加平均值参考线并进行样式设置
5	中线（Median Line）	增加中位数参考线并进行样式设置
6	百分位数线（Percentile Line）	增加百分位参考线并进行样式设置

3. 示例

选择“折线图”控件，导入数据，并在“字段”窗格中将“datetime”（销售时间）拖动到“轴”处、“Product”（销售产品）拖动到“图例”处、“SalesAmount”（销售金额）拖动到“值”处，即可显示图表，如图 3-2 所示。

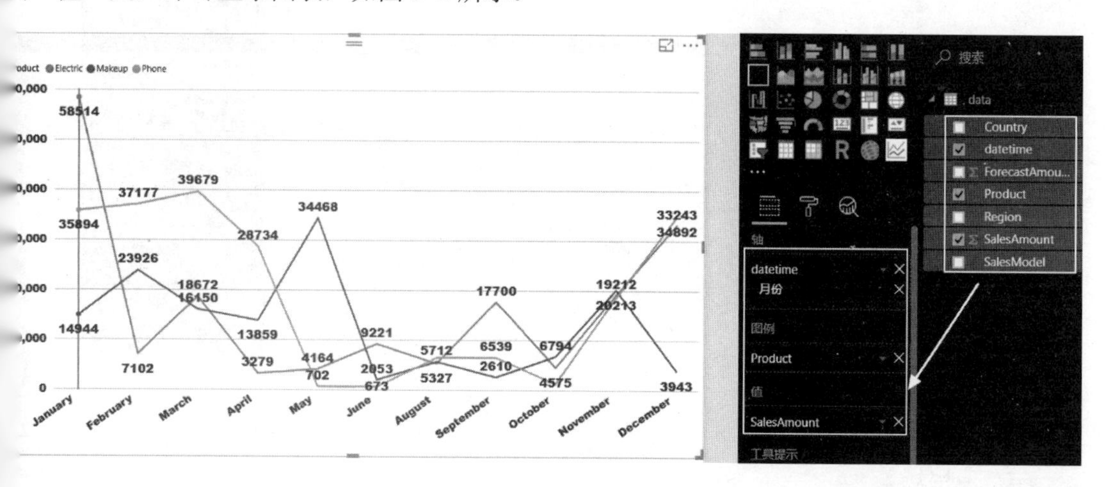

图 3-2　示例 1

选择“格式”，修改可视化效果：①打开“数据颜色”，自定义数据颜色；②打开“数据标签”，修改“显示单位”“文本大小”“字体系列”。将光标移动到折线图上，观察当前分类系列点信息。示例如图 3-3 所示。

另外，将“形状”中的“自定义系列”设置为“开”，在其中第一个下拉列表框中依次选择“Electric”和“Makeup”，分别设置其线条样式为“虚线”和“点线”，以便更好地观察各类产品间的差异，效果如图 3-4 所示。

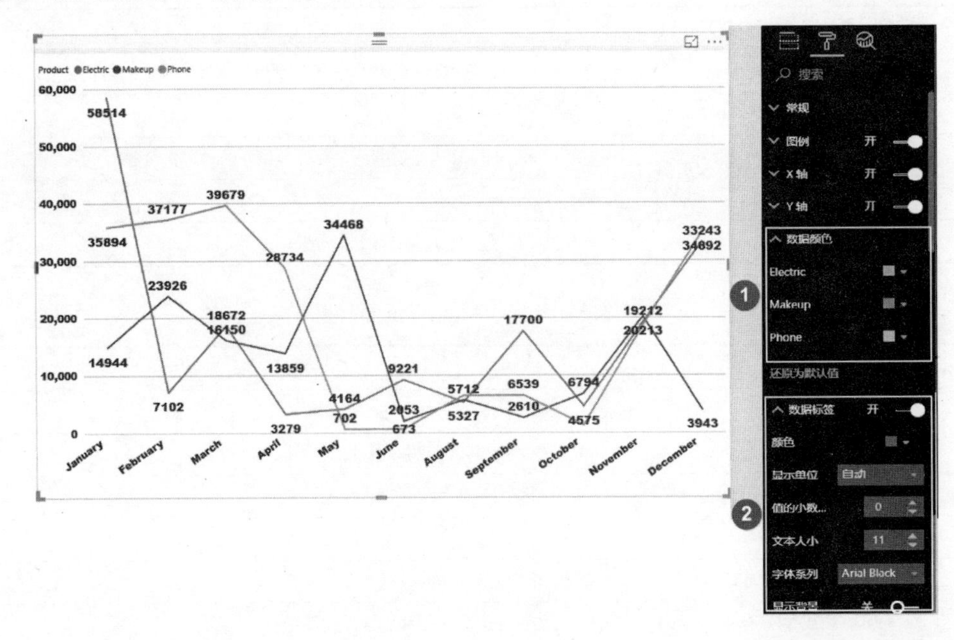

图 3-3　示例 2

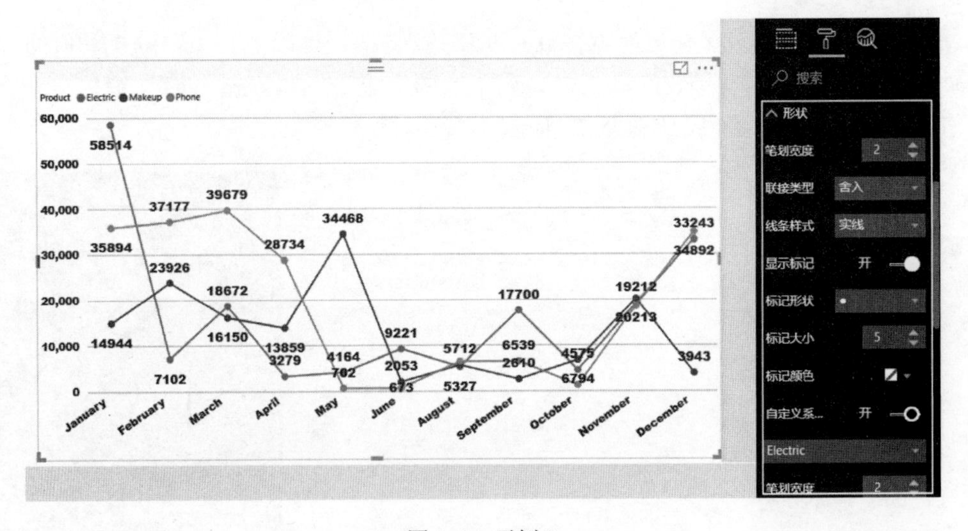

图 3-4　示例 3

4. 应用场景

通过图 3-5 可清晰地看到该公司 1 月～12 月的销售走势以及与预期值的对比情况，时，通过分析功能可以直观地看到该年份的实际销售均值。

5. 控件局限

- 当 X 轴的数据类型为无序的分类或者 Y 轴的数据类型为连续时间时，不适合使用线图。

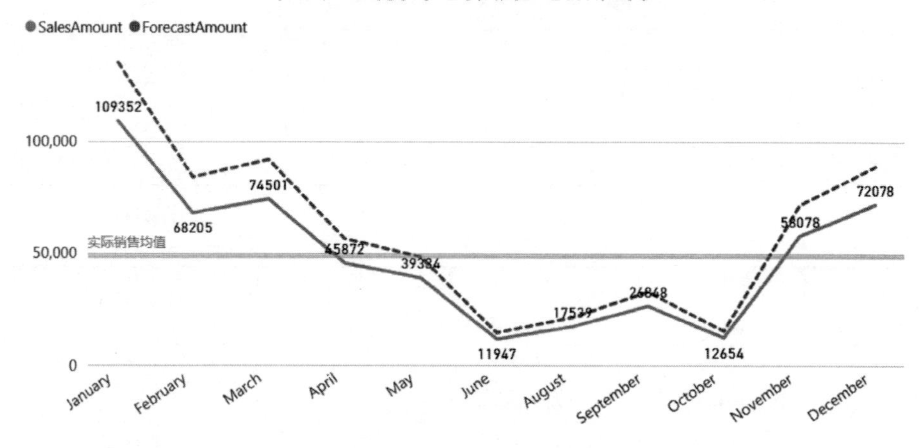

图 3-5　销售与预期对照图

● 不能修改折线图分类在某区间的特定样式。

3.1.2　堆积面积图（Stacked Area Chart）

1. 图例介绍

堆积面积图是面积图的一种。面积图又称为区域折线图，能够反映数据随时间变化的程度，也可用于引起人们对总体趋势的注意力，面积越大代表数据越大。堆积面积图适用于比较多个产品的收入、总收入，以及每个产品占总收入的占比等。面积堆积图示例如图 3-6 所示。

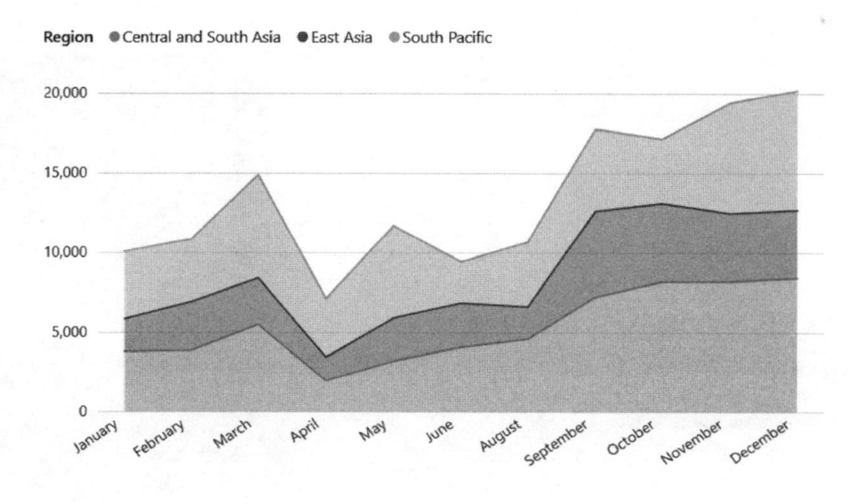

图 3-6　面积堆积图

2. 属性

堆积面积图三类属性下的非公共选项及其描述分别见表 3-4～表 3-6。

表 3-4　字段（Fields）属性

序号	选　项	描　述
1	轴（Axis）	X 轴的分类
2	图例（Legend）	只能选择一列，显示分类中各个系列
3	值（Value）	Y 轴统计值

表 3-5　格式（Format）属性

序号	选　项	描　述
1	X 轴（X Axis）	实现 X 轴间距、字体大小、颜色、标题等属性的自定义调整
2	Y 轴（Y Axis）	实现 Y 轴位置、数据范围、字体大小、颜色、标题等属性的自定义设置
3	数据颜色（Data Colors）	实现图形颜色的设置
4	数据标签（Data Labels）	实现数据标签的字体大小、颜色、单位等属性的自定义设置
5	形状（Shapes）	实现图形样式的自定义设置
6	绘图区（Plot Area）	实现背景图片及其透明度的自定义设置

表 3-6　分析（Analytics）属性

序号	选　项	描　述
1	恒线（Constant Line）	增加自定义参考线并进行样式设置

3. 示例

选择“堆积面积图”控件，导入数据，并在“字段”窗格中将“datetime”（销售时间）拖动到“轴”处、“Region”（销售区域）拖动到“图例”处、“SalesAmount”（销售金额）拖动到“值”处、“ForecastAmount”（预测金额）拖动到“工具提示”处，即可显示图表，如图 3-7 所示。

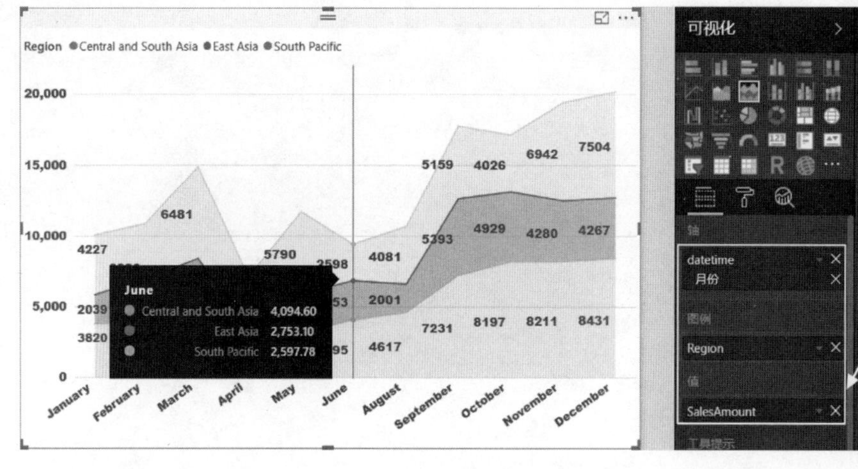

图 3-7　示例 1

选择“格式”，修改可视化效果：①打开“数据颜色”，设置数据对应的图形颜色；②打开“数据标签”，修改“显示单位”“文本大小”“字体系列”。将光标移动到堆积面积图上，观察当前分类系列点信息。示例如图 3-8 所示。

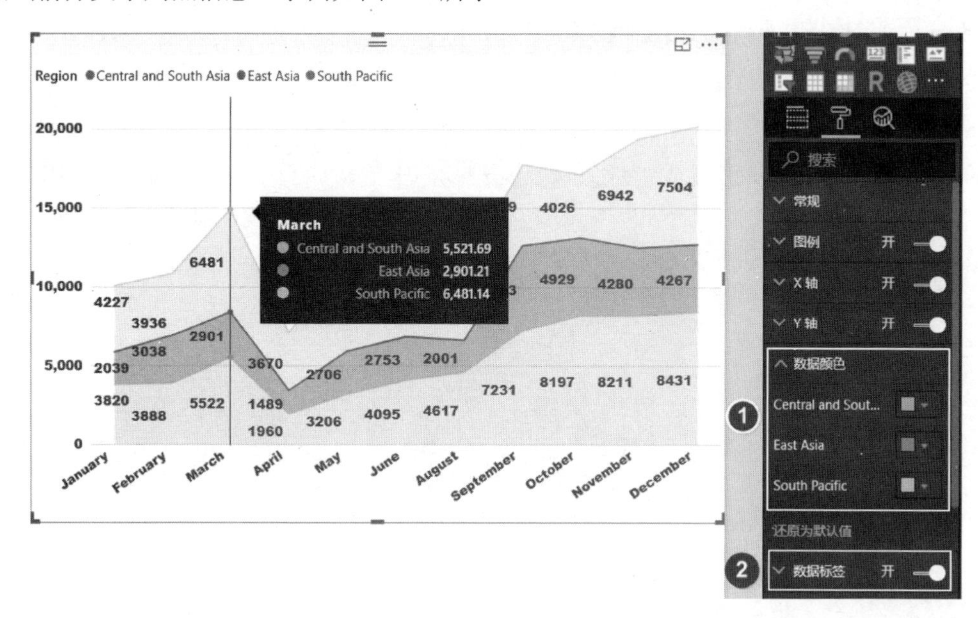

图 3-8 示例 2

4. 应用场景

如图 3-9 所示的区域销售图用堆积面积图反映了区域销售总金额随时间变化的趋势，同时，通过该图表也可清晰地看到三大区域在不同时间段内和同时间段内的销售金额对比情况。

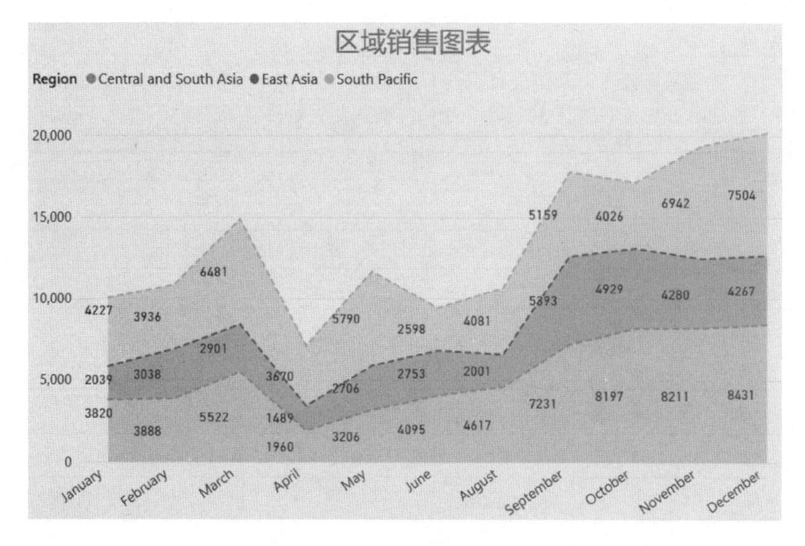

图 3-9 区域销售图

5. 控件局限

该控件无法设置最大值线、最小值线以及平均值线等参考线。

3.1.3 面积图（Area Chart）

1．图例介绍

面积图是在折线图的基础上形成的，它将折线图中的折线与 X 轴之间的区域用颜色或者纹理填充，从而形成一个填充区域，这样可以更好地突出变化趋势。面积图示例如图 3-10 所示。

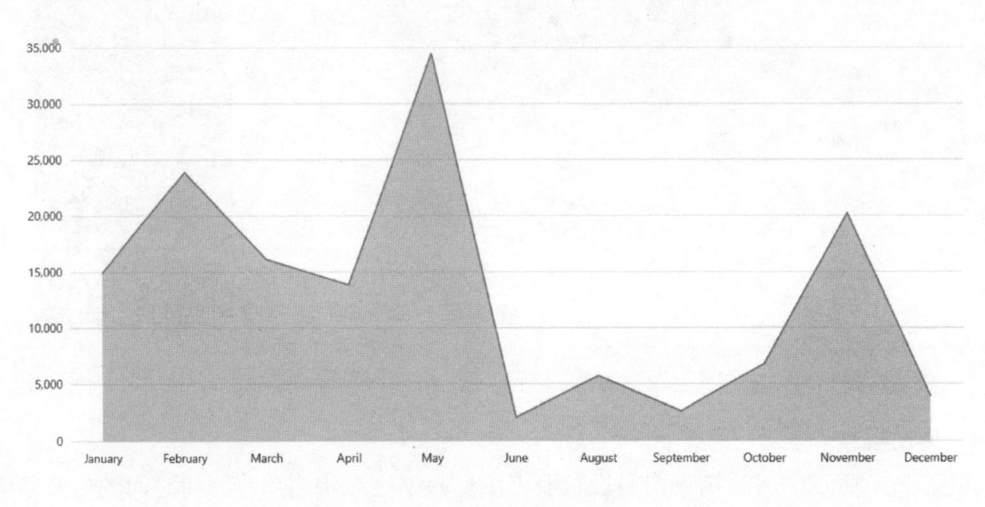

图 3-10 面积图

2．属性

面积图三类属性下的非公共选项及其描述分别见表 3-7～表 3-9。

表 3-7 字段（Fields）属性

序号	选 项	描 述
1	轴（Axis）	X 轴的分类
2	图例（Legend）	只能选择一列，显示分类中各个系列
3	值（Value）	Y 轴统计值

表 3-8 格式（Format）属性

序号	选 项	描 述
1	X 轴（X Axis）	实现 X 轴间距、字体大小、颜色、标题等属性的自定义调整
2	Y 轴（Y Axis）	实现 Y 轴位置、数据范围、字体大小、颜色、标题等属性的自定义设置
3	数据颜色（Data Colors）	实现图形颜色的设置
4	数据标签（Data Labels）	实现数据标签的字体大小、颜色、单位等属性的自定义设置
5	形状（Shapes）	实现图形样式的自定义设置
6	绘图区（Plot Area）	实现背景图片及其透明度的自定义设置

表 3-9　分析（Analytics）属性

序号	选　项	描　述
1	恒线（Constant Line）	增加自定义参考线并进行样式设置
2	最小值线（Min Line）	增加最小值参考线并进行样式设置
3	最大值线（Max Line）	增加最大值参考线并进行样式设置
4	平均线（Average Line）	增加平均值参考线并进行样式设置
5	中线（Median Line）	增加中位数参考线并进行样式设置
6	百分位数线（Percentile Line）	增加百分位参考线并进行样式设置

3. 示例

选择“面积图”控件，导入数据，并在“字段”窗格中将“datetime”（销售时间）拖动到“轴”处、“Product”（销售产品）拖动到“图例”处、“SalesAmount”（销售金额）拖动到“值”处、“ForecastAmount”（预测金额）拖动到“工具提示”处，即可显示图表，如图 3-11 所示。

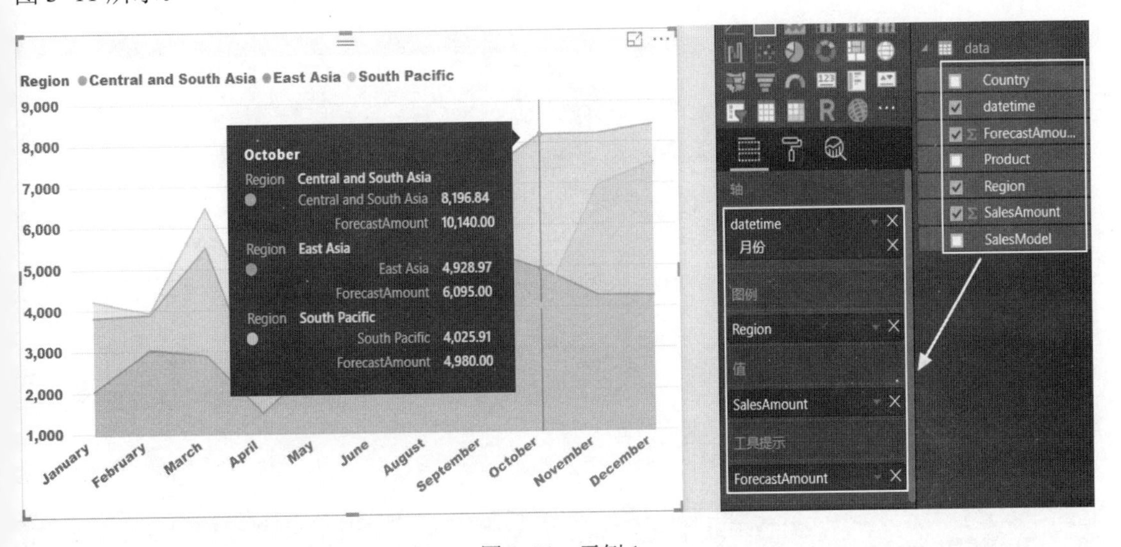

图 3-11　示例 1

选择“格式”，修改可视化效果：①打开“数据颜色”，自定义数据对应的图形颜色；②打开“数据标签”，修改“显示单位”“文本大小”“字体系列”。选择“分析”，在“平均线”中添加一条“度量值”为“SalesAmount”的平均线，将光标移动到面积图上，观察当前分类系列点信息，如图 3-12 所示。

4. 应用场景

图 3-13 所示的图表对当前楼盘每天的销售情况进行了统计，通过 3 个不同的面积区域表达了当前楼盘意向、预购和成交的数据情况，从中可以对整体数据走势进行直观地判断。从案例中可以明显看出在周六和周日这两个时间段中的楼盘成交情况最好，周一和周二这两个时间段中的意向客户最多。

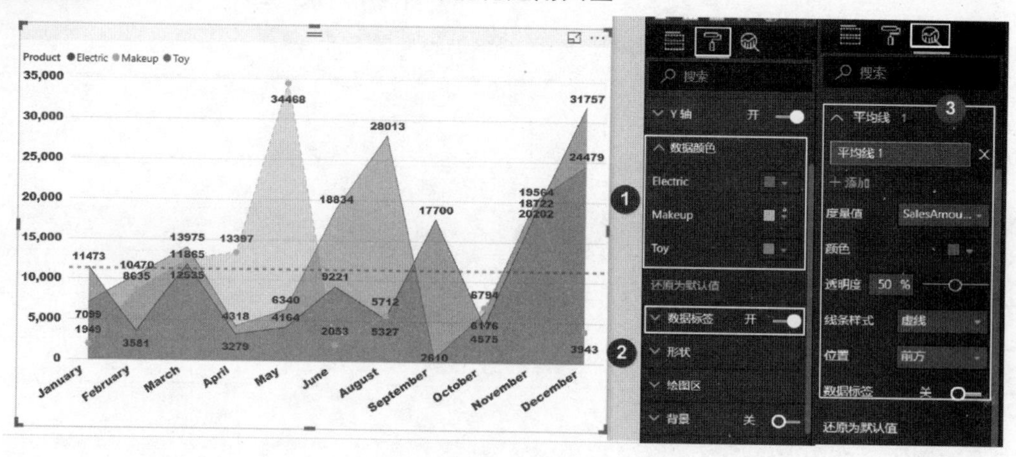

图 3-12　示例 2

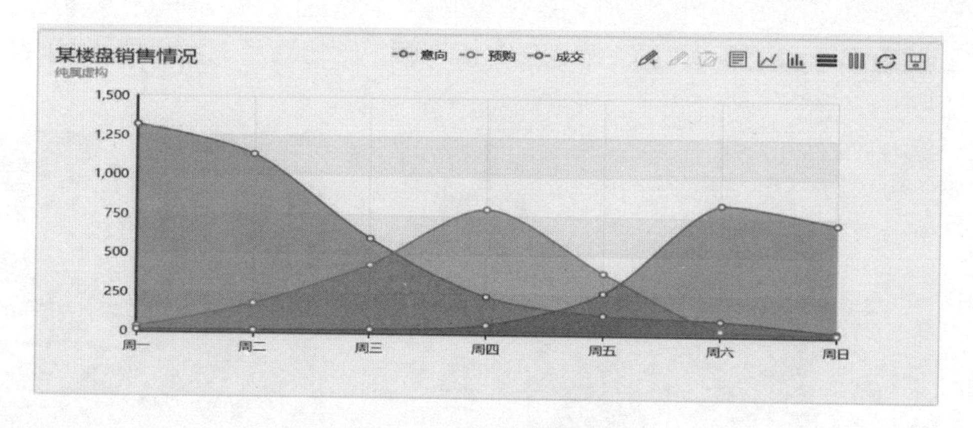

图 3-13　某楼盘销售情况

5．控件局限

面积图不能更改区域颜色的透明度。

3.2　柱形图和条形图（Column and Bar Charts）

3.2.1　堆积条形图（Stacked Bar Chart）

1．图例介绍

堆积条形图显示分类中的多个系列，系列值堆叠在相应的分类中，每个分类的值为该分类下所有系列值的总和。该图表适用于对各个分类中不同的系列进行对比。堆积条形图示例如图 3-14 所法，Y 轴表示分类，X 轴表示统计值，不同颜色表示不同的系列。

2．属性

堆积条形图三类属性下的非公共选项及其描述见表 3-10～表 3-12。

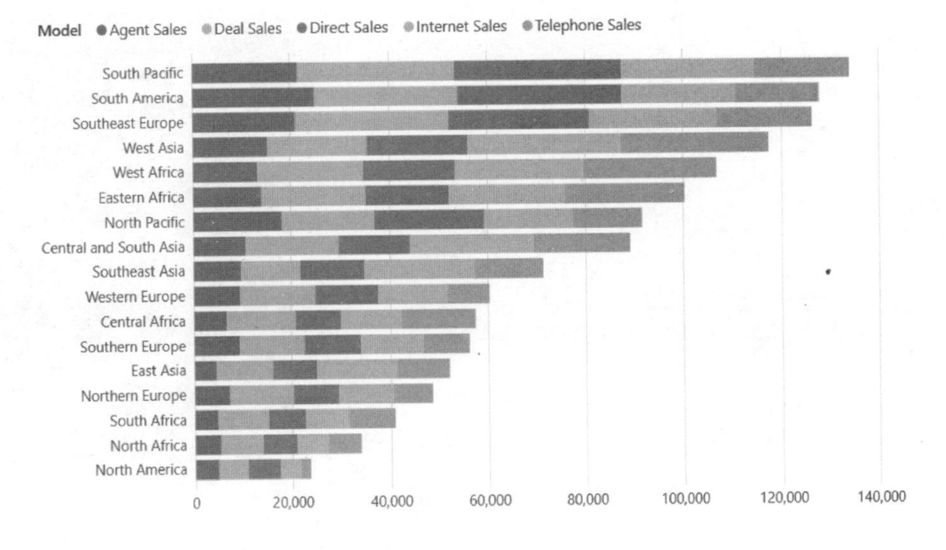

图 3-14 堆积条形图

表 3-10 字段（Fields）属性

序号	选 项	描 述
1	轴（Axis）	Y 轴的分类
2	图例（Legend）	只能选择一列，显示分类中各个系列
3	值（Value）	X 轴统计数据值
4	色彩饱和度（Color Saturation）	调整图表色彩饱和度

表 3-11 格式（Format）属性

序号	选 项	描 述
1	X 轴（X Axis）	实现 X 轴间距、字体大小、颜色、标题等属性的自定义调整
2	Y 轴（Y Axis）	实现 Y 轴位置、数据范围、字体大小、颜色、标题等属性的自定义设置
3	数据颜色（Data Colors）	实现条形颜色的设置
4	数据标签（Data Labels）	实现数据标签的字体大小、颜色、单位等属性的自定义设置
5	形状（Shapes）	实现图形样式的自定义设置
6	绘图区（Plot Area）	实现背景图片及其透明度的自定义设置

表 3-12 分析（Analytics）属性

序号	选 项	描 述
1	恒线（Constant Line）	增加自定义参考线并进行样式设置

3. 示例

选择“堆积条形图”控件，导入数据，并在“字段”窗格中将“Region”（区域）拖动到“轴”处、“SalesModel”（销售方式）拖动到“图例”处、“SalesAmount”（销售金额）拖动到“值”处，即可显示图表，如图 3-15 所示。

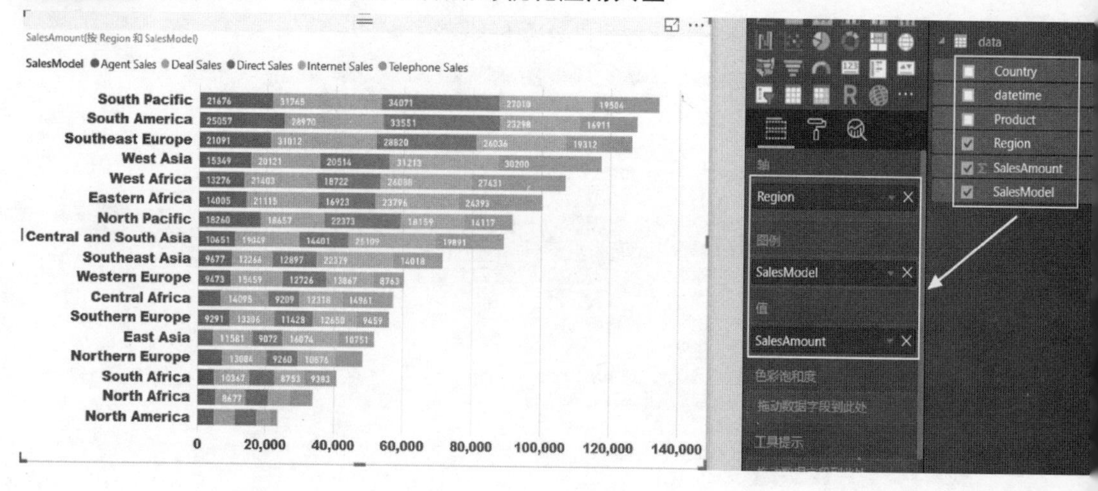

图 3-15　示例 1

选择“格式”，修改可视化效果：①打开“数据颜色”，修改数据对应的图形颜色；②将“数据标签”设置为“开”，修改“显示单位”“文本大小”“字体系列”等选项。将光标移动到堆积条形图上，观察当前分类数据信息。示例如图 3-16 所示。

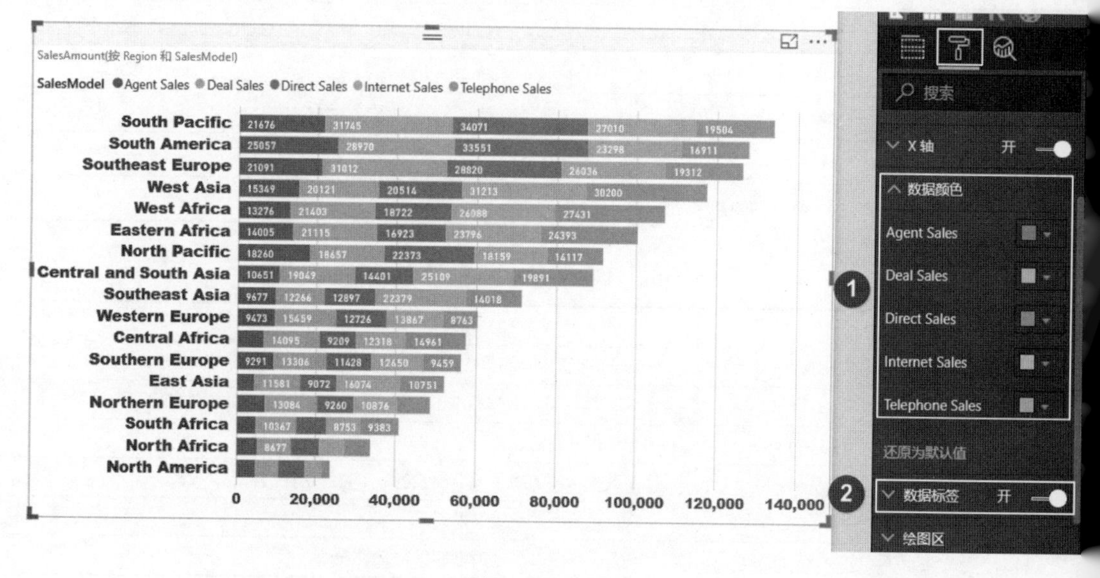

图 3-16　示例 2

4．应用场景

从图 3-17 所示的图表可直观地看出各区域总的销售情况，也能清晰地看出不同区域内同一销售方式的销售对比情况和同一区域不同销售方式的销售对比情况。

5．控件局限

- 图形系列所占比例较小，但数据比较大时，不能显示数据标签。
- 适用于分类较少的数据统计情况。

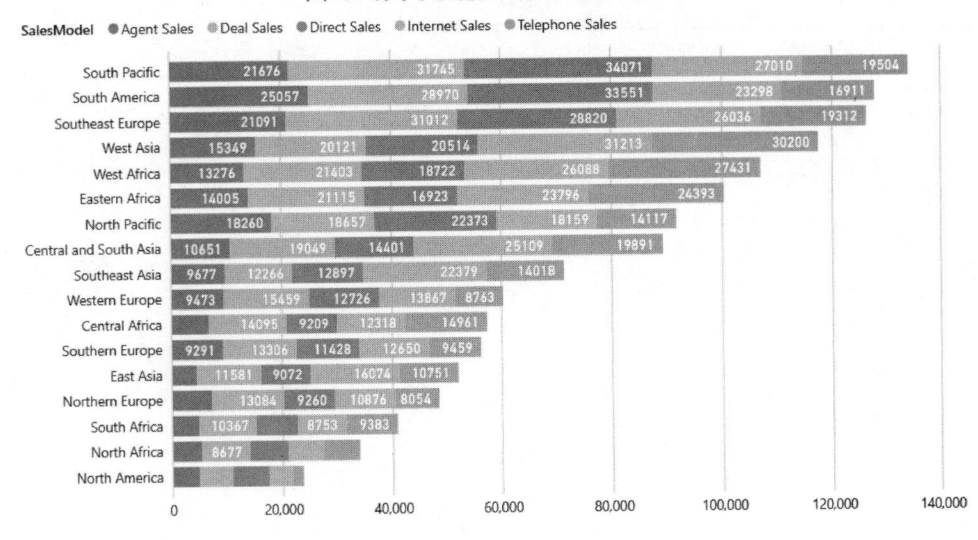

图 3-17　各区域不同销售数据图

3.2.2　簇状条形图（Clustered Bar Chart）

1．图例介绍

簇状条形图用于将不同含义的条形图组合成一张图表，将这些条形图以相邻位置摆放显示，适用于不同分类、系列之间的对比。簇状条形图示例如图 3-18 所示。

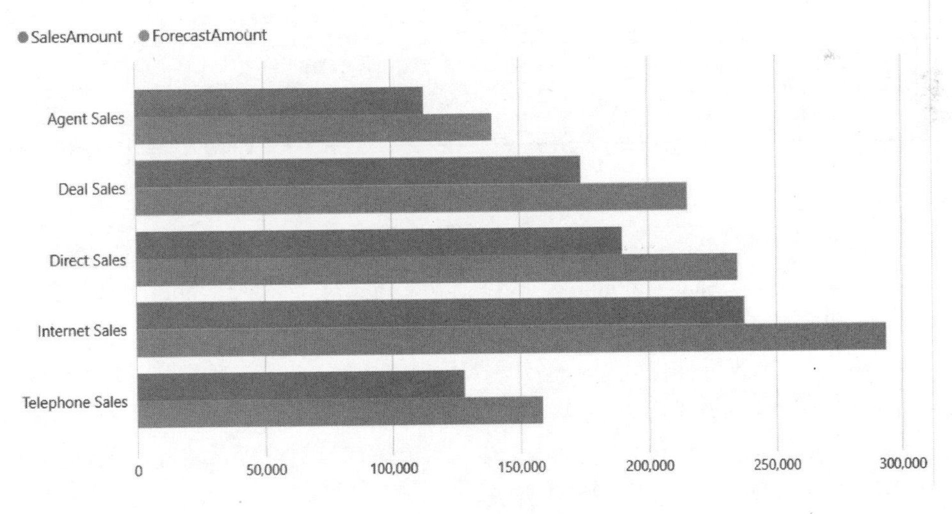

图 3-18　簇状条形图

2．属性

簇状条形图三类属性下的非公共选项及其描述见表 3-13～表 3-15。

表 3-13　字段（Fields）属性

序号	选　项	描　述
1	轴（Axis）	Y 轴的分类
2	图例（Legend）	只能选择一列，显示分类中各个系列
3	值（Value）	X 轴统计值
4	色彩饱和度（Color Saturation）	调整图表色彩饱和度

表 3-14　格式（Format）属性

序号	选　项	描　述
1	X 轴（X Axis）	实现 X 轴间距、字体大小、颜色、标题等属性的自定义调整
2	Y 轴（Y Axis）	实现 Y 轴位置、数据范围、字体大小、颜色、标题等属性的自定义设置
3	数据颜色（Data Colors）	实现图形颜色的设置
4	数据标签（Data Labels）	实现数据标签的字体大小、颜色、单位等属性的自定义设置
5	绘图区（Plot Area）	实现背景图片及其透明度的自定义设置

表 3-15　分析（Analytics）属性

序号	选　项	描　述
1	恒线（Constant Line）	增加自定义参考线并进行样式设置
2	最小值线（Min Line）	增加最小值参考线并进行样式设置
3	最大值线（Max Line）	增加最大值参考线并进行样式设置
4	平均线（Average Line）	增加平均值参考线并进行样式设置
5	中线（Median Line）	增加中位数参考线并进行样式设置
6	百分位数线（Percentile Line）	增加百分位参考线并进行样式设置

3．示例

选择“簇状条形图”控件，导入数据，并在“字段”窗格中将“SalesModel”（销售方式）拖动到“轴”处、“SalesAmount”（销售金额）与“ForecastAmount”（预测金额）拖动到“值”处，即可显示图表，如图 3-19 所示。

选择“格式”，修改可视化效果：①分别打开“X 轴”或“Y 轴”选项组，设置“文本大小”“显示单位”等；②打开“数据颜色”，修改数据对应的图形颜色；③将“数据标签”设置为“开”，修改“显示单位”“文本大小”“字体系列”等选项。将光标移动到簇条形图上，观察当前分类数据信息，如图 3-20 所示。

4．应用场景

从图 3-21 所示的图形中可清楚、直观地看到通过不同销售方式销售的小米手机和华为手机的数据对比情况。

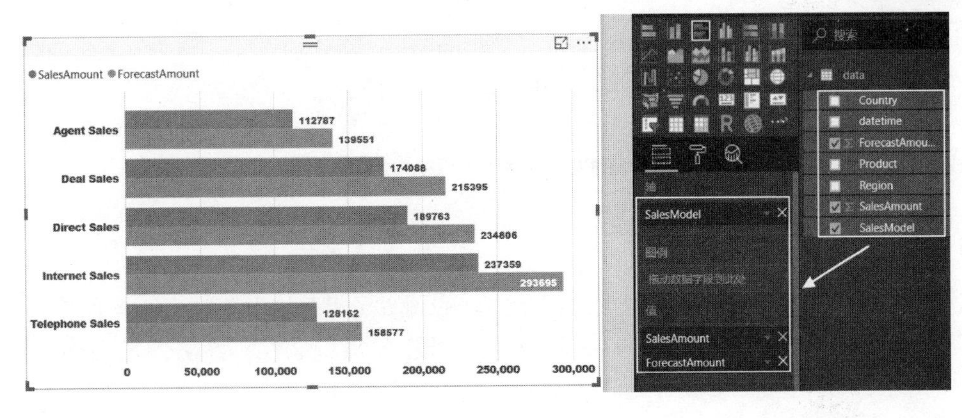

图 3-19　示例 1

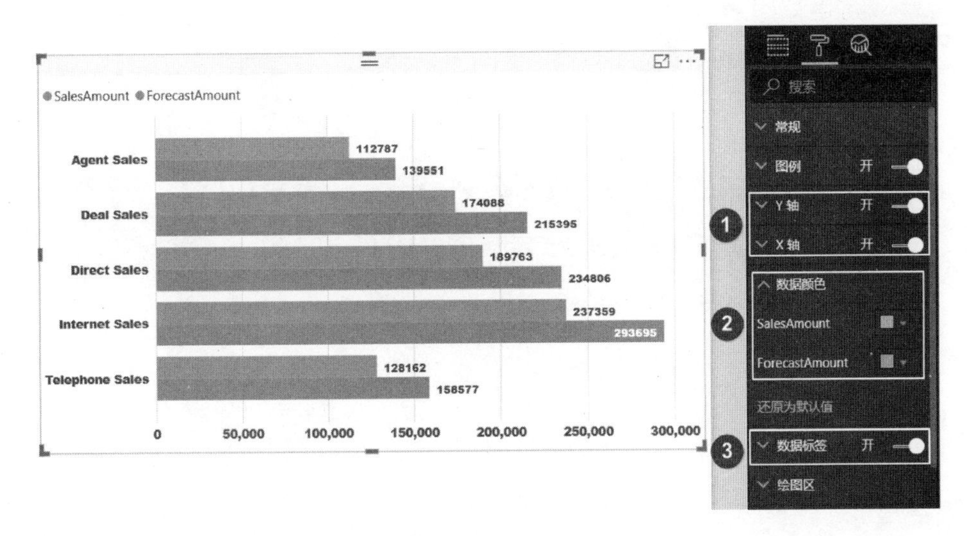

图 3-20　示例 2

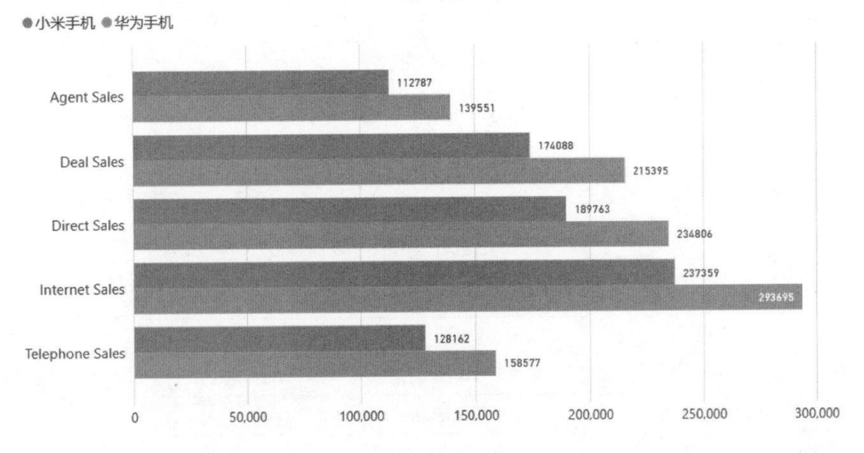

图 3-21　手机销售图

5. 控件局限

该控件的两个条形图之间无法设置间距。

3.2.3 簇状柱形图（Clustered Column Chart）

1. 图例介绍

簇状柱形图是由不同含义的柱形图组合而成的图表，将各柱形图以相邻位置摆放显示，而不是互相堆叠。它适用于不同分类、系列之间的对比和分类中各系列之间的对比，如图 3-22 所示。

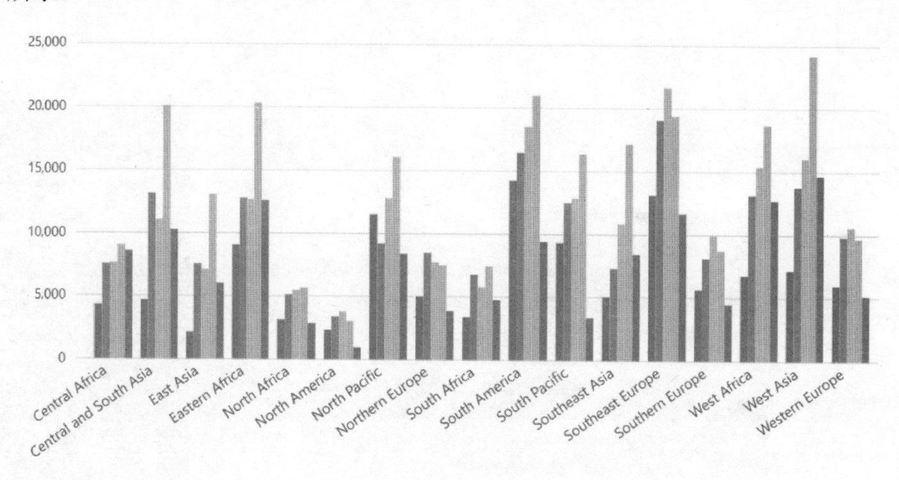

图 3-22 簇状柱形图

2. 属性

簇状柱形图三类属性下的非公共选项及其描述见表 3-16～表 3-18。

表 3-16 字段（Fields）属性

序号	选　项	描　述
1	轴（Axis）	X 轴的分类
2	图例（Legend）	只能选择一列，显示分类中各个系列
3	值（Value）	Y 轴统计值
4	色彩饱和度（Color Saturation）	调整图表的色彩饱和度

表 3-17 格式（Format）属性

序号	选　项	描　述
1	X 轴（X Axis）	实现 X 轴间距、字体大小、颜色、标题等属性的自定义调整
2	Y 轴（Y Axis）	实现 Y 轴位置、数据范围、字体大小、颜色、标题等属性的自定义设置
3	数据颜色（Data Colors）	实现图形颜色的设置
4	数据标签（Data Labels）	实现数据标签的字体大小、颜色、单位等属性的自定义设置
5	绘图区（Plot Area）	实现背景图片及其透明度的自定义设置

表 3-18 分析（Analytics）属性

序号	选 项	描 述
1	恒线（Constant Line）	增加自定义参考线并进行样式设置
2	最小值线（Min Line）	增加最小值参考线并进行样式设置
3	最大值线（Max Line）	增加最大值参考线并进行样式设置
4	平均线（Average Line）	增加平均值参考线并进行样式设置
5	中线（Median Line）	增加中位数参考线并进行样式设置
6	百分位数线（Percentile Line）	增加百分位参考线并进行样式设置

3. 示例

选择“簇状柱形图”控件，导入数据，并在“字段”窗格中将“Region”（销售区域）拖动到“轴”处、“SalesAmount”（销售金额）拖动到“值”处、“SalesModel”（销售方式）拖动到“图例”处，即可显示图表，如图 3-23 所示。

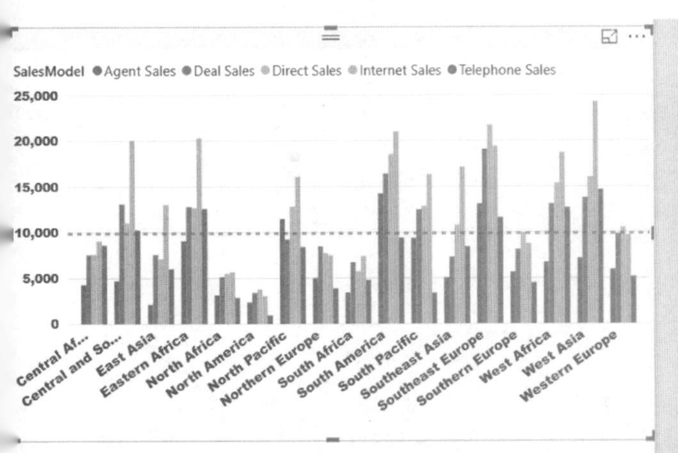

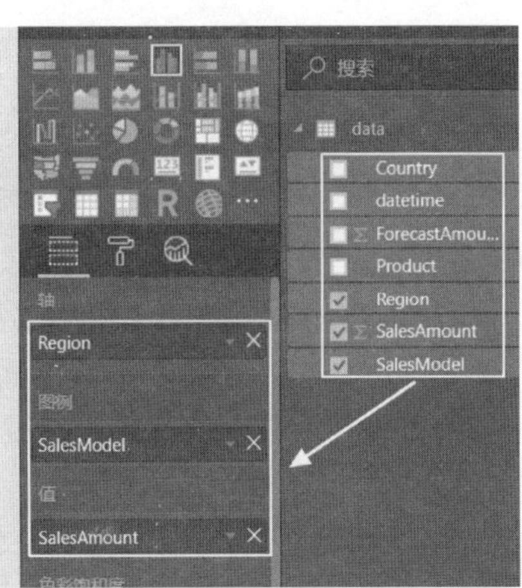

图 3-23 示例 1

设置格式和分析属性：①选择“格式”，修改自定义可视化效果，分别打开“X 轴”和 Y 轴”选项组，设置“文本大小”，调整“X 轴”中内部填充比例（即分类之间的间隙）和 Y 轴”中的“显示单位”；②打开“数据颜色”，修改数据对应的颜色；③将“数据标签”设置为“开”，修改“显示单位”“文本大小”“字体系列”等选项；④在“分析”选项卡中添加一条“度量值”为“SalesAmount”的平均线，以便查看各统计值与平均线之间的差异。操作效果图如图 3-24 所示。

4. 应用场景

从图 3-25 所示的图表中可清楚、直观地看到相同区域下不同销售方式间的数据对比情况，也能清晰地看出同一销售方式在不同区域下的数据对比情况。

5. 控件局限

组成该控件的系列条形图之间无法设置间距。

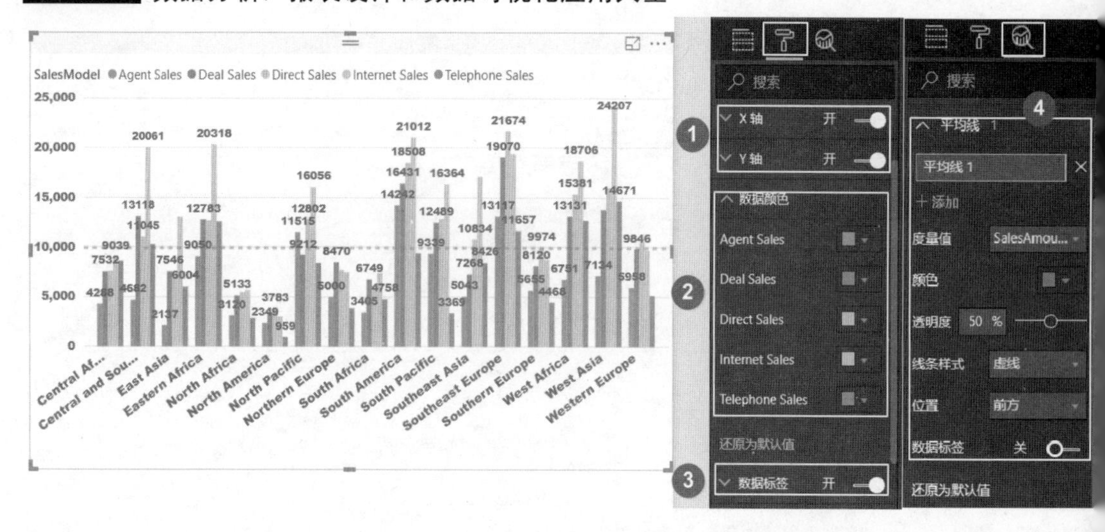

图 3-24 示例 2

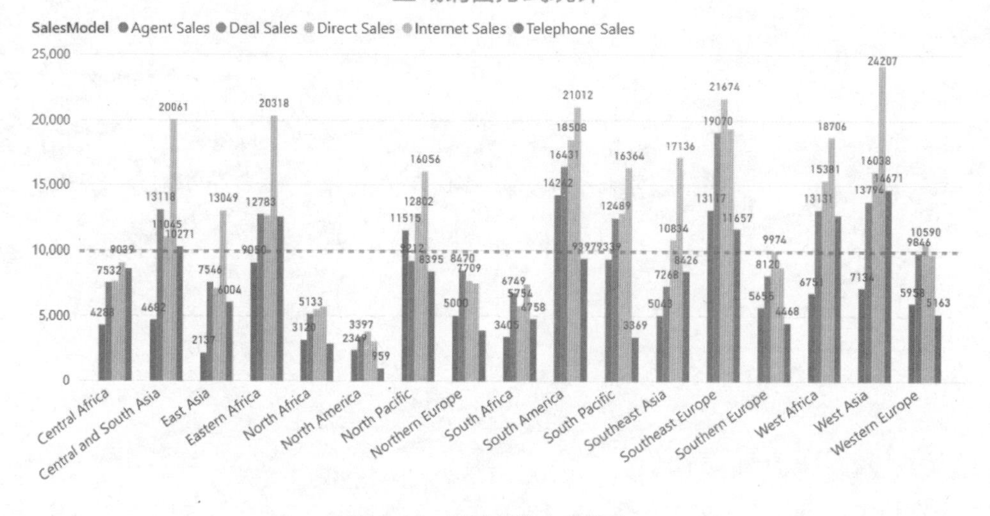

图 3-25 区域销售方式统计

3.2.4 堆积柱形图（Stacked Column Chart）

1. 图例介绍

堆积柱形图显示分类中的多个系列，系列值堆叠在相应的分类中，每个分类的值为该分类下所有系列值的总和。该图表适用于对各个分类中不同的系列进行对比。堆积柱形图示例如图 3-26 所示。

2. 属性

堆积柱形图三类属性下的非公共选项及其描述见表 3-19～表 3-21。

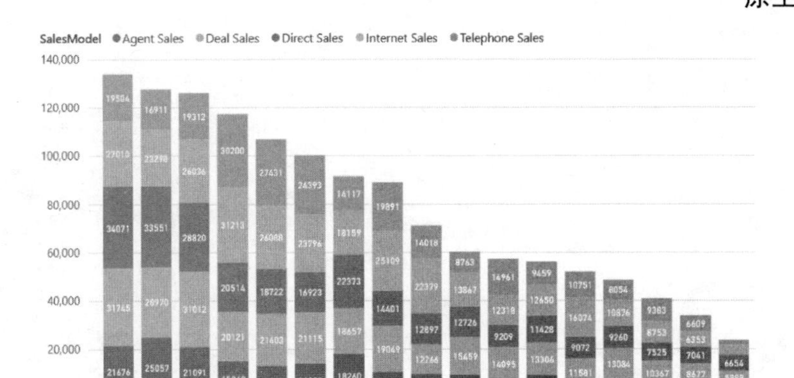

图 3-26　堆积柱形图

表 3-19　字段（Fields）属性

序号	选　　项	描　　述
1	轴（Axis）	X 轴的分类
2	图例（Legend）	只能选择一列，显示分类中各个系列
3	值（Value）	Y 轴统计数据值
4	色彩饱和度（Color Saturation）	调整图表的色彩饱和度

表 3-20　格式（Format）属性

序号	选　　项	描　　述
1	X 轴（X Axis）	实现 X 轴间距、字体大小、颜色、标题等属性的自定义调整
2	Y 轴（Y Axis）	实现 Y 轴位置、数据范围、字体大小、颜色、标题等属性的自定义设置
3	数据颜色（Data Colors）	实现图形颜色的设置
4	数据标签（Data Labels）	实现数据标签的字体大小、颜色、单位等属性的自定义设置
5	形状（Shapes）	实现图形样式的自定义设置
6	绘图区（Plot Area）	实现背景图片及其透明度的自定义设置

表 3-21　分析（Analytics）属性

序号	选　　项	描　　述
1	恒线（Constant Line）	增加自定义参考线并进行样式设置

3. 示例

选择“堆积柱形图”控件，导入数据，并在“字段”窗格中将“Region”（区域）拖动“轴”处、“SalesModel”（销售方式）拖动到“图例”处、“SalesAmount”（销售金额）拖到“值”处，即可显示图表，如图 3-27 所示。

设置格式和分析属性：①选择“格式”，修改可视化效果，打开“数据颜色”选项组，改数据对应的图表颜色；②将“数据标签”设置为“开”，修改“显示单位”“文本大小”

“字体系列”等选项；③选择“分析”，添加一条“值”为“70000”的恒线，用来表示理想指标。操作效果图如图 3-28 所示。

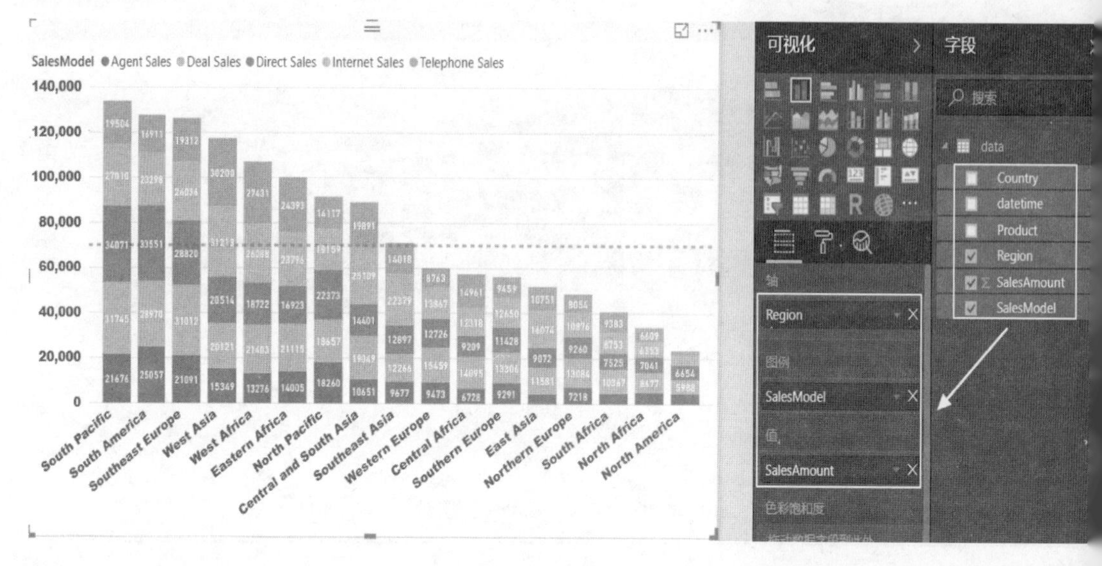

图 3-27　示例 1

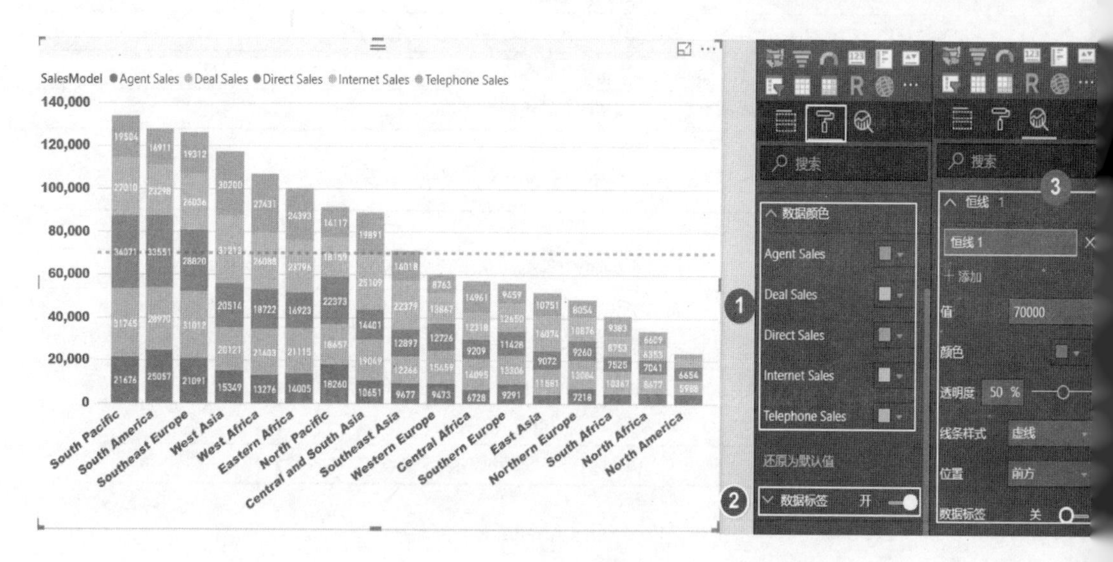

图 3-28　示例 2

4．应用场景

从图 3-29 所示的图表中可清楚、直观地看到不同区域下同一销售方式间的数据对比情况，以及各个区域销售总和的对比情况。

5．控件局限

- 图形系列所占比例较小，但数据比较大时，不能显示数据标签。
- 该控件适合具有少量分类的数据分析。

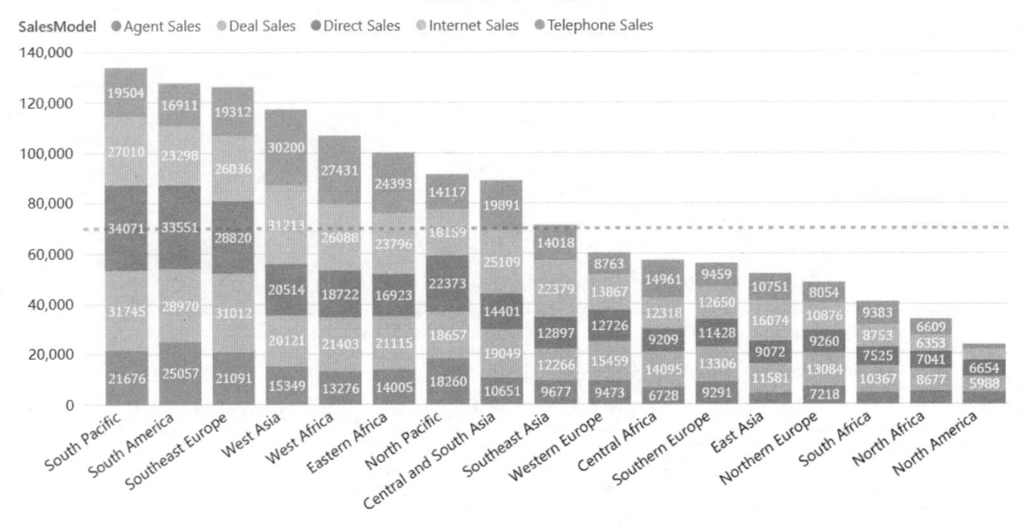

图 3-29　销售方式区域统计

.2.5　百分比堆积条形图（100% Stacked Bar Chart）

1．图例介绍

百分比堆积条形图显示分类的各系列值占该分类总值的百分比。百分比堆积条形图按照百分比进行自动设置，适用于不同分类下各系列之间的对比。百分比堆积条形图示例如图 3-30 所示。

图 3-30　百分比堆积条形图

2．属性

百分比堆积条形图三类属性下的非公共选项及其描述见表 3-22～表 3-24。

表 3-22　字段（Fields）属性

序号	选　项	描　述
1	轴（Axis）	Y 轴的分类
2	图例（Legend）	只能选择一列，显示分类中各个系列
3	值（Value）	X 轴统计值
4	色彩饱和度（Color Saturation）	调整图表的色彩饱和度

表 3-23　格式（Format）属性

序号	选　项	描　述
1	X 轴（X Axis）	实现 X 轴间距、字体大小、颜色、标题等属性的自定义调整
2	Y 轴（Y Axis）	实现 Y 轴位置、数据范围、字体大小、颜色、标题等属性的自定义设置
3	数据颜色（Data Colors）	实现图形颜色的设置
4	数据标签（Data Labels）	实现数据标签的字体大小、颜色、单位等属性的自定义设置
5	绘图区（Plot Area）	实现背景图片及其透明度的自定义设置

表 3-24　分析（Analytics）属性

序号	选　项	描　述
1	恒线（Constant Line）	增加自定义参考线并进行样式设置

3. 示例

选择“百分比堆积条形图”控件，导入数据，并在“字段”窗格中将“Region”（销
区域）拖动到“轴”处、“SalesAmount”（销售金额）拖动到“值”处、“SalesModel”（销
方式）拖动到“图例”处，即可显示图表，如图 3-31 所示。

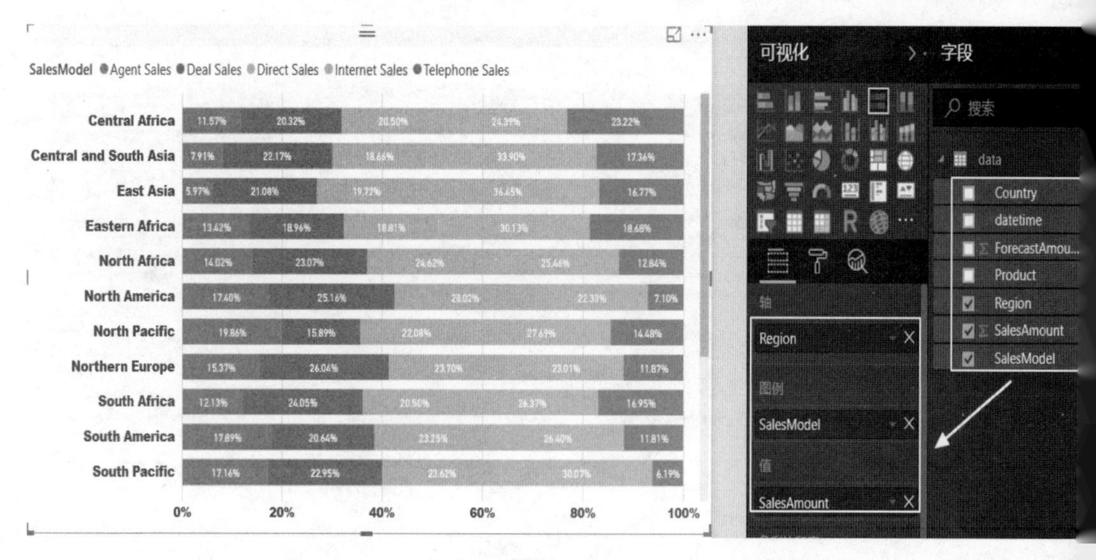

图 3-31　示例 1

选择“格式”，修改可视化效果：①打开“X 轴”和“Y 轴”选项组，设置“文本

小”，调整“X 轴”中内部填充比例（即分类之间的间隙）；②打开“数据颜色”，修改数据对应的图形颜色；③将“数据标签”设置为“开”，修改“显示单位”“文本大小”“字体系列”等选项。光标移动到图形上时将显示当前分类和系列的值及比例，如图 3-32 所示。

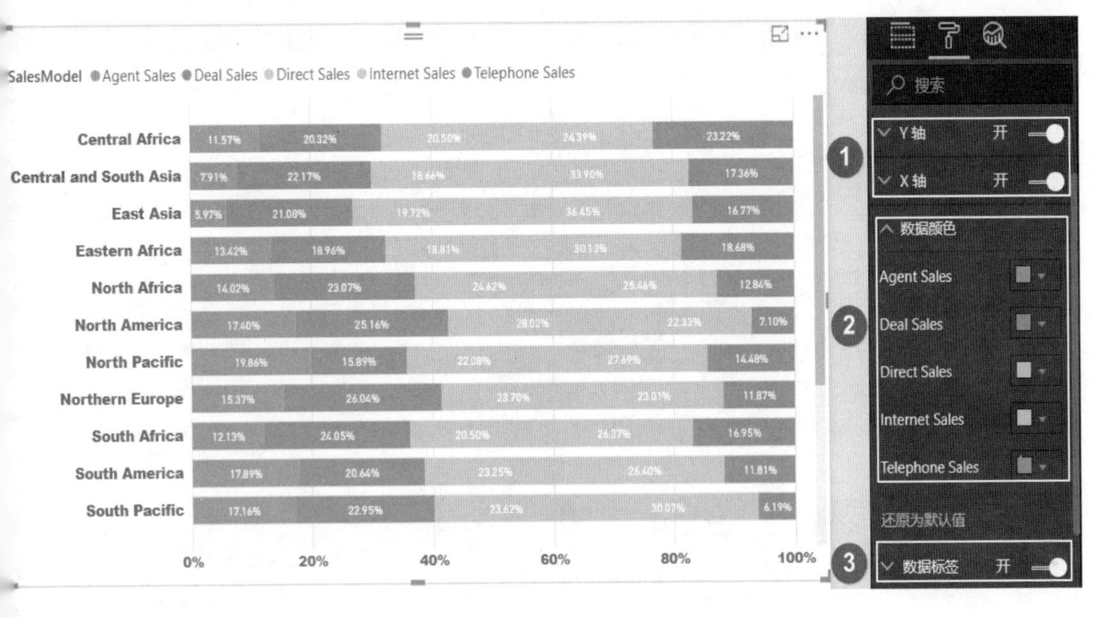

图 3-32　示例 2

4. 应用场景

从图 3-33 所示的图表中能清楚看到相同销售方式在不同区域的销售金额占比对比情况，以及同一销售方式在不同区域下的销售金额占比对比情况。

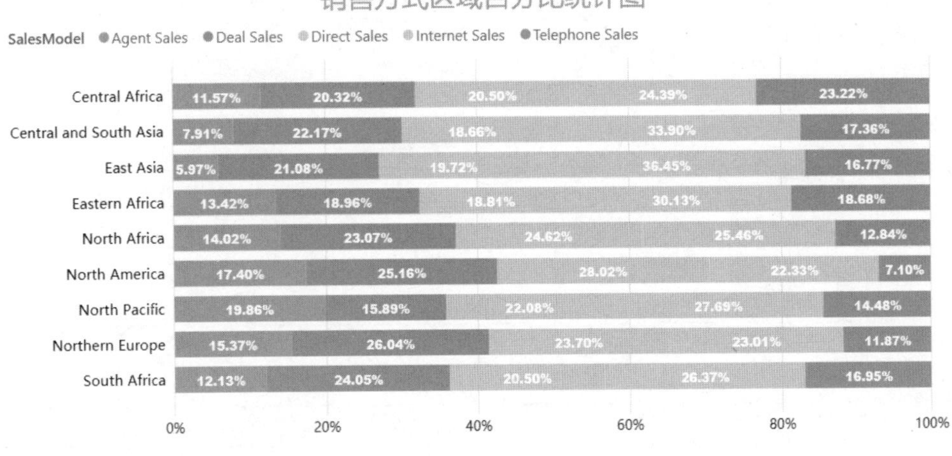

图 3-33　销售方式区域百分比统计图

5. 控件局限

该控件仅适用于分类较少的数据。

3.2.6　百分比堆积柱形图（100% Stacked Column Chart）

1. 图例介绍

百分比堆积柱形图表示分类的各系列值占该分类总值的百分比。百分比堆积柱形图按照百分比进行自动设置，适用于不同分类下各系列之间的对比。百分比堆积柱形图示例如图 3-34 所示。

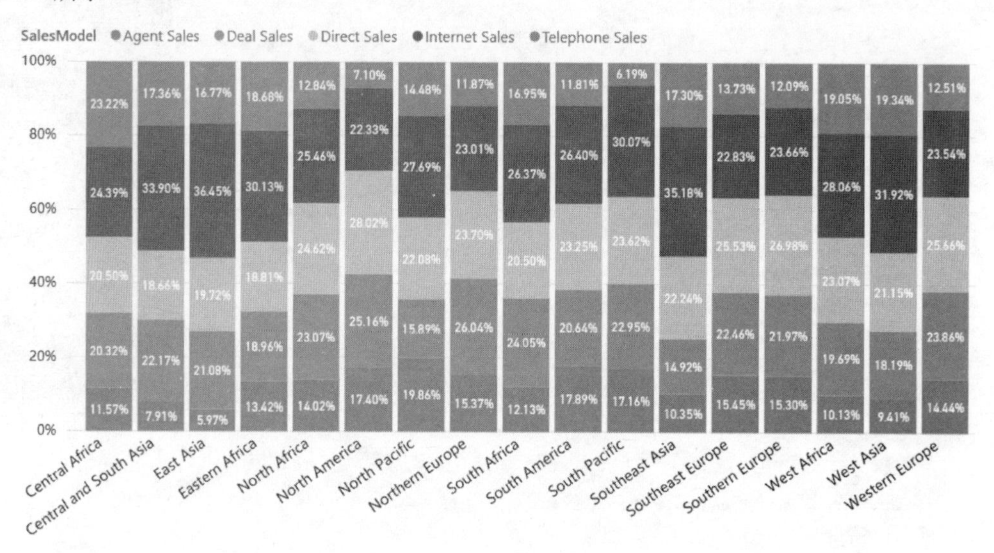

图 3-34　百分比堆积柱形图

2. 属性

百分比堆积柱形图三类属性下的非公共选项及其描述见表 3-25～表 3-27。

表 3-25　字段（Fields）属性

序号	选　项	描　述
1	轴（Axis）	X 轴的分类
2	图例（Legend）	只能选择一列，显示分类中各个系列
3	值（Value）	Y 轴统计值
4	色彩饱和度（Color Saturation）	调整图表的色彩饱和度

表 3-26　格式（Format）属性

序号	选　项	描　述
1	X 轴（X Axis）	实现 X 轴间距、字体大小、颜色、标题等属性的自定义调整
2	Y 轴（Y Axis）	实现 Y 轴位置、数据范围、字体大小、颜色、标题等属性的自定义设置
3	数据颜色（Data Colors）	实现图形颜色的设置
4	数据标签（Data Labels）	实现数据标签的字体大小、颜色、单位等属性的自定义设置
5	绘图区（Plot Area）	实现背景图片及其透明度的自定义设置

表 3-27　分析（Analytics）属性

序号	选　　项	描　　述
1	恒线（Constant Line）	增加自定义参考线并进行样式设置

3. 示例

选择“百分比堆积柱形图”控件，导入数据，并在“字段”窗格中将“Region”（销售区域）拖动到“轴”处、“SalesAmount”（销售金额）拖动到“值”处、“SalesModel”（销售方式）拖动到“图例”处，即可显示图表，如图 3-35 所示。

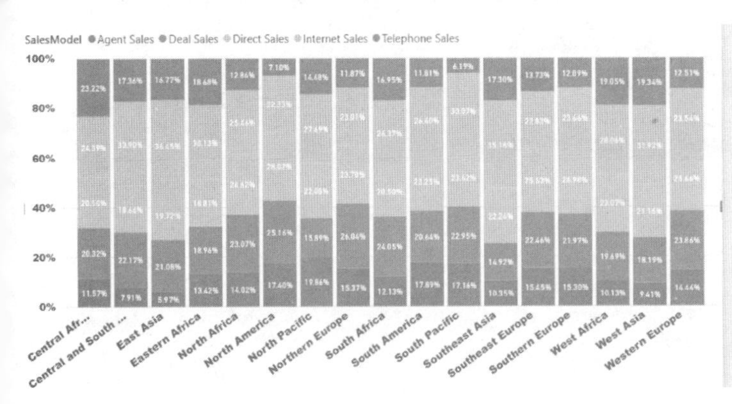

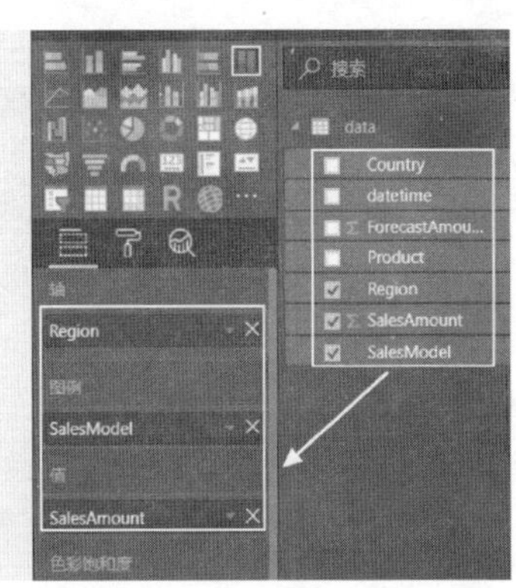

图 3-35　示例 1

选择“格式”，修改可视化效果：①打开“X 轴”和“Y 轴”选项组，设置“文本大小”，调整“X 轴”中内部填充比例（即分类之间的间隙）；②打开“数据颜色”，修改数据对应的图形颜色；③将“数据标签”设置为“开”，修改“显示单位”“文本大小”“字体系列”等选项。将光标移动到柱子上时会显示当前分类和系列的值及比例，如图 3-36 所示。

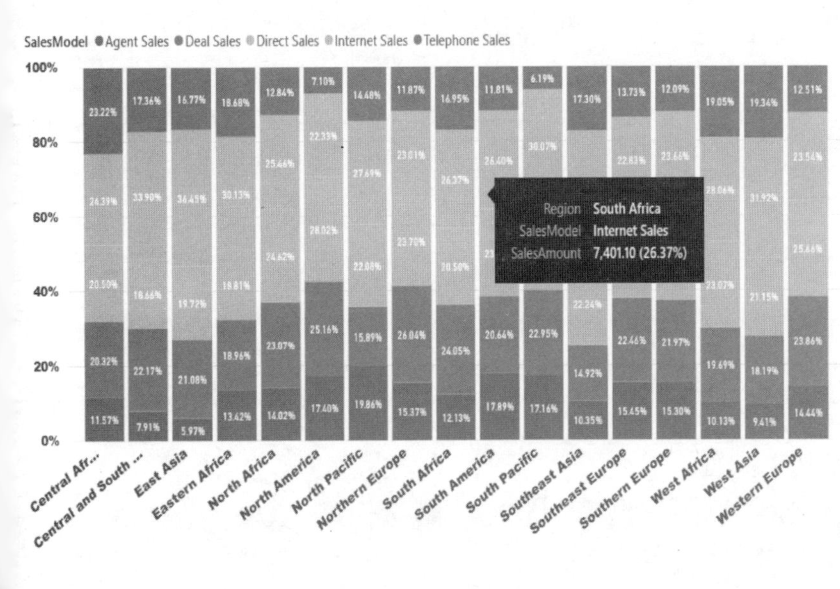

图 3-36　示例 2

4．应用场景

从图 3-37 所示的图表中能清楚看到相同销售方式在不同区域的销售金额占比对比情况，以及同一销售方式在不同区域下的销售金额占比对比情况。

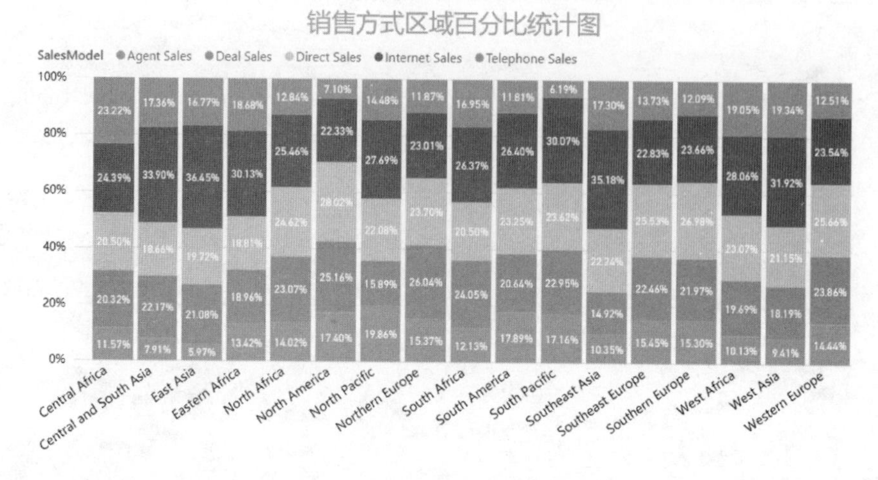

图 3-37 销售方式区域百分比统计图

5．控件局限

该控件仅适用于分类较少的数据。

3.3 组合图（Combinations Charts）

3.3.1 折线和簇状柱形图（Line and Clustered Column Chart）

1．图例介绍

这个组合图是将折线图和簇状柱形图组合在一起的图表，具有折线图和簇状柱形图的所有特点，同时，它可以在同一维度上通过折线和簇状柱形图进行不同度量间的对比展示，让图表更加清晰、明确。折线和簇状柱形图示例如图 3-38 所示。

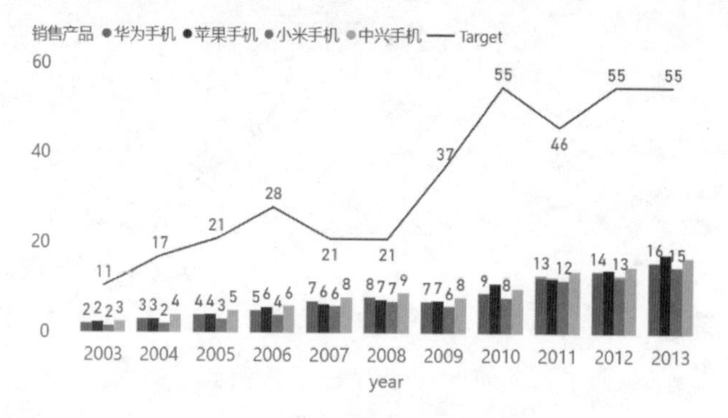

图 3-38 折线和簇状柱形图

2．属性

折线和簇状柱形图仅包含两种属性，即字段（Fields）和格式（Format）属性。这两种属性下的非公共选项及其描述见表 3-28 和表 3-29。

表 3-28　字段（Fields）属性

序号	选　项	描　述
1	共享轴（Shared Axis）	放置于水平轴的分类字段
2	列序列（Column Series）	具有不同颜色的表示系列的字段
3	列值（Column Values）	柱形图体现的度量值
4	行值（Line Values）	折线图体现的度量值

表 3-29　格式（Format）属性

序号	选　项	描　述
1	图例（Legend）	实现对图例位置、标题、样式等的调整
2	X 轴（X Axis）	实现对 X 轴间距、字体大小、颜色、标题等属性的自定义调整
3	Y 轴（Y Axis）	实现对 Y 轴位置、数据范围、字体大小、颜色、标题等属性的自定义设置
4	数据颜色（Data Colors）	实现对图形颜色的设置
5	数据标签（Data Labels）	实现对数据标签的字体大小、颜色、单位等属性的自定义设置
6	形状（Shapes）	实现对图形样式的自定义设置
7	绘图区（Plot Area）	实现对背景图片及其透明度的自定义设置

3．示例

选择“折线和簇状柱形图”控件，导入数据，并在“字段”窗格中将“year”（年份）、“Dept”（部门）、“Sales”（销售值）和“Target”（目标值）分别拖动到“共享轴”“列序列”“列值”“行值”处，即可显示图表，如图 3-39 所示。

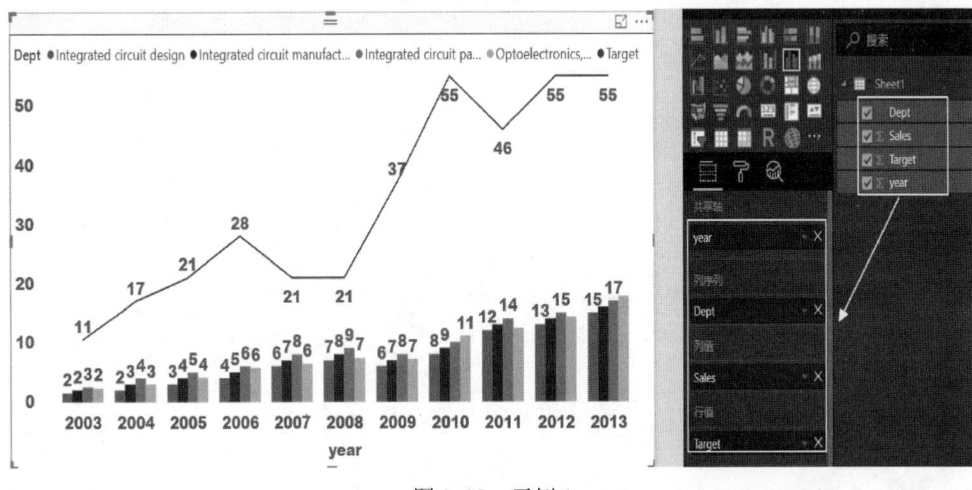

图 3-39　示例 1

参照折线图和簇状柱形图的属性设置方式进行颜色、字体等属性的设置。此处不再重复介绍。

4．应用场景

从图 3-40 所示的图表中能清楚地看出每年 4 个产品不同的销售金额（簇状柱形图），以及每年的总销售目标值（折线图）。

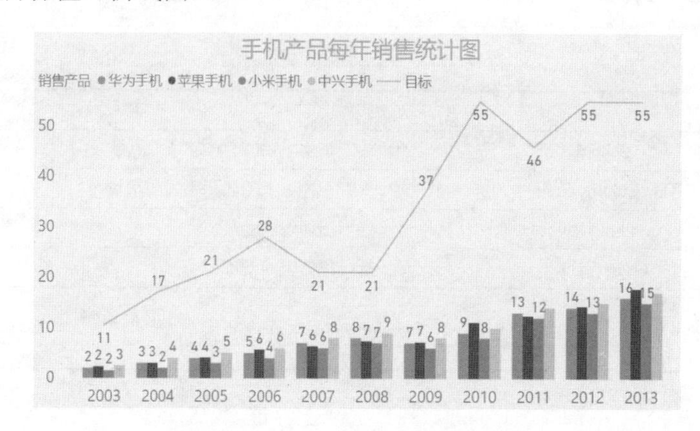

图 3-40　手机产品历年销售统计图

3.3.2　折线和堆积柱形图（Line and Stacked Column Chart）

1．图例介绍

这个组合图是将折线图和堆积柱形图组合在一起的图表，具有折线图和堆积柱形图的所有特点，同时，它可以在同一维度上通过折线图和堆积柱形图进行不同度量间的对比展示，让图表更加清晰、明确。图表示例如图 3-41 所示。

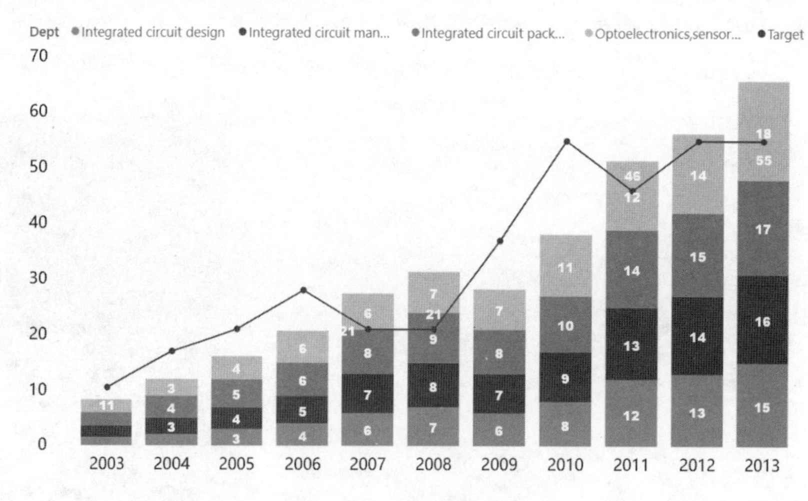

图 3-41　折线堆积柱状图

2．属性

该控件仅包含字段（Fields）和格式（Format）两种属性。这两种属性下的非公共选项及其描述见表 3-30 和表 3-31。

表 3-30　字段（Fields）属性

序号	选　　项	描　　述
1	共享轴（Shared Axis）	放置于水平轴的字段
2	列序列（Column Series）	显示颜色的分类字段
3	列值（Column Values）	柱形图体现的度量值
4	行值（Line Values）	折线图体现的度量值

表 3-31　格式（Format）属性

序号	选　　项	描　　述
1	图例（Legend）	实现对图例位置、标题、样式等的调整
2	X 轴（X Axis）	实现对 X 轴间距、字体大小、颜色、标题等属性的自定义调整
3	Y 轴（Y Axis）	实现对 Y 轴位置、数据范围、字体大小、颜色、标题等属性的自定义设置
4	数据颜色（Data Colors）	实现对柱体、折线颜色的设置
5	数据标签（Data Labels）	实现对数据标签的字体大小、颜色、单位等属性的自定义设置
6	形状（Shapes）	实现对图形样式的自定义设置
7	绘图区（Plot Area）	实现对背景图片及其透明度的自定义设置

3. 示例

选择“折线和堆积柱形图”控件，导入数据，并在“字段”窗格将“年份”“产品”“销售金额”和“目标”分别拖动到“共享轴”“列序列”“列值”“行值”处，即可显示图表，如图 3-42 所示。

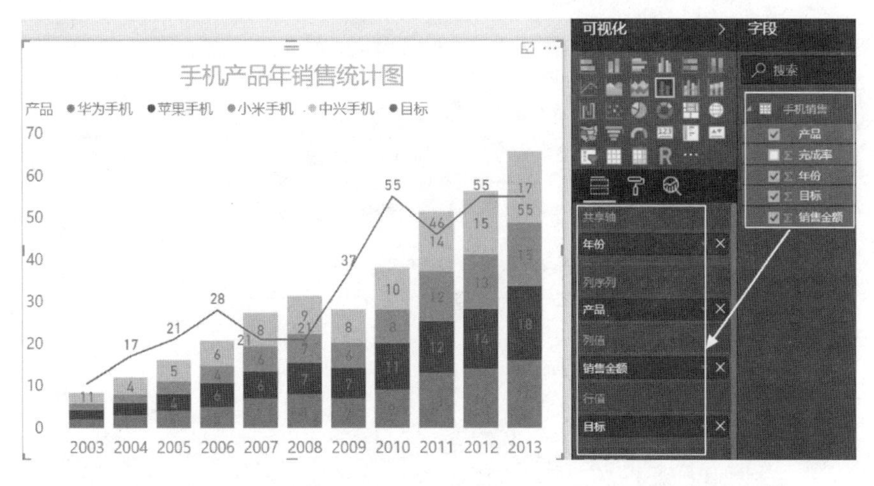

图 3-42　示例 1

参照折线图和堆积柱形图的属性设置方式进行颜色、字体等属性的设置。此处不再重复介绍。

4. 应用场景

从图 3-43 所示的图表中能清楚、直观地看出每年 4 个产品不同的销售金额（堆积柱形图），以及每年的总销售目标值（折线图）。

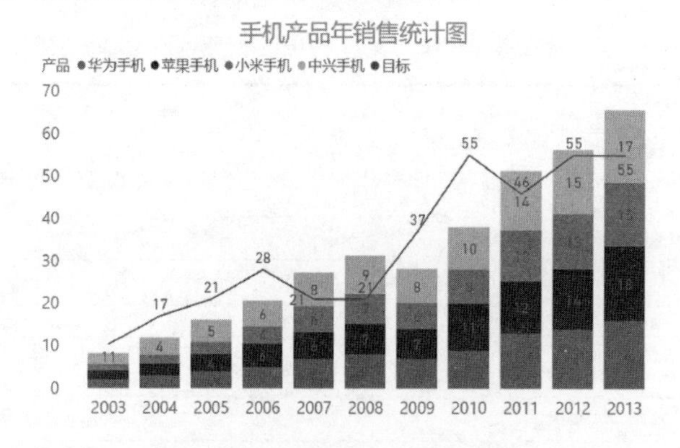

图 3-43　手机产品年销售统计图

3.4　地图（Map Charts）

3.4.1　地图（Map）

1. 图例介绍

该图表也叫气泡图，是将气泡图形展示在地图上的一种图表。它使用的是必应地图，根据数字大小确定图中的气泡大小及色彩饱和度，如果用户提供经度与纬度，就可以得到更加精确的分析。地图示例如图 3-44 所示。

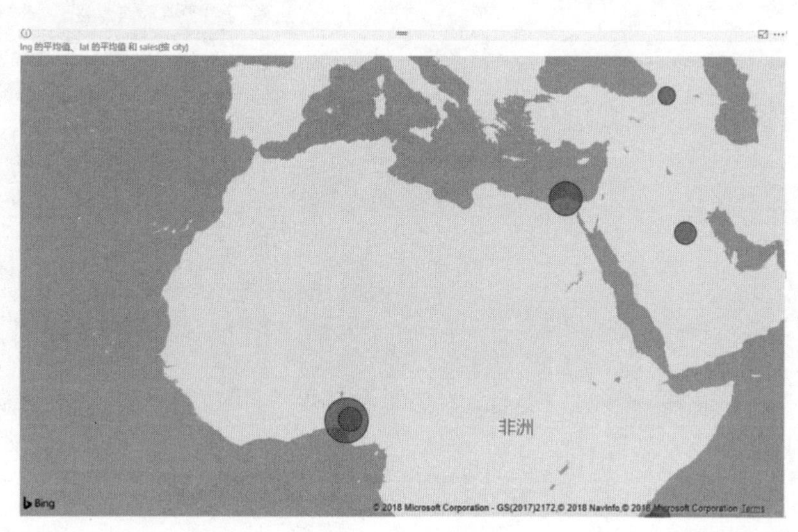

图 3-44　地图

2. 属性

该控件的属性仅包含两类，分别为字段（Fields）和格式（Format）。这两种属性下的非公共选项及其描述见表 3-32 和表 3-33。

表 3-32　字段（Fields）属性

序号	选　　项	描　　述
1	位置（Location）	表示要绘制气泡的位置，可以是国家、城市、街道等，当位置的名称相同时，需要使用经度和纬度加以辅助，以便更精确地显示位置
2	图例（Legend）	用于显示具有不同颜色的分类字段
3	纬度（Latitude）	经度与纬度组成一个坐标系，称为地理坐标系，它是一种利用三维空间的球面来定义地球表面位置的球面坐标系，能够标识地球上的任何一个位置
4	经度（Longitude）	经度与纬度组成一个坐标系，称为地理坐标系，它是一种利用三维空间的球面来定义地球表面位置的球面坐标系，能够标识地球上的任何一个位置
5	大小（Size）	对应字段为数字类型，数字越大气泡越大
6	色彩饱和度（Color Saturation）	用于确定气泡色彩饱和度，对应字段为数字类型，数字越大色彩越饱和，即颜色越深

表 3-33　格式（Format）属性

序号	选　　项	描　　述
1	数据颜色（Data Colors）	实现图形颜色的设置
2	类别标签（Category Labels）	实现数据标签的字体大小、颜色、单位等属性的自定义设置
3	气泡（Bubbles）	调整气泡大小
4	地图控件（Map Controls）	开启/关闭地图自动缩放功能
5	地图样式（Map Styles）	地图样式调整

3. 示例

选择“地图”控件，导入数据，并在“字段”窗格中将“city”拖动到“位置”处、“country”拖动到图例处、“lat”拖动到“纬度”处、“lng”拖动到“经度”处、“sales”拖动到“大小”处，即可显示相应的气泡图形，如图 3-45 所示。

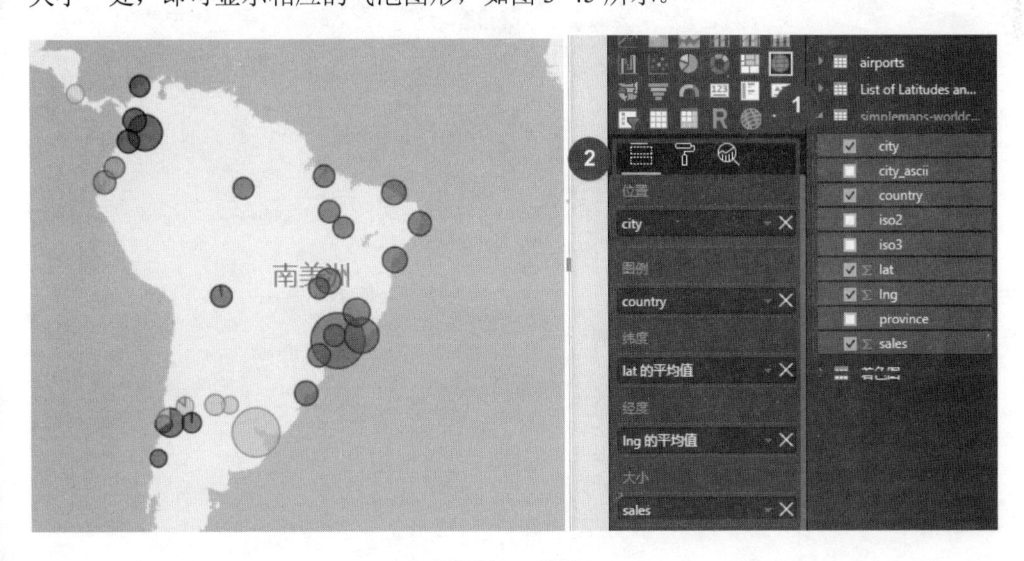

图 3-45　示例 1

选择“格式”，修改可视化效果：①将“类别标签”设置为“开”，调整“文本大小”“颜色”“显示背景”；②选择“数据颜色”，调整“最大值”和“最小值”。将光标移动到气泡图上即可显示当前区域的数据信息，如图 3-46 所示。

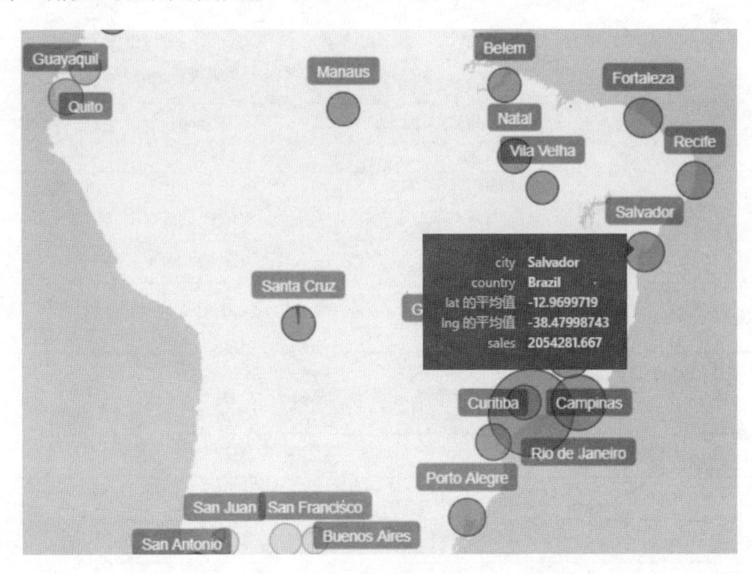

图 3-46　示例 2

4. 应用场景

图 3-47 所示的地区销售金额统计图清楚地展示了不同地区的销售金额对比情况，气泡越大说明销售金额越大，气泡越小说明销售金额越小。

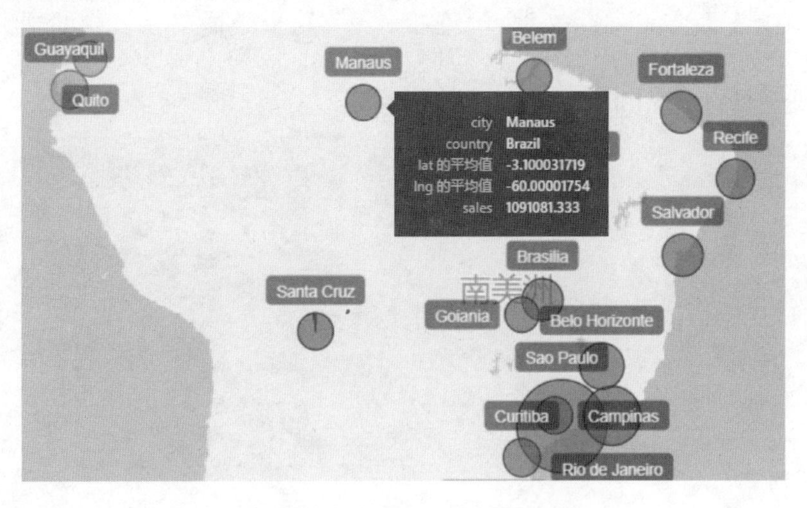

图 3-47　地区销售金额统计图

5. 控件局限

- 不可更改图形样式。
- “数据颜色”不能设置数据颜色中间值。

● 不能在地图上直观显示销售金额。

3.4.2 着色地图（Filled Map）

1. 图例介绍

着色地图使用明暗度、颜色或图案来显示不同地理位置或区域之间的值在比例上有何不同，使用从浅到深的明暗度快速显示这些相对差异。Power BI 与之集成（联网才能使用），提供默认地图坐标（一个称为地理编码的过程）。在创建地图可视化效果时，“位置”“纬度”和“经度”选项中的数据（用于创建该可视化效果）将发送到必应。着色地图示例如图 3-48 所示。

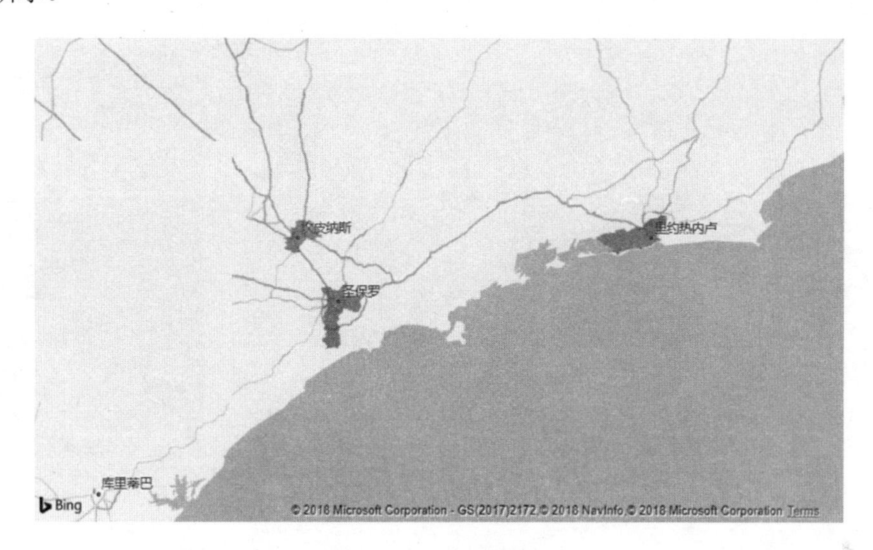

图 3-48 着色地图

2. 属性

该控件的属性仅包含两类，分别为字段（Fields）和格式（Format）。这两种属性下的共选项及其描述见表 3-34 和表 3-35。

表 3-34 字段（Fields）属性

序号	选 项	描 述
1	位置（Location）	表示要填充颜色或图案的位置，可以是国家、城市、街道等，当位置的名称相同时，需要使用经度和纬度来精确显示位置
2	图例（Legend）	用于显示具有不同颜色的分类字段
3	纬度（Latitude）	经度与纬度组成一个坐标系，称为地理坐标系，它是一种利用三维空间的球面来定义地球表面位置的球面坐标系，能够标识地球上的任何一个位置
4	经度（Longitude）	经度与纬度组成一个坐标系，称为地理坐标系，它是一种利用三维空间的球面来定义地球表面位置的球面坐标系，能够标识地球上的任何一个位置
5	色彩饱和度（Color Saturation）	用于确定气泡色彩饱和度的值，对应字段为数字类型，数字越大色彩越饱和，即颜色越深

表 3-35　格式（Format）属性

序号	选　项	描　述
1	数据颜色（Data Colors）	实现填充颜色的设置
2	地图控件（Map Controls）	开启/关闭地图自动缩放功能
3	地图样式（Map Styles）	地图样式调整

3．示例

选择“着色地图”控件，导入数据，并将“字段”窗格中的“位置”拖动到“字段”选项卡中的“位置”处、“销量”拖动支“色彩饱和度”处，即可显示相应的着色地图，如图 3-49 所示。

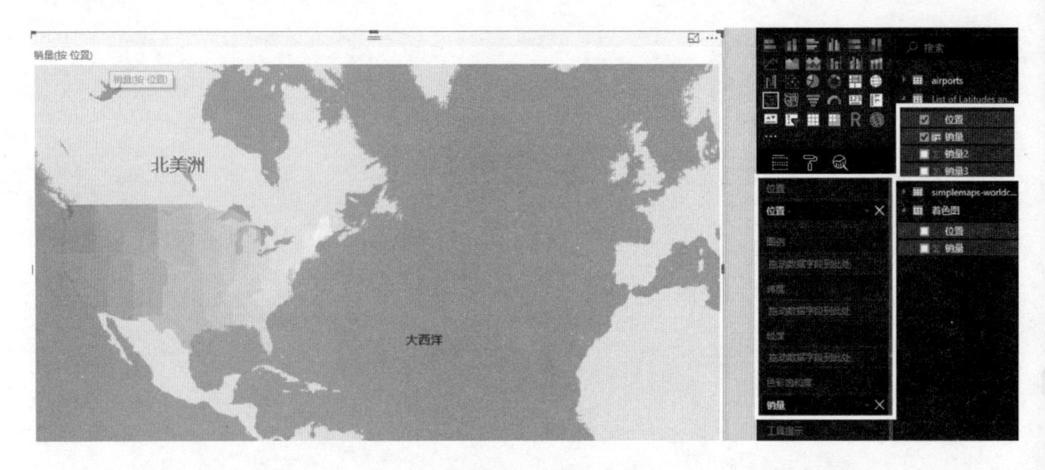

图 3-49　示例 1

选择“格式”，修改可视化效果，在“数据颜色”选项组中调整“最大值”和“最小值”中的颜色。将光标移动到地图上即可显示当前区域的数据信息，如图 3-50 所示。

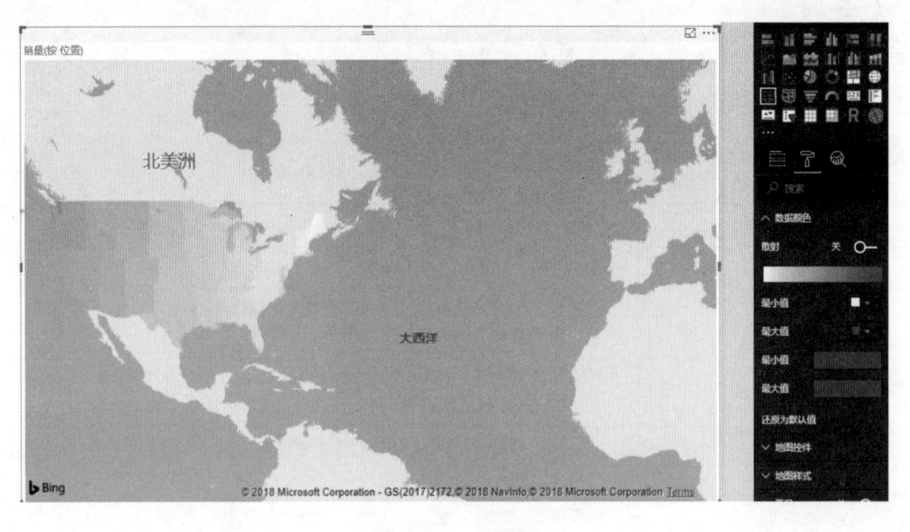

图 3-50　示例 2

4. 应用场景

图 3-51 所示的地图清楚地展示了各地区的销售金额对比情况，颜色越深说明销售金额越大，颜色越浅销售说明金额越小。

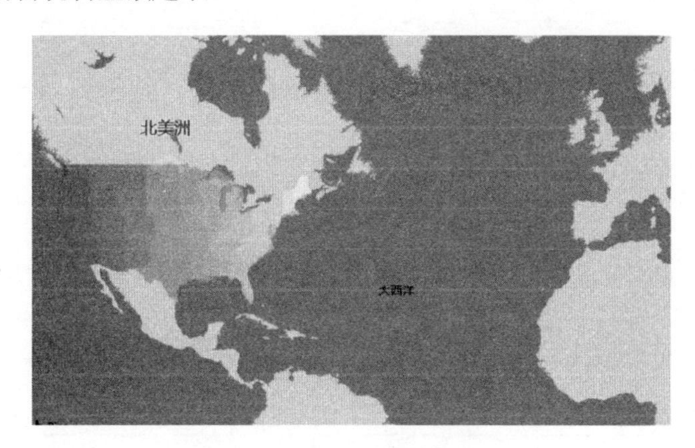

图 3-51　地区销售金额统计

5. 控件局限

- 不能显示各地区的名字。
- 不能直观显示各地的销售金额。

3.4.3　ArcGIS 地图（ArcGIS Maps for Power BI）

1. 图例介绍

ArcGIS 地图是地图图表的升级版，拥有地图图表的所有功能，同时提供了更高级、更丰富的编辑功能（如更换底图、设置地图主题、设置符号样式等）。ArcGIS 地图示例如图 3-52 所示。

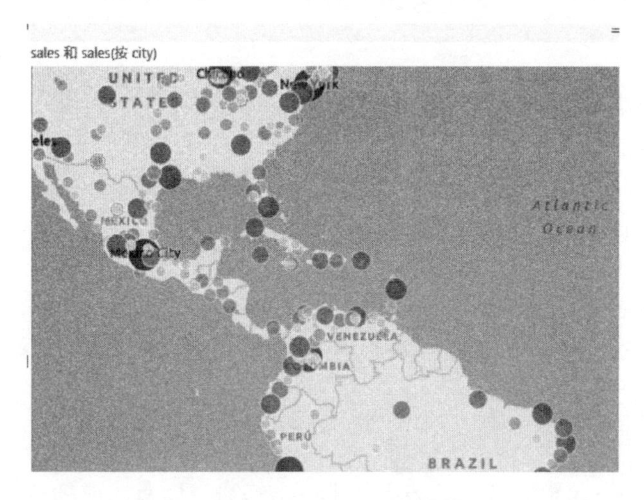

图 3-52　ArcGIS 地图

2．属性

该控件的属性仅包含两类，分别为字段（Fields）和格式（Format）。这两种属性下的非公共选项及其描述见表3-36和表3-37。

表3-36 字段（Fields）属性

序号	选　项	描　述
1	位置（Location）	即绘制图形的位置，可以是国家、城市、街道等，当位置的名称相同时，需要使用经度和纬度加以辅助以便更精确地显示位置
2	图例（Legend）	用于显示具有不同颜色的分类字段
3	纬度（Latitude）	经度与纬度组成一个坐标系，称为地理坐标系，它是一种利用三维空间的球面来定义地球表面位置的球面坐标系，能够标识地球上的任何一个位置
4	经度（Longitude）	经度与纬度组成一个坐标系，称为地理坐标系，它是一种利用三维空间的球面来定义地球表面位置的球面坐标系，能够标识地球上的任何一个位置
5	大小（Size）	对应字段为数字类型，数字越大气泡越大
6	颜色（Color）	用于确定图形色彩饱和度的值，对应字段为数字类型，数字越大色彩越饱和，即颜色越深

表3-37 格式（Format）

序号	选　项	描　述
1	底图（Basemap）	选择地图背景
2	地图主题（Map Theme）	设置地图主题，包括位置、热点、大小、颜色、聚类等
3	符号样式（Symbol Style）	调整地图上的符号样式，包括正方形、圆形、菱形
4	大头针（Pins）	标注特殊位置
5	行驶时间（Drive Time）	范围区域的选择
6	参考图层（Reference Layer）	该控件中可选择人口统计信息层，这些图层可以为Power BI的数据提供相关的对照信息
7	信息图表（Infographics）	可以选择人口统计、年龄、收入、房产权、生育、教育等

3．示例

1）选择“ArcGIS Maps for Power BI”控件，导入数据，并在“字段”窗格中将“位置”拖动到“字段”选项卡中的“位置”处、“销量”拖动到“大小”和“色彩饱和度”处，即可在地图中显示数据信息。如图3-53中的步骤①和步骤②。

2）单击地图控件右上角“...”→“编辑”进入格式属性模式。

3）在“底图”中选择“街道图”。

4）在“地图主题”选项组中设置“大小”和“颜色”。

5）在“大头针”处搜索需要重点标注的城市“Washington”。最终效果如图3-54所示。

4．应用场景

图3-54所示的地图中清楚地展示了各地区的销售金额对比情况，气泡越大说明销售金额越大，气泡越小销售金额越小。同时还能清楚地看到各地区间的交通路线。

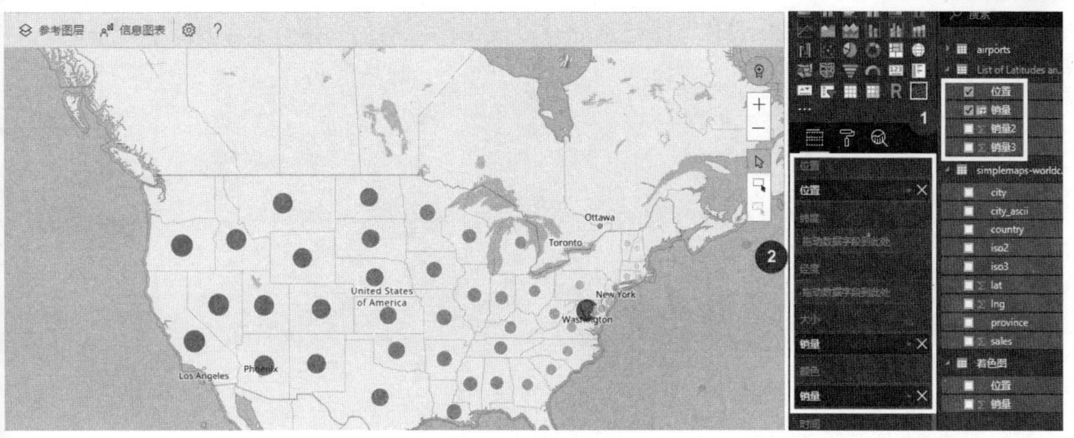

图 3-53　示例 1

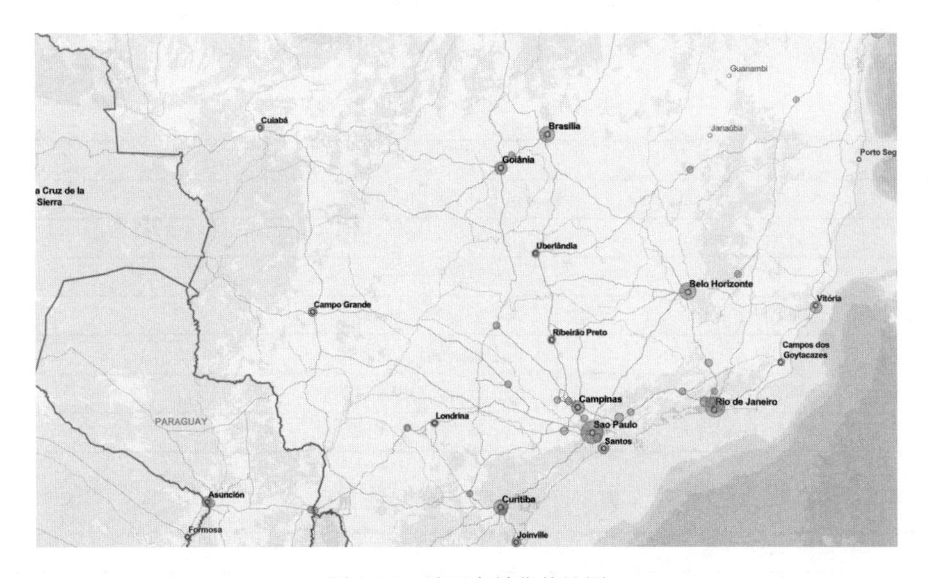

图 3-54　地区市销售统计图

5．控件局限

该控件中不能设置数据最小值和最大值对应的颜色。

3.5　其他图表控件（Other Charts）

3.5.1　散点图（Scatter Chart）

1．图例介绍

散点图将数据显示为一组点（提供多种图形），值由点在图表中的位置表示，类别由图表中的不同颜色标识，数据大小由图表中的图形大小表示。散点图通常用于比较跨类别的聚合数据，判断两变量之间是否存在某种关联或总结坐标点的分布模式，如图 3-55 所示。

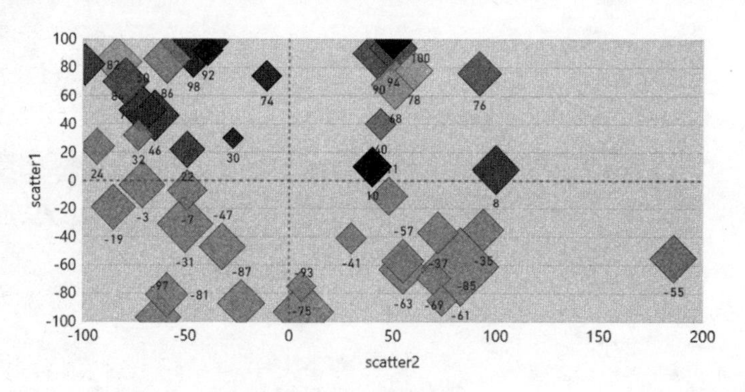

图 3-55　散点图

2. 属性

散点图三类属性下的非公共选项及其描述见表 3-38～表 3-40。

表 3-38　字段（Fields）属性

序号	选　项	描　述
1	详细信息（Details）	用于显示明细的字段
2	图例（Legend）	用于显示具有颜色的分类字段
3	X 轴（X Axis）	需要放置于 X 轴的字段
4	Y 轴（Y Axis）	需要放置于 Y 轴的字段
5	大小（Size）	用于确定值大小的字段
6	色彩饱和度（Color Saturation）	用于确定色彩饱和度的值
7	播放轴（Play Axis）	用于播放动画效果的字段

表 3-39　格式（Format）属性

序号	选　项	描　述
1	X 轴（X Axis）	实现对 X 轴字体大小、颜色、标题等属性的自定义设置
2	Y 轴（Y Axis）	实现对 Y 轴字体大小、颜色、标题等属性的自定义设置
3	形状（Shapes）	实现对散点图形状及大小的设置
4	绘图区（Plot Area）	实现对背景图片及其透明度的自定义设置
5	按类别标注颜色（Color by Category）	按类别标注图形的颜色

表 3-40　分析（Analytics）属性

序号	选　项	描　述
1	X 轴恒线（X Axis Constant Line）	设置恒线在 X 轴的位置、线条样式等
2	Y 轴恒线（Y Axis Constant Line）	设置恒线在 Y 轴的位置、线条样式等
3	对称底纹（Symmetry Shading）	设置上部底纹和下部底纹的颜色等

3. 示例

选择“散点图”控件，导入数据，并将右边的字段“scatter1”“scatter2”“scatter3”拖动到图 3-56 所示的位置。

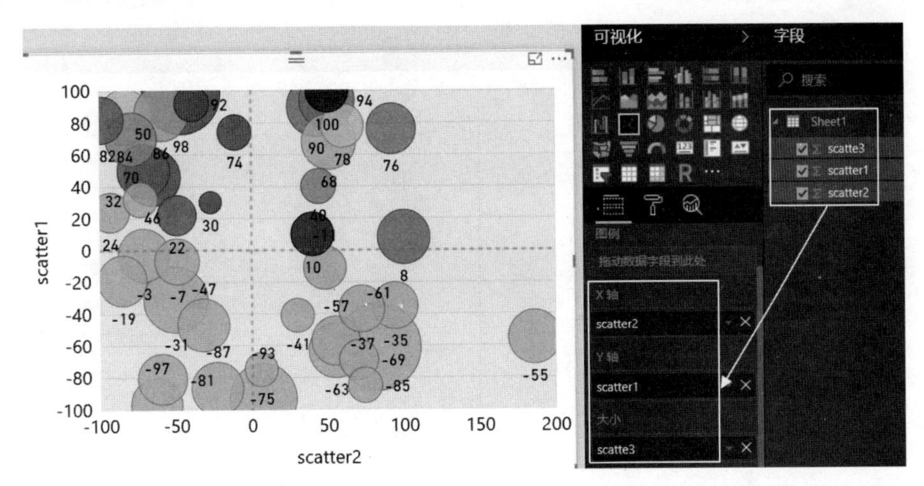

图 3-56　示例 1

在“格式”选项卡的“形状”→“标记形状”下拉列表框中选择符合要求的散点图形，在“数据颜色”中设置各类数据相应的颜色，如图 3-57 所示。

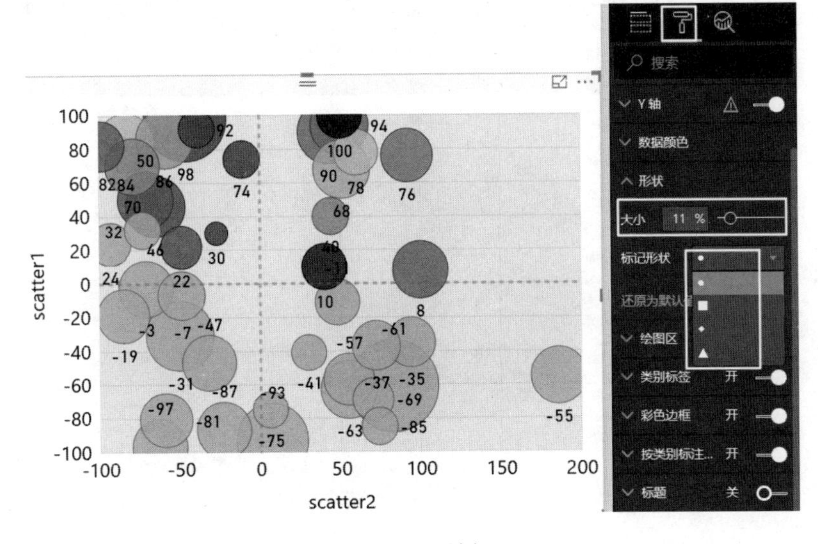

图 3-57　示例 2

4．应用场景

根据图 3-58 所示的散点图，女性身高集中在 160cm～170cm 之间，体重集中在 45kg～60kg，而男性身高集中在 175cm～185cm 之间，体重集中在 70kg～90kg。其中女性体重最大为 105.2kg（个人），男性体重最大为 116.4kg（个人），身高 170cm～180cm、体重 60kg～80kg 的人群占比最大。

5．控件局限

该控件仅适用于较少维度数据间的比较。

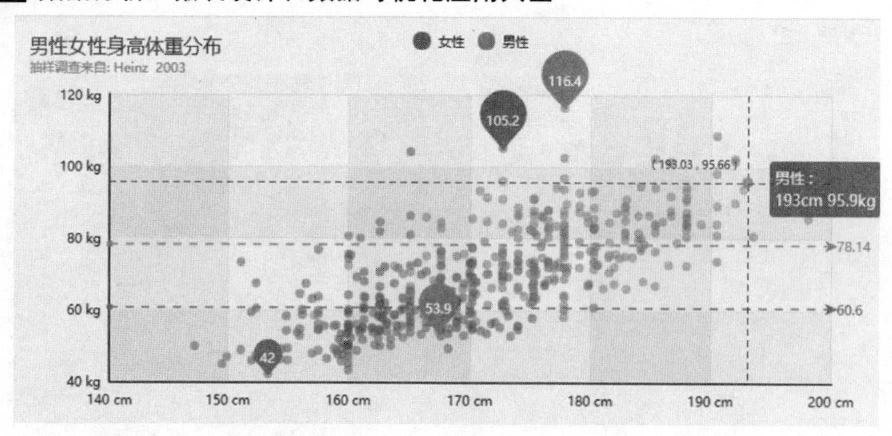

图 3-58　男女身高体重分布图

3.5.2　饼图（Pie Chart）

1．图例介绍

饼图是一个将圆形按分类切片来说明各分类的数据所占比例的图表，在饼图中，每个切片面积与其所代表的数量成正比。饼图示例如图 3-59 所示。

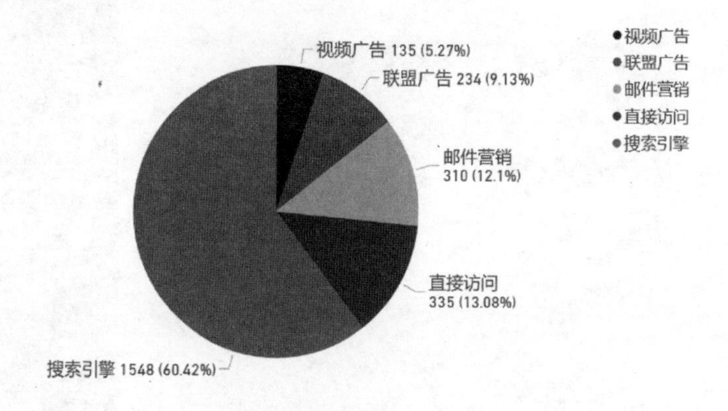

图 3-59　饼图

2．属性

该控件的属性仅包含两类，分别为字段（Fields）和格式（Format）。这两类属性下的主要公共选项及其描述见表 3-41 和表 3-42。

表 3-41　字段（Fields）属性

序号	选　项	描　述
1	图例（Legend）	用于显示具有不同颜色的分类字段
2	详细信息（Details）	显示在饼图上的详细信息
3	值（Values）	饼图体现的度量值

表 3-42 格式（Format）属性

序号	选 项	描 述
1	图例（Legend）	实现对图例位置、标题、文本等的调整
2	数据颜色（Data Colors）	实现对各个图例颜色的设置

3. 示例

选择“饼图”控件，导入数据，并将右边的字段“Column1”“Column2”拖动到对应的位置，如图 3-60 所示。

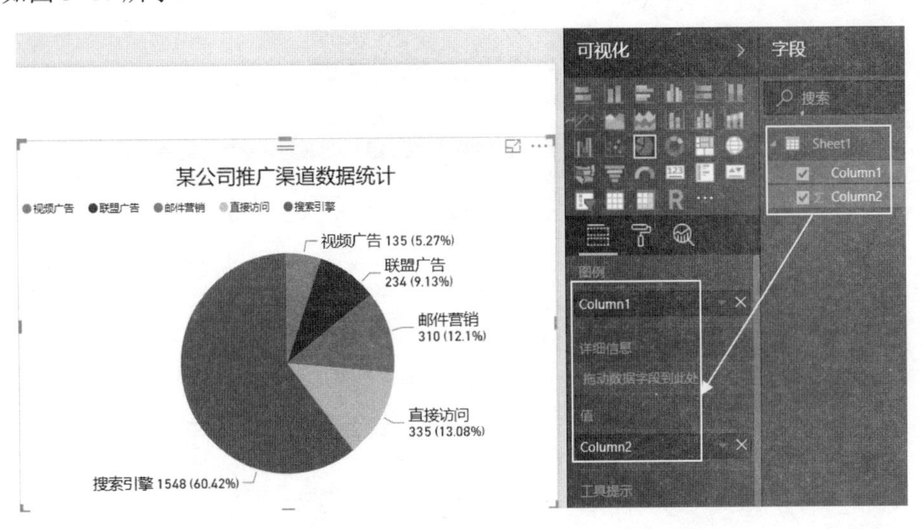

图 3-60 示例 1

选择“格式”，修改可视化效果，通过“数据颜色”设置不同数据对应的颜色，如图 3-61 所示。

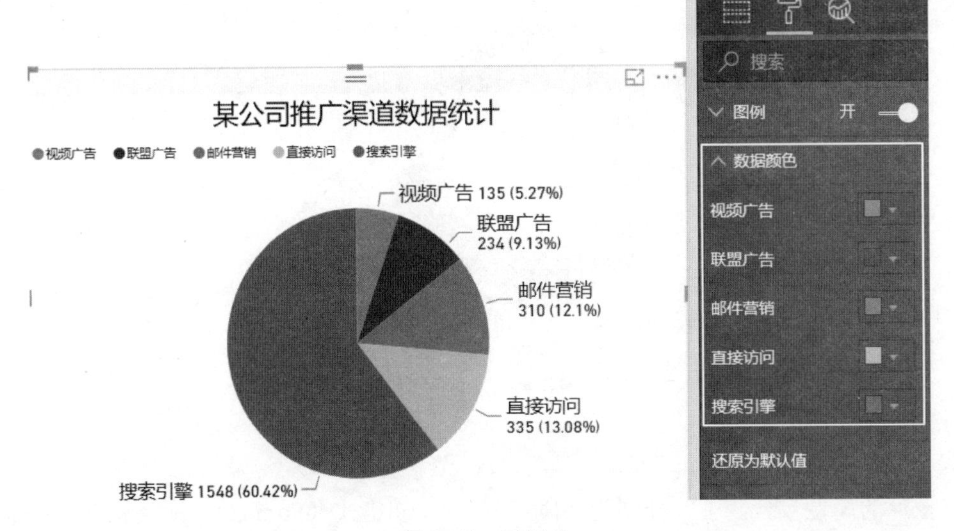

图 3-61 示例 2

4. 应用场景

从图 3-62 所示的饼图中可以清楚看出该公司共有 5 种推广渠道，其中“搜索引擎”的推广方式在所有推广方式中所占比重最大（60.42%），而“视频广告”所占比重最小（5.27%）。

某公司推广渠道数据统计

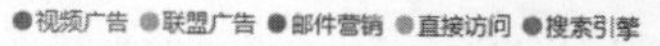

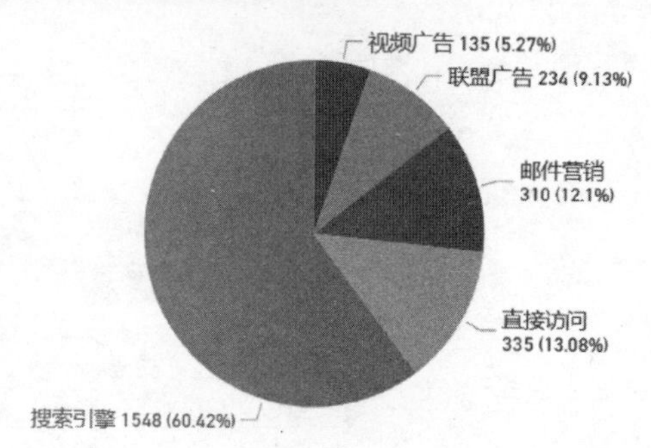

图 3-62　推广渠道数据统计

5. 控件局限

该控件中无法进行数据下钻。

3.5.3　环形图（Donut Chart）

1. 图例介绍

环形图显示各分类数据占数据总量的比例，用不同的颜色区分不同分类，如图 3-63 所示。

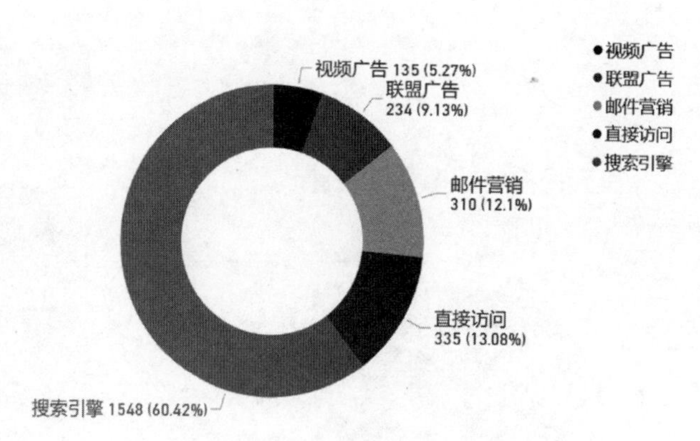

图 3-63　环形图

2. 属性

该控件的属性包含两类，分别为字段（Fields）和格式（Format）。两类属性下的非公共选项及其描述见表 3-43 和表 3-44。

表 3-43　字段（Fields）属性

序号	选　项	描　述
1	图例（Legend）	用于显示不同颜色的分类字段
2	详细信息（Details）	显示在饼图上的详细信息
3	值（Values）	饼图体现的度量值

表 3-44　格式（Format）属性

序号	选　项	描　述
1	图例（Legend）	实现对图例位置、标题、文本等的调整
2	数据颜色（Data Colors）	实现对各个图例颜色的设置

3. 示例

选择“环形图”控件，导入数据，并将右边的字段“Column1”“Column2”拖动到对应的位置，如图 3-64 所示。

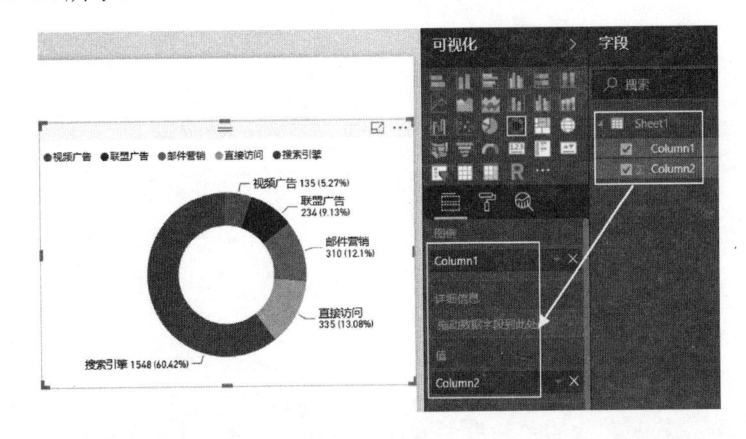

图 3-64　示例 1

选择“格式”，修改可视化效果，在“数据颜色”选项组中设置不同数据对应的颜色，如图 3-65 所示。

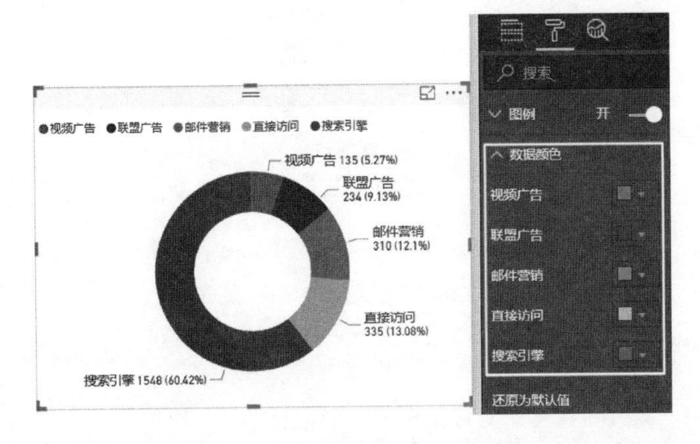

图 3-65　示例 2

4．应用场景

从图 3-66 所示的环形图中可以清楚地看出该公司共有 5 种推广渠道，其中“搜索引擎”推广方式占比最大（60.42%），而“视频广告”占比最小（5.27%）。

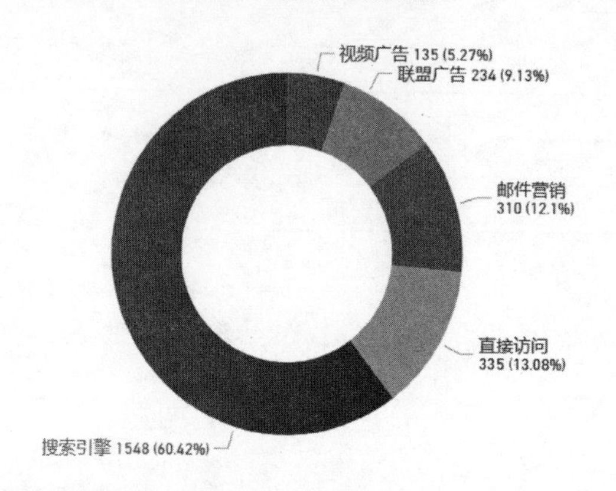

图 3-66　推广渠道数据统计

5．控件局限

该控件中无法进行数据下钻。

3.5.4　表（Table）

1．图例介绍

表是以行和列表示的包含相关数据的网格。它还包含表头和合计行。在表中可以进行数量比较，也可以查看各分类下的数据值。表的示例如图 3-67 所示。

Region	Country	Product	SalesModel	SalesAmount
Central Africa	Angola	Apparel	Deal Sales	265.20
Central Africa	Angola	Apparel	Internet Sales	197.33
Central Africa	Angola	Auto parts	Deal Sales	470.45
Central Africa	Angola	Electric	Agent Sales	212.09
Central Africa	Angola	Electric	Deal Sales	259.48
Central Africa	Angola	Electric	Internet Sales	472.15
Central Africa	Angola	Electric	Telephone Sales	177.81
Central Africa	Angola	Food	Direct Sales	685.82
Central Africa	Angola	Food	Internet Sales	200.89
Central Africa	Angola	Makeup	Deal Sales	171.11
Central Africa	Angola	Makeup	Direct Sales	236.27
Central Africa	Angola	Makeup	Internet Sales	174.64
Central Africa	Angola	Phone	Deal Sales	202.74
Central Africa	Angola	Toy	Agent Sales	204.07
Central Africa	Angola	Toy	Direct Sales	256.42
Central Africa	Angola	Toy	Telephone Sales	970.73
Central Africa	Cameroon	Apparel	Deal Sales	265.12
总计				**842,158.31**

图 3-67　表

2. 属性

“表”控件的属性有两类，分别为字段（Fields）和格式（Format）。这两类属性下的非公共选项及其描述见表3-45和表3-46。

表3-45 字段（Fields）属性

序号	选 项	描 述
1	值（Values）	表要显示的列

表3-46 格式（Format）属性

序号	选 项	描 述
1	表格式（Table Style）	调整表的样式
2	网格（Grid）	调整表的网格线样式
3	列标题（Column Headers）	调整表的列标题样式
4	值（Values）	调整表的内容样式
5	总计（Total）	调整表的总计行样式
6	字段格式设置（Field Formatting）	设置每列的内容样式
7	条件格式（Conditional Formatting）	调整符合条件的数据样式，高级控件还可调整正负值颜色等内容

3. 示例

选择“表”控件，导入数据，并将字段“Region”（销售区域）、“Country”（销售国家）、“SalesModel”（销售模式）、“Product”（产品）、“SalesAmount”（销售金额）拖动到“值”处，即可显示相应的表，如图3-68所示。

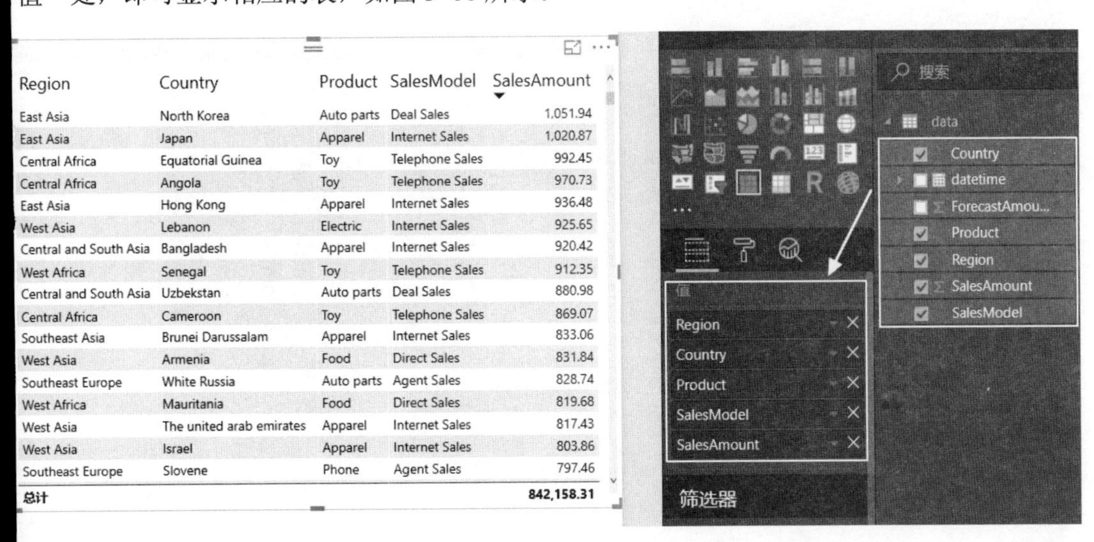

图3-68 示例1

选择“格式”，修改可视化效果：①选择“网格”，调整水平与垂直网格颜色、调整轮廓线颜色；②选择“列标题”，调整文本字体颜色、大小；③选择“条件格式”，启用“数据条”。调整效果如图3-69所示。

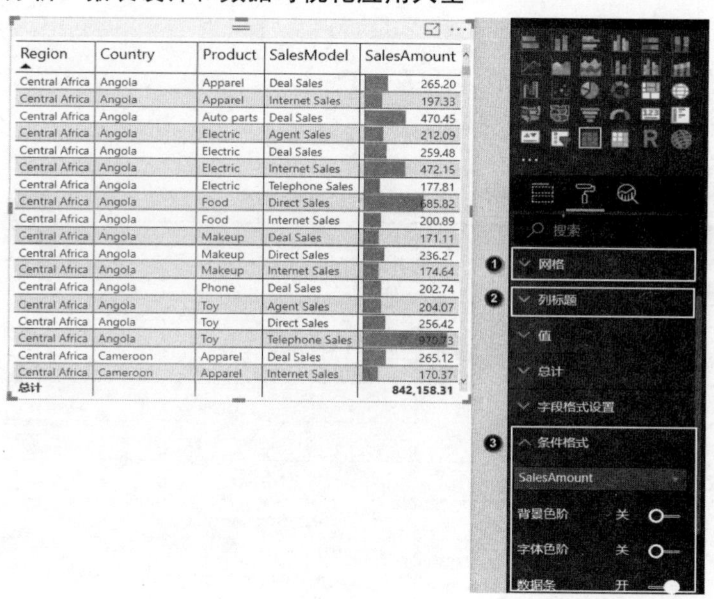

Region	Country	Product	SalesModel	SalesAmount
Central Africa	Angola	Apparel	Deal Sales	265.20
Central Africa	Angola	Apparel	Internet Sales	197.33
Central Africa	Angola	Auto parts	Deal Sales	470.45
Central Africa	Angola	Electric	Agent Sales	212.09
Central Africa	Angola	Electric	Deal Sales	259.48
Central Africa	Angola	Electric	Internet Sales	472.15
Central Africa	Angola	Electric	Telephone Sales	177.81
Central Africa	Angola	Food	Direct Sales	685.82
Central Africa	Angola	Food	Internet Sales	200.89
Central Africa	Angola	Makeup	Deal Sales	171.11
Central Africa	Angola	Makeup	Direct Sales	236.27
Central Africa	Angola	Makeup	Internet Sales	174.64
Central Africa	Angola	Phone	Deal Sales	202.74
Central Africa	Angola	Toy	Agent Sales	204.07
Central Africa	Angola	Toy	Direct Sales	256.42
Central Africa	Angola	Toy	Telephone Sales	970.73
Central Africa	Cameroon	Apparel	Deal Sales	265.12
Central Africa	Cameroon	Apparel	Internet Sales	170.37
总计				842,158.31

图 3-69　示例 2

4．应用场景

通过图 3-70 所示的表可以看到所有数据信息及总计信息，并能通过单击列名的方式
数据按照升序或降序排列。

Region	Country	Product	SalesModel	SalesAmount
East Asia	North Korea	Auto parts	Deal Sales	1,051.94
East Asia	Japan	Apparel	Internet Sales	1,020.87
Central Africa	Equatorial Guinea	Toy	Telephone Sales	992.45
Central Africa	Angola	Toy	Telephone Sales	970.73
East Asia	Hong Kong	Apparel	Internet Sales	936.48
West Asia	Lebanon	Electric	Internet Sales	925.65
Central and South Asia	Bangladesh	Apparel	Internet Sales	920.42
West Africa	Senegal	Toy	Telephone Sales	912.35
Central and South Asia	Uzbekstan	Auto parts	Deal Sales	880.98
Central Africa	Cameroon	Toy	Telephone Sales	869.07
Southeast Asia	Brunei Darussalam	Apparel	Internet Sales	859.06
West Asia	Armenia	Food	Direct Sales	851.84
Southeast Europe	White Russia	Auto parts	Agent Sales	828.74
West Africa	Mauritania	Food	Direct Sales	819.68
West Asia	The united arab emirates	Apparel	Internet Sales	817.43
West Asia	Israel	Apparel	Internet Sales	808.86
Southeast Europe	Slovene	Phone	Agent Sales	797.46
West Africa	Senegal	Food	Direct Sales	796.22
West Africa	Liberia	Electric	Internet Sales	792.05
Central and South Asia	Kazakstan	Food	Direct Sales	786.29
East Asia	Mongolia	Food	Direct Sales	780.36
Northern Europe	Sweden	Phone	Agent Sales	780.35
Central and South Asia	Sri Lanka	Apparel	Internet Sales	778.79
Southern Europe	Greece	Electric	Internet Sales	772.73
总计				842,158.31

图 3-70　表数据展示

3.5.5　仪表（Gauge）

1．图例介绍

仪表通常用来反映某一指标的目标完成率，简单直观，生动新颖，有决策分析的商

惑，如图 3-71 所示。

图 3-71　仪表盘

2. 属性

该控件仅包含两类属性，分别为字段（Fields）和格式（Format）。其中的非公共选项及其描述见表 3-47 和表 3-48。

表 3-47　字段（Fields）属性

序号	选　项	描　述
1	值（Value）	通常为已完成量，如图 3-72 所示图表中的“310”
2	最小值（Minimum Value）	仪表中的最小值，如图 3-72 所示图表中左下角的数字“0”
3	最大值（Maximum Value）	仪表中的最大值，如图 3-72 所示图表中右下角的数字“500”
4	目标值（Target Value）	仪表中的目标值，如图 3-72 所示图表中右上角的数字“345”

表 3-48　格式（Format）属性

序号	选　项	描　述
1	数据颜色（Data Colors）	实现对图形的颜色设置
2	数据标签（Data Labels）	实现对最大值、最小值颜色、字体大小等的设置
3	目标（Target）	实现对目标值颜色、字体大小等的设置
4	标注值（Callout Value）	实现对标注值颜色、显示单位等的设置，如图 3-72 所示图表中底部中间显示的“310”

3. 示例

选择“仪表”控件，导入数据，并将数据字段拖动到对应位置（包括“值”“最小值”“最大值”“目标值”），如图 3-72 所示。

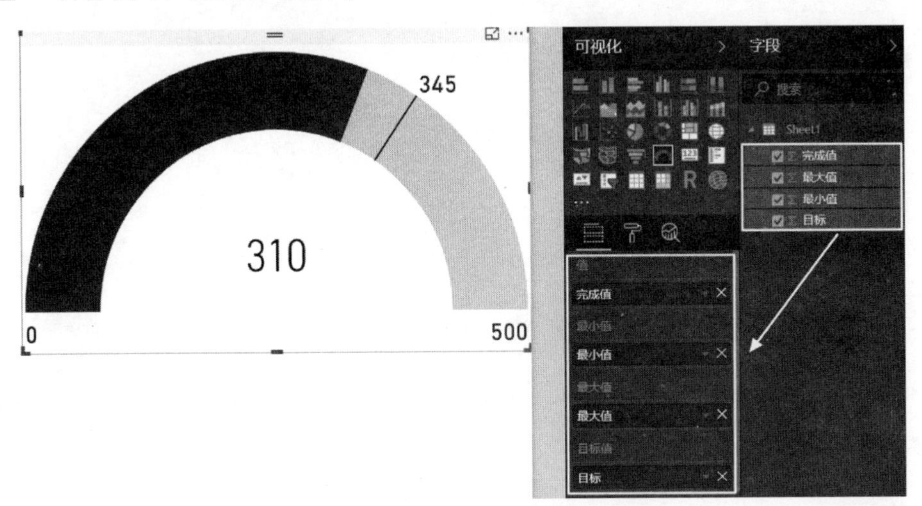

图 3-72　示例 1

选择“格式”，修改可视化效果，即分别对“数据颜色”“数据标签”“目标”“标注值”

进行颜色、背景、字体、字号等属性的设置，如图 3-73 所示。

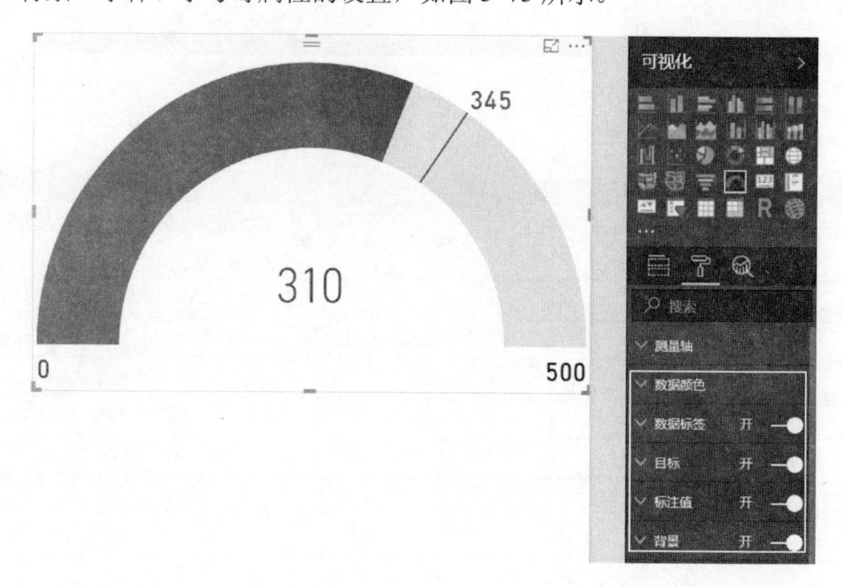

图 3-73 示例 2

4. 应用场景

通过图 3-74 所示的统计图很容易得出：任务已完成值为 310，目标值为 345，总任务值为 500，已完成的任务量未达到目标值。

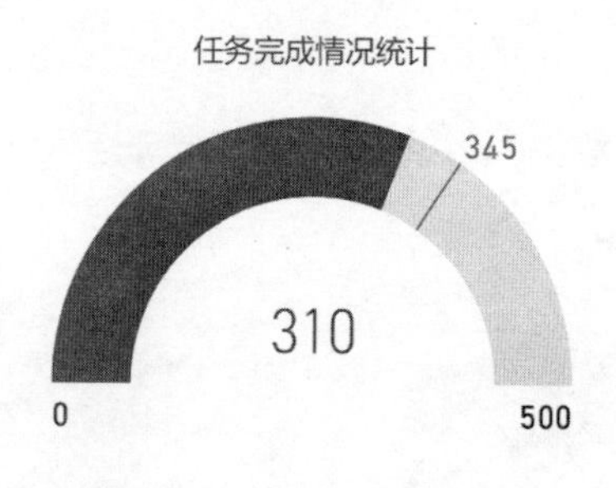

图 3-74 任务完成情况统计

5. 控件局限

- 无法显示完成率。
- 无法根据数据是否达到标准值来自动改变颜色。

3.5.6 树状图（Treemap）

1. 图例介绍

树状图也叫树枝状图或矩形树图，是数据树的图形表示形式，以父子层次结构来组织对象。它是枚举法的一种表达方式，将分层数据显示为一组嵌套矩形。树状图的特点是可以清晰地显示树状层次结构，在展示横跨多个粒度的数据信息时非常方便，从图表中可以直观地看到每一层类别和整体类别的比例。树状图示例如图 3-75 所示。

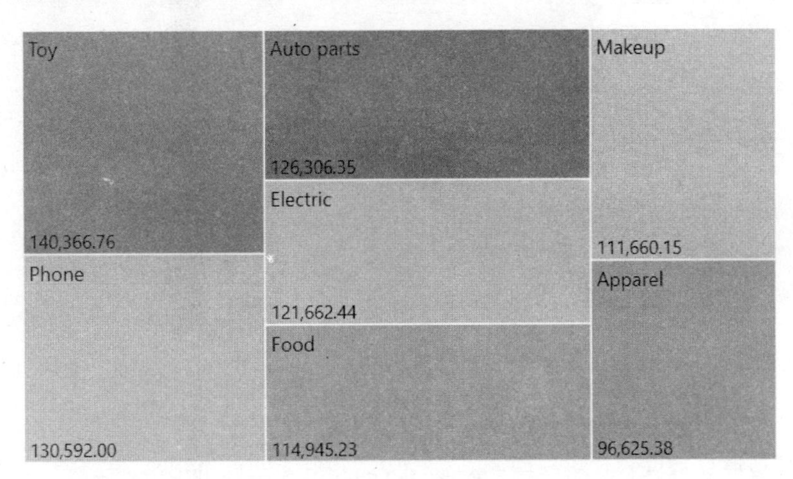

图 3-75 树状图

2. 属性

该控件仅包含两类属性，分别为字段（Fields）和格式（Format）。这两类属性下的非公共选项及其描述见表 3-49 和表 3-50。

表 3-49 字段（Fields）属性

序号	选 项	描 述
1	分组（Group）	从图表中根据实际分组字段值大小按比例进行区块划分，数据越大区块面积越大
2	详细信息（Details）	可在分组区块里进行再次分组
3	值（Values）	图形大小所依据的值
4	色彩饱和度（Color Saturation）	调整图表色彩饱和度

表 3-50 格式（Format）属性

序号	选 项	描 述
1	图例（Legend）	显示图例，设置图例位置、文本样式、图例名称
2	数据颜色（Data Colors）	实现颜色的设置
3	数据标签（Data Labels）	实现数据标签的字体大小、颜色、单位等属性的自定义设置
4	类别标签（Category Labels）	显示分组数据

3. 示例

选择“树状图”控件，导入数据，并在“字段”窗格中将“Product”（产品）拖动到“分组”处、“SalesModel”（销售模式）拖动到“详细信息”处、“SalesAmount”（销售金额）拖动到“值”处，即可显示相应的图表，如图 3-76 所示。

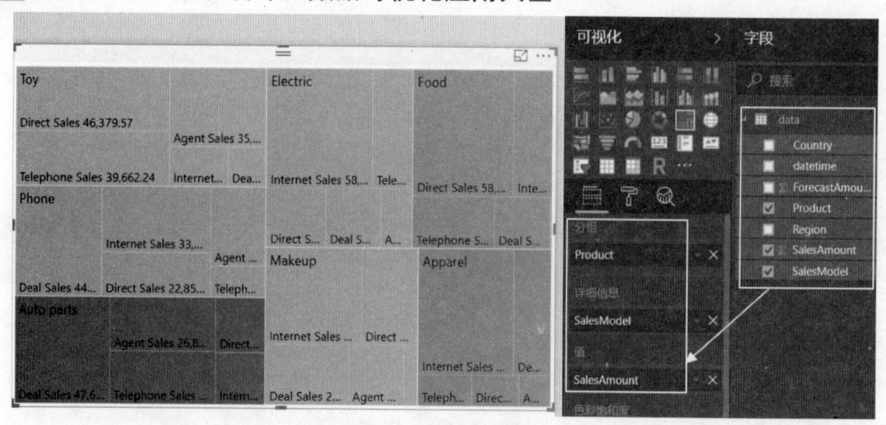

图 3-76　示例 1

选择“格式”，修改可视化效果：①选择“类别标签”，打开类别显示标签；②选择“数据标签”，打开数据显示标签。将光标移动到图表上可观察当前分组中的详细信息，如图 3-77 所示。

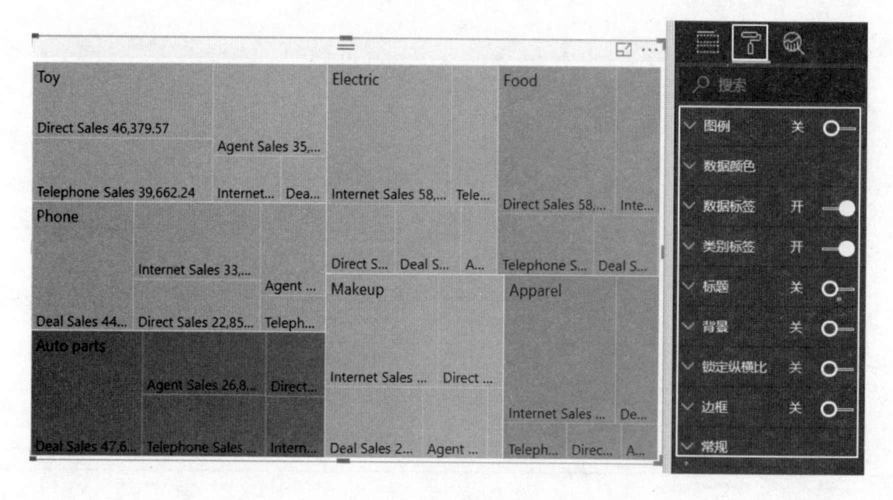

图 3-77　示例 2

4．应用场景

从图 3-78 所示图表中能直观地看出销售最好的产品是玩具，而且玩具里销量最大的是直销的方式，销量最小的产品是衣服，且衣服中销量最小的是代理销售的方式。

3.5.7　KPI 图（KPI）

1．图例介绍

KPI（关键绩效指标）图表基于特定的度量值，帮助用户根据定义的目标计算指标的当前值和状态。作为一个提示工具，KPI 描述的是指标相对于目标值的完成状态，如图 3-7 所示。

图 3-78　不同产品不同销售方式数据统计

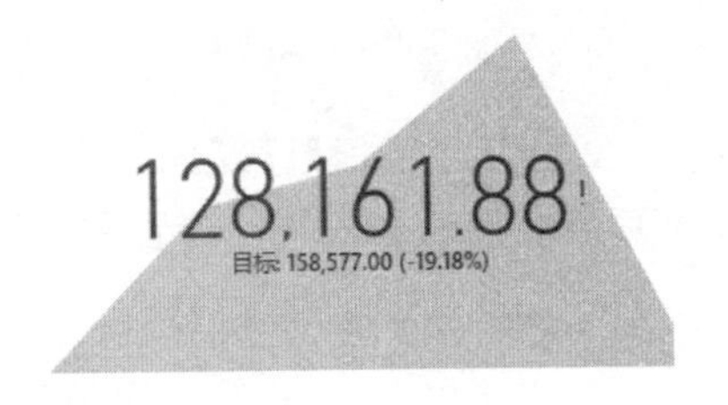

图 3-79　KPI

2. 属性

该控件仅包含两类属性，分别为字段（Fields）和格式（Format）。这两类属性下的非公共选项及其描述见表 3-51 和表 3-52。

表 3-51　字段（Fields）属性

序号	选　项	描　述
1	指标（Indicator）	需要分析的指标
2	走向轴（Trend Axis）	显示分类所有值的走势坡向
3	目标值（Target Goals）	需要达到的目标值

表 3-52　格式（Format）属性

序号	选　项	描　述
1	指标（Indicator）	调整指标显示单位及小数位数
2	走向轴（Trend Axis）	显示走向图
3	目标（Goals）	显示目标及距离（即未完成部分）
4	颜色编码（Color Coding）	调整走向图颜色，显示为距离目标的颜色

3. 示例

选择“KPI”控件，导入数据，并在“字段”窗格中将“SalesAmount”（销售金额）拖动到“指标”处、“SalesModel”（销售模式）拖动到“走向轴”处、“ForecastAmount”（目标金额）拖动到“目标值”处，即可显示图表，如图 3-80 所示。

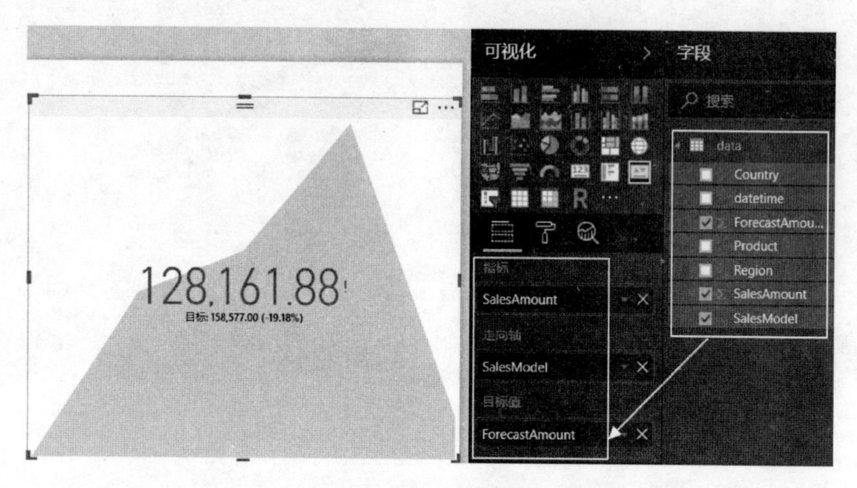

图 3-80　示例 1

设置格式：①选择“格式”；②打开“指标”选项组，调整指标“显示单位”；③将“走向轴”设置为“开”；④打开“颜色编码”选项组，设置需要显示距离目标的颜色。以上操作如图 3-81 所示。

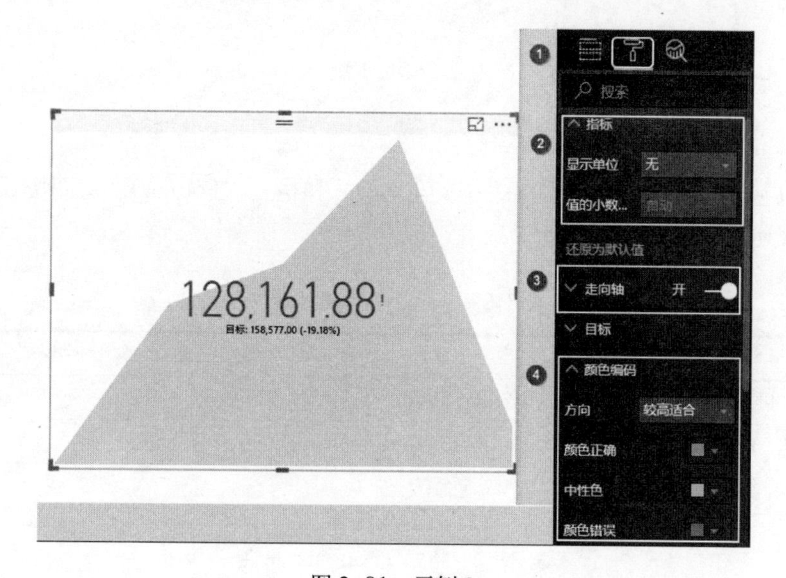

图 3-81　示例 2

4. 应用场景

从图 3-82 所示的图表中能清晰地看出目前的状态值为 128161.88，而目标值为 158577，目前状态比目标值低 19.18%。

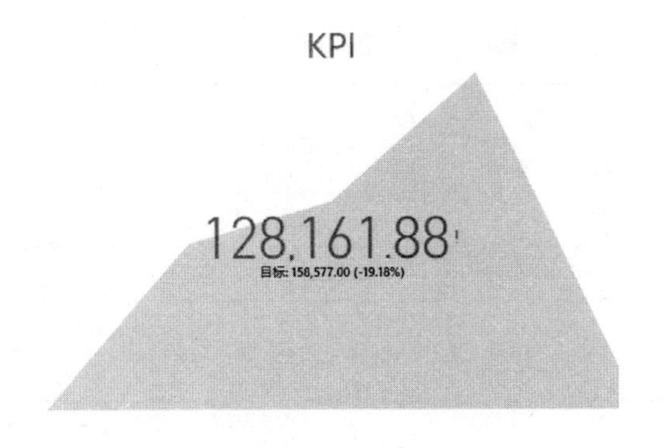

图 3-82　KPI

5. 控件局限

- KPI 走向不能进行排序。
- 不能调整指标与目标的文本大小及样式等。
- 图形填充颜色不能随数字变化进行颜色自动调整，比如百分比为负则为红色，为正则为绿色。

3.5.8　漏斗图（Funnel）

1. 图例介绍

漏斗图可帮助用户可视化具有顺序关系阶段的线性流程。 例如，销售漏斗图可跟踪各个阶段的客户：潜在客户 > 合格的潜在客户 > 预期客户 > 已签订合同的客户 > 已成交客户。漏斗图可快速传达用户跟踪流程的健康状况。漏斗图示例如图 3-83 所示。

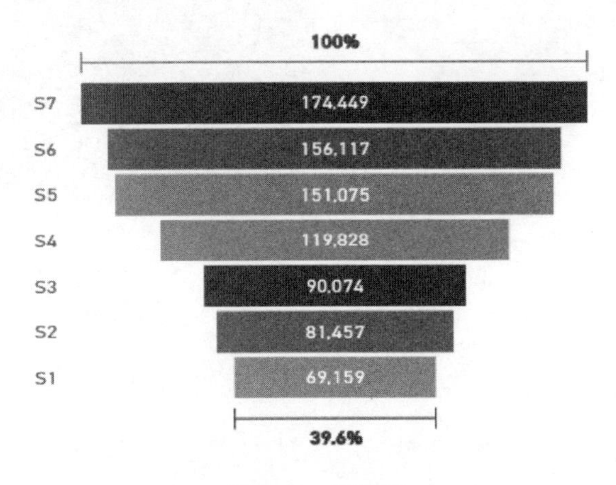

图 3-83　漏斗图

2. 属性

该控件仅包含两类属性，分别为字段（Fields）和格式（Format）。这两类属性下的非公共选项及其描述见表 3-53 和表 3-54。

表 3-53　字段（Fields）属性

序号	选　项	描　述
1	分组（Group）	顺序显示分组值
2	值（Values）	图形长度所对应的值
3	色彩饱和度（Color Saturation）	调整图表色彩饱和度

表 3-54　Format（格式）属性

序号	选　项	描　述
1	类别标签（Category Labels）	分组文本样式调整
2	数据颜色（Data Colors）	实现颜色的设置
3	数据标签（Data Labels）	实现数据标签的字体大小、颜色、单位等属性的自定义设置
4	转换率标签（Convertion Rate Label）	转换率文本样式调整

3. 示例

选择“漏斗图”控件，导入数据，并在“字段”窗格中将“Stage”（销售阶段）拖动到“分组”处、“SalesAmount”（销售金额）拖动到“值”处，即可显示图表，如图 3-8 所示。

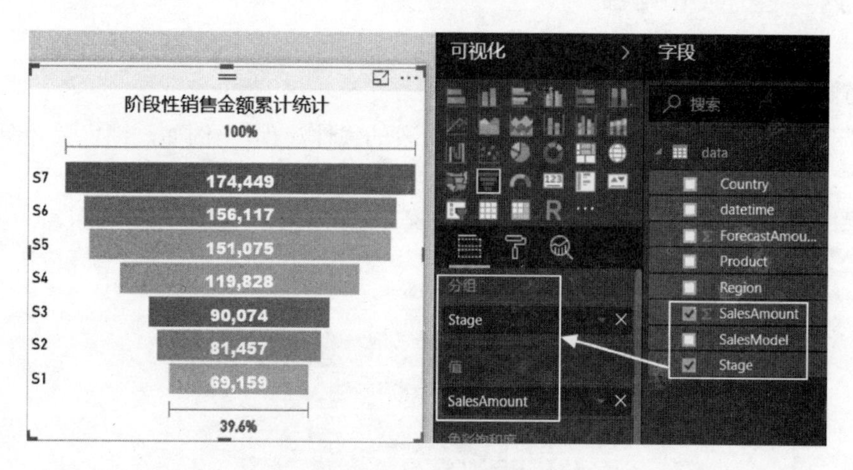

图 3-84　示例 1

设置格式：①选择“格式”；②打开“类别标签”，设置分组文本颜色及大小；③打开“数据颜色”，设置漏斗图每个分组对应的颜色。以上步骤如图 3-85 所示。最后，打开“数据标签”以显示数据，并调整单位。

4. 应用场景

图 3-86 所示的图表清晰展示了各阶段的销售金额累计值，经过“S1”～“S7”共 7 个阶段完成了整个销售任务。

5. 控件局限

- 只能对最后的数据转换率进行分析，无法对中间过程的数据丢失情况进行原因说明。

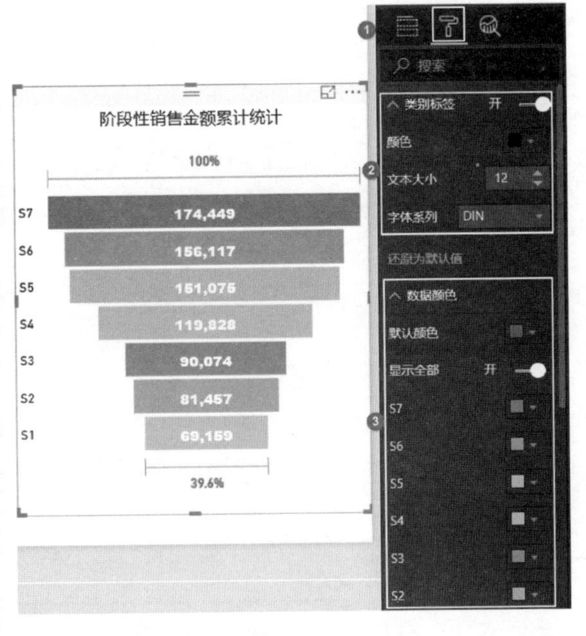

图 3-85　示例 2

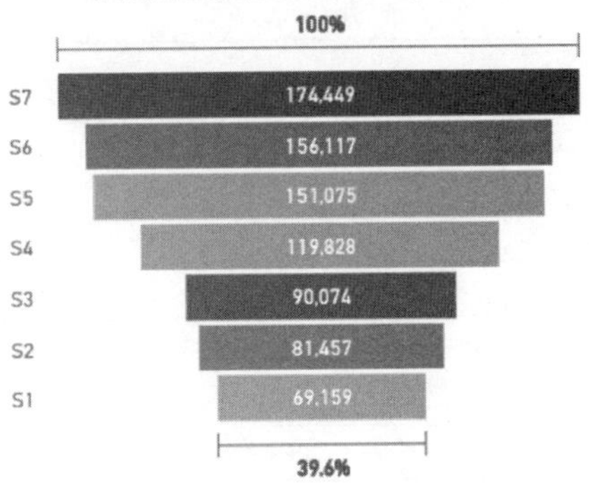

图 3-86　阶段性销售金额累计统计

- 转换率在字体系列不一致的情况下，颜色有灰色重叠或颜色就是灰色，调整其他颜色无效，可读性变差。

3.5.9　功能区图表（Ribbon Chart）

1. 图例介绍

功能区图表是一个类似堆叠柱形图的堆积图，与堆叠柱形图不同的是每根柱子是按数值从大到小有序堆叠而成的（此时很容易得到每根柱子的最大值和最小值）。示例如图 3-87 所示。

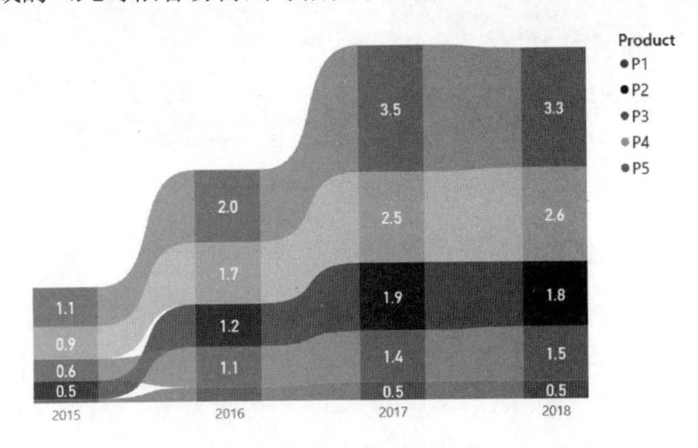

图 3-87　功能区图表

2. 属性

该控件仅包含两类属性，分别为字段（Fields）和格式（Format）。其中的非公共选项及其描述见表 3-55 及表 3-56。

表 3-55　字段（Fields）属性

序号	选　项	描　述
1	轴（Axis）	放置于 X 轴的字段
2	图例（Legend）	显示颜色的分类字段
3	值（Value）	堆叠柱状体现的度量值

表 3-56　格式（Format）属性

序号	选　项	描　述
1	图例（Legend）	实现对图例位置、标题、样式等的调整
2	X 轴（X Axis）	实现对 X 轴间距、字体大小、颜色、标题等属性的自定义调整
3	数据颜色（Data Colors）	实现对柱体、折线颜色的设置
4	数据标签（Data Labels）	实现对数据标签的字体大小、颜色、单位等属性的自定义设置
5	绘图区（Plot Area）	实现对背景图片及其透明度的自定义设置

3. 示例

选择“功能区图表”控件，导入数据，并将相关字段拖动到对应位置（“轴”“图例”“值”），即可显示图表，如图 3-88 所示。

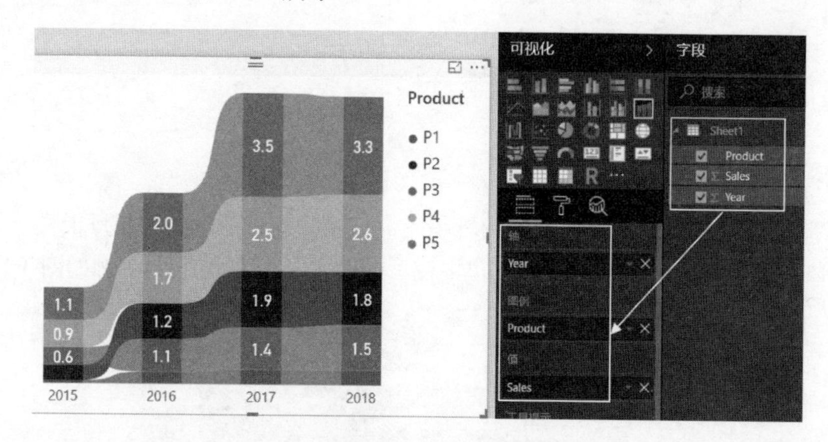

图 3-88　示例 1

选择“格式”，打开“数据颜色”，为每个产品设置各自对应的颜色，如图 3-89 所示。

4. 应用场景

从图 3-90 所示的图表中能清楚地看到各产品从 2015 年～2018 年每年的销售金额都在增加，同时也能看出同一年 5 个不同产品的销售金额排名，如 2015 年 P1 产品销售最少，P2 为第二少，P5 为最多，但 2016 年 P2 的销售金额排名从 2015 年的倒数第二提高到 2016 的倒数第三，销售金额排名有所提升。

5. 控件局限

● 不能显示和自定义 Y 轴，目前 Y 轴无法控制。

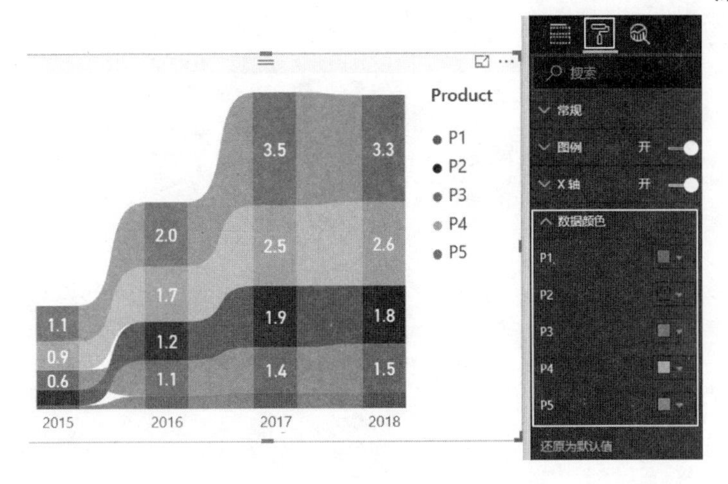

图 3-89 示例 2

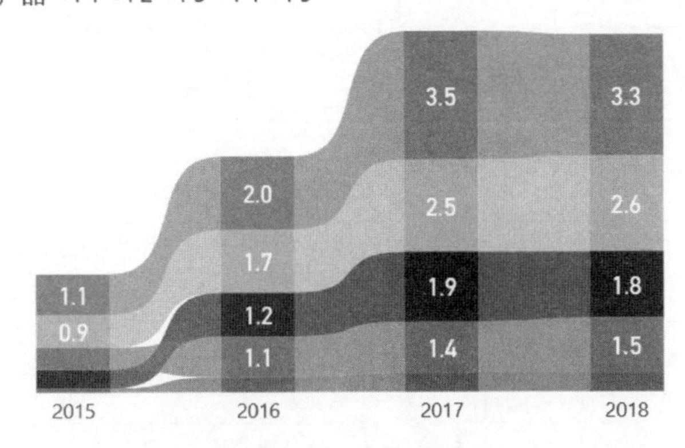

图 3-90 各年度产品销售额统计

- 不能添加分析线。

.5.10 瀑布图（Waterfall Chart）

1. 图例介绍

瀑布图通常用于了解两个数值之间的过渡过程。通常，初始值和最终值由整列表示（如
| 3-91 所示图表中的“房租”和“总计”），而中间增量和减量由浮动列表示，并通过不同
颜色区分正值和负值。瀑布图可用于分析数据，特别是用于解释受增量或减量影响的实体
数据值之间逐渐过渡的过程。

2. 属性

该控件的属性分为两类，分别为字段（Fields）和格式（Format）。这两类属性下的非公
开选项及其描述见表 3-57 和表 3-58。

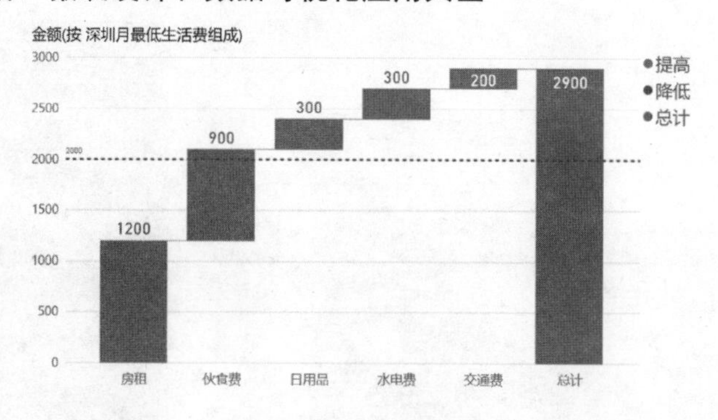

图 3-91　瀑布图

表 3-57　字段（Fields）属性

序号	选　项	描　述
1	类别（Category）	放置于 X 轴的字段
2	细目（Breakdown）	体现二级分类的字段
3	Y 轴（Y Axis）	柱形图体现的度量值

表 3-58　格式（Format）属性

序号	选　项	描　述
1	图例（Legend）	实现对图例位置、标题等的设置
2	X 轴（X Axis）	实现对 X 轴字体大小、颜色、标题等属性的自定义设置
3	Y 轴（Y Axis）	实现对 Y 轴位置、字体大小、颜色、标题等属性的自定义设置
4	数据标签（Data Labels）	实现对数据标签的字体大小、颜色、单位等属性的自定义设置
5	情绪颜色（Sentiment Colors）	实现对图例颜色的设置
6	绘图区（Plot Area）	实现对背景图片及其透明度的自定义设置

3．示例

选择“瀑布图”控件，导入数据，并将相关字段拖动到对应位置（“类别”“细目”“Y轴”），如图 3-92 所示。

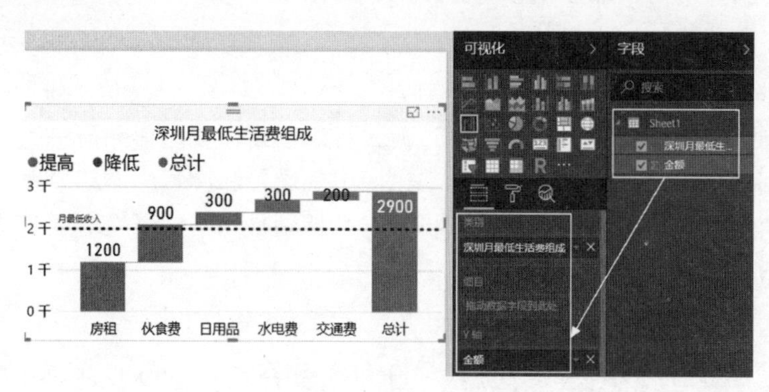

图 3-92　示例 1

选择“格式”，打开“情绪颜色”，分别为“提高”“降低”“总计”设置不同的颜色，如图 3-93 所示。

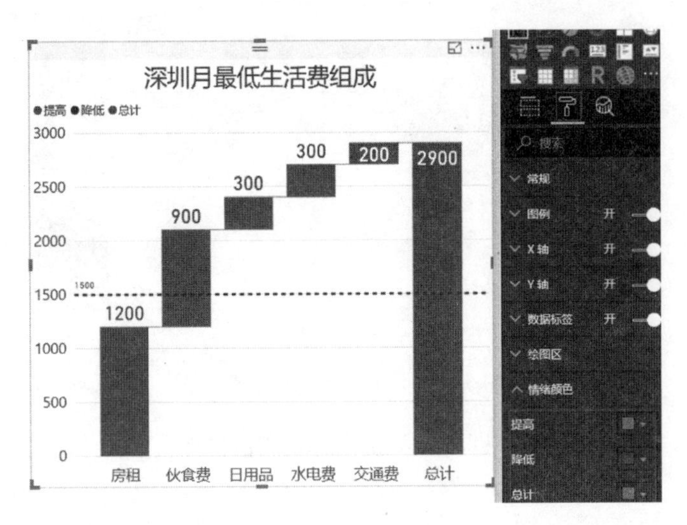

图 3-93　示例 2

在“分析”选项卡中添加恒线并将“值”属性设置为 2000，设置效果及恒线的其他属性设置如图 3-94 所示。

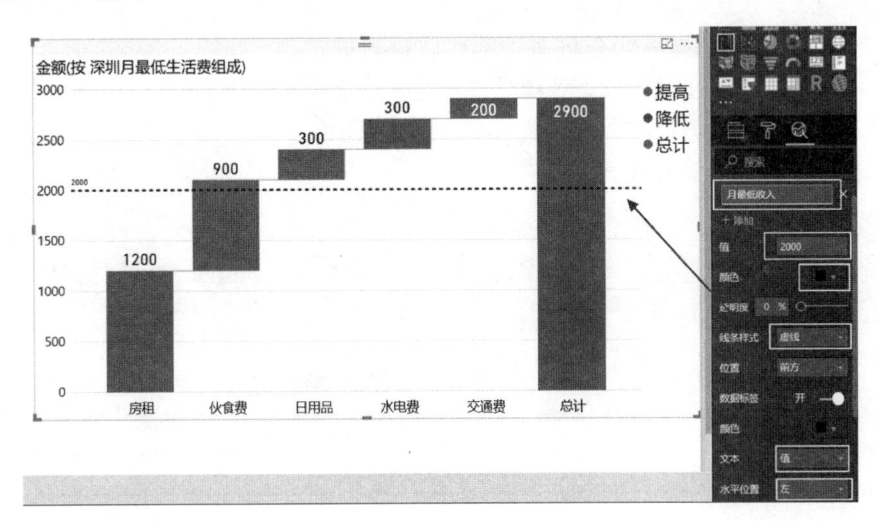

图 3-94　示例 3

4．应用场景

从图 3-95 所示的图表中可直观地看出生活费由房租、伙食费、日用品、水电费、交通费 5 个部分组成，最低生活费总金额为 2900 元，其中房租占比最大，为 1200 元。图中显示月最低收入为 2000 元，这说明深圳的最低收入人群需要补贴才能达到基本生活水平。

5．控件局限

- 控件会自动生成“总计”数据，且无法重命名。

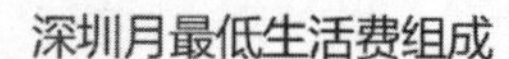

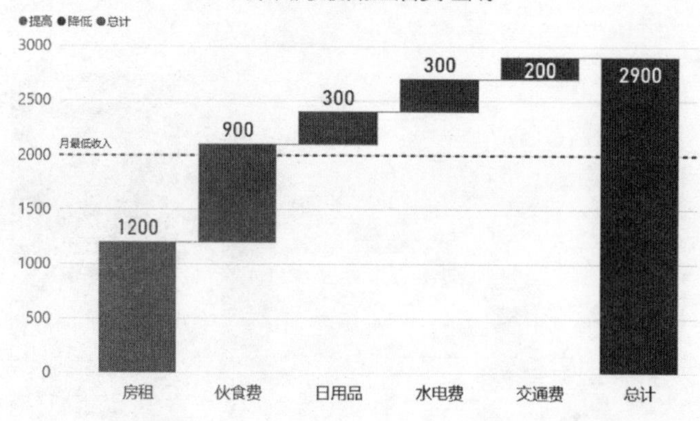

图 3-95　深圳月最低生活费组成

- “细目”中的字段设置后，即便某类别没有数据，仍然会在图中进行显示。

3.5.11　卡片图（Card）

1. 图例介绍

卡片图用于展示比较重要的指标，且只能展示一个指标，如总销售额。指标通常放在页面顶部比较醒目的位置。如果单一数字出现在仪表板上一般需要给它一个上下文或者叫语境，比如在总销售额旁边新增卡片图来显示年度目标。卡片图示例如图 3-96 所示。

797.65
IncomeAmount

图 3-96　卡片图

2. 属性

该控件的属性分为两类，分别为字段（Fields）和格式（Format）。这两类属性下的非公共选项及其描述见表 3-59 和表 3-60。

表 3-59　字段（Fields）属性

序号	选　项	描　述
1	字段（Field）	需要显示的单个度量（只能填入一个字段）

表 3-60　格式（Format）属性

序号	选　项	描　述
1	字段换行（Word Wrap）	页面缩小或数值过长是否换行

3. 示例

选择“卡片图”控件，导入数据，并将相关字段拖动到“字段”处，如图 3-97 所示。

格式设置：①选择“格式”；②打开“数据标签”选项组，设置卡片图的颜色、字体、文本大小；③打开“类别标签”选项组，设置卡片图的颜色、文本大小、字体，如图 3-9 所示。

图 3-97　示例 1

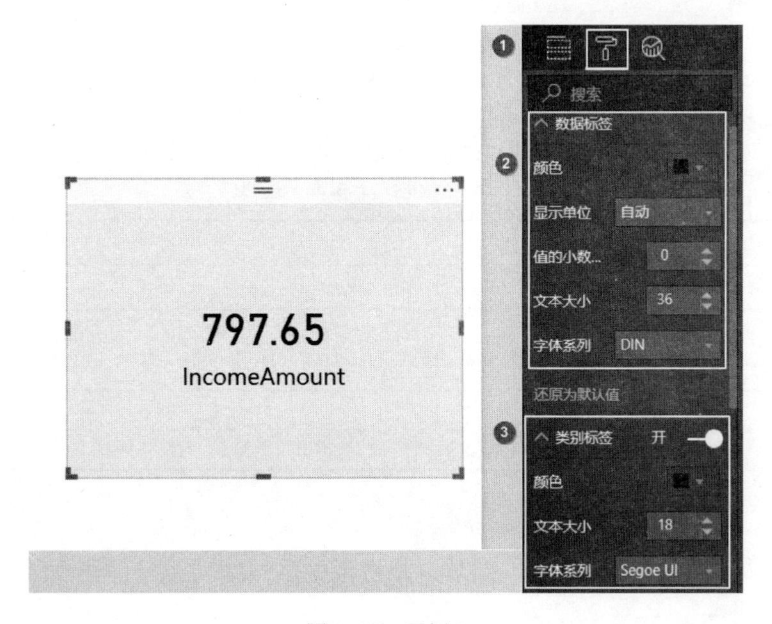

图 3-98　示例 2

4．应用场景

图 3-99 所示的卡片图是一个重要的信息展示，其中展示了入总额与对应的名称，即收入总额为 797.65。

797.65
IncomeAmount

图 3-99　收入总额

5．控件局限

- 不能在指标前添加图标，比如订货、收入和业绩不能用不同的图标表示。
- 不能根据数值范围实现红绿灯指示效果。
- 类别标签不能调整位置，如想把类别标签调整到数字上方，则该控件无法实现。

3.5.12 多行卡（Multi-row Card）

1. 图例介绍

多行卡是卡片图的延伸，用于呈现在 Power BI 仪表板或报表中想要跟踪的一组最重要的信息，如订货总额、收入总额、业绩总额，一般布局于报表顶部显眼位置，起强调作用。多行卡示例如图 3-100 所示。

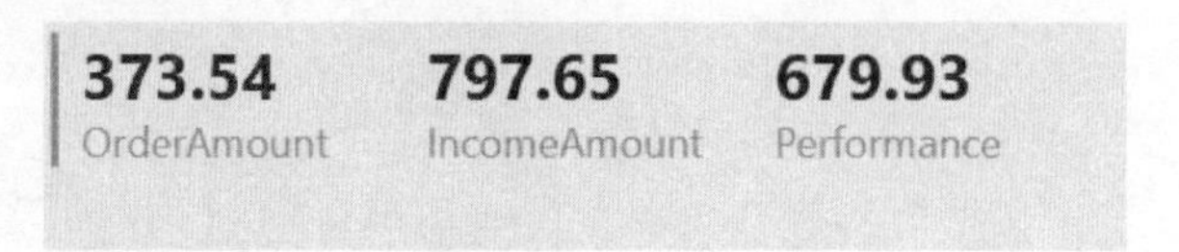

图 3-100 多行卡

2. 属性

该控件的属性分为两类，分别为字段（Fields）和格式（Format）。这两类属性下的非公共选项及其描述见表 3-61 和表 3-62。

表 3-61 字段（Fields）属性

序号	选　项	描　述
1	字段（Fields）	需要显示的一组数据

表 3-62 格式（Format）属性

序号	选　项	描　述
1	卡片图（Card）	调整卡片图样式，如边框、数据条、背景等

3. 示例

选择“多行卡片”控件，导入数据，并将相关字段拖动到“字段”处，如图 3-101 所示。

图 3-101 示例 1

“格式”类的属性设置与卡片图相同，如图 3-98 所示。

4. 应用场景

图 3-102 所示的图表是一组重要的信息展示，其中展示了订货、收入和业绩的具体值和寸应的名称。

373.54 OrderAmount　797.65 IncomeAmount　679.93 Performance

图 3-102　订货收入业绩展示

5. 控件局限

- 不能在指标前添加图标，比如订货、收入和业绩不能用不同的图标表示。
- 不能根据数字范围实现红绿灯指示效果。
- 类别标签不能调整位置，如想把类别标签调整到数字上方，则该控件无法实现。

.5.13　切片器（Slicer）

1. 图例介绍

切片器用于筛选页面中可视化控件显示的数据，从而只查看指定范围内的数据。切片器是筛选的一种替代方法。示例如图 3-103 所示。

Product
□ 全选
□ Apparel
□ Auto parts
□ Electric
□ Food
□ Makeup
□ Phone
□ Toy

图 3-103　切片器

2. 属性

该控件的属性分为两类，分别为字段（Fields）和（格式 Format）。这两类属性下的非公共选项及其描述见表 3-63 和表 3-64。

表 3-63　字段（Fields）属性

序号	选　项	描　述
1	字段（Field）	需要筛选的字段

表 3-64　格式（Format）属性

序号	选　项	描　述
1	选择控件（Selection Controls）	“单项选择”开关和指定是否显示“全选”选项
	页眉（Header）	调整页眉文本显示样式
2	项目（Items）	调整文本显示样式

3. 示例

选择“切片器”控件，导入数据，并在“字段”窗格中将“Product”（销售产品）拖动到“字段”处，即可显示图表，如图 3-104 所示。

设置格式：①选择“格式”；②选择“选择控件”，设置显示“全选”按钮，并关闭“单项选择”以便进行多项选择；③选择“页眉”，调整“字体颜色”为黑色，“背景”为淡蓝色；④选择“项目”，调整“字体颜色”为黑色，“背景”为淡蓝色。以上步骤如图 3-105 所示。

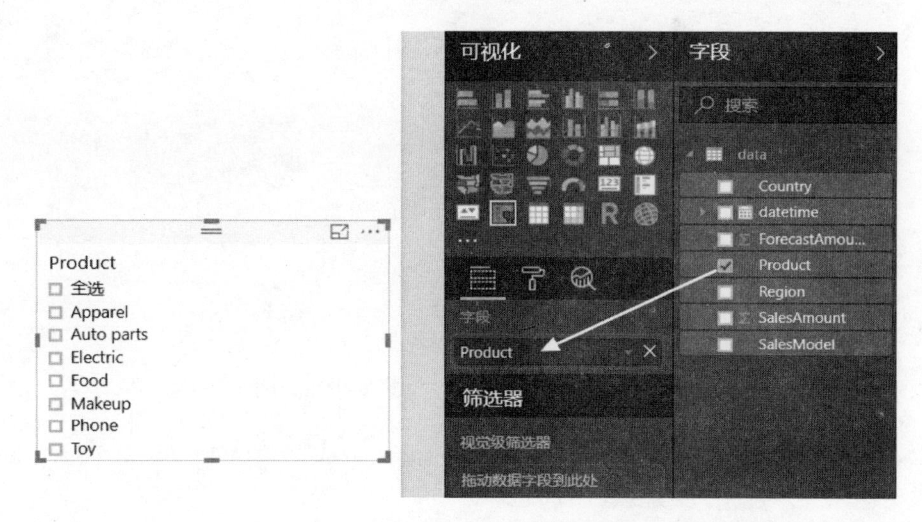

图 3-104　示例 1

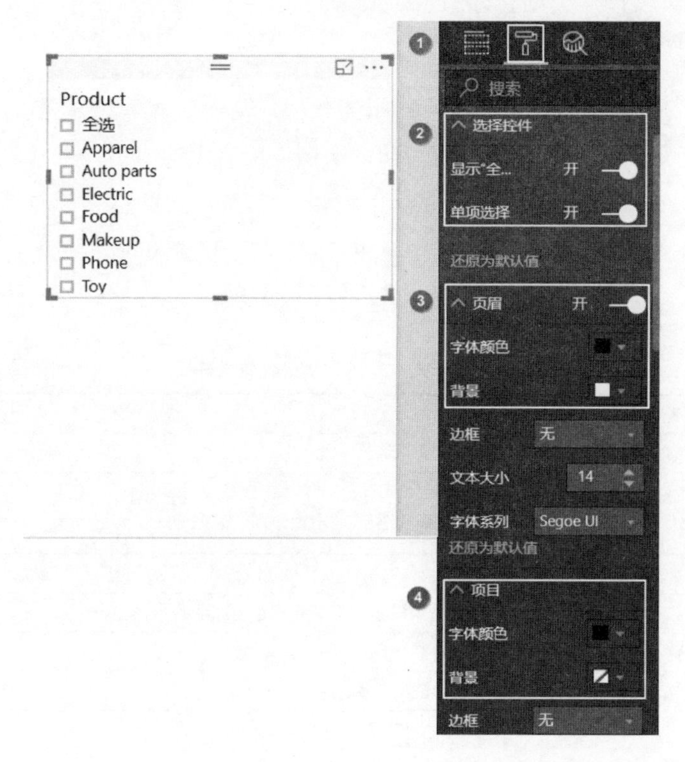

图 3-105　示例 2

4. 应用场景

切片器需与其他控件配套使用，从图 3-106 可以看出图一是通过切片器将图二的数据过滤呈现的效果，过滤条件为“Agent Sales”“Direct Sales”“Telephone Sales”。

图 3-106　切片器效果图

5. 拓展案例

此拓展案例用于演示如何不让切片器对无关的数据进行筛选。

1）添加一个柱形图，如图 3-107 中的图一，并拖动“SalesModel”到“轴”处、SalesAmount”到“值”处。

2）再添加一个柱状图，如图 3-107 中的图二，字段设置与图一一致。

3）同时选择图二与切片器，并单击图 3-107 左上角的“编辑交互”按钮。

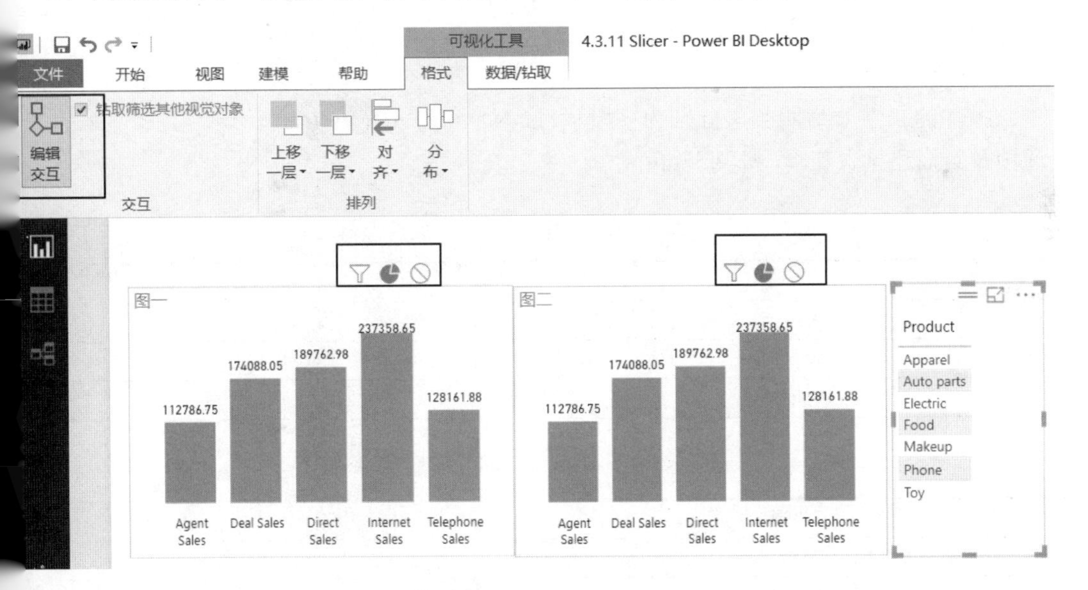

图 3-107　切片器拓展图

4）单击“切片器”，在图二上方出现“筛选器”和“无”图标，这时单击“无”，使切器无法对图二进行筛选。

5）在切片器中选择产品“Apparel”，此时观察图一与图二中的数据变化，即可发现切器对图二无效。

3.5.14 矩阵（Matrix）

1. 图例介绍

矩阵图主要是按表格的形式对数据进行展示，控件自动把字段中相同名称的列进行聚合，不会出现名称相同的数据列；控件中的行数和列数分别由每个行组和列组中的唯一值的个数确定。矩阵示例如图 3-108 所示。

Region	Apparel	Auto parts	Electric	Food	Makeup	Phone	Toy	总计
Southeast Europe	6,255.63	15,052.95	10,783.50	15,558.22	10,705.20	13,126.12	13,420.54	84,902.16
South America	6,561.79	11,880.15	10,226.26	9,167.24	11,265.44	18,840.33	11,647.90	79,589.11
West Asia	14,211.87	12,357.83	9,072.02	10,112.57	6,988.94	8,222.27	14,878.94	75,844.44
Eastern Africa	6,104.36	9,420.60	9,246.85	8,771.64	10,057.79	9,124.24	14,706.17	67,431.65
West Africa	7,839.11	10,027.69	8,943.54	9,319.94	7,966.31	9,425.94	13,150.86	66,673.39
Central and South Asia	11,803.52	9,459.28	7,472.89	8,759.90	6,486.47	4,887.23	10,307.01	59,176.30
North Pacific	5,252.28	7,438.41	8,537.42	6,576.66	8,948.53	13,167.52	8,058.60	57,979.42
South Pacific	5,026.94	7,956.96	10,096.66	8,108.18	8,763.58	8,483.55	5,978.51	54,414.38
Southeast Asia	9,785.80	5,887.43	8,523.47	5,113.02	5,044.06	5,985.57	8,368.07	48,707.42
Western Europe	3,109.19	5,373.26	8,439.59	6,344.27	5,414.64	6,720.33	5,869.14	41,270.42
Central Africa	3,723.23	5,257.37	5,187.10	5,091.11	4,563.50	4,425.67	8,813.82	37,061.80
Southern Europe	1,186.51	5,344.78	5,883.49	6,789.30	5,389.91	5,972.04	6,395.42	36,961.45
East Asia	8,287.97	5,297.77	6,180.66	4,637.55	3,743.54	3,508.01	4,141.41	35,796.91
Northern Europe	2,397.44	4,809.12	4,794.99	3,863.03	5,731.86	6,182.77	4,745.08	32,524.29
South Africa	2,652.98	4,826.73	3,640.09	3,899.80	4,190.03	4,214.66	4,642.75	28,067.04
North Africa	1,725.94	3,786.19	3,095.03	1,919.86	3,856.37	4,582.49	3,288.03	22,253.91
North America	700.82	2,129.83	1,538.88	912.94	2,543.98	3,723.26	1,954.51	13,504.22
总计	96,625.38	126,306.35	121,662.44	114,945.23	111,660.15	130,592.00	140,366.76	842,158.31

图 3-108 矩阵

2. 属性

该控件的属性分为两类，分别为字段（Fields）和格式（Format）。这两类属性下的非公共选项及其描述见表 3-65 和表 3-66。

表 3-65 字段（Fields）属性

序号	选 项	描 述
1	行（Rows）	以行形式展现数据
2	列（Columns）	以列形式展现数据
3	值（Values）	矩阵统计的数字

表 3-66 格式（Format）属性

序号	选 项	描 述
1	矩阵样式（Matrix Style）	调整矩阵样式
2	网格（Grid）	调整矩阵网格线样式
3	列标题（Column Headers）	矩阵列标题样式调整
4	行标题（Row Headers）	矩阵行标题样式调整
5	值（Values）	矩阵内容样式调整
6	小计（Subtotals）	矩阵小计样式调整
7	总计（Grand Total）	矩阵总计行样式调整

（续）

序号	选 项	描 述
8	字段格式设置（Field Formatting）	每个字段的内容样式设置
9	条件格式（Conditional Formatting）	统计数字的条件样式调整，高级控件还可调整正负值颜色等

3. 示例

选择“矩阵”控件，导入数据，并在“字段”窗格中将“Region”（销售区域）拖动到“行”处、“Product”（产品）拖动到“列”处、“SalesAmount”（销售金额）拖动到“值”处，即可显示数据信息，如图 3-109 所示。

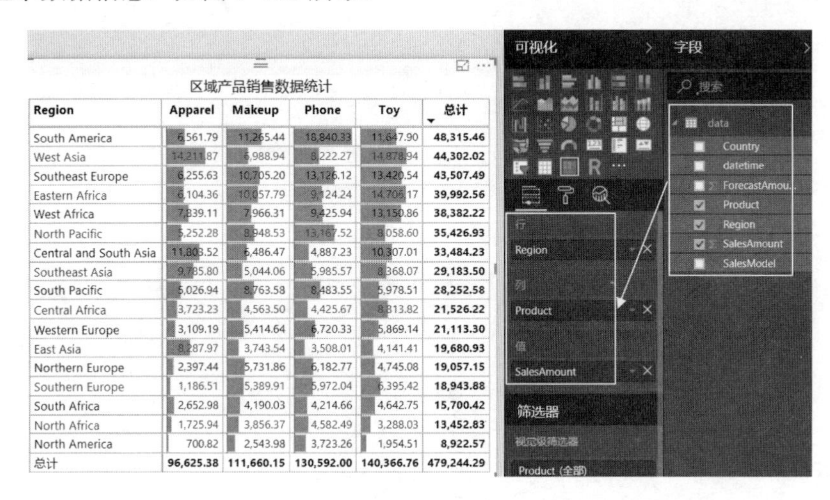

区域产品销售数据统计

Region	Apparel	Makeup	Phone	Toy	总计
South America	6,561.79	11,265.44	18,840.33	11,647.90	48,315.46
West Asia	14,211.87	6,988.94	8,222.27	14,878.94	44,302.02
Southeast Europe	6,255.63	10,705.20	13,126.12	13,420.54	43,507.49
Eastern Africa	6,104.36	10,057.79	9,124.24	14,706.17	39,992.56
West Africa	7,839.11	7,966.31	9,425.94	13,150.86	38,382.22
North Pacific	5,252.28	8,948.53	13,167.52	8,058.60	35,426.93
Central and South Asia	11,803.52	6,486.47	4,887.23	10,307.01	33,484.23
Southeast Asia	9,785.80	5,044.06	5,985.57	8,368.07	29,183.50
South Pacific	5,026.94	8,763.58	8,483.55	5,978.51	28,252.58
Central Africa	3,723.23	4,563.50	4,425.67	8,813.82	21,526.22
Western Europe	3,109.19	5,414.64	6,720.33	5,869.14	21,113.30
East Asia	8,287.97	3,743.54	3,508.01	4,141.41	19,680.93
Northern Europe	2,397.44	5,731.86	6,182.77	4,745.08	19,057.15
Southern Europe	1,186.51	5,389.91	5,972.04	6,395.42	18,943.88
South Africa	2,652.98	4,190.03	4,214.66	4,642.75	15,700.42
North Africa	1,725.94	3,856.37	4,582.49	3,288.03	13,452.83
North America	700.82	2,543.98	3,723.26	1,954.51	8,922.57
总计	96,625.38	111,660.15	130,592.00	140,366.76	479,244.29

图 3-109 示例 1

设置格式：①选择“格式”；②选择“网格”，调整水平与垂直网格颜色、调整轮廓线条颜色。选择“列标题”，调整列标题字体颜色、大小，且文本居中。选择“条件格式”，启用“数据条”，并在“高级控件”处调整颜色深浅。选择行标题，调整行标题文本样式。选择“总计”，调整数据文本样式，如图 3-110 所示。

区域产品销售数据统计

Region	Apparel	Makeup	Phone	Toy	总计
South America	6,561.79	11,265.44	18,840.33	11,647.90	48,315.46
West Asia	14,211.87	6,988.94	8,222.27	14,878.94	44,302.02
Southeast Europe	6,255.63	10,705.20	13,126.12	13,420.54	43,507.49
Eastern Africa	6,104.36	10,057.79	9,124.24	14,706.17	39,992.56
West Africa	7,839.11	7,966.31	9,425.94	13,150.86	38,382.22
North Pacific	5,252.28	8,948.53	13,167.52	8,058.60	35,426.93
Central and South Asia	11,803.52	6,486.47	4,887.23	10,307.01	33,484.23
Southeast Asia	9,785.80	5,044.06	5,985.57	8,368.07	29,183.50
South Pacific	5,026.94	8,763.58	8,483.55	5,978.51	28,252.58
Central Africa	3,723.23	4,563.50	4,425.67	8,813.82	21,526.22
Western Europe	3,109.19	5,414.64	6,720.33	5,869.14	21,113.30
East Asia	8,287.97	3,743.54	3,508.01	4,141.41	19,680.93
Northern Europe	2,397.44	5,731.86	6,182.77	4,745.08	19,057.15
Southern Europe	1,186.51	5,389.91	5,972.04	6,395.42	18,943.88
South Africa	2,652.98	4,190.03	4,214.66	4,642.75	15,700.42
North Africa	1,725.94	3,856.37	4,582.49	3,288.03	13,452.83
North America	700.82	2,543.98	3,723.26	1,954.51	8,922.57
总计	96,625.38	111,660.15	130,592.00	140,366.76	479,244.29

搜索
常规
矩阵样式
网格
列标题
行标题
值
小计
总计
字段格式设置
条件格式
标题 开
背景 关

图 3-110 示例 2

4. 应用场景

从图 3-111 所示图表中能直接查看到每一个具体的数据，横向从区域角度能直接查看到每个区域中不同产品的销售金额，以及对应区域的总销售额。纵向也能从产品的角度看出每个产品在不同区域的销售情况以及该产品的销售总和。

区域产品销售数据统计

Region	Apparel	Auto parts	Electric	Food	Makeup	Phone	Toy	总计
Southeast Europe	6,255.63	15,052.95	10,783.50	15,558.22	10,705.20	13,126.12	13,420.54	84,902.16
South America	6,561.79	11,880.15	10,226.26	9,167.24	11,265.44	18,840.33	11,647.90	79,589.11
West Asia	14,211.87	12,357.83	9,072.02	10,112.57	6,988.94	8,222.27	14,878.94	75,844.44
Eastern Africa	6,104.36	9,420.60	9,246.85	8,771.64	10,057.79	9,124.24	14,706.17	67,431.65
West Africa	7,839.11	10,027.69	8,943.54	9,319.94	7,966.31	9,425.94	13,150.86	66,673.39
Central and South Asia	11,803.52	9,459.28	7,472.89	8,759.90	6,486.47	4,887.23	10,307.01	59,176.30
North Pacific	5,252.28	7,438.41	8,537.42	6,576.66	8,948.53	13,167.52	8,058.60	57,979.42
South Pacific	5,026.94	7,956.96	10,096.66	8,108.18	8,763.58	8,483.55	5,978.51	54,414.38
Southeast Asia	9,785.80	5,887.43	8,523.47	5,113.02	5,044.06	5,985.57	8,368.07	48,707.42
Western Europe	3,109.19	5,373.26	8,439.59	6,344.27	5,414.64	6,720.33	5,869.14	41,270.42
Central Africa	3,723.23	5,257.37	5,187.10	5,091.11	4,563.50	4,425.67	8,813.82	37,061.80
Southern Europe	1,186.51	5,344.78	5,883.49	6,789.30	5,389.91	5,972.04	6,395.42	36,961.45
East Asia	8,287.97	5,297.77	6,180.66	4,637.55	3,743.54	3,508.01	4,141.41	35,796.91
Northern Europe	2,397.44	4,809.12	4,794.99	3,863.03	5,731.86	6,182.77	4,745.08	32,524.29
South Africa	2,652.98	4,826.73	3,640.09	3,899.80	4,190.03	4,214.66	4,642.75	28,067.04
North Africa	1,725.94	3,786.19	3,095.03	1,919.86	3,856.37	4,582.49	3,288.03	22,253.91
North America	700.82	2,129.83	1,538.88	912.94	2,543.98	3,723.26	1,954.51	13,504.22
总计	96,625.38	126,306.35	121,662.44	114,945.23	111,660.15	130,592.00	140,366.76	842,158.31

图 3-111　区域产品销售数据统计图

5. 控件局限

- 只能对字段值设置不同颜色的条形图进行对比，不能对最后的总计值设置数据对比条形图。
- 小计与总计不能完全区分，小计调整好颜色后，总计设置的颜色会覆盖小计的设置。

第 4 章

第三方可视化控件

本章重点知识

4.1 折线图和面积图（Line and Area Charts）
4.2 柱形图和条形图（Column and Bar Charts）
4.3 饼图和环形图（Pie and Donut Charts）
4.4 散点图和气泡图（Scatter and Bubble Charts）
4.5 和弦图（Chord Charts）
4.6 树状图（Tree）
4.7 地图（Map Charts）
4.8 KPI 图（KPI）
4.9 表型图（Table）
4.10 统计图（Statistical Charts）
4.11 雷达图（Radar Charts）
4.12 漏斗图（Funnel Charts）
4.13 瀑布图（Waterfall Charts）
4.14 文字图（Text Charts）
4.15 子弹图（Bullet Charts）
4.16 扩展控件

第三方可视化控件即微软合作方开发的 Power BI 控件，可在微软应用商店里进行下载、使用。本章主要介绍应用商店里使用频率高，评价好的一系列免费控件，并对所有控件进行了分类介绍，用户选择控件时可对同类控件进行对比，以便快速选择出更适合的控件。本章还针对每个常用控件进行了图例介绍，特有属性说明和操作说明。同时也对每个控件进行了至少一种场景的案例说明，并分析了使用该控件的局限性，以帮助大家在使用控件时更快速有效地实现想要的功能。

第三方可视化控件的属性一般只包含字段属性和格式属性，字段属性通过拖动数据字段来显示相应的可视化效果，格式属性可对图表进行外观上的更改。其中的公共选项见附录。另外，控件的选项既有中文也有英文。

4.1 折线图和面积图（Line and Area Charts）

4.1.1 ChartAccent 折线图（ChartAccent-LineChart）

1. 图例介绍

ChartAccent 折线图是一种具有丰富注释功能的折线图。它可以突出显示单个数据点、数据系列、范围内的点，甚至高于平均值的点。如图 4-1 所示，显示了西雅图、华盛顿、纽约一年的天气，当选中西雅图对应的折线时，旁边的注释框会多出一条信息（“Seattle：”+12 个月的温度）。

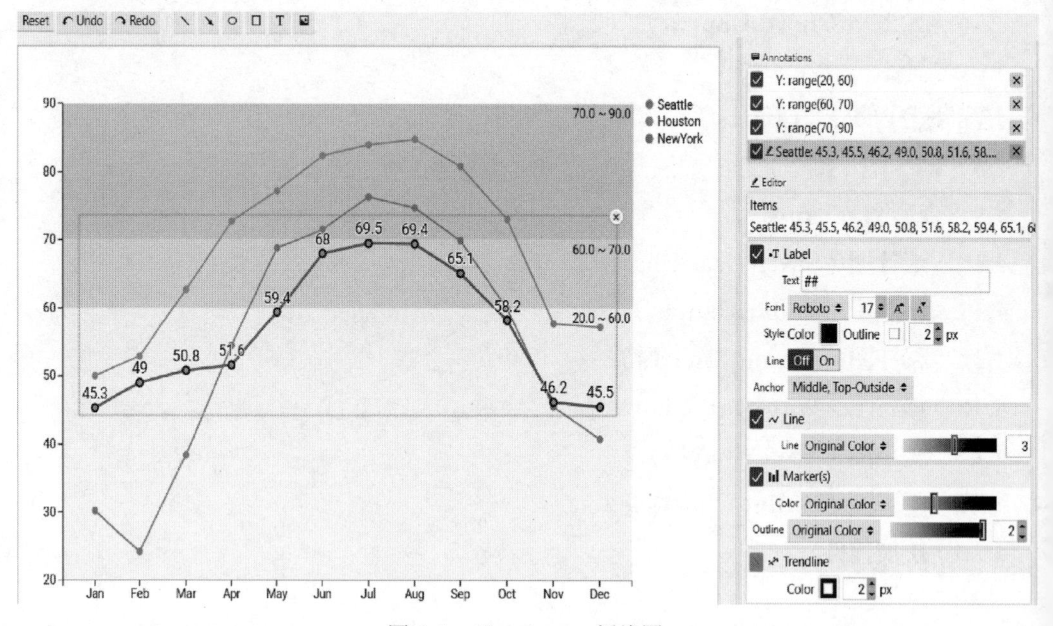

图 4-1　ChartAccent 折线图

2. 属性

该控件的属性分为两类，分别为字段（Fields）和格式（Format）。这两类属性下的非选项及其描述见表4-1和表4-2。

表4-1 字段（Fields）属性

No.	选　项	描　述
1	类别数据（Category Data）	定义X轴分类数据
2	测量数据（Measure Data）	定义折线数据

表4-2 格式（Format）属性

No.	选　项	描　述
1	Y轴（Y Axis）	实现对Y轴开始值、结束值、标题的设置

3. 示例

选择“ChartAccent – LineChart”（ChartAccent折线图）控件，该控件可对两类字段的数据进行操作和展示：“Category Data”“Measure Data”。导入数据并在“字段”窗格里将字段拖动到对应位置，即可显示相应图表，如图4-2所示。

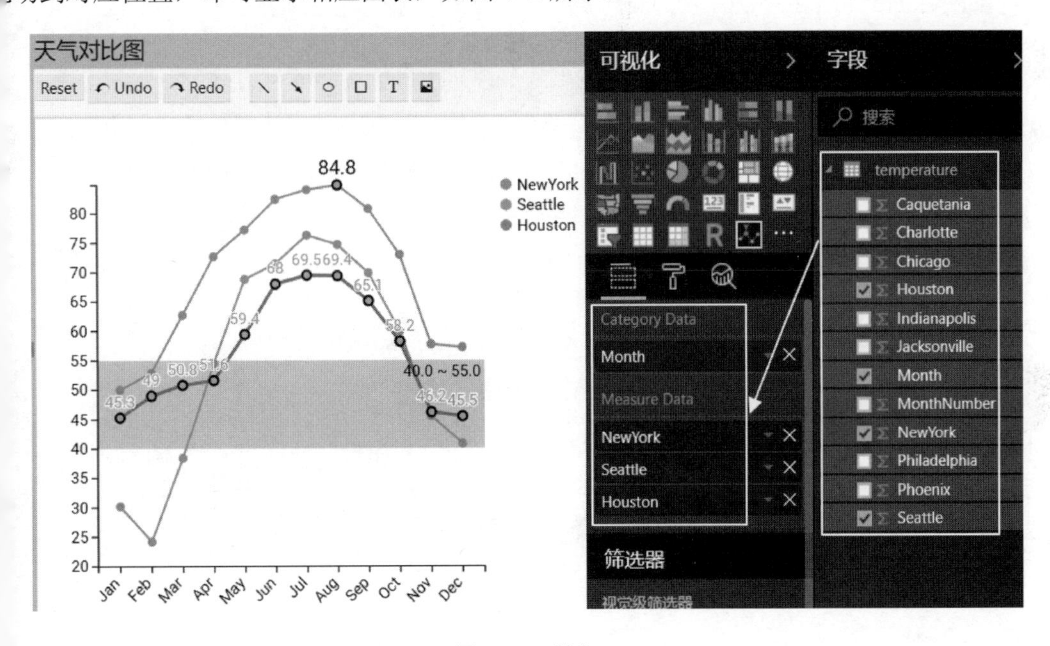

图4-2 示例1

调整ChartAccent折线图格式。步骤如下：

1）选择“格式”→“Y Axis”(Y轴)，设置“Start”为“20”。

2）选择“格式”→“标题”，设置“标题文本”为“天气对比图”、“字体颜色”为黑、“文本大小”为“15”。

3）选择“格式”→“背景”，设置“颜色”为红色。

自定义设置ChartAccent折线图格式后，得到自定义可视化效果，如图4-3所示。

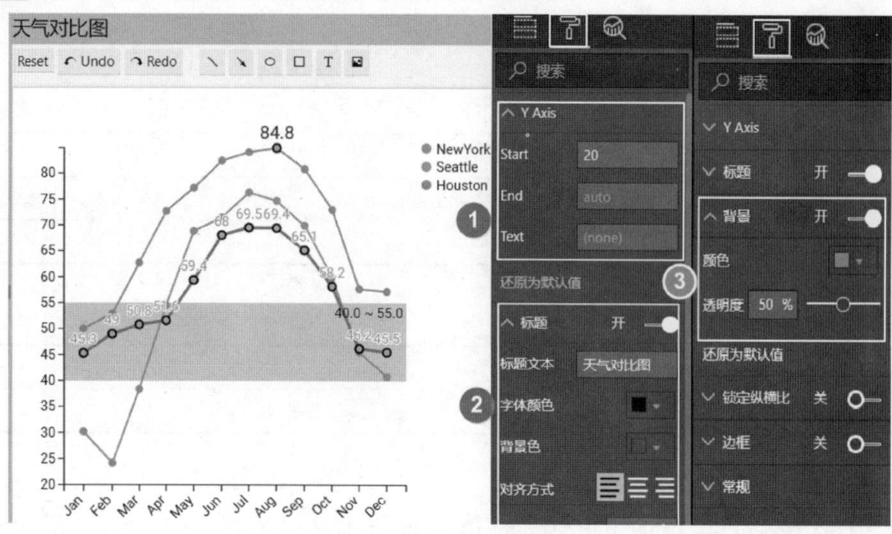

图 4-3　示例 2

ChartAccent 折线图自带注释功能，可以对单个数据点、数据系列、范围内的点进设置。步骤如下：

1）设置单个数据点。在折线图中选择一个需要设置的点，可以对其数据小数位数、式、字体大小、颜色、线的颜色、点的颜色等进行属性设置。

2）设置系列点。选择图例中的“Seattle”，可以对整条折线图进行设置，也可以对其据小数位数、样式、字体大小、颜色，线的颜色、点的颜色等进行属性设置。

3）设置数据范围。在 X 轴或 Y 轴上选择需要设置的数据范围，可以对其数据小数数、样式、字体大小、颜色和背景颜色进行属性设置。

设置 ChartAccent 折线图自带属性后得到的可视化结果如图 4-4 所示。

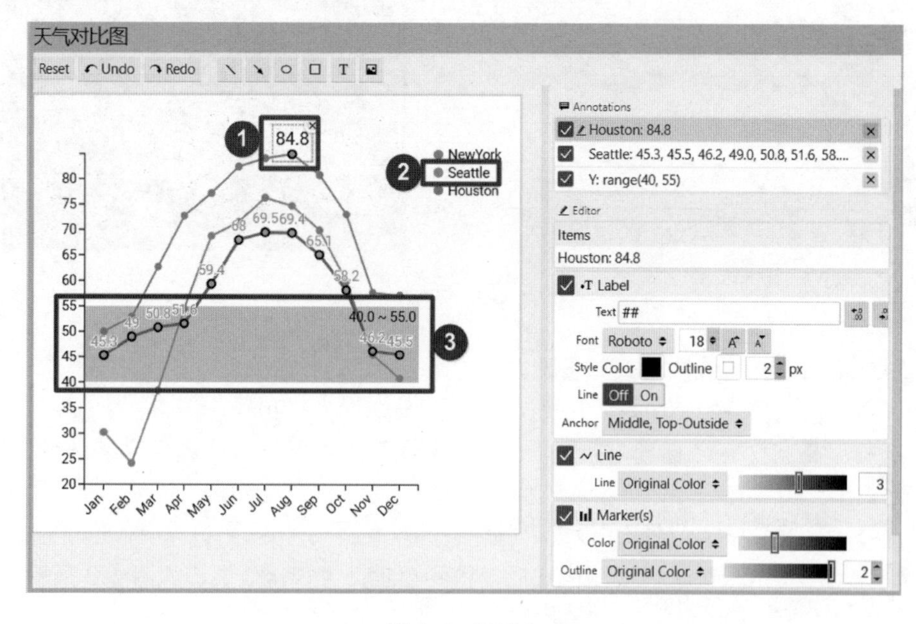

图 4-4　示例 3

ChartAccent 折线图自带注释设置功能，能突出显示单个数据点，展示折线上特定位置的数据标签；控制折线中特定范围内的数据颜色，起到预警效果。

如果用户只想显示最后 3 个节点的数据标签，则在折线图中拖选最后 3 个节点进行属性设置，显示节点数据即可。效果如图 4-5 所示。

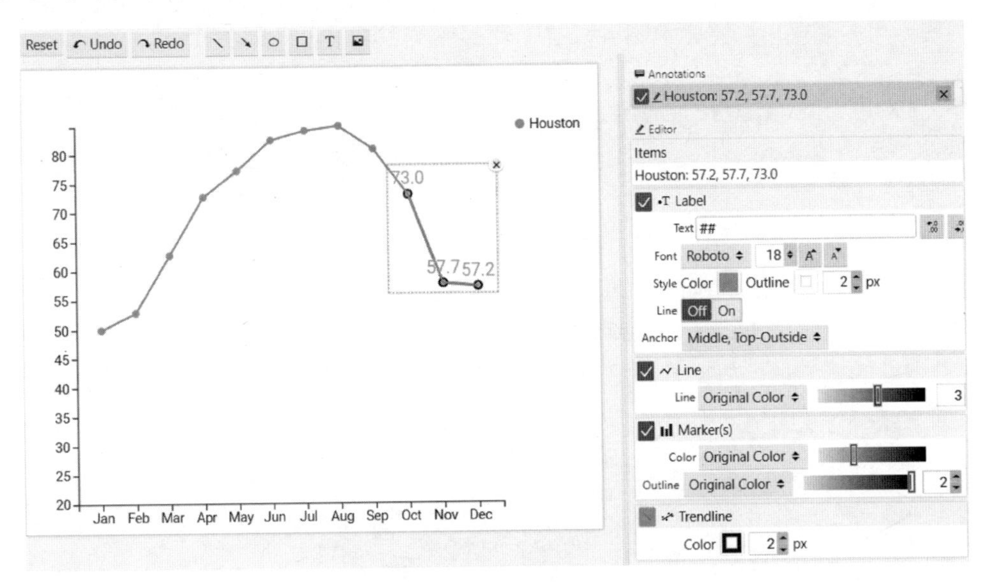

图 4-5　示例 4

4. 应用场景

ChartAccent 折线图可以突出显示单个数据点、数据系列、特定范围内的点，甚至高于平均值的点。图 4-6 展示了某产品的完成情况，分别通过橙、黄、绿代表很差、较差、良好三个状态，直观生动地对每个状态进行了说明。

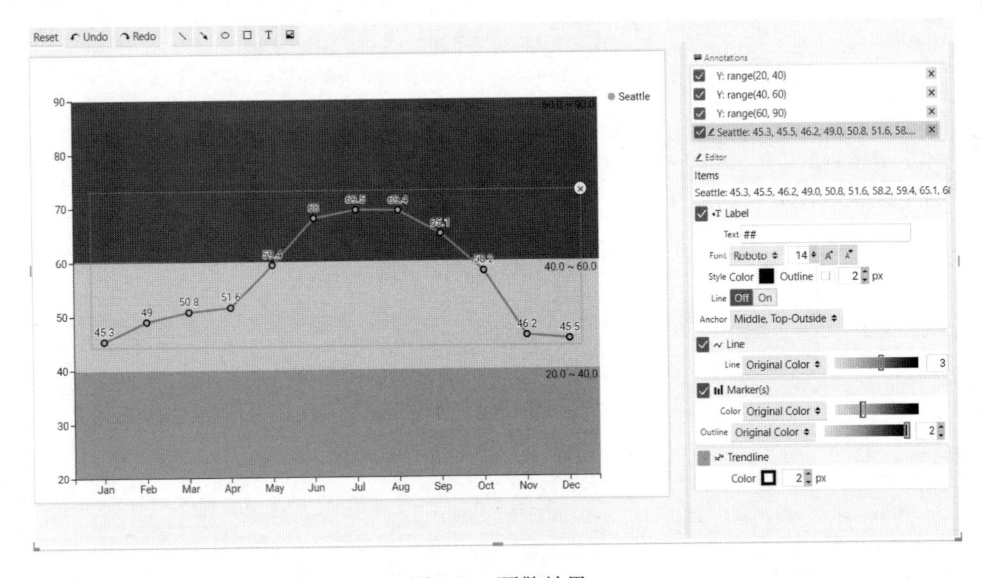

图 4-6　预警效果

5. 控件局限

- 无法隐藏注释菜单。
- 不能设置 X 轴、Y 轴字体颜色、大小和样式。
- 不能修改折线图显示效果，比如平滑曲线。
- 图例不能修改，修改线条颜色后图例不会发生变化。

4.1.2 脉冲图（Pulse Chart）

1. 图例介绍

脉冲图是一种带有关键事件的折线图，支持动画显示，适合用数据讲故事。当用户想突显脉冲图上某个数据点时，脉冲图会在播放到该点时弹出一个定制的窗口，在窗口中显示用户想讲的事件。窗口中可以指定标题和说明，并显示或隐藏时间戳。窗口的弹出可以提醒人们注意数据点的重要性。根据脉冲图的特性，脉冲图可用来显示股价的变化趋势或用时间轴播放关键事件。脉冲图示例如图 4-7 所示。

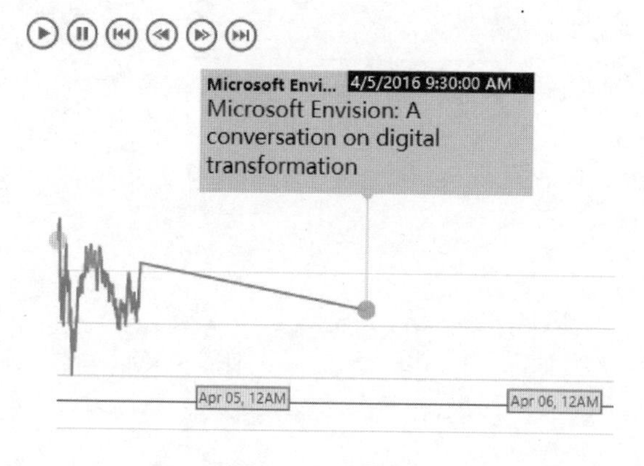

图 4-7　脉冲图

2. 属性

该控件的属性分为两类，分别为字段（Fields）和格式（Format）。这两类属性下的非公共选项及其描述见表 4-3 和表 4-4。

表 4-3　字段（Fields）属性

No.	选　项	描　述
1	时间戳（Timestamp）	定义一个日期范围
2	值（Values）	定义每个时间戳的值
3	事件标题（Event Title）	定义弹出窗口的标题，并将圆点添加到画布上
4	事件描述（Event Description）	定义每个事件的描述
5	事件大小（Event Size）	定义画布上的圆点大小
6	运行计数器（Runner Counter）	定义计数器的值

表 4-4　格式（Format）属性

No.	选　　项	描　　述
1	系列（Series）	实现对脉冲线颜色、宽度的设置
2	间距（Gaps）	实现对脉冲线间隙百分比的设置
3	弹出（Popup）	实现对弹出窗口的开启/关闭、宽度、高度、填充颜色、文本大小、文本颜色、开启/关闭显示时间、开启/关闭显示事件标题、时间颜色、时间填充色的设置
4	点（Dots）	实现对事件点颜色、大小、最小值、最大值、透明度的设置
5	X 轴（X Axis）	实现对 X 轴字体颜色、X 轴颜色、背景色、位置的设置
6	Y 轴（Y Axis）	实现对 Y 轴字体颜色、Y 轴颜色的设置
7	回放（Playback）	实现对自动播放开启/关闭、重复播放开启/关闭、播放速度、事件出现时暂停的时间、延迟播放时间、按钮颜色的设置
8	运行计数器（Runner Counter）	实现对计数器标签、位置、文本大小、字体颜色的设置

3. 示例

选择“Pulse Chart”（脉冲图）控件，该控件可对 6 类字段的数据进行操作和展示：“时间戳”“值”“事件标题”“事件描述”“事件大小”“运行计数器”。导入数据并在“字段”窗口中将字段拖动到对应位置，即可显示相应的图表，如图 4-8 所示。

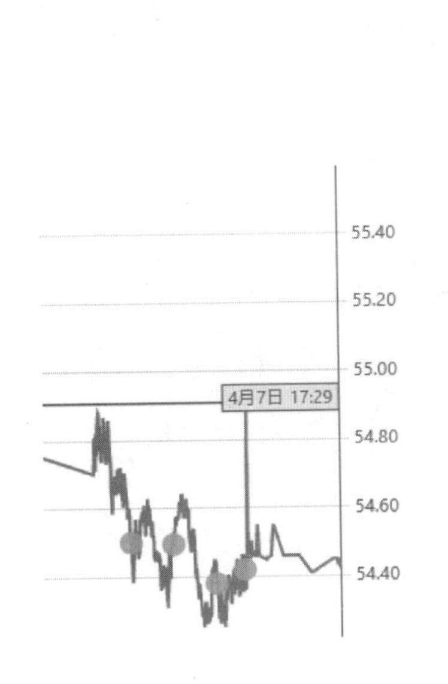

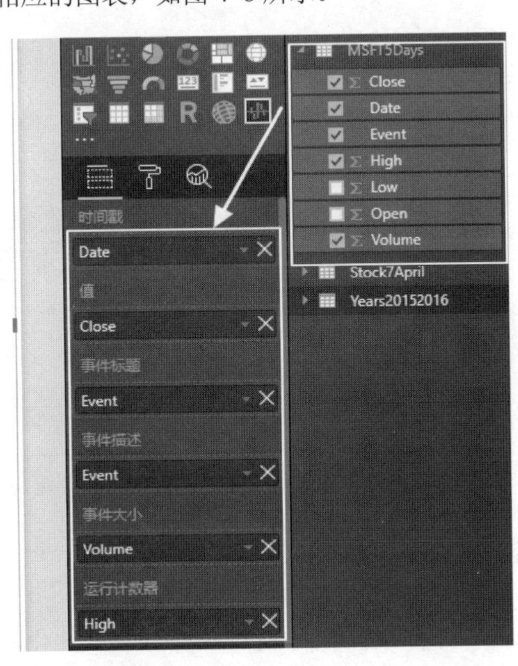

图 4-8　示例 1

设置脉冲图的格式，步骤如下：

1）选择“格式”→“系列”，设置“填充”为黑色、“宽度”为“2”。

2）选择“格式”→“弹出”，设置为“开”。

3）选择“格式”→“X 轴”，设置“字体颜色”为红色、“背景色”为白色。

自定义设置脉冲图格式后，得到的自定义可视化效果如图 4-9 所示。

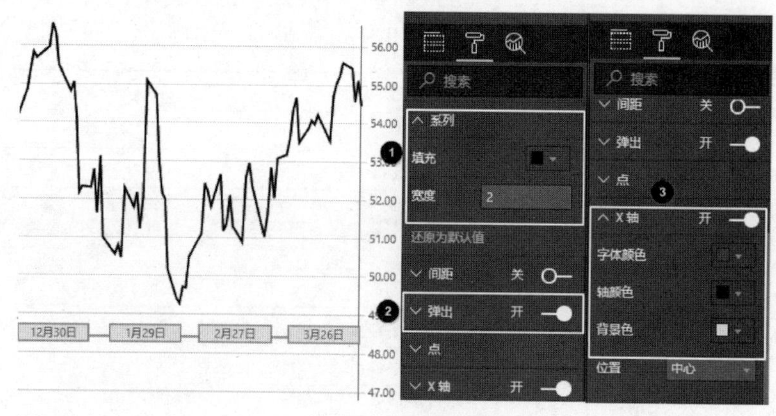

图 4-9　示例 2

4. 应用场景

如图 4-10 所示，脉冲图可通过播放方式动态地体现这一段时间内股票的走势情况，当折线播放到特定事件时折线图会弹出事件描述框。

股票走势图

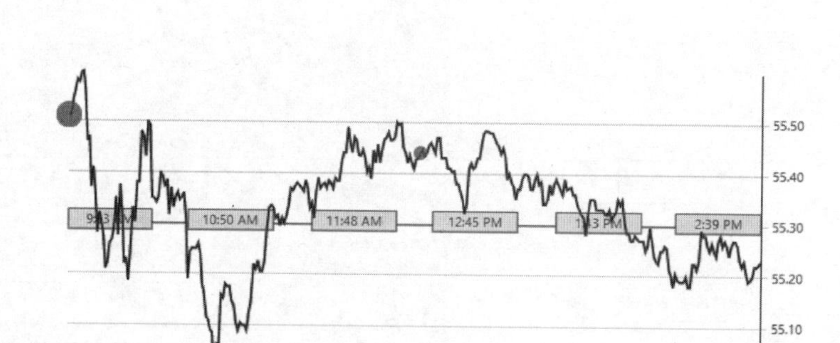

图 4-10 股票走势图

5. 控件局限

- 无法设置脉冲图的线条样式。
- 不能设置 X 轴、Y 轴字体颜色、大小和样式。
- 每个时间戳的值只能设置一个值。
- Y 轴位置无法调整。

4.1.3　流图（Stream Graph）

1. 图例介绍

流图是一种叠加面积图，它是围绕中心轴移位的堆积区域图，形成流动的有机形状，通常用于显示随时间变化的值，其中每个流形状的大小与每个类别中的值成比例。流图平行于流向的轴为时标（时间刻度），如图 4-11 所示图例，在 2011 年科幻电影价值达到了巅峰，动作电影达到低峰。

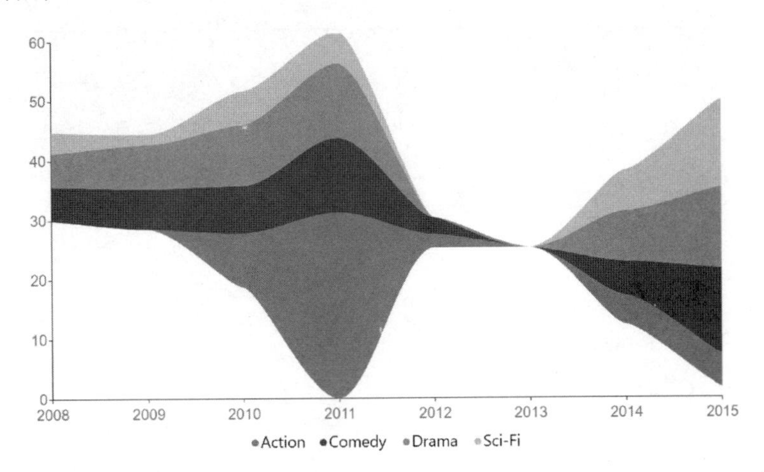

图 4-11　流图

2. 属性

该控件的属性分为两类，分别为字段（Fields）和格式（Format）。这两类属性下的非公共选项及其描述见表 4-5 和表 4-6。

表 4-5　字段（Fields）属性

No.	选　项	描　述
1	类别（Category）	定义 X 轴中的数据
2	组（Group）	定义数据分组，每个分组是一个单独的流
3	值（Values）	定义流图的数据值

表 4-6　格式（Format）属性

No.	选　项	描　述
1	X 轴（X Axis）	实现对 X 轴标题、字体颜色、X 轴颜色的设置
2	Y 轴（Y Axis）	实现对 Y 轴标题、字体颜色、Y 轴颜色的设置
3	图例（Legend）	实现对图例的开关、位置、标题、字体颜色和大小的设置
4	数据标签（Data lables）	实现对数据标签开关、数据开关、字体颜色和大小的设置

3. 示例

选择“Stream Graph”（流图）控件，流图控件可对 3 类字段的数据进行操作和展示：“类别”“组”“值”。导入数据并在“字段”窗格中将字段拖动到对应位置，即可显示相应图表，如图 4-12 所示。

设置各式，步骤如下：

1）选择“格式”→“常规”，设置“扭动效果”为“开”。

2）选择“格式”→“图例”，设置“位置”为“上”、“文本大小”为“15”。

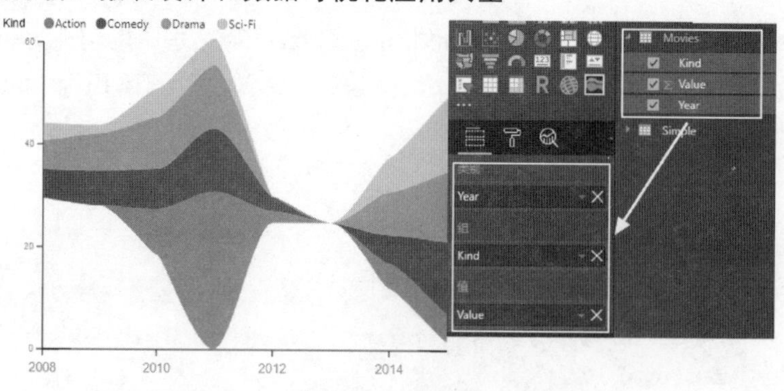

图 4-12　示例 1

3）选择“格式”→“X 轴”，设置“颜色”为灰色、“文本大小”为“15”。

4）选择“格式”→“Y 轴”，设置“颜色”为灰色、“文本大小”为“15”。

自定义设置后，得到自定义可视化效果，如图 4-13 所示。

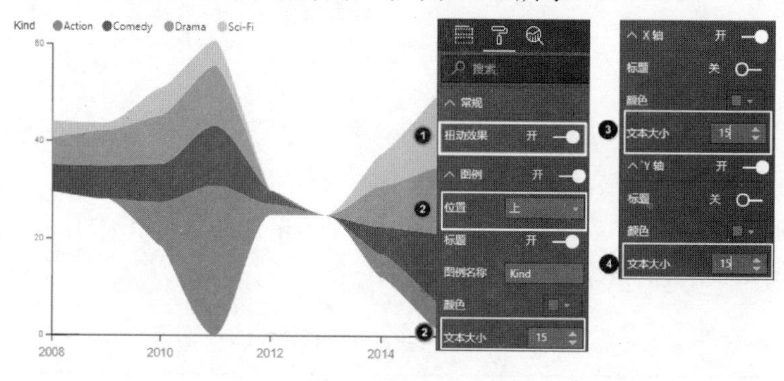

图 4-13　示例 2

4. 应用场景

图 4-14 所示的流图展现了新兴市场“百车争鸣”的特点，上榜的车型涉及十几个汽车品牌（如上海大众、上海通用、广州本田、一汽大众、北京现代、奇瑞、比亚迪等），还可从图中看出桑塔纳每年的销量都比较平稳，位于汽车销量的中上水平。而比亚迪则呈现出后几年销量猛涨的趋势。流图将数字间的关系用河流的方式形象地展示出来，这使得展现效果更美观，更具吸引力。

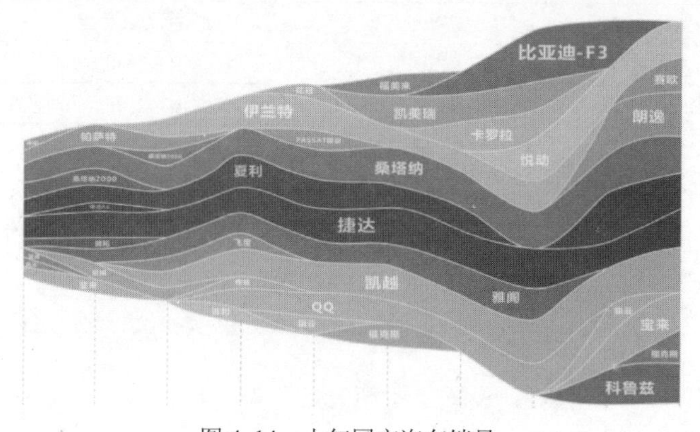

图 4-14　十年国产汽车销量

5. 控件局限

- 图例颜色无法修改。
- 数据会因太小而被淹没，无法正常查看。
- 没有中心轴做参考，因此不能读取流图中的确切值。
- 数据分组过多时，流图将非常混乱。

4.2 柱形图和条形图（Column and Bar Charts）

4.2.1 ChartAccent 条形图（ChartAccent – BarChart）

1. 图例介绍

ChartAccent 条形图是一种带有丰富注释功能的条形图，注释对于数据的可视化非常重要，使用 ChartAccent 条形图时只需单击几下鼠标就能创建带有丰富注释的条形图。例如用户可以突出显示单个小节、数据系列，甚至高于平均值的小节等。示例如图 4-15 所示。

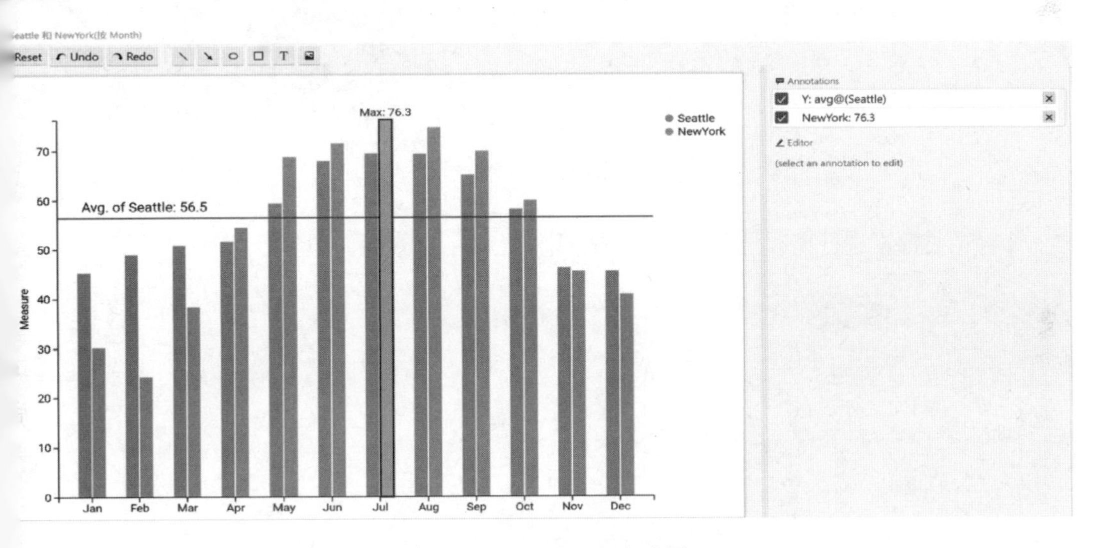

图 4-15　ChartAccent 条形图

2. 属性

该控件的属性分为两类，分别为字段（Fields）和格式（Format）。这两类属性下的非公共选项及其描述见表 4-7 和表 4-8。

表 4-7　字段（Fields）属性

No.	选　项	描　述
1	类别数据（Category Data）	X 轴的维度
2	测量数据（Measure Data）	Y 轴度量值

表 4-8　格式（Format）属性

No.	选　项	描　述
1	Y 轴（Y Axis）	Start：Y 轴起始数值位置 End：Y 轴终止数值位置 Text：Y 轴名称

3. 示例

选择“ChartAccent – BarChart”控件，选择分组字段“Month”，选择度量值“Seattle”“NewYork”，如图 4-16 所示。

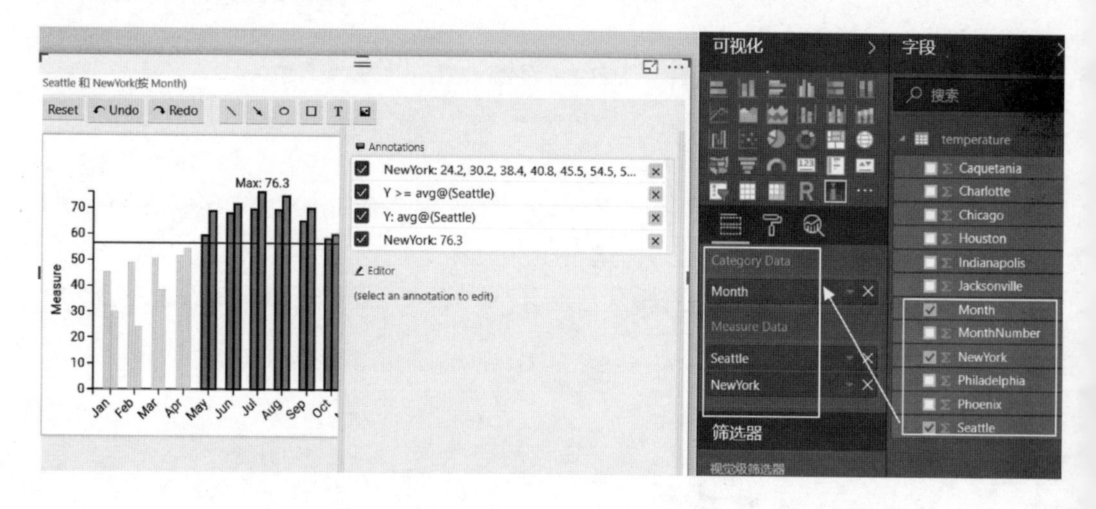

图 4-16　示例 1

针对重要数据进行着重展示，次要数据用浅色展示，效果如图 4-17 所示。

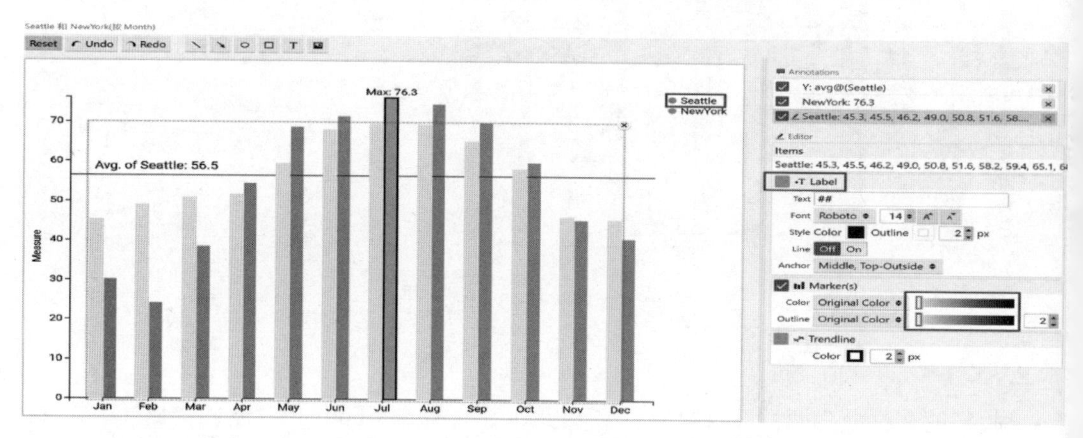

图 4-17　示例 2

不满足条件的数据不展示，只展示满足条件的数据。用〈Ctrl+A〉键全选图形，取消勾选“Label”，设置颜色为最浅，效果如图 4-18 所示。

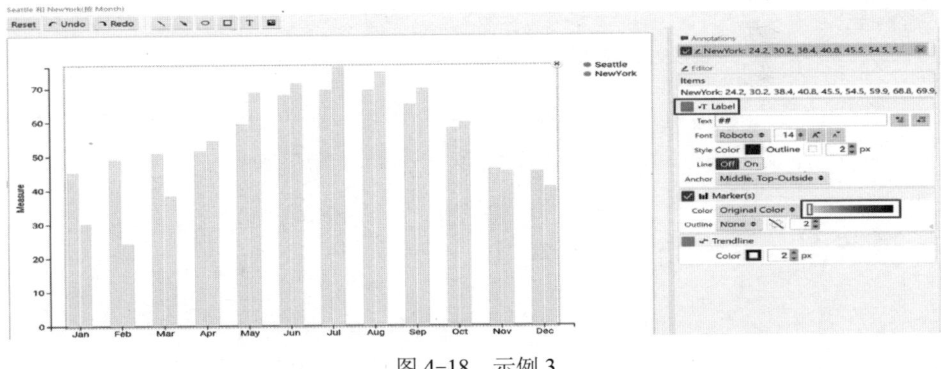

图 4-18　示例 3

选择 Y 轴上的点，设置值为“50”，单击“Select Items Using this Line”按钮，取消勾选 Seattle”，单击“OK”，效果如图 4-19 所示。

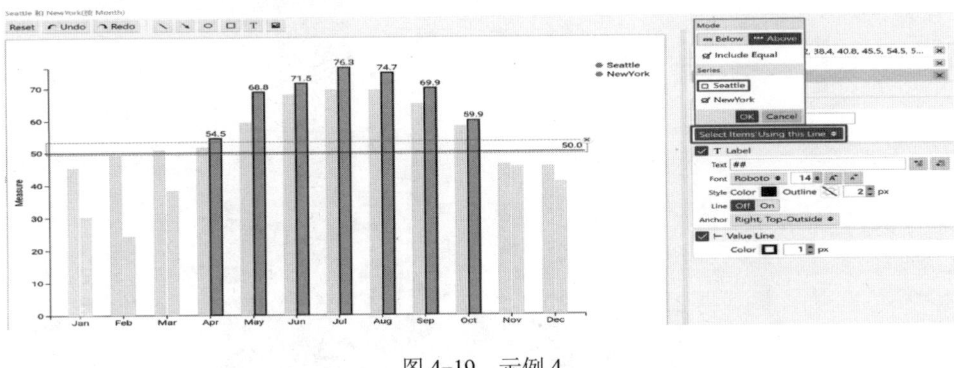

图 4-19　示例 4

4. 应用场景

通过图 4-20 可以清楚地看出 New York 与 Seattle 两地的每月销量对比，同时也能直观看出 New York 月销量大于 52 的月份有 Apr\May\Jun\Jul\Aug\Sep\Oct，Seattle 月销量大于 的月份有 May\Jun\Jul\Aug\Sep\Oct，拥有较高销量月份数最多的为 New York。

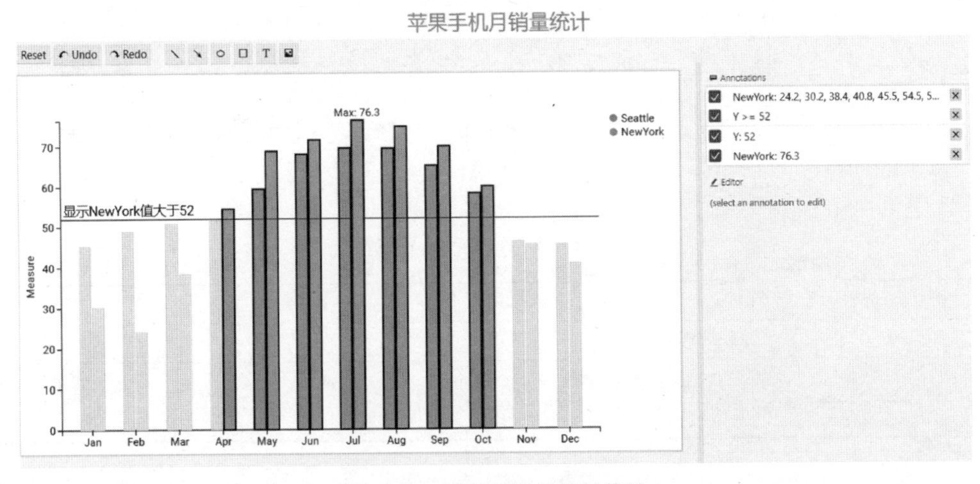

图 4-20　苹果手机月销量统计

5. 控件局限

- 两个条形图之间无法设置间距。
- 光标移动到同一维度值的条形图时，无法同时显示同一维度值不同时期的数据。
- 控件右边的设置窗口无法隐藏，影响报表展示和排版布局。

4.2.2 直方图（Histogram Chart）

1. 图例介绍

直方图描述的是一组连续可视化数据的分布情况，即把一组有序的数据分组为数据仓，将整个数值范围划分为一系列固定间隔的区间，然后统计每个区间有多少个数值分布。直方图示例如图 4-21 所示。

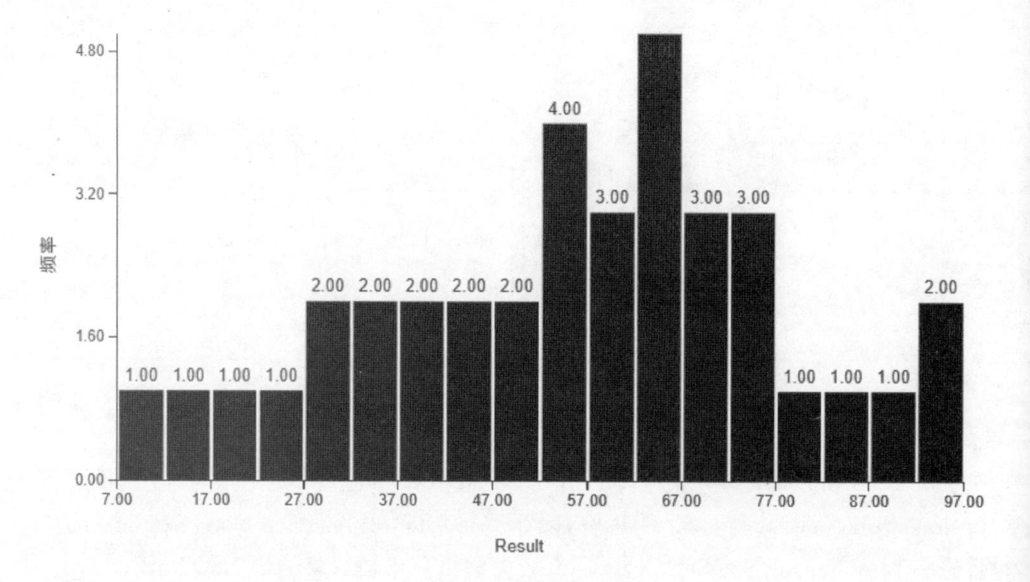

图 4-21　直方图

2. 属性

该控件的属性分为两类，分别为字段（Fields）和格式（Format）。这两类属性下的非共选项及其描述见表 4-9 和表 4-10。

表 4-9　字段（Fields）属性

No.	选　项	描　述
1	值（Values）	填充一个列
2	频率（Frequency）	设置频率/间隔，把有序的一组数据分组为数据仓，将整个数值范围划分为一系列固定的间隔，然后统计每个间隔有多少个数值分布

表4-10 格式（Format）属性

No.	选项		描述
1	常规（General）	箱（Bins）	等分，即将一组数据平均分成N份
2		频率（Frequency）	默认启用，启用则统计数量（或平均值、求和等），关闭则计算统计值在总值中的占比
3		X位置（X Position）	整个控件离画布左侧的距离
4		Y位置（Y Position）	整个控件离画布顶部的距离
5		宽度（Width）	整个控件的宽度
6		高度（Height）	整个控件的高度
7		替换文字（Alt Text）	输入一个描述，以便屏幕阅读器识别该控件，即给当前控件设置一个名称，当使用 Power BI 屏幕阅读器时能够通过搜索将这个独立的控件单独查找出来并展现
8	数据颜色（Data colors）	填充（Fill）	数据所覆盖图形的颜色设置
9	X轴（X-Axis）	颜色（Color）	刻度值的颜色，默认为黑色
10		标题（Title）	表示X轴代表的意思，默认显示值为X轴显示值的字段名称，可手动修改
11		显示单位（Display Units）	从下拉列表框中选择单位（自动、无、千、百、万、十亿、万亿）。如果值为91.7，选择“自动”显示为92，选择“无”显示为91.7，选择“千”显示0.09
12		小数位数（Decimal Places）	设置小数位数，比如值为91.7时，设置显示单位为“千”则显示为0.09，即默认保留2位小数，设置小数位数为3位小数时，数据标签显示为“0.092千”
13		样式（Style）	样式
14		开始（Start）	输入一个起始值（可选），即刻度的开始值，一般默认从0开始。比如维度值都是100以上，可以设置刻度起始值为100
15		结束（End）	输入一个终止值（可选）
16	Y轴（Y-Axis）	颜色（Color）	刻度值的颜色，默认为黑色
17		标题（Title）	表示Y轴代表的意思，默认显示值为Y轴显示值的字段名称，可手动修改
18		显示单位（Display Units）	从下拉列表框中选择单位（自动、无、千、百、万、十亿、万亿），如果值为91.7，选择“自动”显示为92，选择“无”显示为91.7，选择“千”显示0.09
19		小数位数（Decimal Places）	设置小数位数，比如值为91.7时，设置显示单位为“千”则显示为0.09，即默认保留2位小数，设置小数位数为3位小数时，数据标签显示为“0.092千”
20		样式（Style）	样式
21		开始（Start）	输入一个起始值（可选），即刻度的开始值，一般默认从0开始。比如维度值都是100以上，可以设置刻度起始值为100
22		结束（End）	输入一个终止值（可选）
23		位置（Position）	2个可选值，选Left则Y轴在左侧，选Right则Y轴在右侧
24	数据标签（Data Lables）	开关（On-Off）	表示是否要把值直接展现在图形上，默认关闭，一般光标移动到图形上时显示出当前刻度上的值
25		颜色（Color）	数据标签的颜色
26		显示单位（Display Units）	从下拉列表框中选择单位（自动、无、千、百、万、十亿、万亿），如果值为91.7，选择“自动”显示为92，选择“无”显示为91.7，选择“千”显示0.09
27		小数位数（Decimal Places）	设置小数位数，比如值为91.7时，设置显示单位为“千”则显示为0.09，即默认保留2位小数，设置小数位数为3位小数时数据标签显示为“0.092千”
28		文本大小（Text Size）	设置数据标签文本大小

3. 示例

选择“Histogram Chart”控件，选择“值”字段为“Result”，如图4-22所示。

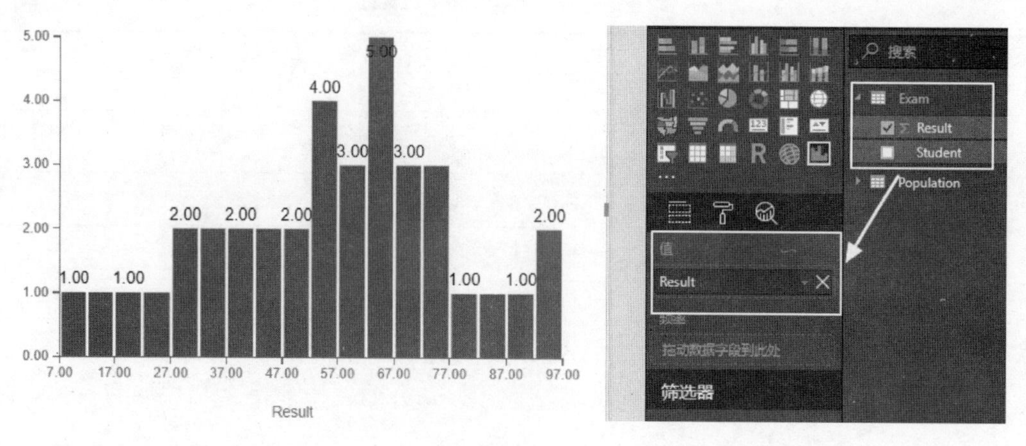

图 4-22　示例 1

设置格式，步骤如下：

1）选择“格式”→“常规”选项，修改“箱”为“18”，表示将数据范围分成 18 个区间，“频率”开则为个数统计，“频率”关则为占比统计。

2）选择“格式”→“数据颜色”设置数据图形颜色。

3）选择“格式”→“数据标签”设置保留小数位为“2”，效果如图 4-23 所示。

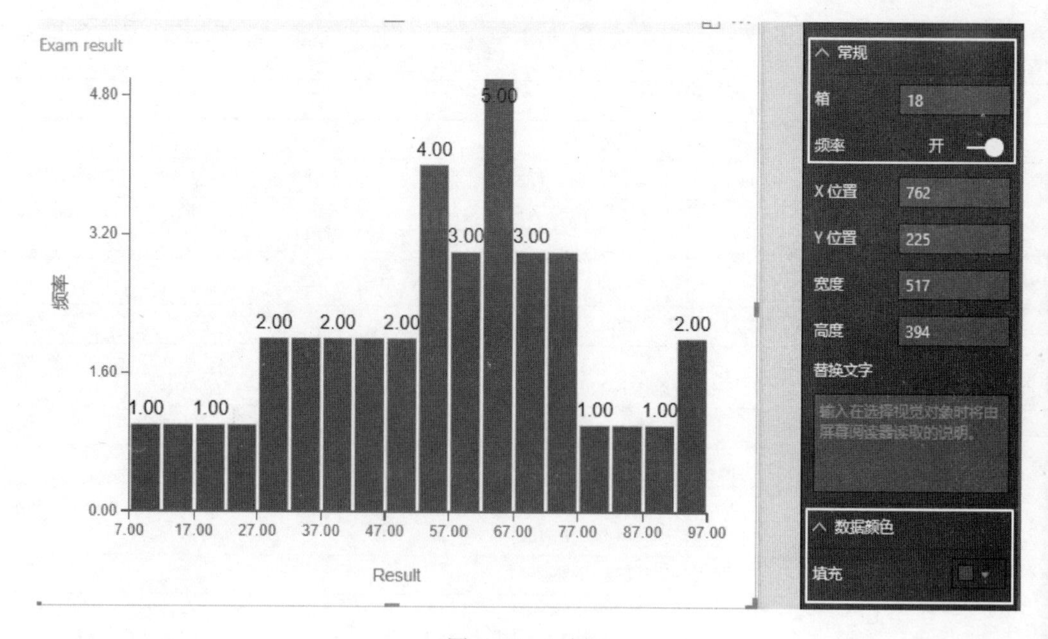

图 4-23　示例 2

4. 应用场景

从图 4-24 可以清楚地看出某区域的年龄分布情况，如：7～16 岁为 2 个人；16～25 岁为 1 个人；61～70 岁为 8 个人，是整个数据范围中人数最多的一个区间。

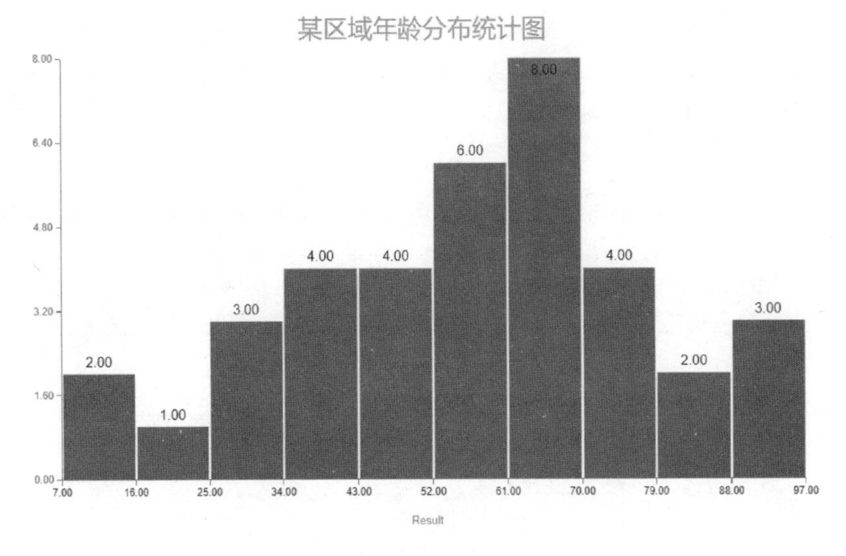

图 4-24　某班级成绩分布统计图

5. 控件局限

- 数据区间（数据仓）不能自定义，只能等分（等比例划分）。
- 不能同时展示多种模式（数量、求和等）。

.2.3　点阵直方图（Histogram with Points by MAQ Software）

1. 图例介绍

该控件是直方图控件的升级版，结合散点图和直方图来展示数据的分布和数据在对应范围内的数量。通过为 X 轴和右 Y 轴绑定数值字段来显示散点图数据分布，直方图通过 X 轴+左 Y 轴统计对应范围的数据量。

图 4-25 所示散点图的位置是根据 X，Y 轴的数据定义的，光标移到点上时将提示相应的 X、Y 坐标。直方图则表示 X 轴各个区间内包含点的数据点个数（或数据量）。

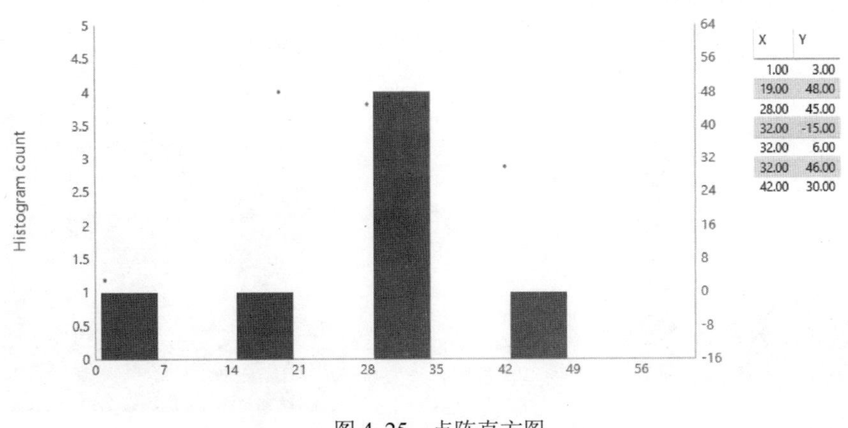

图 4-25　点阵直方图

2. 属性

该控件的属性分为两类，分别为字段（Fields）和格式（Format）。这两类属性下的非公共选项及其描述见表 4-11 和表 4-12。

表 4-11　字段（Fields）属性

No.	选　项	描　述
1	X 轴字段（X data）	X 轴字段
2	Y 轴字段（Y data）	Y 轴字段

表 4-12　格式（Format）属性

No.	选　项		描　述
1	散点图（Points）	工具提示（Tooltip）	开启\关闭散点图文本提示
2		颜色（Color）	设置散点图颜色
3	直方图（Bars）	工具提示（Tooltip）	开启\关闭直方图文本提示
4		颜色（Color）	设置直方图颜色
5	X 轴（X-Axis）	标题（Title）	开启\关闭 X 轴标题显示
6		标题文本（Title Text）	X 轴标题文本
7		标签（Labels）	X 轴数据标签
8	右 Y 轴（Y-Axis right）	标题（Title）	开启\关闭右 Y 轴标题显示
9		标题文本（Title Text）	右 Y 轴标题文本
10		标签（Labels）	右 Y 轴数据标签
11	左 Y 轴（Y-Axis left）	标题（Title）	开启\关闭左 Y 轴标题显示
12		标题文本（Title Text）	左 Y 轴标题文本
13		标签（Labels）	左 Y 轴数据标签
14	网格线（Grid lines）	X 轴（X-Axis）	开启\关闭 X 轴网格线
15		Y 轴（Y-Axis）	开启\关闭 Y 轴网格线

3. 示例

选择“Histogram with points by MAQ Software”控件，选择“X data”字段为“X-axis”，选择“Y data”字段为“Y-axis”，如图 4-26 所示。

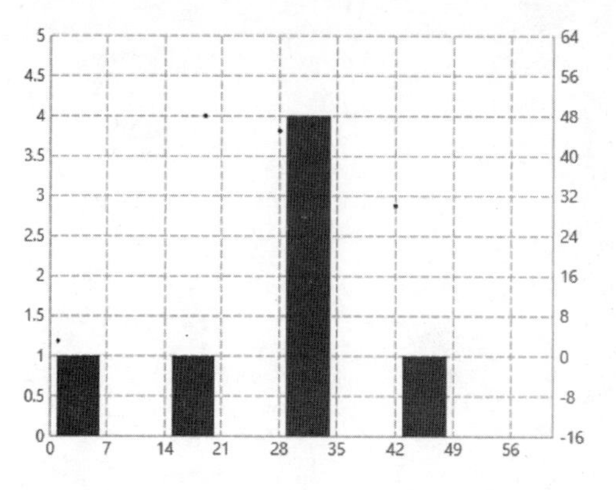

图 4-26　示例 1

调整格式，设置“Bars”属性为“关”，“Points”属性为“开”，只显示散点图，如图 4-27 示。

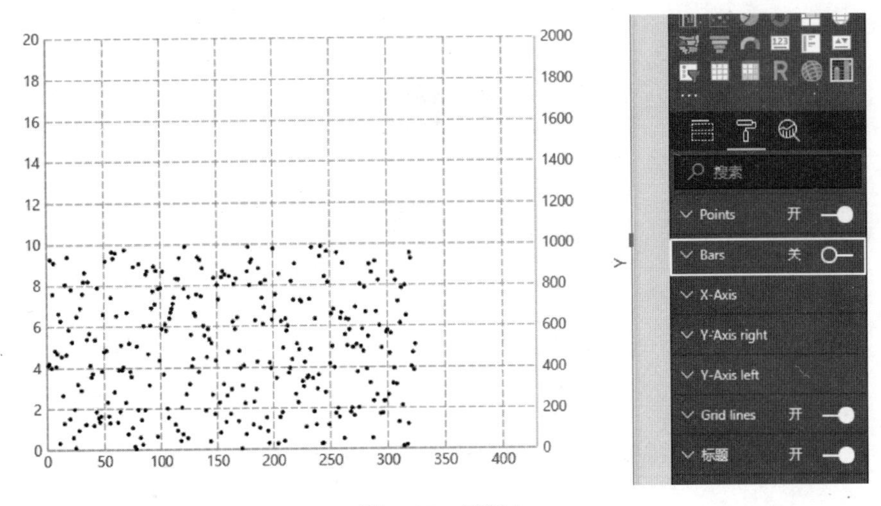

图 4-27　示例 2

调整格式，设置“Points”属性为“关”，“Bars”属性为“开”，只显示直方图，如图 4-28 示。

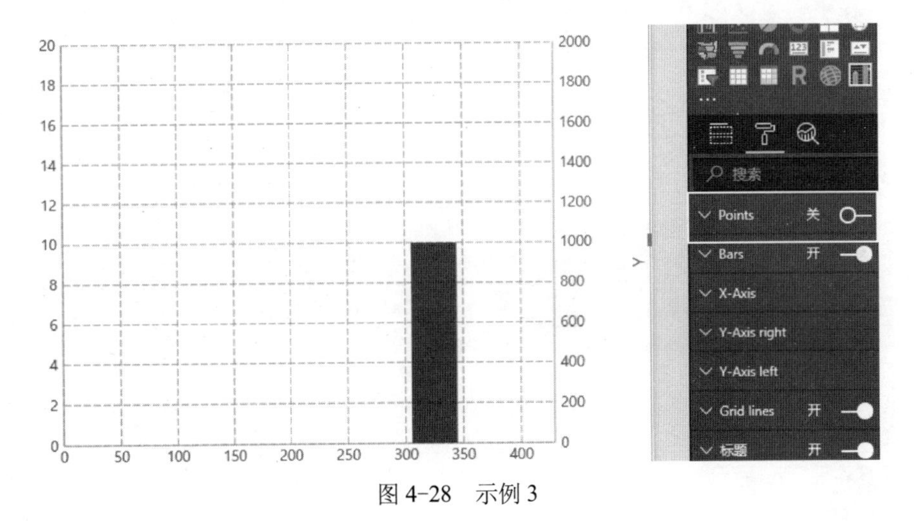

图 4-28　示例 3

4. 应用场景

通过该控件能以坐标和直方图的形式统计员工工资的分布情况。从图 4-29 所示的统计图中清楚直观地看出共有 7 个点（即为 7 个数据），其中，0～7 这个范围内的数据有 1 个；～21 这个范围内的数据有 1 个；28～35 这个范围内的数据有 4 个；42～49 这个范围内的据有 1 个。

5. 控件局限

- X 轴、Y 轴的数据间隔是控件自动分配，无法自定义调整。
- 点图中的点太小展示不清晰，无法调整大小。

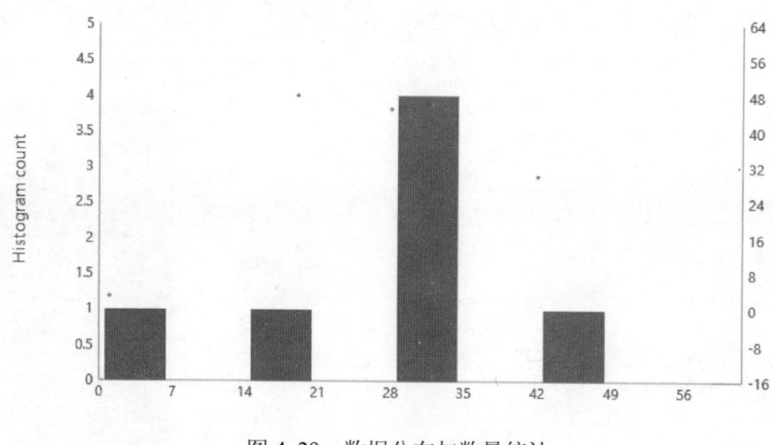

图 4-29　数据分布与数量统计

4.2.4　水平条形图（Horizontal Bar Chart）

1. 图例介绍

水平条形图通过将类别标签放置在条形图中来节省空间，该条形图也可以作为一种交互式过滤器，以更有意义的方式切片处理数据。还可以添加不同的工具提示，来展示第一眼不可见的数据，但是数据仍然是同一个数据集。

图 4-30 所示的例子显示了每个团队的销售额，团队名称（类别）放置在条形内，当条形图不够长时，金额会紧接着团队名称展示，不会出现重叠情况。当光标移动到条形上时，可以查看具体的数据，以及一些提示信息。

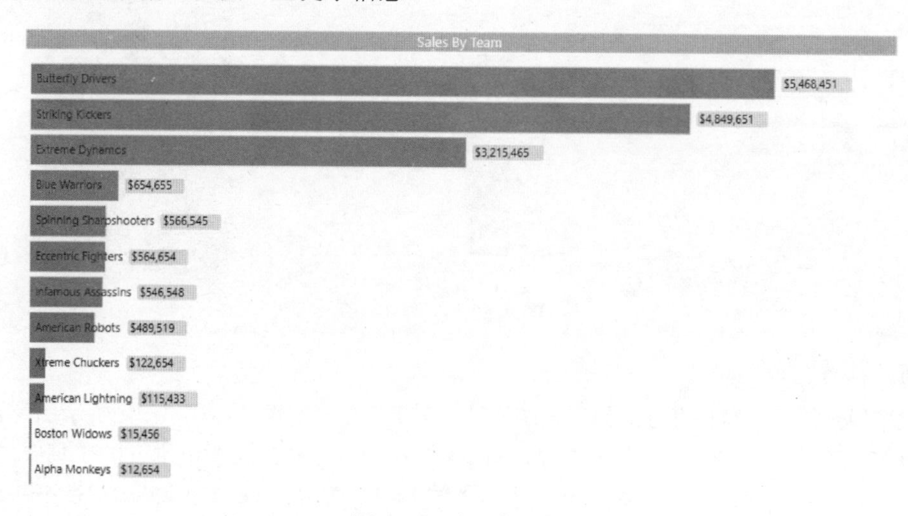

图 4-30　水平条形图

2. 属性

该控件的属性分为两类，分别为字段（Fields）和格式（Format）。这两类属性下的非公共选项见表 4-13 和表 4-14。

表 4-13　字段（Fields）属性

No.	选　　项	描　　述
1	类别（Category）	类别
2	测量（Measure）	度量值
3	重叠值（Overlap Values）	重叠度量值

表 4-14　格式（Format）属性

No.	选　　项		描　　述
1	字体大小（Font Size）	字体大小（Font Size）	条形图字体大小
2	混合（实验的）[Blend(Experimental)]	模式（Mode）	展示模式
3	条形图设置（Bar Settings）	透明度（Opacity）	条形图透明度
4		条形图颜色（Bars Color）	条形图颜色
5		重叠条形图颜色（Overlap Bars Color）	重叠条形图颜色
6		文本颜色（Text Color）	条形图类别文本颜色
7	条形图标签（Bar Labels）	文本颜色（Text Color）	条形图数值文本颜色
8	右对齐（Align Right）	—	右对齐开关。开则数据显示为右对齐，关则数据靠条形图对齐
9	条形图高度（Bar Height）	最小高度（Min Height）	条形图最小高度
10	条形图形状（Bar Shape）	形状（Shape）	图形形状
11		头部（Head）	头部颜色
12		标签位置（Label Position）	数值位置

3. 示例

选择“Horizontal bar chart”控件，选择“Category”字段为“Team”，选择“Measure”字段为“Sales”，如图 4-31 所示。

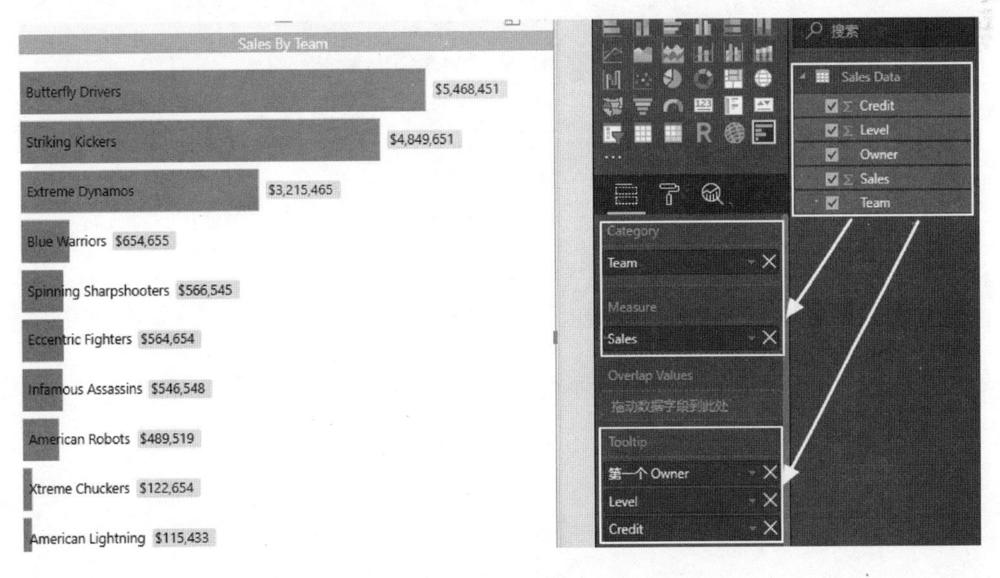

图 4-31　示例 1

打开“格式”选项卡，在“Bar Settings”选项组中设置条形图的颜色及文本颜色；在“Align Right”选项组中设置数据全部靠右显示；在“Bar Shape”选项组中设置条形形状为“Lollipop”，以及“数据标签”的位置为“Top”，如图 4-32 所示。

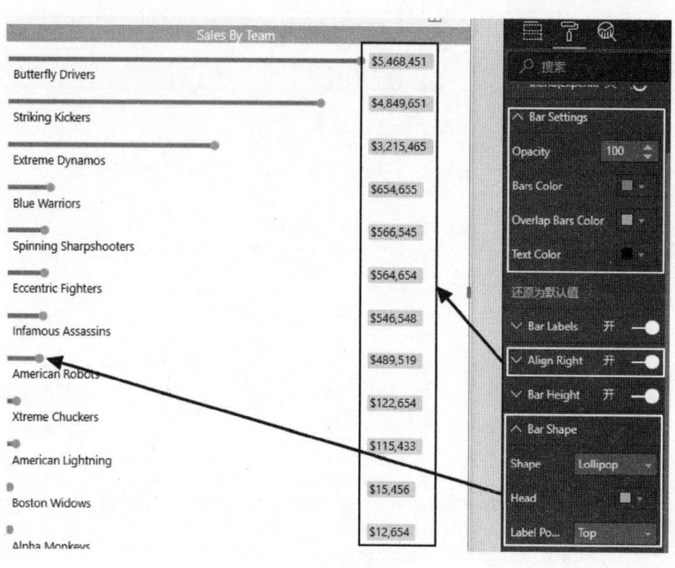

图 4-32　示例 2

4. 应用场景

从图 4-33 所示统计图中能直接看出每个公司的总信用值分别为多少，每个公司的单项业务信用值在总信用值的占比多少。比如 Eccentric Fighters 公司的总信用值为 43，该公司某业务的信用值为 1。

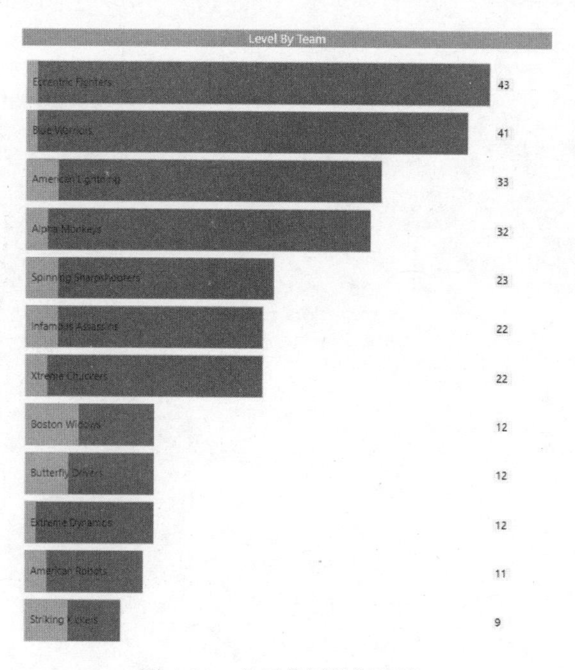

图 4-33　公司信用数据统计

5. 控件局限

该控件中数值无法更改单位，只能展示完整数据，同时也不能更改小数位数。

.2.5 图表设计器（Infographic Designer）

1. 图例介绍

该控件可以用一些图形来美化报告，用户可以精确地控制形状、颜色和布局，从而控制
刂表、条形图和折线图的特定外观，以最能说明数据的方式表示信息。控件在默认情况下已
经包含了一组图形，如果不能满足用户的需求，用户可以自己上传特定的图形来表达数据。
刂表示例如图 4-34 所示。

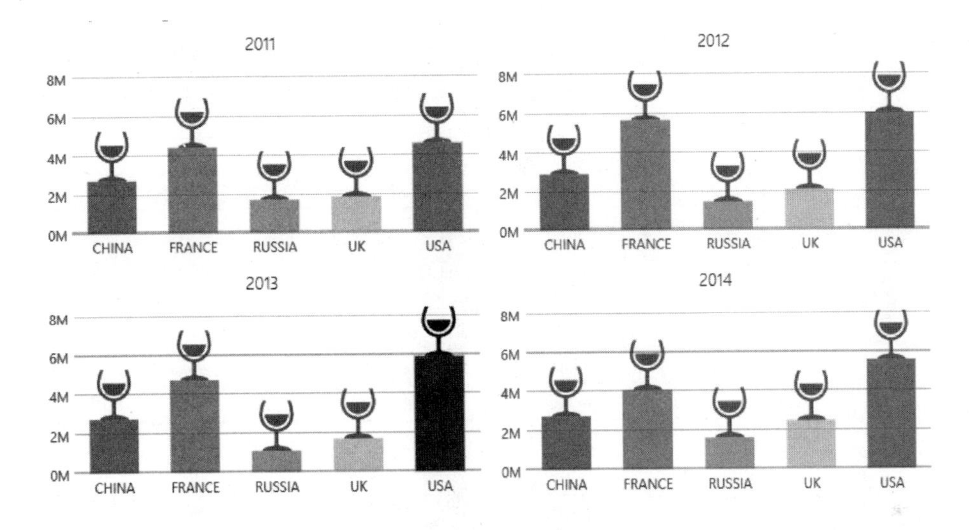

图 4-34 Infographic Designer

2. 属性

该控件的属性分为两类，分别为字段（Fields）和格式（Format）。这两类属性下的非公
开选项及其描述见表 4-15 和表 4-16。

表 4-15 字段（Fields）属性

No.	选　项	描　述
1	类别（Category）	类别
2	图例（Legend）	图例
3	度量值（Measure）	度量值
4	列分组（Column By）	列分组字段
5	行分组（Row by）	行分组字段

表 4-16　格式（Format）属性

No.	选　项		描　述
1	选项组合（Small Multiple）	布局模式（Layout Mode）	设置布局模式，可选 Flow，matrix
2		最小单位高度（Min Unit Height）	最小单位高度
3		最小单位宽度（Min Unit Width）	最小单位宽度
4		最大行宽（Max Row Width）	设置一行显示图表的最大个数
5		显示表头（Show Header）	开时表头名字显示在左侧，关时按默认方式显示
6		显示表标题（Show Chart Title）	开时显示表头标题，关时不显示
7		文本颜色（Text Color）	设置表头和表标题的字体颜色
8		字体大小（Font Size）	设置表头和表标题的字体大小
9		字体系列（Font Family）	设置表头和表标题的字体系列
10		显示分隔符（Show Separators）	显示行之间的分隔符
11	表（Chart）	类型（Type）	设置图表显示方式，有 column /bar /line
12		图例（Legend）	是否显示 Legend 字段值，开表示显示，关表示隐藏
13		X 轴（X-Axis）	是否显示 X 轴值，开表示显示，关表示隐藏
14		Y 轴（Y-Axis）	是否显示 Y 轴值，开表示显示，关表示隐藏
15		最小 Y 值（Min Y-Value）	最小 Y 值
16		最大 Y 值（Max Y-Value）	最大 Y 值
17		小数位数（Decimal Places）	Y 轴数字小数位数
18		网格线（Grid Line）	是否显示图表横线，开表示显示，关表示隐藏
19		顶部间距（Top Padding）	设置顶部间距
20		底部间距（Bottom Padding）	设置底部间距
21		左侧间距（Left Padding）	设置左侧间距
22		右侧间距（Right Padding）	设置右侧间距

3. 示例

选择“Infographic Designer”控件，选择“Category”字段为“Region”，选择“Measure”字段为“Consumption”，选择“Column By”字段为“Year”，如图 4-35 所示。

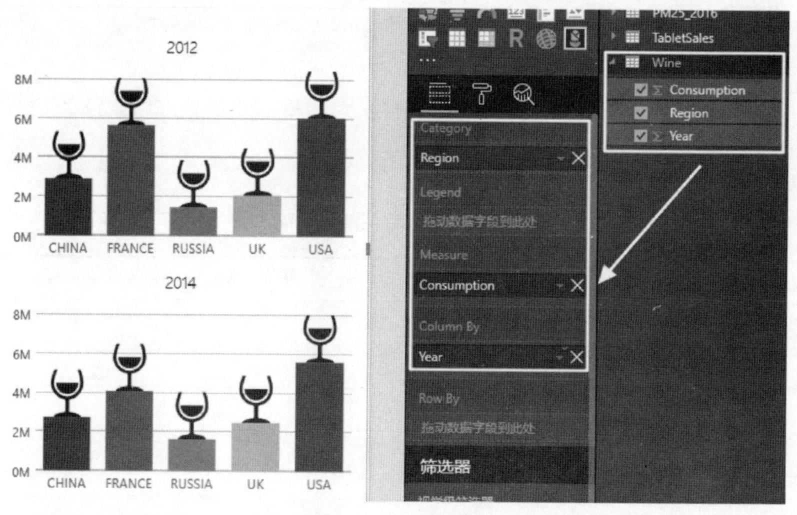

图 4-35　示例 1

通过格式属性可以自定义设置图表本身特定的效果，可以设置为柱形图展示或折线图展示，矩阵展示还是按顺序展示等，如图 4-36 所示的示例。

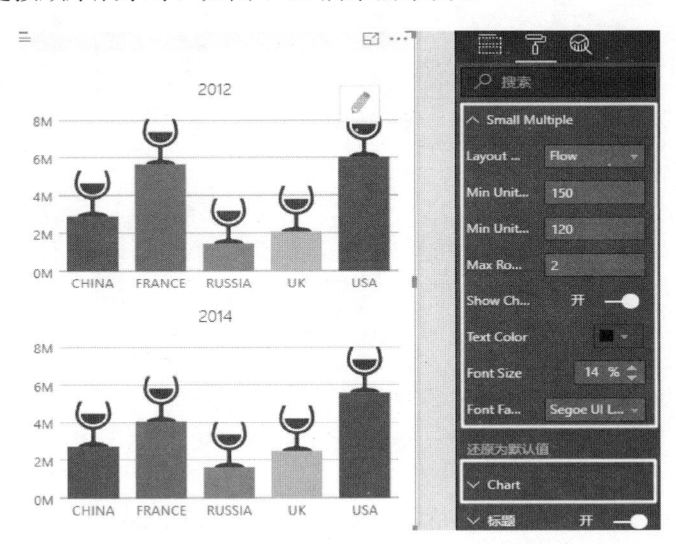

图 4-36　示例 2

通过图表右上角的“ ”按钮可对特定的行业设置形象的图片来进行图表数据显示，也可以通过单击控件中的“Upload”按钮上传需要的图片并将其显示在图表中，如图 4-37 所示。

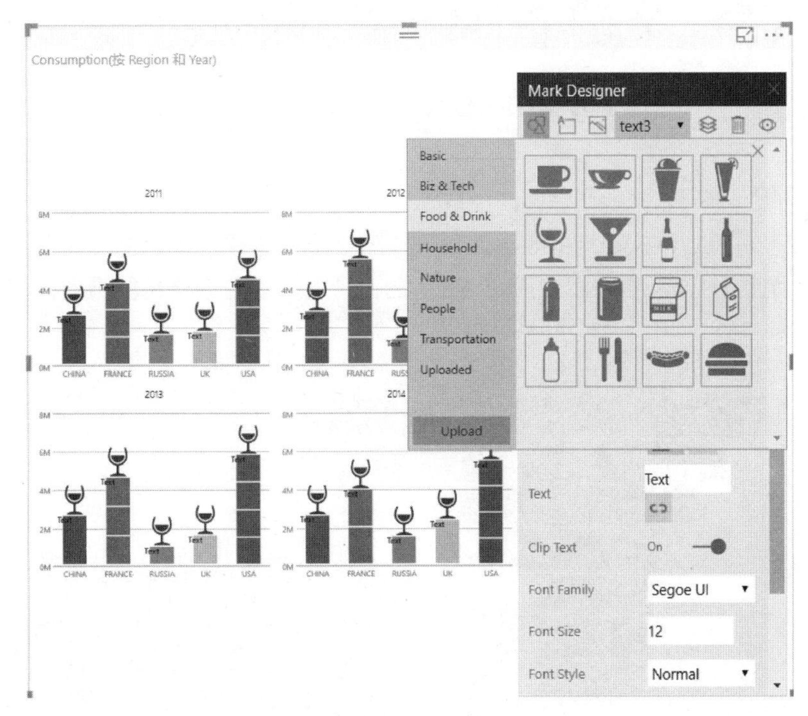

图 4-37　示例 3

4. 应用场景

如图 4-38 所示，该控件可用于按年份对不同地区的销售情况进行数据统计。

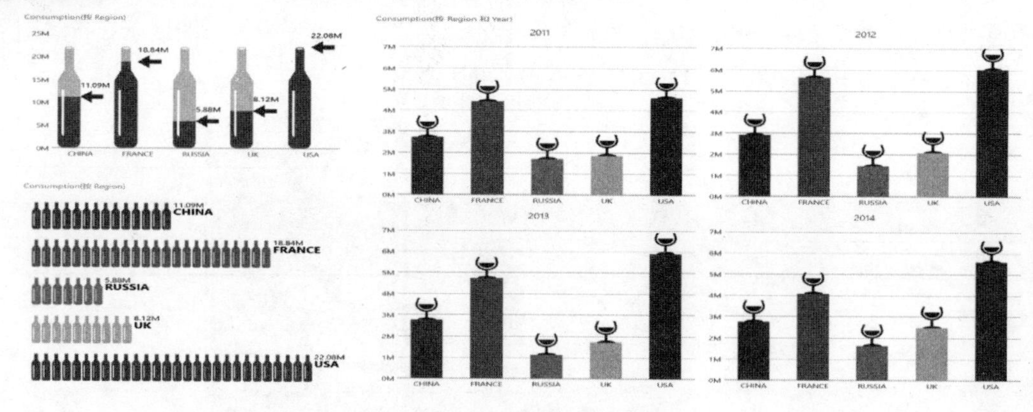

图 4-38　葡萄酒销售数据统计

在图 4-38 中，左边两张图对不同地区的葡萄酒总销量进行了统计，在左上图中可以
酒瓶深色覆盖面积看出美国的销量最高，俄罗斯销量最低，在左下图中可以从酒瓶数量看
和左上图一样的结果。

右侧图表中主要是根据不同年份统计了当前所有区域的葡萄酒销量情况，从右侧 4 个
表中同样可以看出在 2012 年美国的葡萄酒销量在 4 年中是最高的，俄罗斯在 2013 年销量
最低的，且是所有年份中最低的一年。

5. 控件局限

用户上传的图形不支持 jpg 格式，只能上传 svg 格式的图片。

4.2.6　龙卷风图表（Tornado Chart）

1. 图例介绍

龙卷风图表是一种特殊类型的条形图，其中数据类别是垂直列出的，而不是一般的水
表示，并且类别是有序排列的。图 4-39 所示的例子展示了各个年龄段男女的失业率对比
况（16～17、18～19、20～24 等），可以看出男女在各年龄段的失业率高低。

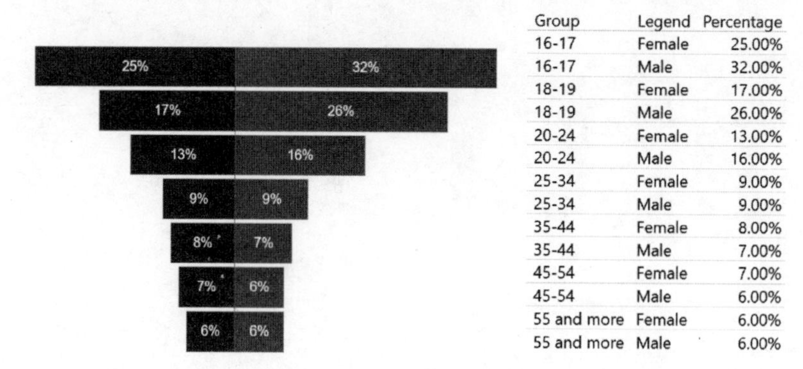

Group	Legend	Percentage
16-17	Female	25.00%
16-17	Male	32.00%
18-19	Female	17.00%
18-19	Male	26.00%
20-24	Female	13.00%
20-24	Male	16.00%
25-34	Female	9.00%
25-34	Male	9.00%
35-44	Female	8.00%
35-44	Male	7.00%
45-54	Female	7.00%
45-54	Male	6.00%
55 and more	Female	6.00%
55 and more	Male	6.00%

图 4-39　龙卷风图表

2. 属性

属性分为两类，分别为字段（Fields）和格式（Format）。这两类属性下的非公共选项

其描述见表 4-17 和表 4-18。

表 4-17　字段（Fields）属性

No.	选　　项	描　　述
1	组（Group）	类别
2	图例（Legend）	图例
3	值（Values）	度量值

表 4-18　格式（Format）属性

No.	选　　项		描　　述
1	数据颜色（Data colors）	–	数据对应颜色设置
2	X 轴（X-Axis）	–	条形图长度设置
3	数据标签（Data Labels）	文本大小（Text size）	文本大小设置
4		小数位数（Decimal places）	小数位设置
5		显示单位（Display units）	单位设置
6		内部填充（Inside fill）	数值颜色设置
7		外部填充（Outside fill）	–
8	图例（Legend）	位置（Position）	图例位置，可选值有上、下、左、右、顶部居中、底部居中、左中、右中
9		标题（Title）	默认打开，指定图例名称是否显示
10		图例名称（Legend name）	默认为字段名，比如图例表示的是部门，则默认图例名称为字段名“Dept”，可自行修改
11		文本大小（Text size）	图例字体大小
12		颜色（Color）	图例字体的颜色
13	组（Group）	颜色（Color）	对轴上的数据进行字体颜色设置
14		文本大小（Text size）	对轴上的数据进行字体大小设置
15		位置（Position）	对轴上的数据做左右两边显示设置

3. 示例

选择“Tornado chart”控件，选择“组”字段为“Group”，选择“图例”字段为“Legend”，选择“值”字段为“Percentage”，如图 4-40 所示。

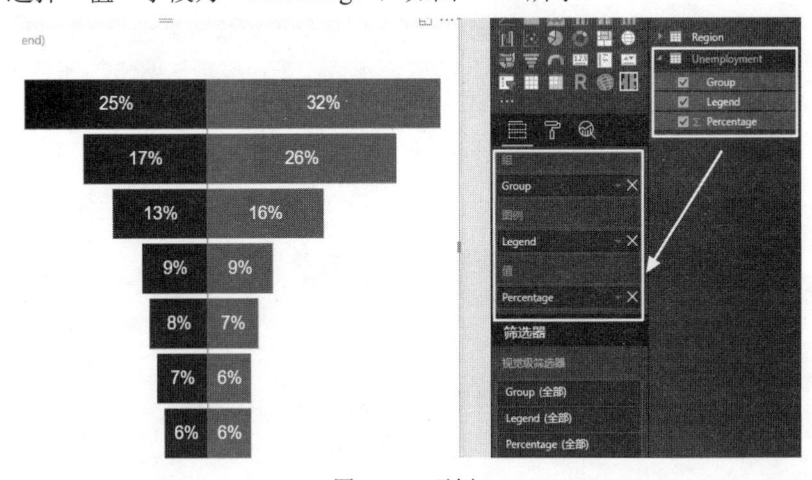

图 4-40　示例 1

在格式属性中设置“数据标签”选项，可对图表的“数据标签”设置颜色、大小、单位、小数位等效果，如图 4-41 所示。

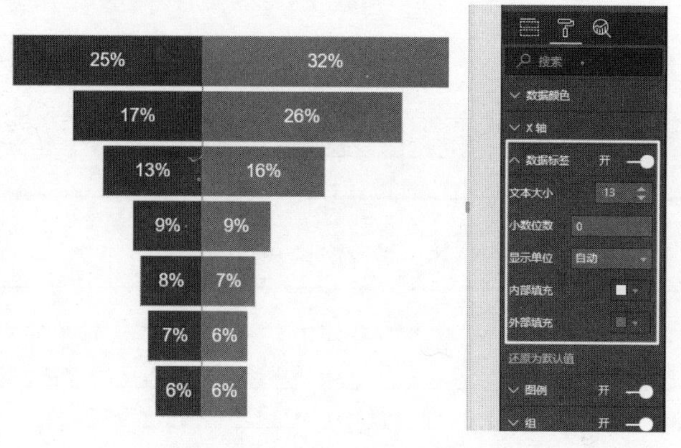

图 4-41　示例 2

可以根据实际场景对图表数据进行排序，如图 4-42 所示。

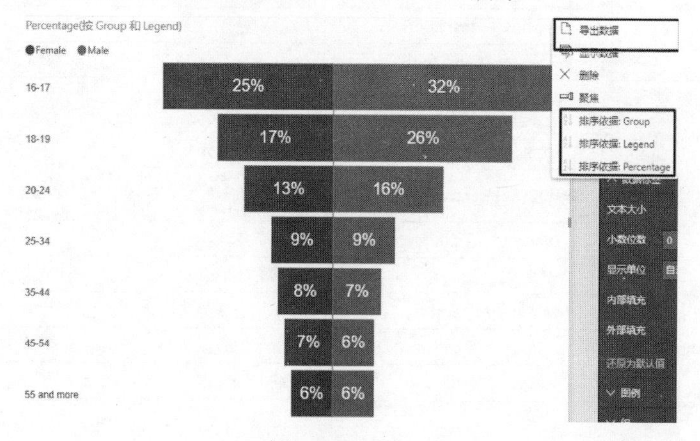

图 4-42　示例 3

4. 应用场景

图 4-43 所示的图表清晰直观地将同一区域不同年份的销售数据进行了比较，如 West 区域 2015 年销量为 103K，而 2016 年销量为 56K，可以看出该区域这两年的销量在萎缩。

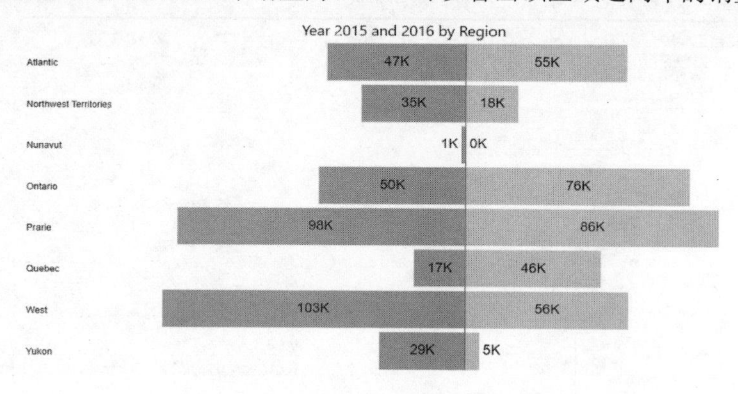

图 4-43　2015 年和 2016 年区域销售数据

5. 控件局限

该控件不能自动对数据进行从大到小的标准漏斗图排序，默认按照“组”字段升序排序，所以需要根据实际场景设置排序。

4.3 饼图和环形图（Pie and Donut Charts）

4.3.1 南丁格尔玫瑰图（Aster Plot）

1. 图例介绍

南丁格尔玫瑰图又名鸡冠花图，是在极坐标下绘制的柱形图，它的特点是用两个度量来控制每个部分的高度和宽度。示例如图 4-44 所示。

图 4-44　南丁格尔玫瑰图

2. 属性

该控件的属性分为两类，分别为字段（Fields）和格式（Format）。这两类属性下的非公共选项及其描述见表 4-19 和表 4-20。

表 4-19　字段（Fields）属性

序号	选　项	描　述
1	类别（Category）	做分类设置
2	Y 轴（Y Axis）	Y 轴度量值

表 4-20　格式（Format）属性

序号	选　项	描　述
1	图例（Legend）	实现对图例标题、内容、颜色、文本大小、位置等的自定义设置
2	居中标签（Center Label）	实现对中心标签的大小、颜色等属性的自定义设置
3	详细信息标签（Detail labels）	实现对数据标签颜色、小数位、显示单位、文字大小等属性的自定义设置
4	饼图颜色（Pies colors）	实现对每一块图形的颜色设置
5	外部线（Outer line）	指定是否绘制图形外圆，对厚度、颜色、网格值、数据颜色、数据大小等进行自定义设置

3. 示例

①选择控件“Aster Plot”；②选择“字段”，在“South America”表中拖动字段“Country”字段到“类别”处；③拖动“GDP”字段到“Y 轴”处。得到的图表如图 4-45 所示。

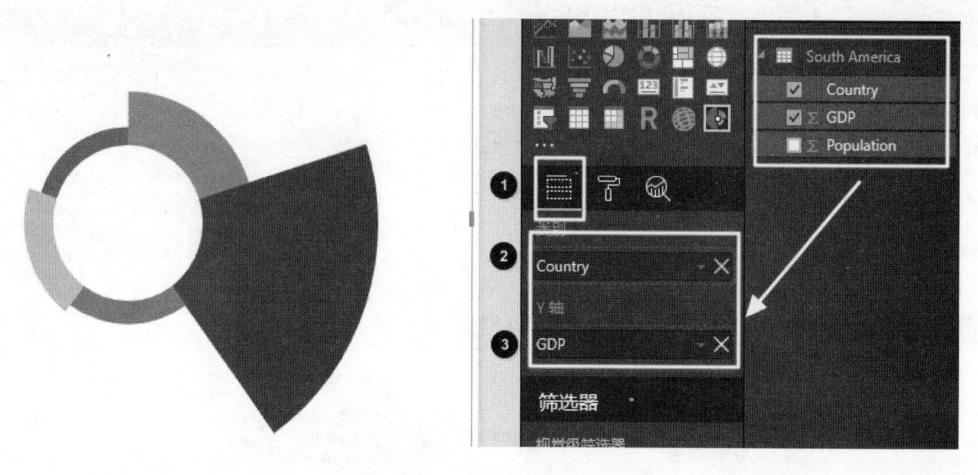

图 4-45　示例 1

选择“格式”，打开的选项卡中将显示适用于当前所选可视化效果的选项。设置格式：①在“图例”选项组中设置图例样式；②在“居中标签”和“详细信息标签”选项组中设置数据标签；③在“外部线”选项组中设置外圆线。效果如图 4-46 所示。

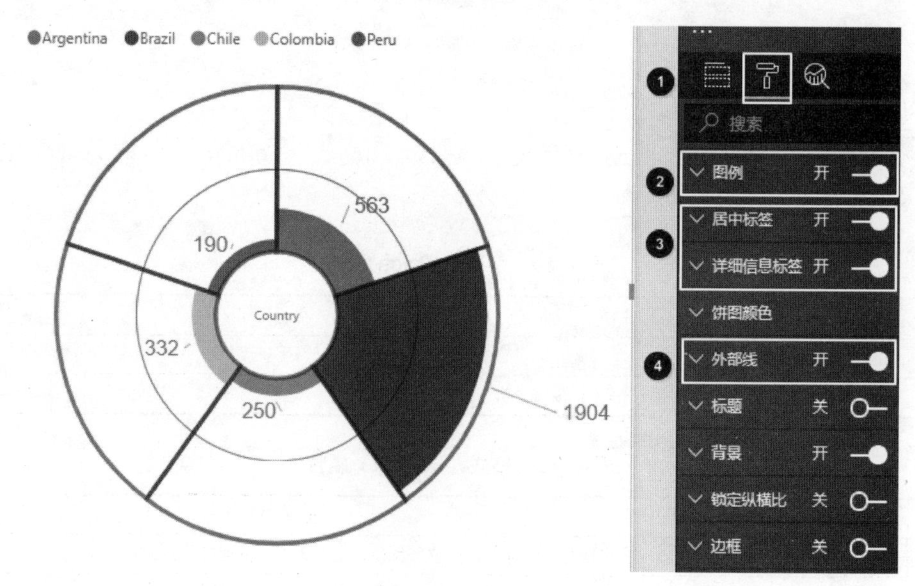

图 4-46　示例 2

选择“字段”，拖动“Population”字段到“Y 轴”处，此时 GDP 控制了高度，人口制了宽度，如图 4-47 所示。

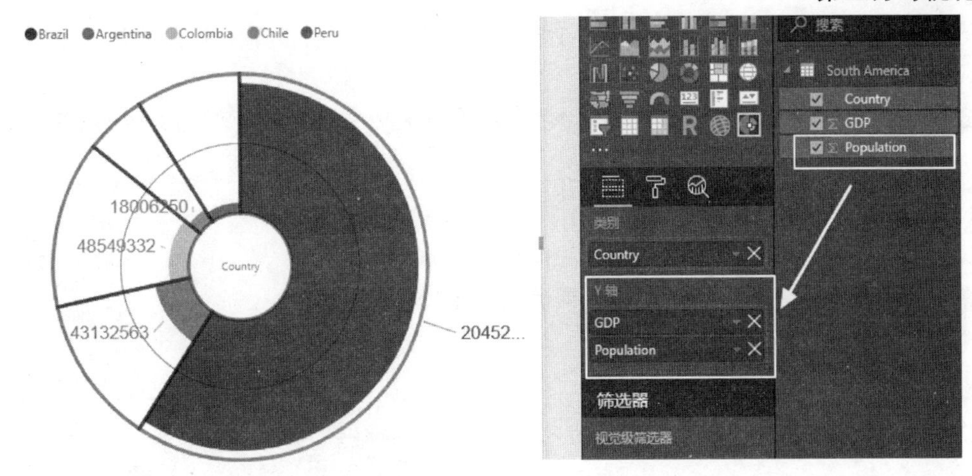

图 4-47 示例 3

4. 应用场景

- 反映具有双度量的分类。
- 对比不同分类的数据大小。

图 4-48 所示的图表反映的是各国制造成本指数的对比，以美国为基准（100），中国的制造成本指数是 96，也就是说，同样一件产品，在美国制造成本是 1 美元，那么在中国则需要 0.96 美元，这说明中国的制造优势已经不明显。

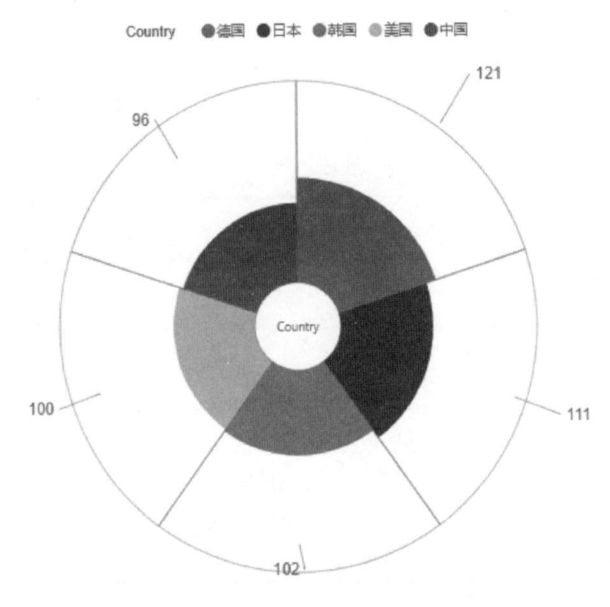

图 4-48 各国制造业数据统计

5. 控件局限

- 对于分类过少的场景，如展示一个班级男女同学的个数，选择饼图将更加合适。
- 对于有部分分类数值过小的场景，如展示各个省份的人口数据，使用该控件不合适，原因是其中数值过小的分类会非常难以观察。此时推荐使用条形图。

4.3.2 MAQ 圆形仪表图（Circular Gauge by MAQ Software）

1. 图例介绍

MAQ 圆形仪表图使用饼图或圆环图向用户展示任务完成进度，用户可通过圆形仪表图查看任务的目标及实际完成值。图表示例如图 4-49 所示。

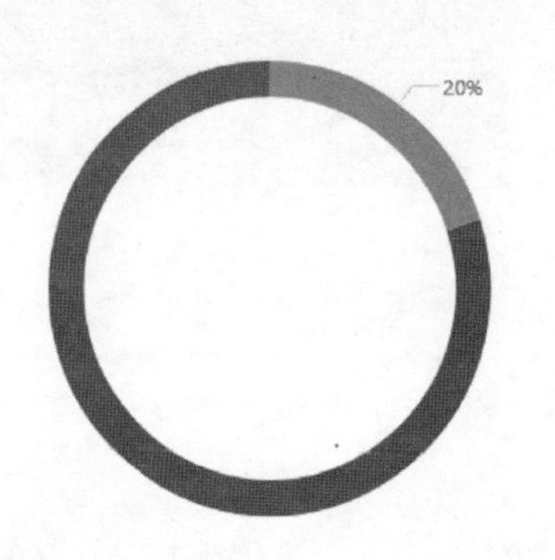

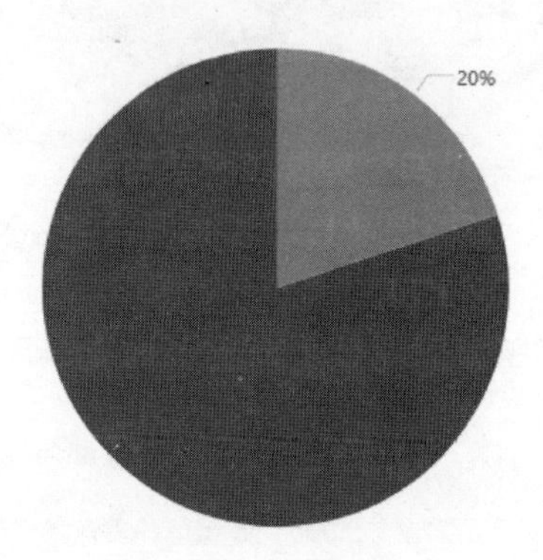

图 4-49　MAQ 圆形仪表图

2. 属性

该控件的属性分为两类，分别为字段（Fields）和格式（Format）。这两类属性下的非公共属性及其描述见表 4-21 和表 4-22。

表 4-21　字段（Fields）属性

序号	选　项	描　述
1	实际值（Actual value）	实际值
2	目标值（Target value）	目标值

表 4-22　格式（Format）属性

序号	选　项	描　述
1	圆环图（Donut chart）	圆环图宽度自定义设置，如果此选项设置为关，则图形为饼图
2	数据标签（Data label）	实现对数据标签颜色、字体大小、展示方式、精度的自定义设置
3	图例（Legend）	实现对图例标题、位置、进度百分比阀值范围、阀值颜色的自定义设置

3. 示例

选择“Circular Gauge by MAQ Software”控件，设置字段：①选择“字段”；②拖拽“Last Year Sales”字段到“Actual value”处，“Target”字段到“Target value”处，操作效果如图 4-50 所示。

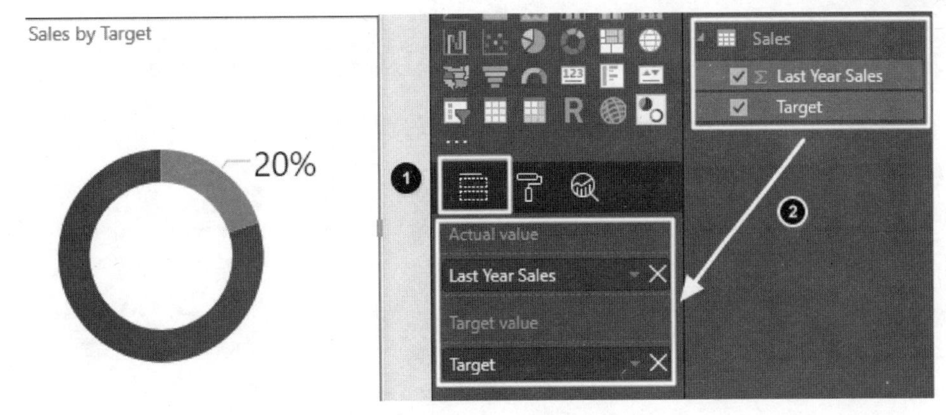

图 4-50 示例 1

如图 4-51 所示，设置格式：①选择“格式”；②将“Donut chart”设置为“关”，圆环图转换为饼图；③将“Legend”选项组中的“Range1”设置为“30”，“Range2”设置为“60”，“Range3”设置为“100”。

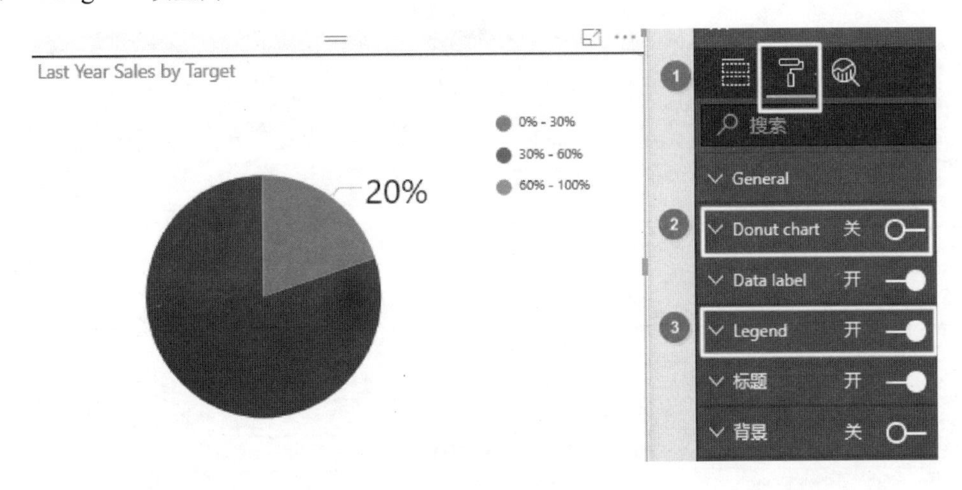

图 4-51 示例 2

4. 应用场景

- 圆形仪表图适合于展示类似于完成进度这种形式的 KPI。
- 圆形仪表图需要自定义阀值与颜色。

从图 4-52 可知：销量实际完成率为 20%，阀值划分成了 3 个区间，0%～60%，60%～80%与80%～100%。当前完成率落在第 1 个区间，0%～60%。本月销量若要达到目标值，还需努力。

5. 应用局限

该控件的展示场景单一，只适合于展示完成率这种场景。

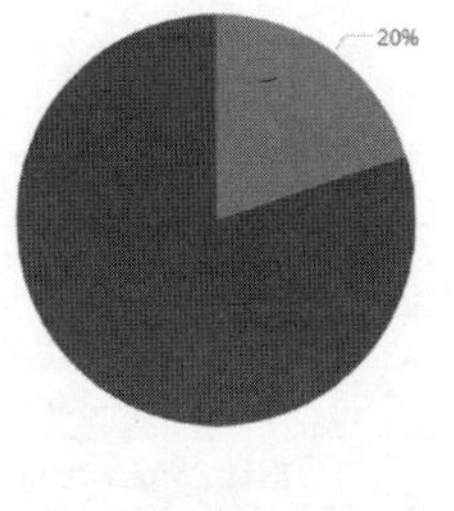

图 4-52 销售进度图

4.3.3 MAQ 环形图（Ring Chart by MAQ Software）

1. 图例介绍

该图表将数据表示为环切片，其中每个切片的大小由切片值相对所有切片值总和的比例确定。在图表中绘制的每个数据系列都会为图表添加一个切片。这些切片通过不同的颜色，显示不同数据。图表示例如图 4-53 所示。

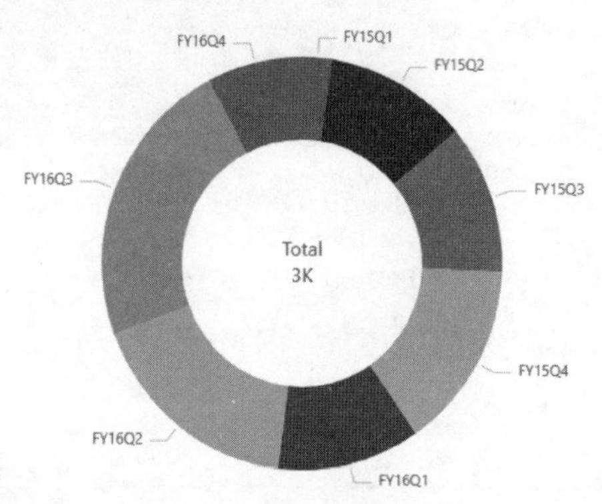

图 4-53　MAQ 环形图

2. 属性

该控件的属性分为两类，分别为字段（Fields）和格式（Format）。这两类属性下的非公共选项及其描述见表 4-23 和表 4-24。

表 4-23　字段（Fields）属性

序号	选　项	描　述
1	图例（Legend）	图例说明
2	主要度量值（Primary measure）	主要度量值
3	次要度量值（Secondary measure）	次要度量值
4	主要阈值（Primary threshold）	主要阈值
5	次要阈值（Secondary threshold）	次要阈值

表 4-24　格式（Format）属性

序号	选　项	描　述
1	图例（Legend）	实现对图例间距、字体大小、颜色、标题等属性的自定义调整
2	摘要标签（Summary labels）	实现对摘要标签颜色、单位、字体大小、文本内容、小数位等属性的自定义设置
3	数据颜色（Data colors）	实现对图表颜色的设置
4	数据标签（Detail labels）	实现对图表数据标签的字体大小、颜色、单位等属性的自定义设置
5	负值电弧设置（Negative value arc settings）	负值对应的弧位置设置：pop out/drop in；负值对应图形的样式设置
6	环形图标题（Ring title）	实现对环形图字体颜色、大小，背景颜色及提示文本的自定义设置
7	主要指标（Primary indicators）	设置主要度量值总和的阈值与箭头颜色
8	次要指标（Secondary indicators）	仅在已选取次要度量值字段时显示该选项，设置次要度量值总和的阈值与箭头颜色
9	动画设置（Animation settings）	动画开关，指定双击环形图时颜色区域是否拉出
10	无数据信息（No data message）	设置没有数据时的信息内容

3. 示例

①选择“Ring Chart by MAQ Software”控件，打开“字段”选项卡；②将“Model”表中的“Sales Accepted Leads(SAL)(FT)”字段拖动到“Legend”处；③将“Time.FiscalQuarter”字段拖动到“Primary measure”处。可视化效果如图 4-54 所示。

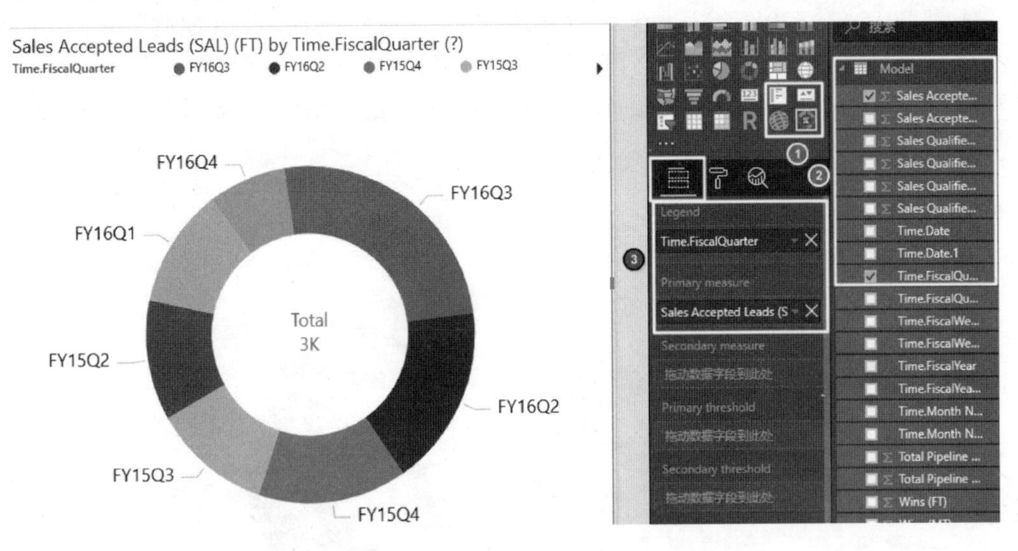

图 4-54　示例 1

如图 4-55 所示，选择“格式”，打开的选项卡中将显示适用于当前所选图表的选项。设置格式：①选择“Legend”，设置环形图的主要度量值相关的可视化效果；②选择“Detail labels”和“Summary labels”，完成数据标签设置；③选择“Ring title”，设置标题。

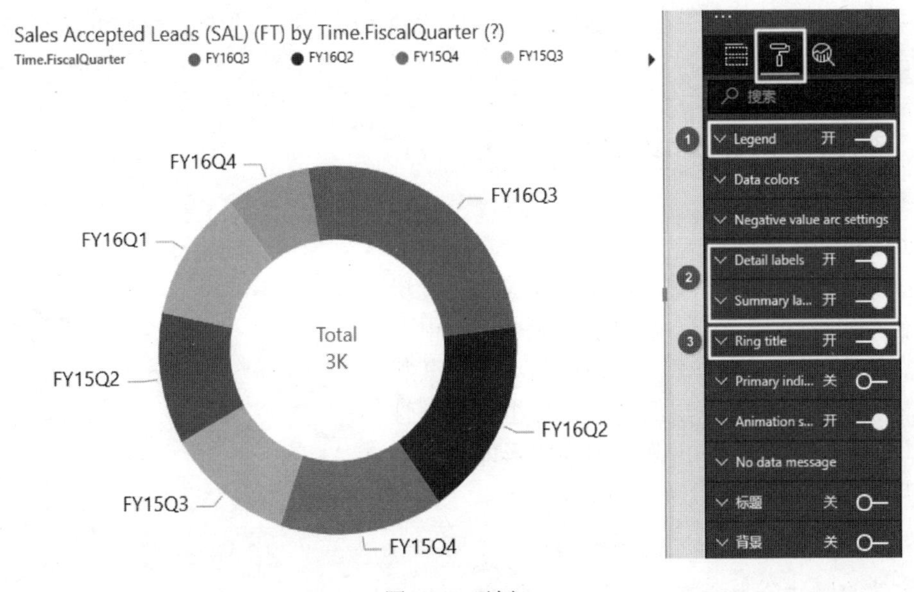

图 4-55　示例 2

4. 应用场景

- 可用于销售信息季度统计，可查看度量值随时间变化的整体趋势。
- 可实现多个数据的对比或某一数据内部细分出来的每个系列值的对比。

MAQ 环形图的特点是能够展示分类的占比情况。图 4-56 展示了一份季度销售统计报告，统计了 2015 年和 2016 年共 8 个季度的销售信息。打开动画时，会在视觉上拉出环形图的切片，动态指标值与环形中心的汇总值一起显示。阈值决定数值后三角形图标的颜色和方向。另外，图表中能够显示图例中的主要和次要度量值，并且在工具提示中展示多个数据字段。

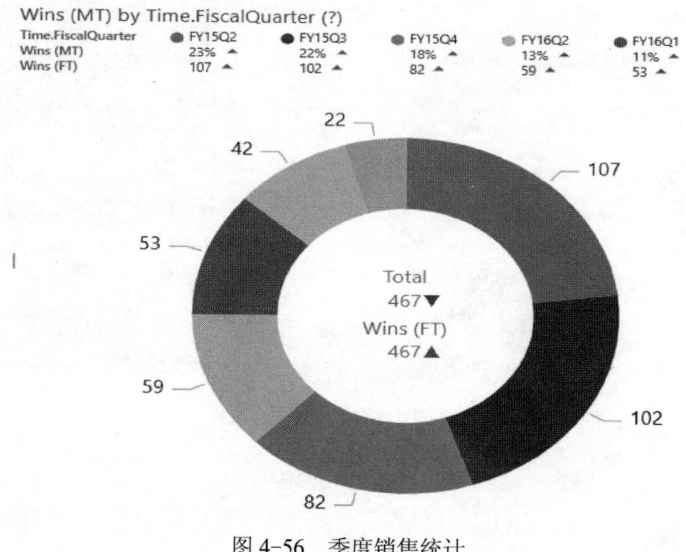

图 4-56　季度销售统计

5. 控件局限

分类过多的场景或分类占比差别不明显的场景不适合使用环形图，这时候选择柱形图将更加合适。

4.3.4　旭日图（Sunburst）

1. 图例介绍

旭日图又叫多级圆环图，能够有效地显示分层数据，由同心圆圆环组成。中间的圆圈表示根节点，层次结构由内向外。每一个外层圆环段是其相邻内层圆环段的子类别，层级结构以分组字段属性中的字段顺序为依据。单击某一圆环图形即可选择相应的类别。图表示例如图 4-57 所示。

图 4-57　旭日图

2. 属性

该控件的属性分为两类，分别为字段（Fields）和格式（Format）。这两类属性下的非公共选项及其描述见表4-25和表4-26。

表4-25 字段（Fields）属性

序号	选 项	描 述
1	组（Groups）	类别，可包含多个层次
2	值（Values）	度量值

表4-26 格式（Format）属性

序号	选 项	描 述
1	分组（Group）	实现对圆环中心、字体大小、颜色、显示数据和类别标签等属性的自定义调整
2	图例（Legend）	实现对图例字体大小、颜色、标题等属性的自定义调整

3. 示例

选择字段：①选择“Sunburst”控件，打开“字段”选项卡；②依次拖动“Category”“Subcategory”“Area”字段到“组”处；④拖动“Sales”字段到“值”处，得到的图表如图4-58所示。

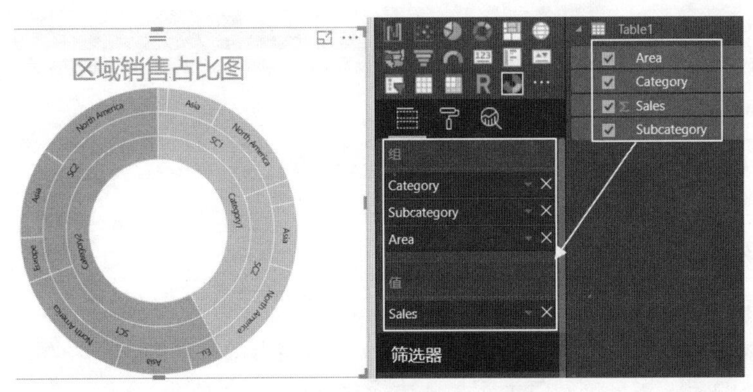

图4-58 示例1

该控件支持下钻功能，单击任意一块区域后进行下钻，圆环中心显示该区域对应类别的占比数据，如图4-59所示。

4. 应用场景

- 要关注含层级关系的指标，并需要层层下钻以达到过滤效果的时候适合使用该控件。
- 适用于表达清晰的层级和归属关系，以父子层次结构来显示数据构成情况，并能通过细分溯源来分析数据，真正了解数据的具体构成。

如图4-60所示的旭日图，层级结构为类别、子类别、区域，在总占比图中选择Asia这个区域就能在图4-60右侧的下钻图中看到该区域的销售占比值为7.69%，这里的销售占比是指在总类别中的占比。如果要返回上一层级只需在圆环中心位置单击鼠标。

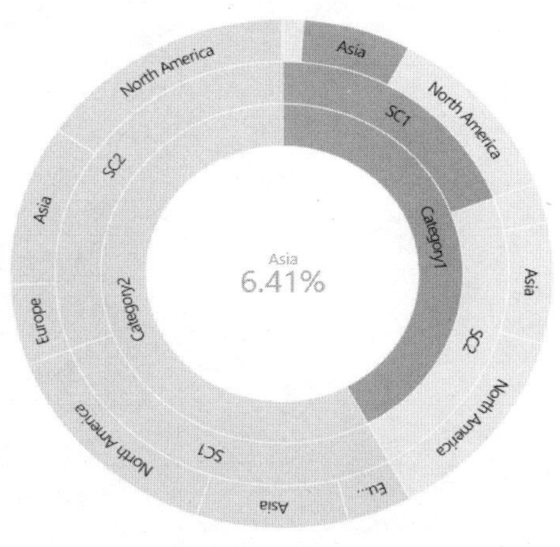

图4-59 示例2

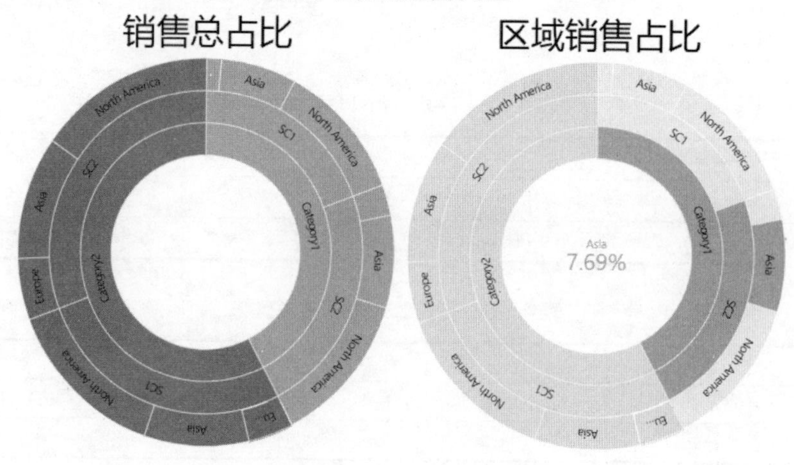

图 4-60　区域销售占比图

5. 控件局限

该控件的圆环中不能显示数据，也不能显示子类别在父类别中的占比。

4.4　散点图和气泡图（Scatter and Bubble Charts）

4.4.1　Akvelon 气泡图（Bubble Chart by Akvelon）

1. 图例介绍

气泡图，顾名思义就是将不同的类别以气泡的形式展示，气泡的大小由一个度量值来定义，能够直观地显示具有一个数据维度和一个或两个类别的数据。另外，Akvelon 气泡图可以通过提供额外的超链接来创建气泡组。图表示例如图 4-61 所示。

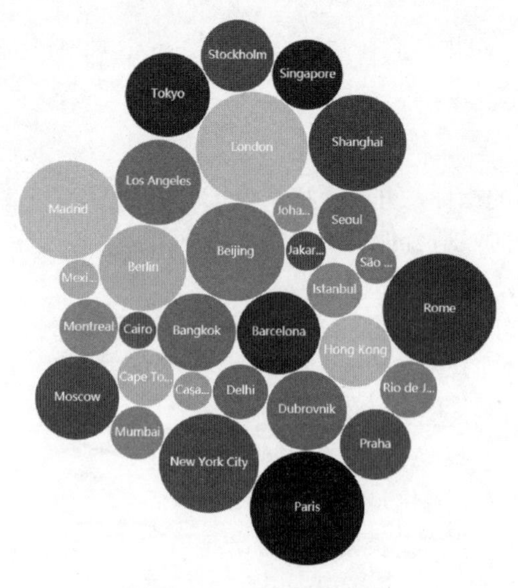

图 4-61　Akvelon 气泡图

2. 属性

该控件的属性分为两类，分别为字段（Fields）和格式（Format）。这两类属性下的非公开选项及其描述见表 4-27 和表 4-28。

表 4-27　字段（Fields）属性

序号	选　　项	描　　述
1	气泡名称（Bubble Name）	设置气泡名称
2	集群名称（Cluster Name）	设置集群名称
3	值（Value）	度量值
4	背景图（Image）	背景图设置
5	超链接（Hyperlink）	设置超链接

表 4-28　格式（Format）属性

序号	选　　项	描　　述
1	数据颜色（Data colors）	实现对气泡图的颜色设置，默认关闭，打开之后可单独为每组数据设置颜色
2	图例（Legend）	实现对气泡中文本的设置
3	标签设置（Label settings）	实现对标签的设置
4	常规设置（Common settings）	实现泡沫间的间距（最大值 10，输入大于 10 的值仍会变为 10）设置
5	集群数据颜色（Cluster data colors）	实现对数据集群背景色的设置

3. 示例

导入数据后，选择控件并设置字段，如图 4-62 所示：①在“可视化”窗格中选择“Bubble Chart by Akvelon”；②将“City”字段拖动到相应的字段属性中；③将“Bonus”拖动到相应位置。

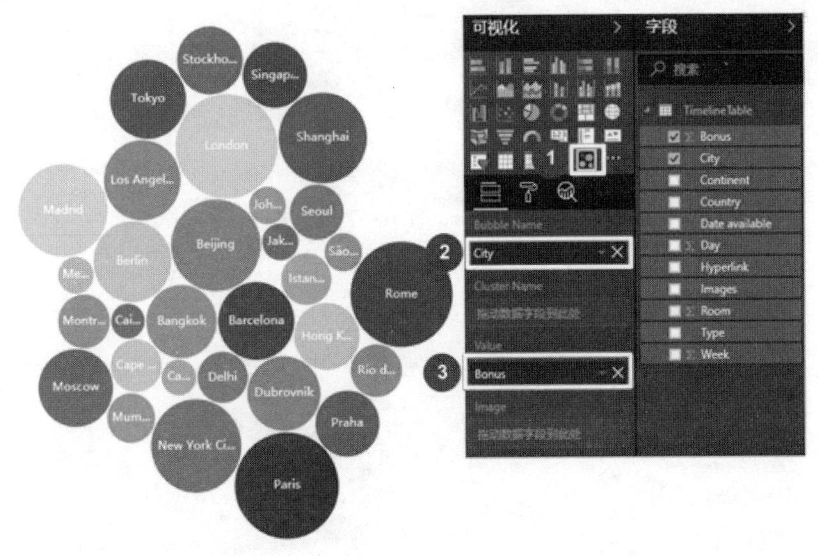

图 4-62　示例 1

选择“格式”，修改图形颜色，如图 4-63 所示：①设置气泡的颜色；②打开

“Cluster data colors”选项组，设置集群颜色；③打开“Legend”选项组，修改图例名称和对齐方式。

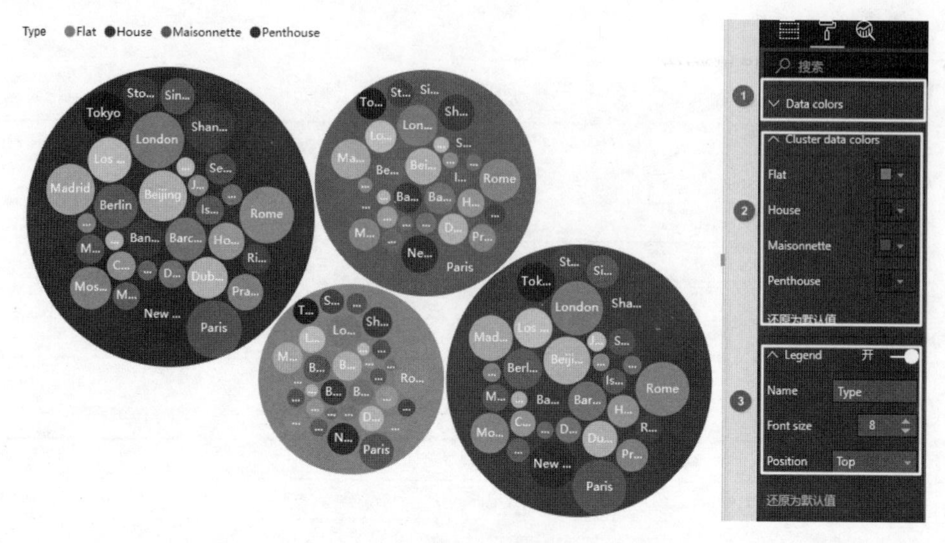

图 4-63　示例 2

4. 应用场景

图 4-64 反映出，在 2011 年人流量最大三个城市是巴黎、罗马、伦敦，其次是上海、北京等城市。光标放在气泡上会显示每个城市对应的数据，单击城市名称，将会自动连接到对应城市的网站，同时还可为喜欢的城市设置个性在颜色或图片。

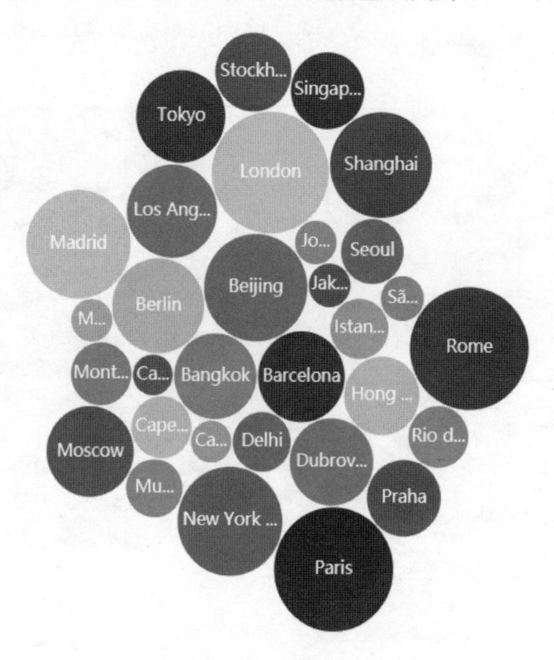

图 4-64　2011 年世界著名城市人流量分布图

5. 控件局限

- 使用必应地图必须联网，数据必须标准化，且数据只能以气泡的形式展示，局限性相对比较大，使用时一定要了解这一点。
- 不可修改地图背景颜色。
- 不可更改数据标签图形，数据标签图形也不可做动画效果。

.4.2 MAQ 点阵图（Dot Plot by MAQ Software）

1. 图例介绍

MAQ 点阵图是一个数据统计图表，它由坐标系中绘制的数据点（气泡）组成。气泡的小代表一个字段数值，而不同颜色代表不同类别。它能够通过多个类别（如父类别和子类）查看数据。它支持部分突出显示、多选、图例、工具提示等，以及 Power BI 中提供的有其他默认格式选项。用户可以修改气泡大小、图表方向、X 轴和 Y 轴文本、背景。该图用于展示不同地区每个季度的销售数据。示例如图 4-65 所示。

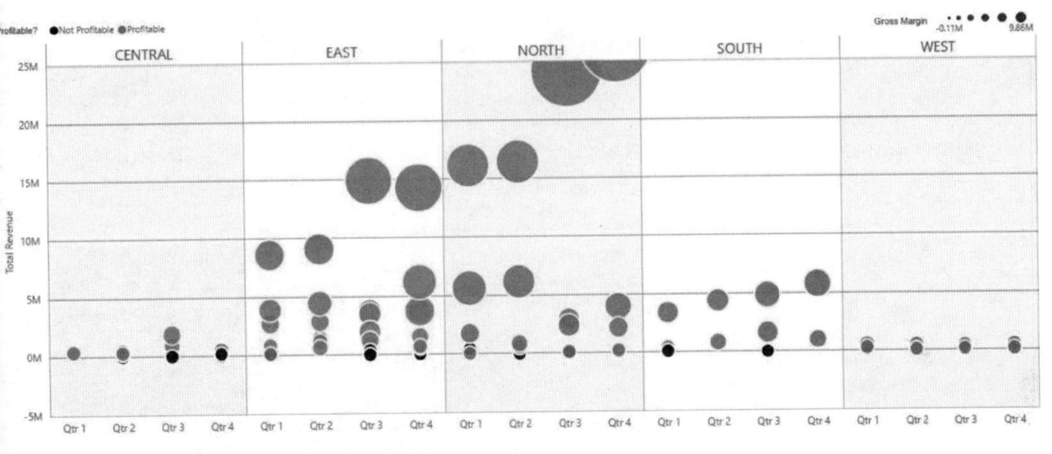

图 4-65　MAQ 点阵图

2. 属性

该控件的属性分为两类，分别为字段（Fields）和格式（Format）。这两类属性下的非公选项及其描述见表 4-29 和表 4-30。

表 4-29　字段（Fields）属性

序号	选　项	描　述
1	轴（Axis）	显示在柱状图 x 轴上
2	图例（Legend）	气泡颜色对应的字段
3	气泡大小（Bubble size）	气泡大小对应的字段
4	度量值（Value）	对应 Y 坐标
5	轴分类 I（Axis category I）	X 方向分类 I
6	轴分类 II（Axis category II）	X 方向分类 II

表 4-30　格式（Format）属性

序号	选　项	描　述
1	图例（Legend）	设置图例显示位置
2	Y 轴（Y-Axis）	实现对 Y 轴标题大小、颜色、字体、显示单位、小数位数等属性的设置
3	X 轴（X-Axis）	实现对 X 轴标题大小、颜色、字体、显示高度等属性的设置
4	数据颜色（Data colors）	实现对图形颜色的设置
5	方向（Orientation）	实现对点图显示方向、Y 轴名称显示方式等属性的设置
6	分类轴（Axis category）	实现对分类标签字体颜色、大小、开关等属性的设置
7	刻度线（Tick marks）	实现对是否显示 X 轴刻度、刻度粗细、颜色等属性的设置
8	网格线（Grid lines）	实现对是否显示网格线、线条粗细、颜色等属性的设置
9	排序（Sorting）	对轴分类 I 和轴分类 II 分别设置排序显示
10	高亮（Highlight m…）	开关属性，开则高亮显示报表中属于其他分类的点，关则反之
11	抖动效果（Jitter effect）	开关属性，开时展示点之间的抖动效果，关则不展示
12	气泡属性（Bubbles）	实现点图的最大值、最小值、颜色、透明度等属性设置

3. 示例

选择“Dot Plot by MAQ Software”（MAQ 点阵图）控件，导入数据并将字段拖动到对应位置，如图 4-66 所示。

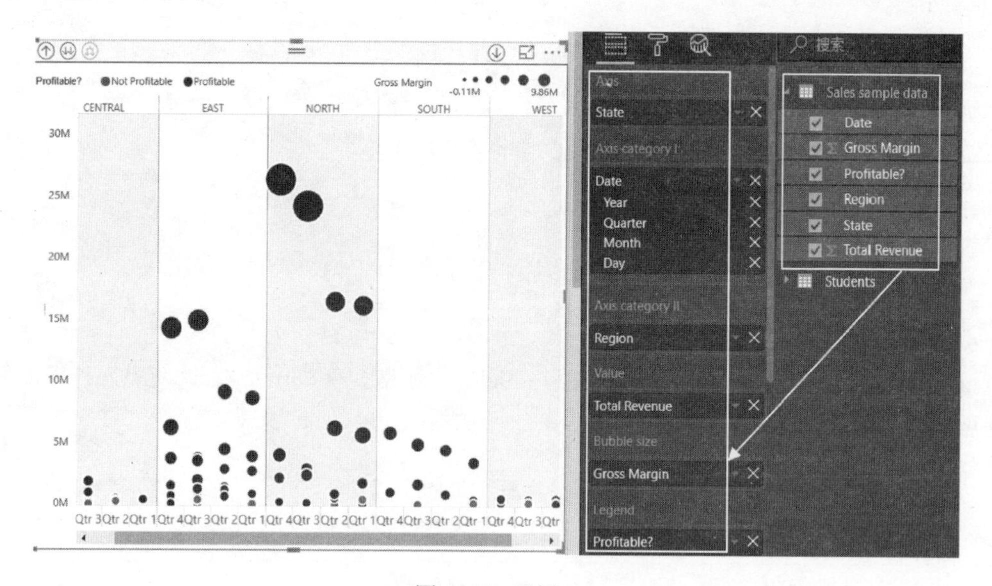

图 4-66　示例 1

选择“格式”，修改相应可视化效果，如图 4-67 所示：①打开“Orientation”可改变点阵图显示方向；②打开“X-Axis”“Y-Axis”并修改轴标题大小、颜色、字体、显示单位、小数位数；③打开“Data colors”选项组修改点颜色；④选择是否显示网格线与刻度线；⑤打开“Bubbles”选项组修改点图的最大值、最小值、颜色、透明度。

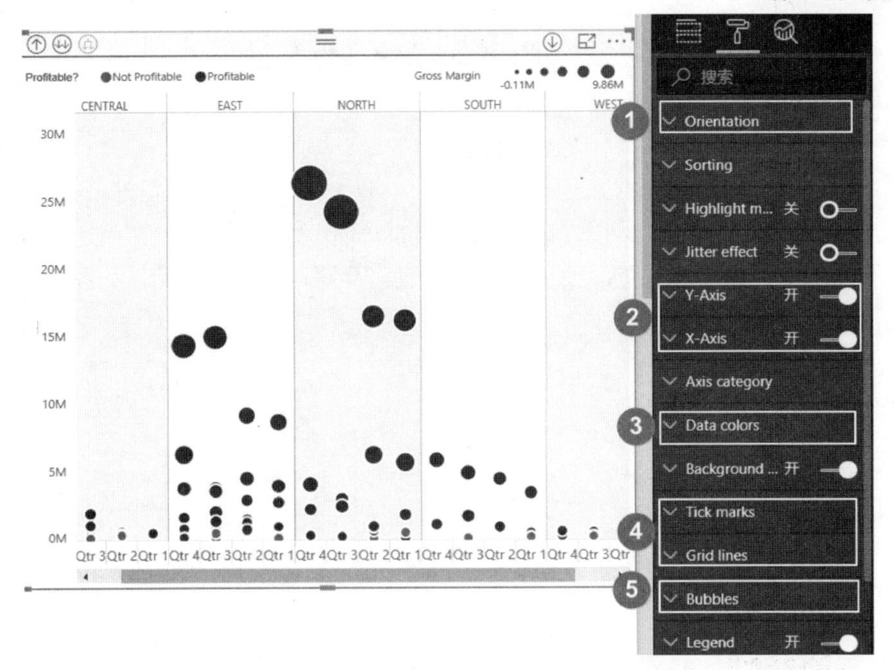

图 4-67　示例 2

4. 应用场景

从图 4-68 可清楚直观地看出三个年级男女学生 EQ 测试的得分分布。A～C 各科目间男女分布均匀，相同科目各年级成绩差异不大。科目 B 的分数明显比科目 A 的分数更好，科目 C 是三个科目中得分最高的科目。

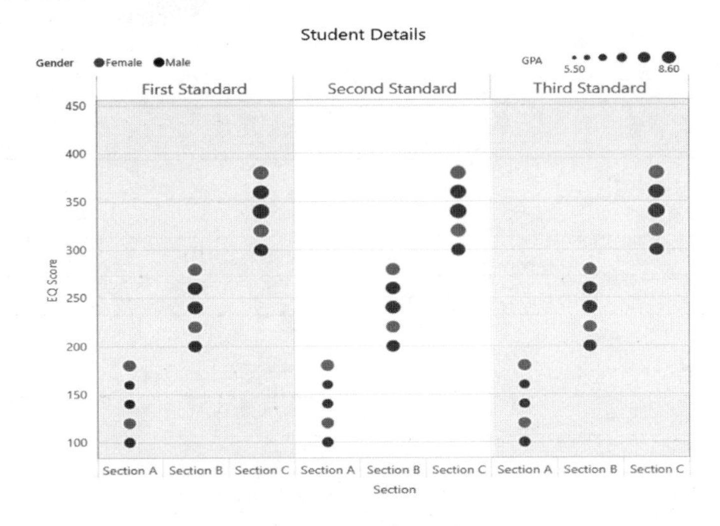

图 4-68　EQ 成绩统计

5. 控件局限

如图 4-67 所示，当区域下面的城市或者国家过多时，点图分布将过于密集，且无法将垂直显示的点状视图改为水平显示，不利于用户分析和查看数据。

4.4.3　OKViz 点阵图（Dot Plot by OKViz）

1. 图例介绍

点阵图好比电脑上有张高清图片，先使用画图程序打开，然后将缩放比例调整
6400%，这个时候看到的全是色块，这些色块就可以叫作点，点阵图就是由这种点组成的
表。该控件可以比较多个度量值的大小，而且 Y 轴坐标可以不从 0 开始，如图 4-69 所示。

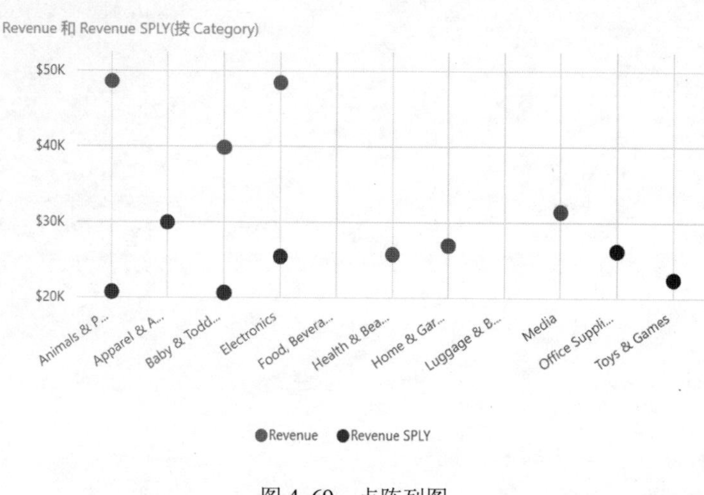

图 4-69　点阵列图

2. 属性

该控件的属性分为两类，分别为字段（Fields）和格式（Format）。这两类属性下的非
共选项及其描述见表 4-31 和表 4-32。

表 4-31　字段（Fields）属性

序号	选　　项	描　　述
1	轴（Axis）	X 轴的维度
2	图例（Legend）	包含图表中每个度量值或维度的名称
3	值（Values）	Y 轴度量值

表 4-32　格式（Format）属性

序号	选　　项	描　　述
1	数据颜色（Data colors）	实现对图形颜色的设置
2	X 轴（X-Axis）	实现对 X 轴字体颜色、网格线的调整
3	Y 轴（Y-Axis）	实现对 Y 轴开始值、结束值、字体颜色、单位等属性的自定义设置
4	数据标签（Data labels）	实现对数据标签的字体大小、颜色、单位等属性的自定义设置
5	图例（Legend）	对图例的字体大小、颜色、位置等属性进行自定义设置
6	颜色定义（Color Blindness by OKViz）	点图的展示类型设置（蓝色盲、红色弱视等）

3. 示例

单击“Dot Plot by OKViz”控件，设置字段：①选择“字段”；②分别拖动“manufacturer”字段到“Axis”处，“model”字段到“Legend”处，“price”字段到“Values”处。操作效果如图 4-70 所示。

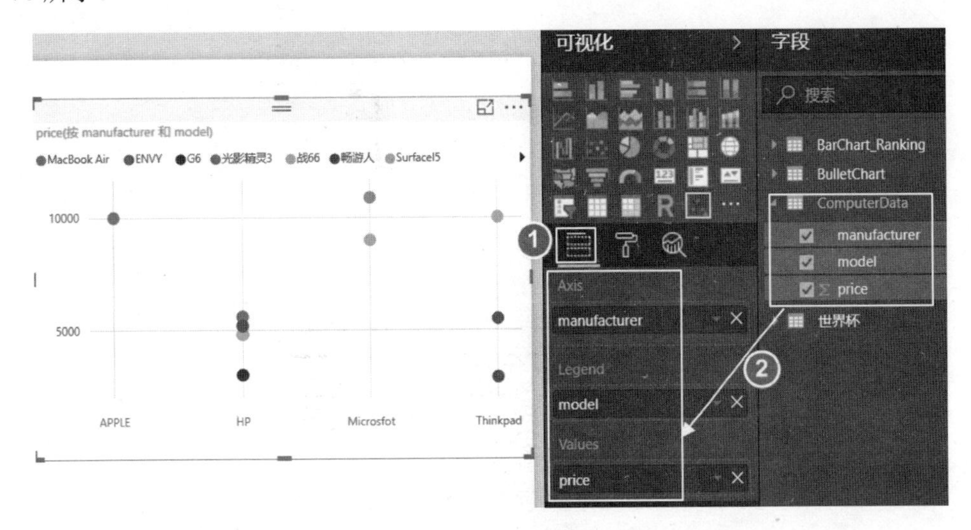

图 4-70　示例 1

设置格式：①选择“格式”属性；②分别为“Legend”字段中的各个厂商设置相应的颜色，如图 4-71 所示。

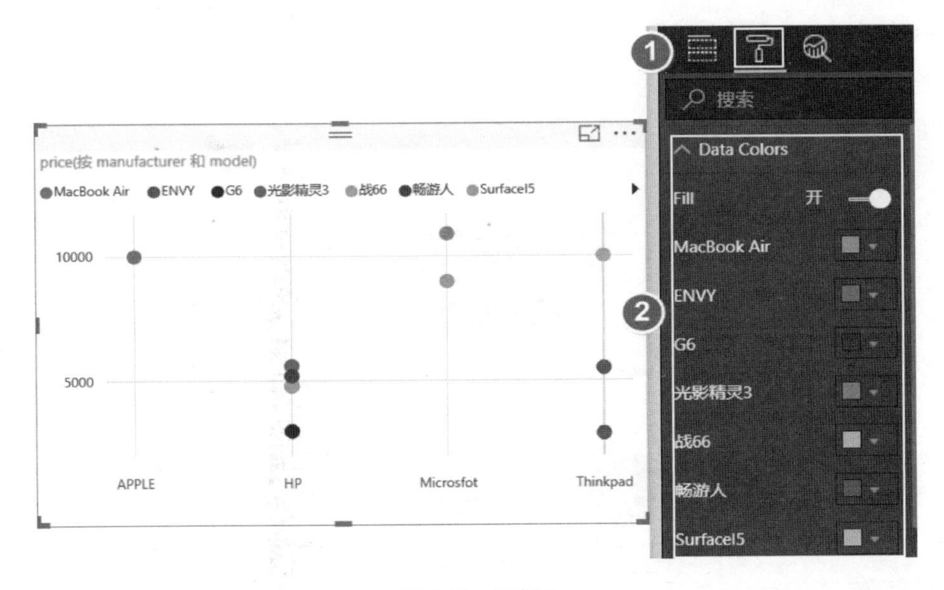

图 4-71　示例 2

4. 应用场景

从图 4-72 所示的对比图中可以看出：Microsoft、Apple 主要做高端市场笔记本电脑，ThinkPad 主要做中高端市场笔记本电脑，HP 主要做中端市场笔记本电脑。将光标移动到数据点上可以查看相应产品型号的详细信息。

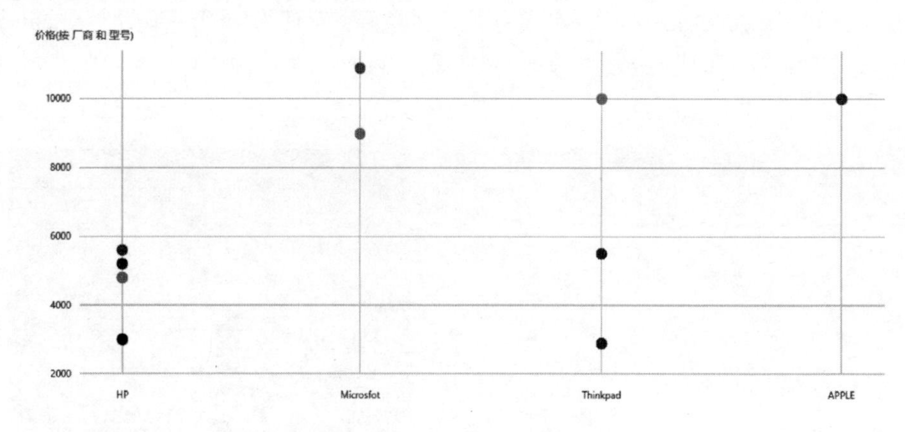

图 4-72　笔记本型号对比图

5. 控件局限

通过该控件只能做简单的度量值比较，不能像散点图一样查看所有点之间的关联，也不容易区分异常值。

4.4.4　增强散点图（Enhanced Scatter）

1. 图例介绍

增强散点图在现有的散点图上做了改进，也可以理解为散点图的升级版。它在散点图现有功能基础上添加了一些新功能，包括将指定的形状作为标记，支持背景图像以及用于图形定位的十字线背景。图表示例如图 4-73 所示。

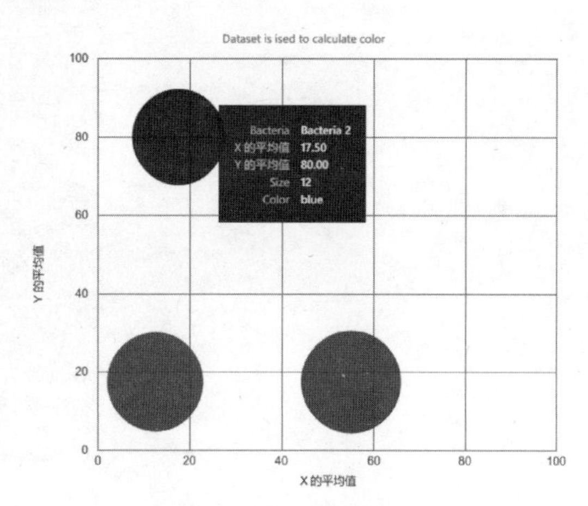

图 4-73　增强散点图

2. 属性

该控件仅包含两类属性，分别为字段（Fields）和格式（Format）。它们包含的非公共选项及其描述见表 4-33 和表 4-34。

表 4-33　字段（Fields）属性

序号	选　　项	描　　述
1	详细信息（Details）	散点图详细信息
2	图例（Legend）	选择分类字段
3	X 轴（X Axis）	选择 X 轴度量值
4	Y 轴（Y Axis）	选择 Y 轴度量值
5	大小（Size）	实现对散点尺寸的设置
6	色彩饱和度（Color saturation）	实现对散点色彩饱和度的设置
7	自定义颜色（Customized Color）	实现对数据集用于计算颜色设置
8	形状（Shape）	实现对散点颜色的设置
9	图像（Image）	实现对图片的编辑
10	旋转（Rotation）	实现对图像旋转角度的设置
11	背景（Backdrop）	实现对背景的设置
12	X 起始位置（X Start）	设置 X 轴最小值
13	X 结束位置（X End）	设置 X 轴最大值
14	Y 起始位置（Y Start）	设置 Y 轴最小值
15	Y 结束位置（Y End）	设置 Y 轴最大值

表 4-34　格式（Format）属性

序号	选　　项	描　　述
1	数据颜色（Data colors）	实现对散点图图形颜色的设置
2	X 轴（X-Axis）	设置 X 轴的标签格式
3	Y 轴（Y-Axis）	设置 Y 轴的标签格式
4	图例（Legend）	实现对图例的位置、名称、颜色、字体大小等属性设置
5	类别标签（Category labels）	实现对图形标签大小、颜色等属性的设置
6	填充点（Fill point）	指定是否填充散点图内的形状及形状的填充颜色设置
7	背景（Backdrop）	实现背景图片设置
8	交叉线（Crosshair）	实现对图表背景中十字线的设置
9	轮廓线（Outline）	指定是否给散点图加上轮廓线及对轮廓线属性进行设置

3. 示例

选择“Enhanced Scatter”（增强散点图）控件，导入表数据，选择“字段”并将表中的字拖动到相应的位置，如图 4-74 所示。

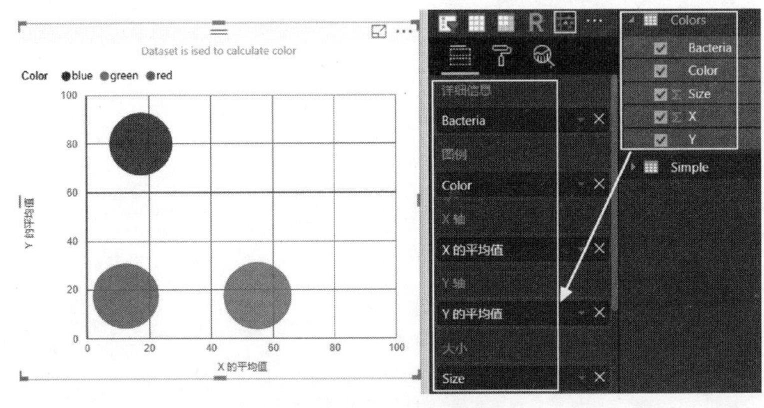

图 4-74　示例 1

选择“格式”，修改可视化效果。①打开“数据颜色”选项组，修改散点图颜色；②打开“X 轴”、“Y 轴”选项组，设置轴标题的大小、颜色、字体、显示单位、小数位数、X 轴和 Y 轴的最大值与最小值；③打开“图例”选项组，设置显示图例，修改图例标题的对齐方式、颜色、字体大小；④打开“类别标签”选项组，修改数据标签的颜色与字体大小。可视化效果如图 4-75 所示。

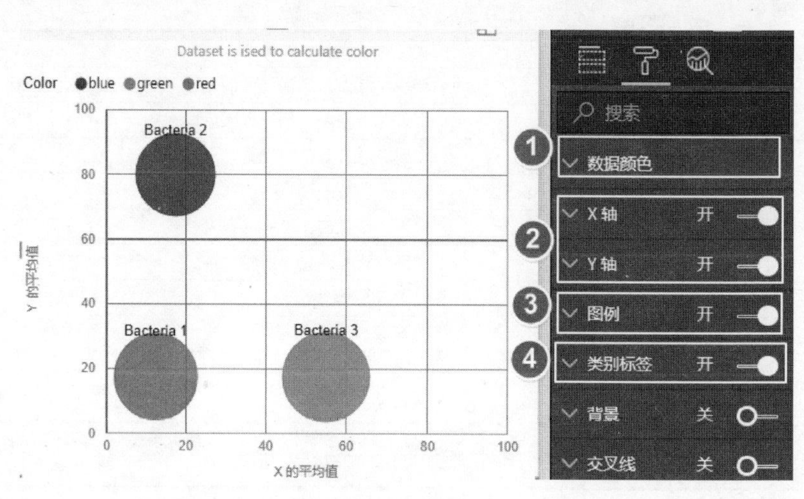

图 4-75　示例 2

4. 应用场景

在图 4-76 所示的案例中有 3 个度量值，即 AS（X 轴）、EST（Y 轴）以及三个销售人员的销量，从图中可以看出两个地区（Attempt 1 和 Attempt 2）和 3 个销售人员（Bacteria 1～Bacteria 3）的销售数据对比情况，气泡大小表明相应的销售人员在当前地区的销售数据。该控件常用于显示和比较数值，例如科学数据、统计数据和工程数据。

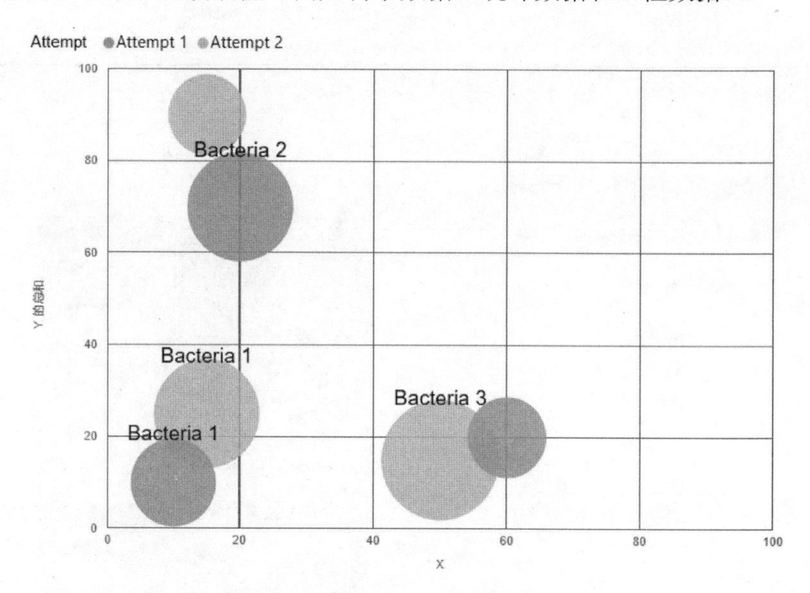

图 4-76　增强散点图案例

5. 控件局限

该控件中 Y 轴和 X 轴的数值只能设定为 10 的倍数。

.4.5 Enlighten 气泡堆叠图（Enlighten Bubble Stack）

1. 图例介绍

Enlighten 气泡堆叠图也称为堆叠百分比气泡图。它只能展示比较单一的数据，且显示数据只能是百分比，但是 Enlighten 气泡堆叠图的气泡颜色、标签字体和尺寸以及动态尺寸的单独控制使 Enlighten Bubble Stack 控件很容易满足特定的视觉风格需求。图表示例如图 4-77 所示。

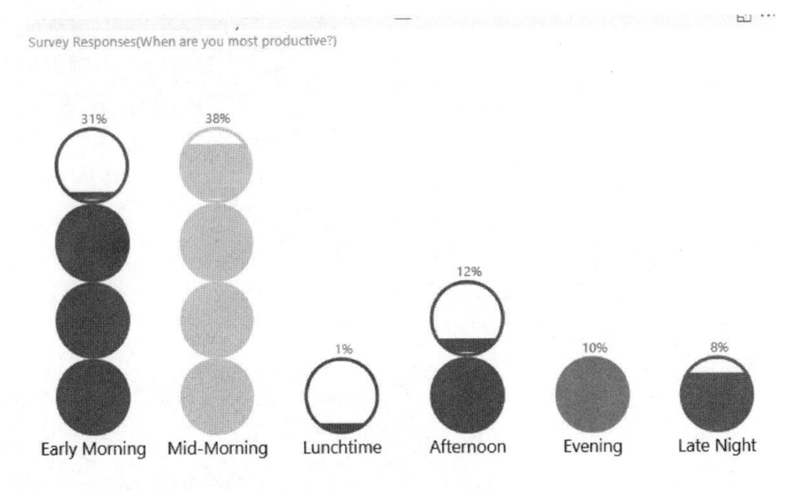

图 4-77　Enlighten 气泡堆叠图

2. 属性

该控件的属性分为两类，分别为字段（Fields）和格式（Format）。这两类属性下的非公开选项及其描述见表 4-35 和表 4-36。

表 4-35　字段（Fields）属性

序号	选　项	描　述
1	轴（Axis）	X 轴度量值
2	值（Value）	Y 轴度量值

表 4-36　格式（Format）属性

序号	选　项	描　述
1	X 轴（X-Axis）	实现对 X 轴标签字体颜色的设置
2	数据颜色（Data Colors）	实现对数据对应颜色的设置（可以单独设置每一列数据对应的颜色）
3	数据标签（Data labels）	实现对数据标签的颜色和字体大小设置

3. 示例

选择“Enlighten Bubble Stack”（Enlighten 气泡堆叠图）控件，连接数据源，在“字段”窗格中将“When are you most productive”和“Survey Responses”拖动到“Axis”和“Value”处。操作效果如图 4-78 所示。

图 4-78　示例 1

选择“格式”，修改可视化效果：①选择“X-Axis”，修改 X 轴标签的字体大小和字体颜色；②选择“Data Colors”，可对每一列数据设置不同的颜色；③打开“Data labels”选项组，可修改数据标签的颜色和字体大小。以上操作如图 4-79 所示。

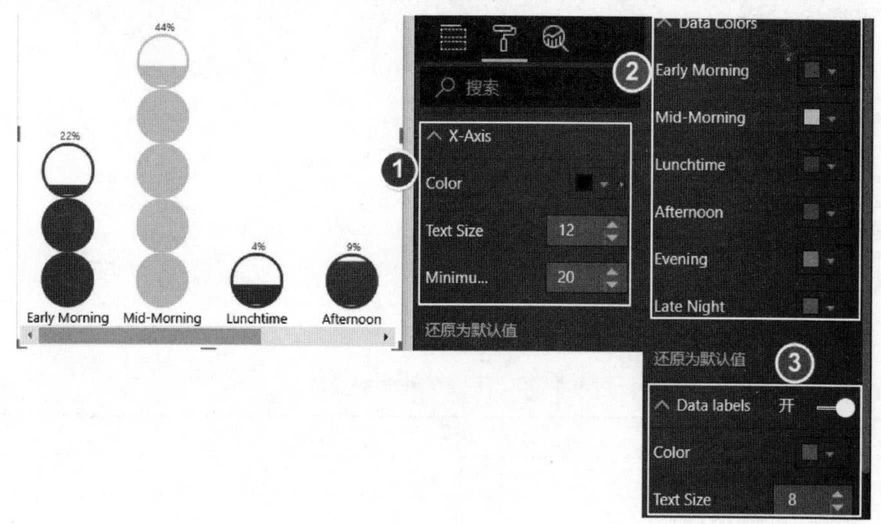

图 4-79　示例 2

4. 应用场景

图 4-80 所示的图表通过不同颜色的气泡生动形象地展示了 ASD 公司 Early Morning、Mid-Morning、Lunchtime、Afternoon、Evening、Late Night 6 个不同时段的产品销售情况，很直观地显示出每个时段的销量占比，其中上午的销量最好，早晨的销量则次之，中午销量最差。

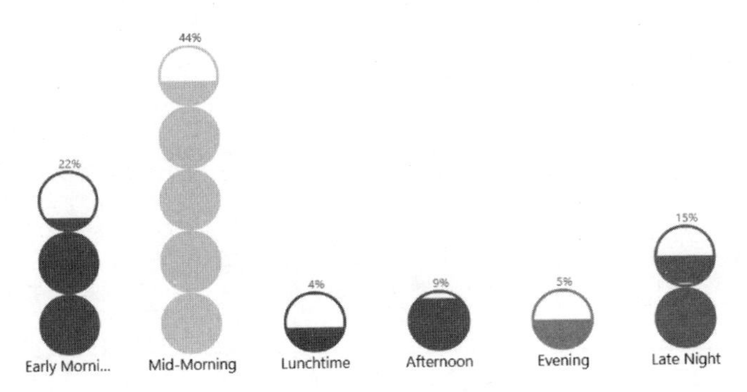

图 4-80　时段销量占比图

5. 控件局限

该控件中只能展示百分比，不能看到具体的数据。

.4.6　影响气泡图（Impact Bubble Chart）

1. 图例介绍

高级气泡图用于比较两个实体的关系。通过图表中气泡的位置，以及可选的左侧和右侧条，来比较来自任何实体的相关数据。这个图表的独特之处在于，每个气泡上的“尾巴”指示了相对前一个数据点的数据变化，如图 4-81 所示。

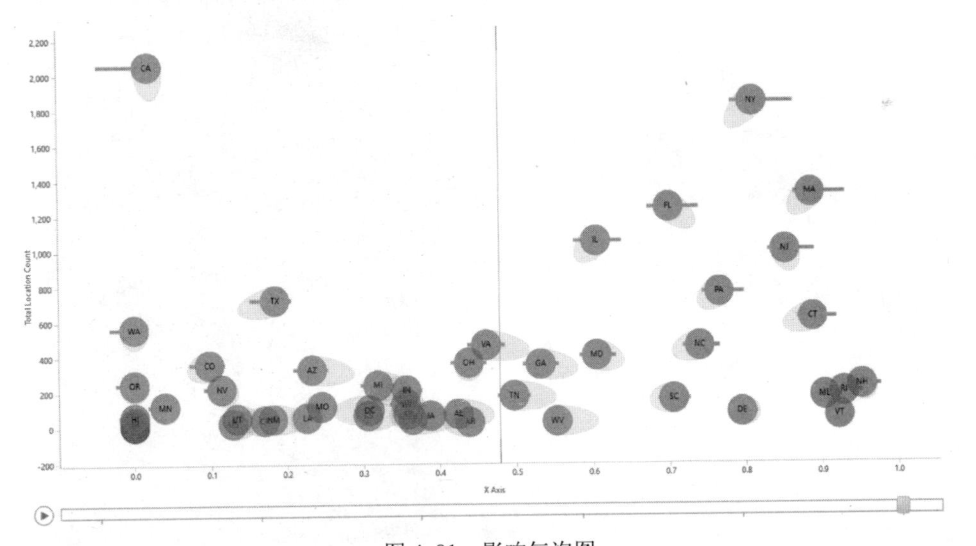

图 4-81　影响气泡图

2. 属性

该控件的属性分为两类，分别为字段（Fields）和格式（Format）。这两类属性所包含的非公共选项及其描述见表 4-37 和表 4-38。

表 4-37　字段（Fields）属性

序号	选　项	描　述
1	名称（Name）	气泡上的标签设置
2	X 轴（X-Axis）	实现对 X 轴上刻度的设置
3	Y 轴（y-Axis）	实现对 Y 轴上刻度的设置
4	轴（Play Axis）	通过播放轴观察不同时间下的数据变化
5	大小（Size）	气泡大小，数字越大圆点越大
6	左侧条（Left Bar）	实现左侧条度量值设置
7	右侧条（Right Bar）	实现右侧条度量值设置

表 4-38　格式（Format）属性

序号	选　项	描　述
1	数据颜色（Data Colors）	实现对气泡颜色的设置
2	X 轴（X-Axis）	对 X 轴上的标签进行设置
3	Y 轴（Y-Axis）	对 Y 轴上的标签进行设置

3. 示例

选择“Impact Bubble Chart”（影响气泡图）控件，选择数据源，导入表数据，选择“字段”，将“state”“X Axis”“Data”等数据字段分别拖动到匹配的位置，如图 4-82 所示。

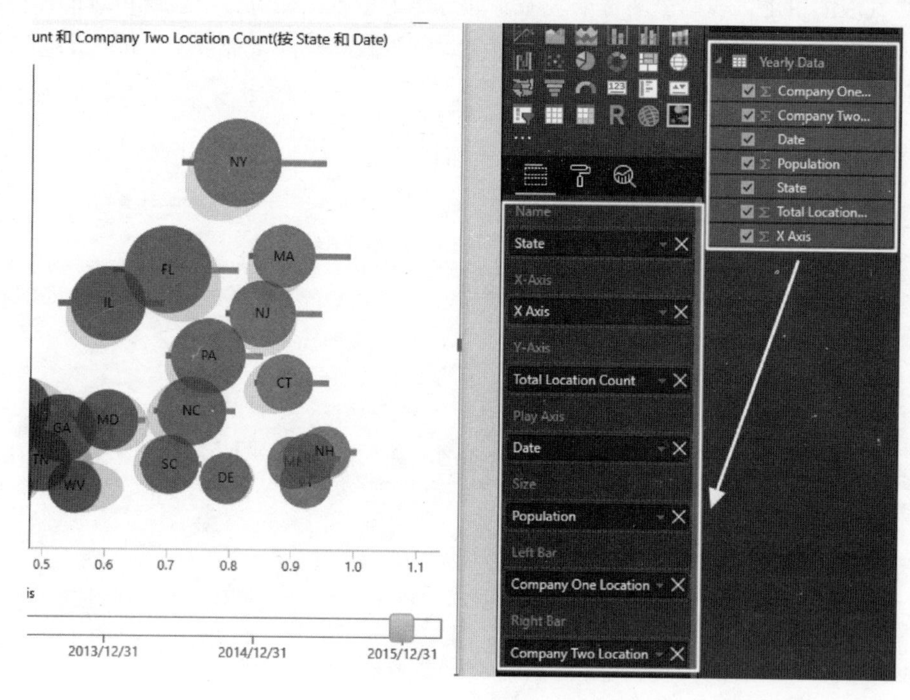

图 4-82　示例 1

选择“格式”，修改可视化效果：①打开“Data Colors”选项组，设置气泡颜色，以颜色深浅区分在当前位置时及离开当前位置时的状态；②打开“X-Axis”选项组，设置 X 轴最大值与最小值（可以设置 10～100 观察气泡图的变化）；③打开“Y-Axis”选项组，设 Y 轴的最大值与最小值。设置效果如图 4-83 所示。

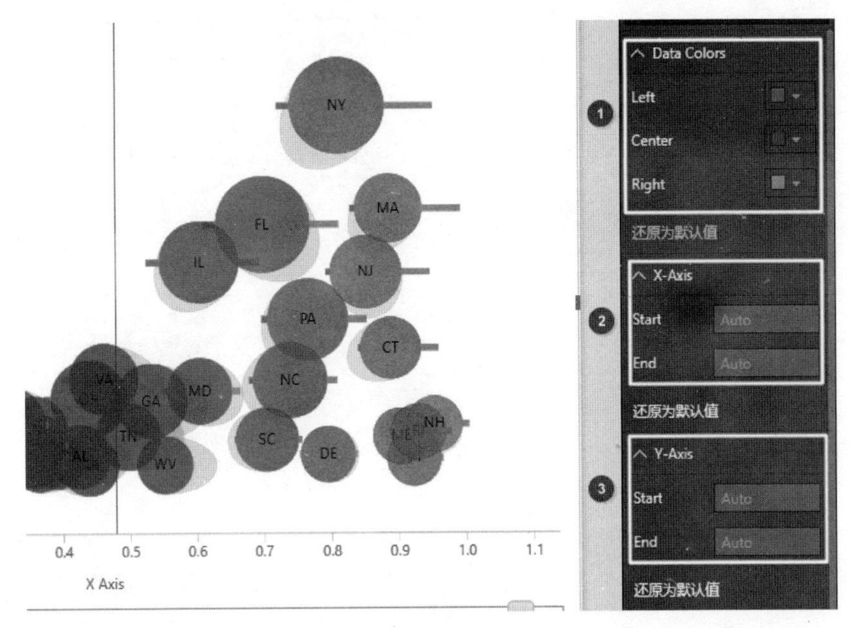

图 4-83　示例 2

注意，图 4-83 所示图表下方的播放轴上显示了 2010～2015 年的日期，可通过播放轴查期间不同时间的数据状态，每个气泡上的“尾巴”指示了当前数据相对前一个数据点的数变化（通过气泡下方的阴影面积可以看出每个气泡大小的变化）。播放按钮允许用户连续环播放直到暂停。另一个时间点的数据状态如图 4-84 所示。

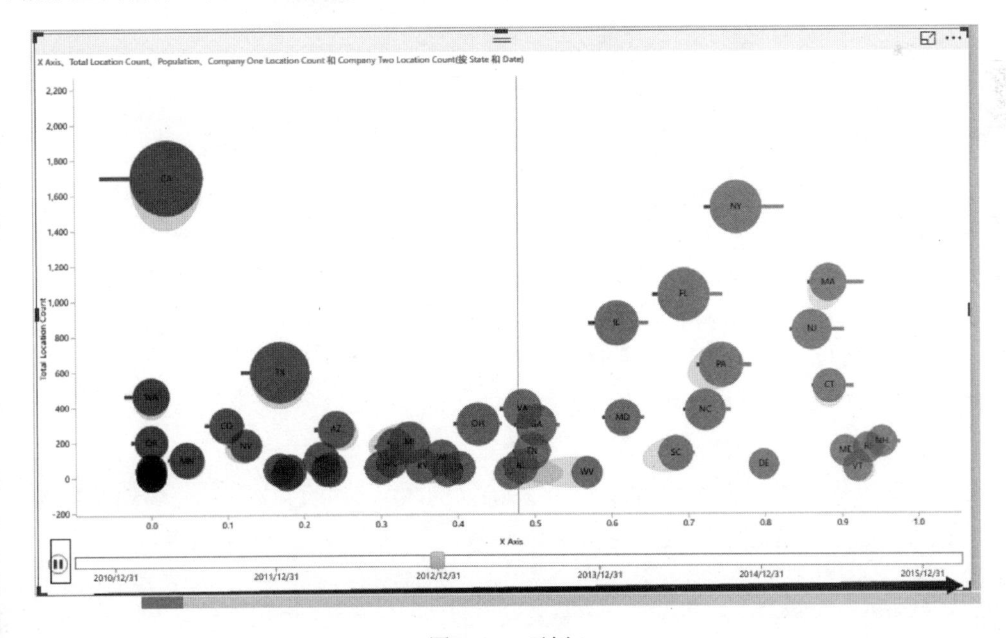

图 4-84　示例 3

4. 应用场景

通过图 4-85 所示的图表可以比较两家零售公司在美国所有州的业务布局及绩效表现。每个州（“Name”）都会有数据描述该州的绩效（“X-Axis”），Y 轴为两家公司共同体现的各州的重要程度（例如两家公司在该州的分部总数），气泡大小表示潜在市场的大小（例如州的人口），每个公司在该州有多少个分部由气泡数量体现。通过底部的播放轴可切换到不同日期的数据（“Play Axis”中为“Data”字段），可以了解这些数据随着时间的推移如何变化。

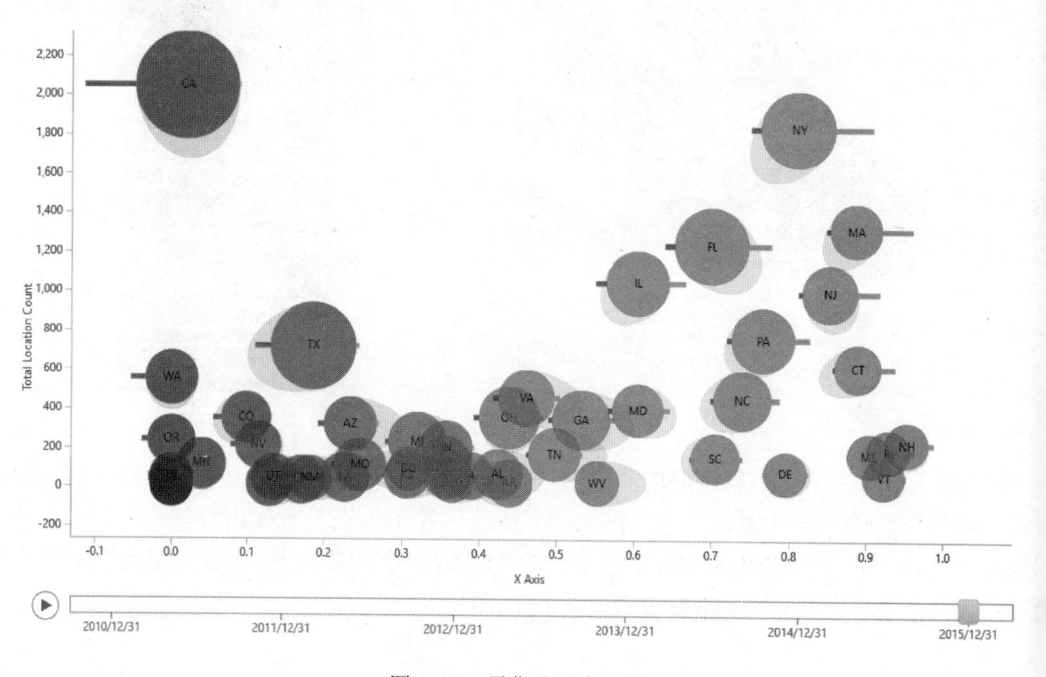

图 4-85　零售公司表现图

5. 控件局限

- 数据必须标准化，只能以气泡的形式展示，局限性相对比较大，使用的时候一定要了解这一点。
- 不可更改数据展示图形（图中的圆点）。

4.4.7　象限图（Quadrant Chart by MAQ Software）

1. 图例介绍

象限图是气泡图的一种，显示具有共同特征的项目分布。该图表分为四个象限，通过平行于 X 轴、Y 轴的分界线来定义象限的范围。该控件比较适用于具有 3 个度量值的数据，这 3 个度量值分别用 X 轴位置、Y 轴位置和气泡的大小来表示，如图 4-86 所示。

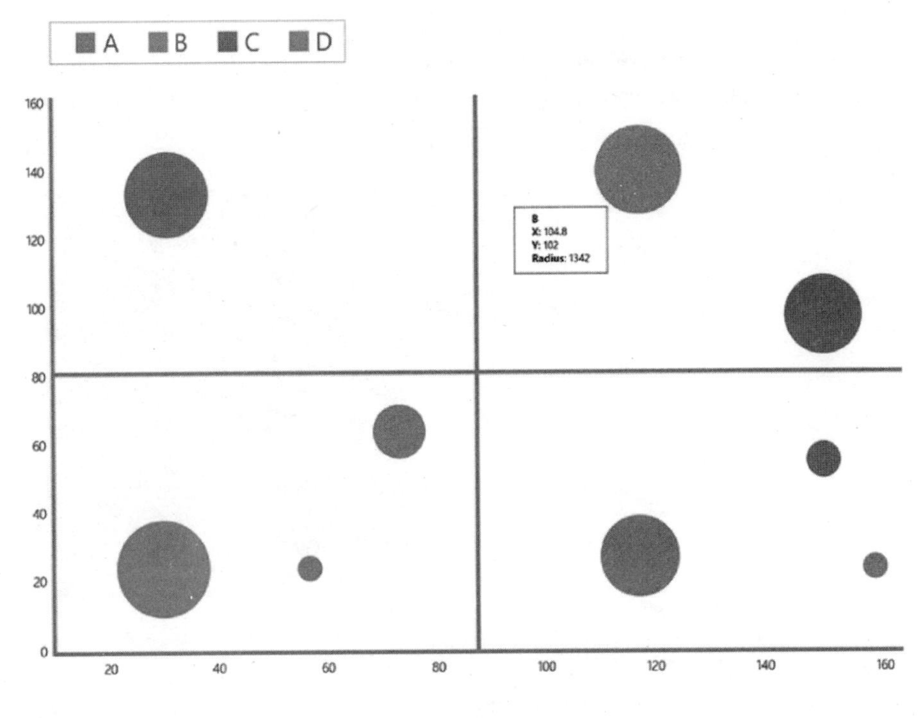

图 4-86 象限图

2. 属性

该控件的属性分为两类，分别为字段（Fields）和格式（Format）。这两类属性包含的非公共选项及其描述见表 4-39 和表 4-40。

表 4-39 字段（Fields）属性

序列	选 项	描 述
1	X 轴（X Axis）	X 轴的字段
2	Y 轴（Y Axis）	Y 轴的字段
3	辐射（Radial Axis）	辐射字段
4	图例（Legend Axis）	图例字段

表 4-40 格式（Format）属性

No.	选 项	描 述
1	图例（Legend）	实现对图例位置、字体大小、颜色的自定义设置
2	象限（Quadrant）	象限命名及分界值的自定义设置
3	X 轴（X-Axis）	实现对 X 轴位置、数据范围、字体大小、颜色、标题等属性的自定义设置
4	Y 轴（Y-Axis）	实现对 Y 轴位置、数据范围、字体大小、颜色、标题等属性的自定义设置
5	气泡颜色（Bubble colors）	实现对气泡颜色的自定义设置

3. 示例

选择“Quadrant Chart by MAQ Software”（象限图）组件，导入数据，打开“字段”选项卡，分别将字段“Total Units”“Sales $”“Total Units YTD”“Manufacturer”拖动到“X Axis”“Y Axis”“Radial Axis”“Legend Axis”处，如图 4-87 所示。

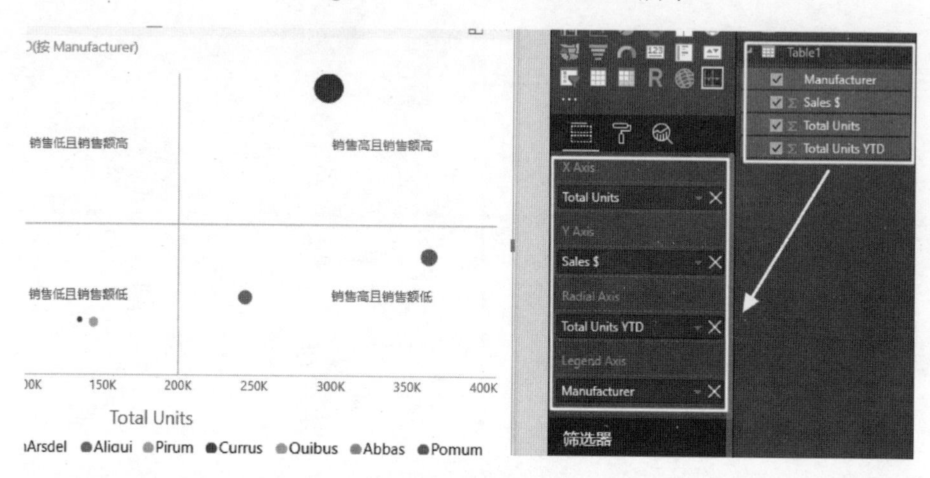

图 4-87 示例 1

图表格式设置步骤为：①选择“格式”；②将“Quadrant1 name”修改为“销售高且销售额高”，“Quadrant2 name”修改为“销售低且销售额高”，“Quadrant3 name”修改为“销售低且销售额低”，“Quadrant4 name”修改为“销售高且销售额低”；③将“标题”修改为“关”。设置过程及效果如图 4-88 所示。

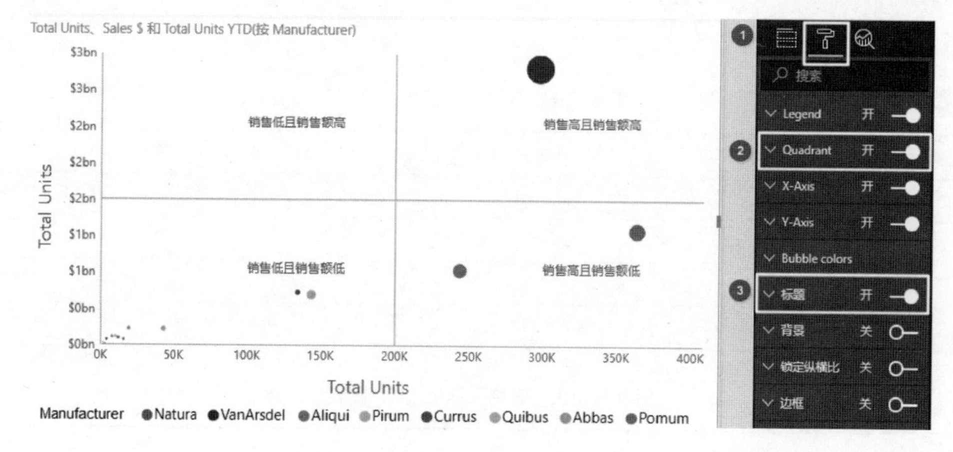

图 4-88 示例 2

4. 应用场景

图 4-89 所示的图表中数据被分成了 4 个部分，分别为“销售低且销售额高”“销售高且销售额高”“销售低且销售额低”“销售高且销售额低”，每部分都有不同的厂商。从图中可以清晰地看出不同厂家相似产品的价格定位，这样厂家就可以根据竞争对手及自身的情况合理地调整单价，从而提高产品竞争力。

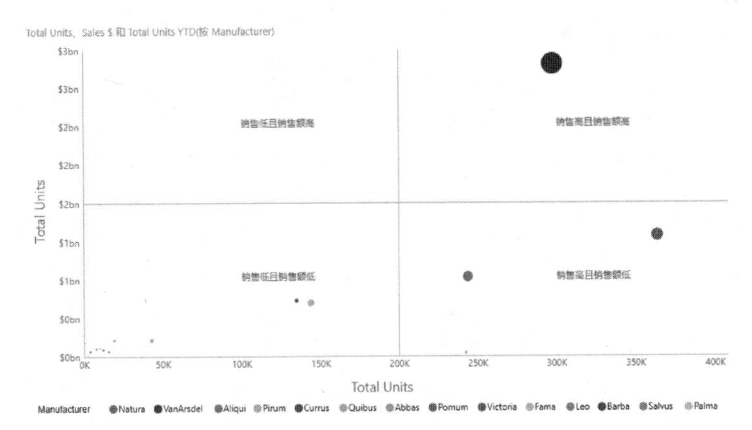

图 4-89　销售分析

5. 控件局限

- 象限名称的格式不能调整。
- 每个象限的背景色不能调整。
- 如果“Radial Axis”选项没有值，将无法调整气泡的大小。
- 每个气泡不能自定义提示，也无法显示数据标签。

4.5　和弦图（Chord Charts）

.5.1　和弦图（Chord）

1. 图例介绍

和弦图是一个显示实体之间相互关系的图例，非常适合比较数据集之间或不同数据组之的关系。节点围绕一个圆排列，点之间通过使用弧或曲线相互连接。值被分配给每个连，每个连接的弧或曲线的大小与数据值成比例，即数值越大弧或曲线越大。和弦图示例如 4-90 所示。

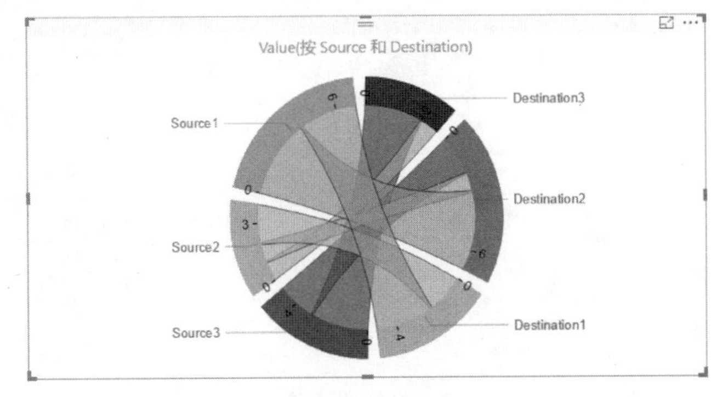

图 4-90　和弦图

2. 属性

该控件的属性分为两类，分别为字段（Fields）和格式（Format）。这两类属性下的非公共选项及其描述见表 4-41 和表 4-42。

表 4-41 字段（Fields）属性

序号	选 项	描 述
1	从（From）	来源
2	到（To）	目标
3	值（Value）	值

表 4-42 格式（Format）属性

序号	选 项	描 述
1	数据颜色（Data colors）	实现对数据对应颜色的设置
2	轴（Axis）	实现对弧上数字刻度的显示设置
3	标签（Labels）	实现对数据标签的字体大小、颜色、单位等属性的自定义设置

3. 示例

选择“Chord”(和弦图)控件，导入数据，打开“字段”选项卡，将“Simple”表中的字段“Source”拖动到“从”处，“Destination”拖动到“到”处，“Value”拖动到“值”处。和弦图自动按照维度“Source”和维度“Destination”分布，操作效果图如图 4-91 所示。

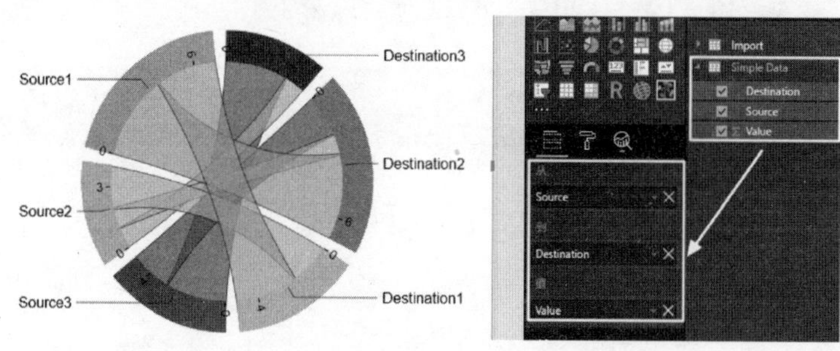

图 4-91 示例 1

在“格式”选项卡中将显示适用于当前所选可视化图表的颜色、轴、边框等自定义选项，根据具体场景修改相应属性值，得到自定义可视化效果，如图 4-92 所示。

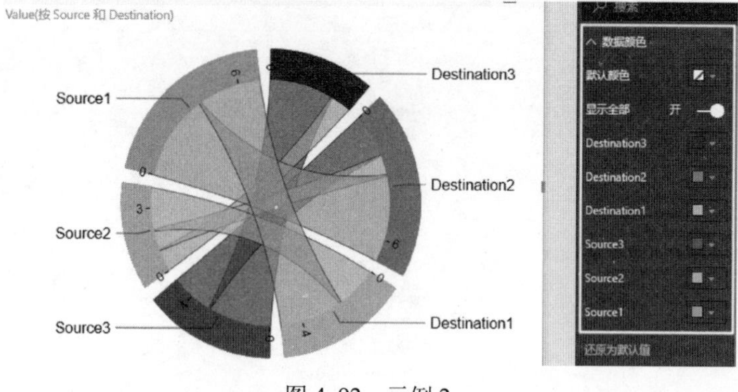

图 4-92 示例 2

4. 应用场景

该控件在表示层级结构以及数据分布时可使用，可对流量分布结构进行分解和呈现。

4-93 所示的和弦图，可从中清晰地看出各部门中职位的组成及各职位在部门的分布。

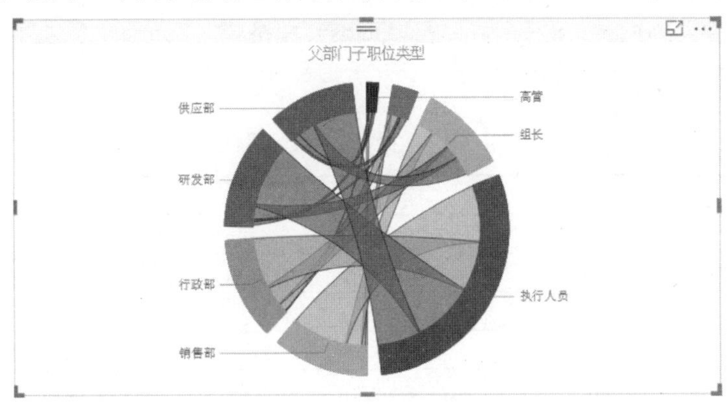

图 4-93　部门职位和弦图

5. 控件局限

- 曲线的颜色不能根据数据动态设置。
- 弧线附近不能显示数据的占比标签。
- 没有排序功能。
- 不适用于数据量过多的场景。

.5.2　桑基图（Sankey Chart）

1. 图例介绍

通过桑基图可以清楚地找到源头、步骤和目的地，以及快速浏览这些内容。在桑基图，步骤图形的宽度与流量成正比。如图 4-94 所示，可以看出以 A 为来源的数据走向分别 A-B、A-C，数据值总计为 9，以 C 为目的地的数据来源分别是 B 和 A，数据值总计为，C 对应的柱形最高，说明以 C 为目的地的数据量最大。

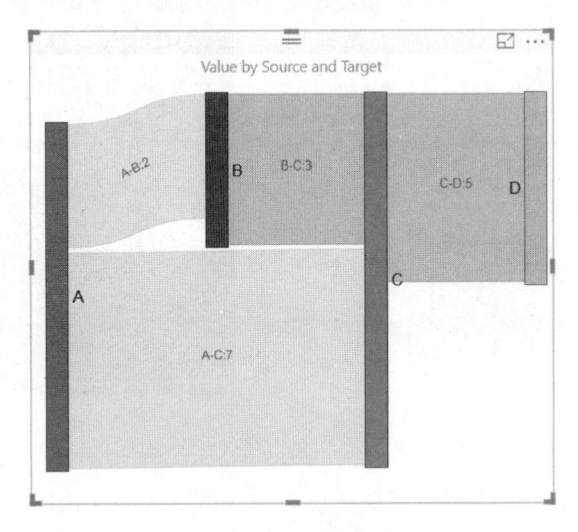

图 4-94　桑基图

2. 属性

该控件的属性分为两类，分别为字段（Fields）和格式（Format）。这两种属性下的非公共选项及其描述见表 4-43 和表 4-44。

表 4-43　字段（Fields）属性

序号	选　项	描　述
1	源（Source）	来源
2	目标（Destination）	目的地
3	目标标签（Destination labels）	目的地标签
4	源标签（Source labels）	来源标签
5	称重（Weight）	流程图分支宽度

表 4-44　格式（Format）属性

序号	选　项	描　述
1	数据链接标签（Data link labels）	实现对数据链接标签颜色、字体、大小的设置
2	链接（Links）	设置不同链接步骤的颜色
3	缩放设置（Scale settings）	提供两个控制开关：节点的最佳高度下限开关和启用对数刻度开关
4	数据标签（Data labels）	实现对柱形数据标签字体大小、颜色、单位等属性的自定义设置
5	周期显示（Cycles displaying）	实现显示周期的设置：如重复节点、绘制后向链接

3. 示例

选择桑基图图表，打开“字段”选项卡，将 Simple 表中的字段“Source”拖动到“源”处，“Target”拖到“目标”处。桑基图自动按照维度“Source”和维度“Target”生成，如图 4-95 所示。

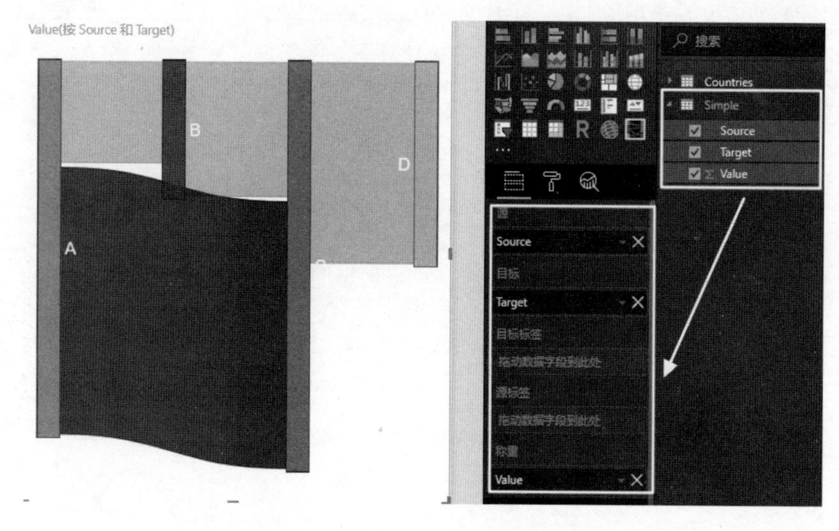

图 4-95　示例 1

选择“格式”，打开的选项卡中将显示适用于当前所选可视化图表的颜色、标签等自定义设置选项，可自定义可视化效果，如图 4-96 所示。

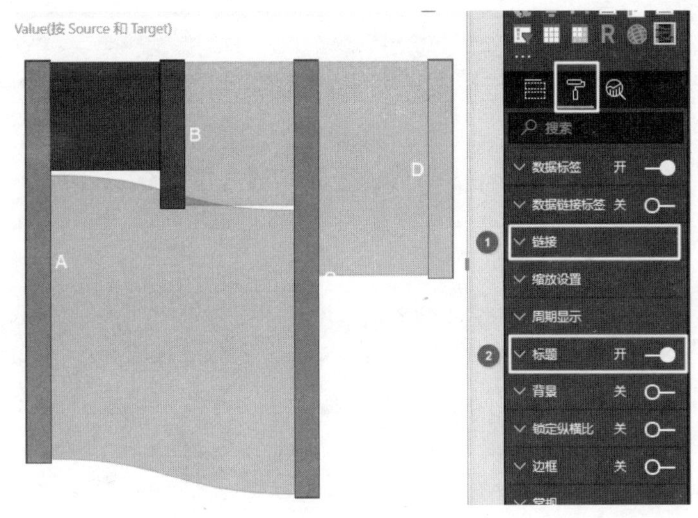

图 4-96　示例 2

4. 应用场景

该控件可应用于查看包含中间流程走向及其开始和结束状态的动态关系信息，也可用来表
く子关系。

图 4-97 所示的图表对不同国家的数据走向进行了分析，当选中一个柱形时，可以自动
中相关的图形。从图中可以看出以 France South 为来源的数据只有一条，即 France South
South Africa，其中 South Africa 的来源有 France South、Portugal South、Spain South、
gland South，目的地有 Africa India、Africa Japan、Africa China。其他数据走向分析原理一
图中案例支持对走向图形设置不同的颜色。

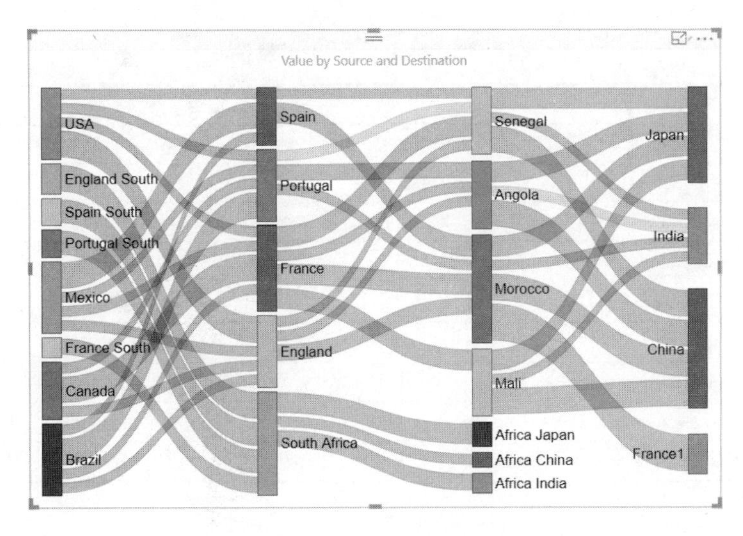

图 4-97　信息流向图

5. 控件局限

数据节点过多时，会导致桑基图过于混乱，不利于用户阅读。

4.6 树状图（Tree）

4.6.1 MAQ 领结图（Bowtie Chart by MAQ Software）

1. 图例介绍

MAQ 领结图可快速比较一个或多个类别中的值。该控件通过分支的厚度来表示类别相对权重。可以创建一个半边领结，展示数据在单个维度上的分布情况，也可以通过在源目标和值字段属性中输入值，创建一个完整的领结，展示一个聚合值如何分成两个不同的类别。图表示例如图 4-98 所示。

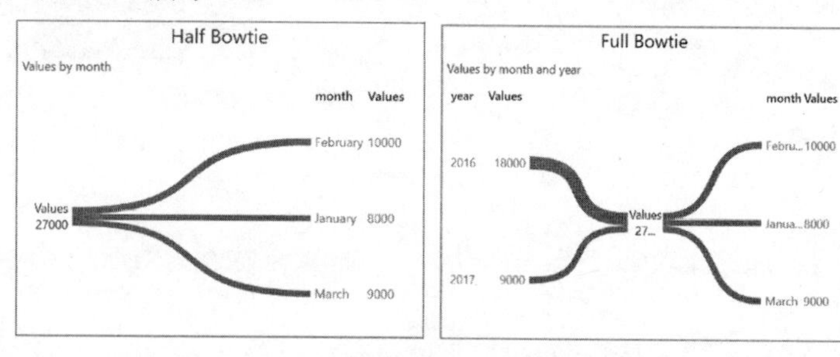

图 4-98　Bowtie Chart 半领结及全领结

2. 属性

该控件的属性分为两类，分别为字段（Fields）和格式（Format）。这两类属性下的非共选项及其描述见表 4-45 和表 4-46。

表 4-45　字段（Fields）属性

No.	选　项	描　述
1	源（Source）	分类维度（领结右半部分）
2	值（Value）	图表的数据值
3	目标（Destination）	分类维度（领结左半部分）

表 4-46　格式（Format）属性

No.	选　项	描　述
1	领结的标题（Bowtie Title）	标题内容、背景色、字体大小、字体颜色的自定义设置
2	数据标签（Data Label）	数据标签的颜色、大小、单位、小数位自定义设置
3	摘要标签设置（Summary Label Settings）	摘要标签的颜色、大小、单位、小数位及三角指示标自定义设置

3. 示例

选择“字段”，将 Table1 表中的“month”字段拖动到“Source”处设置领结的右半部维度，将“Values”字段拖动到“Value”处设置领结的数据值，将“year”字段拖动“Destination”处设置领结的左半部分维度，领结图自动呈现出聚合值 27000 如何分成年度月份两个不同的子类别下的数据值，如图 4-99 所示。

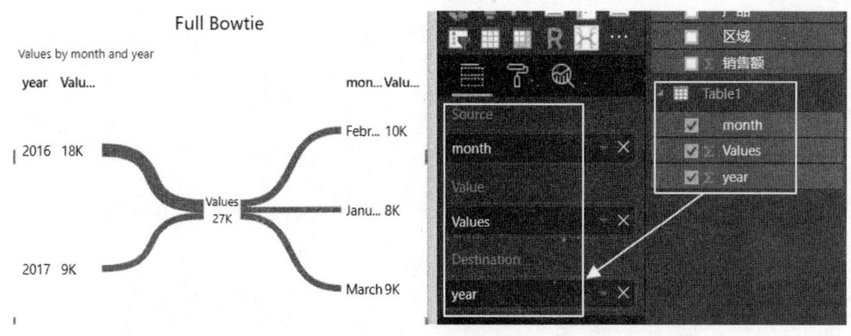

图 4-99　示例 1

选择“格式”，修改可视化效果，如图 4-100 所示：①在选项组“General”中设置领结
色“Arc Fill Color”值为蓝色；②在“Data Lables”选项组中设置数据标签颜色为黑色，
位为“自动”，保留小数位为“0”；③在“Summary Label Setttings”选项组中设置摘要标
颜色为黑色，单位为“自动”，保留小数位为“0”，将“Indicator”三角指示符打开并设置
hreshold”（指示符阈值）为“27001”，得到三角指示标为红色。

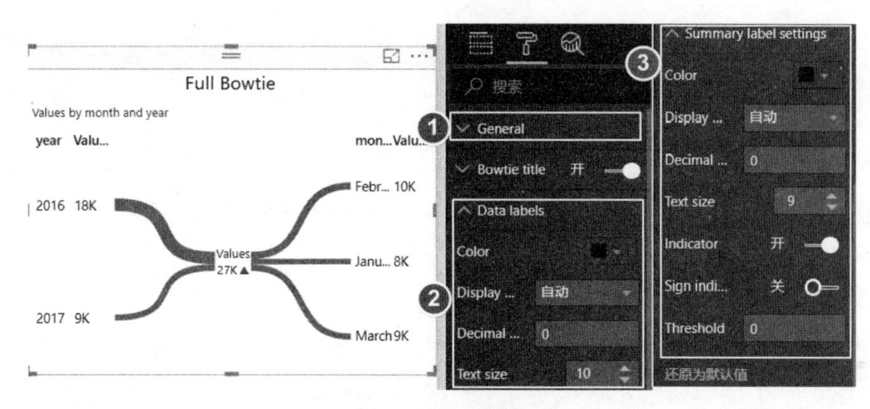

图 4-100　示例 2

4. 应用场景

如图 4-101 所示，领结图可清晰地表达一个聚合值在单个维度中的分布情况，该图从产
角度分析了公司总销售情况，公司总销售额为 690K，各类产品销售额为：云服务 360K；
奂机 220K；服务器 110K。

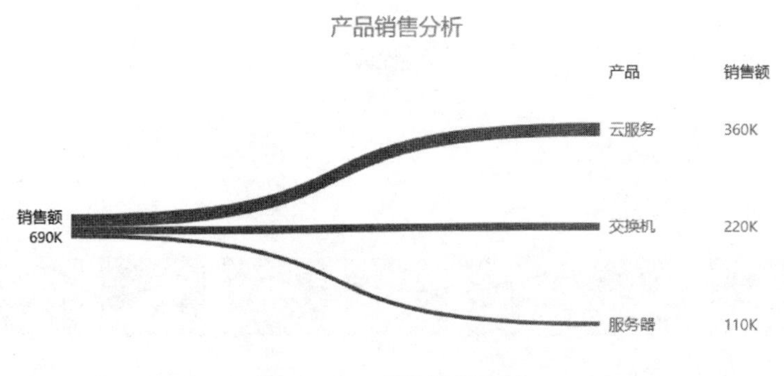

图 4-101　产品销售分析

如图 4-102 所示，领结图还可清晰表达一个聚合值在两个不同维度中的分布情况，该图从产品和区域两个维度分析了公司销售情况。图中不仅显示了总销售额和各类产品的具体销售额，还从区域角度统计了这些产品的销量，其中北京代表处为 410K，成都代表处为 280K。

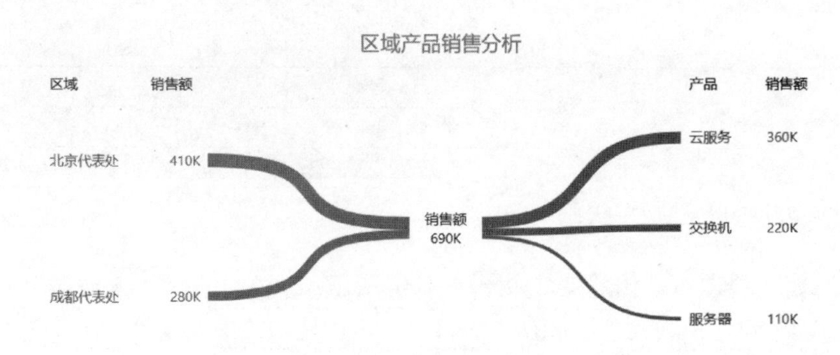

图 4-102　一季度销售分析 By Product and Region

5. 控件局限

- 领结图最多只能按照两个不同的维度分析一个聚合值的分布情况，不能支持更多维度的分析比对。
- 不支持领结各部分的样式自定义设置。

4.6.2　Akvelon 层次结构图（Hierarchy Chart by Akvelon）

1. 图例介绍

Akvelon 层次结构图能以树状格式显示任何类型的分层数据，层次结构的清晰展示使数据更易于理解，如组织结构和家族树。将数据源导入该层次结构图控件后，显示的每个分支都可以完全自定义。用户可以改变用于表示组织结构的形状、字体、颜色、键等。该结构的每个子结构可以展开和折叠，如图 4-103 所示。

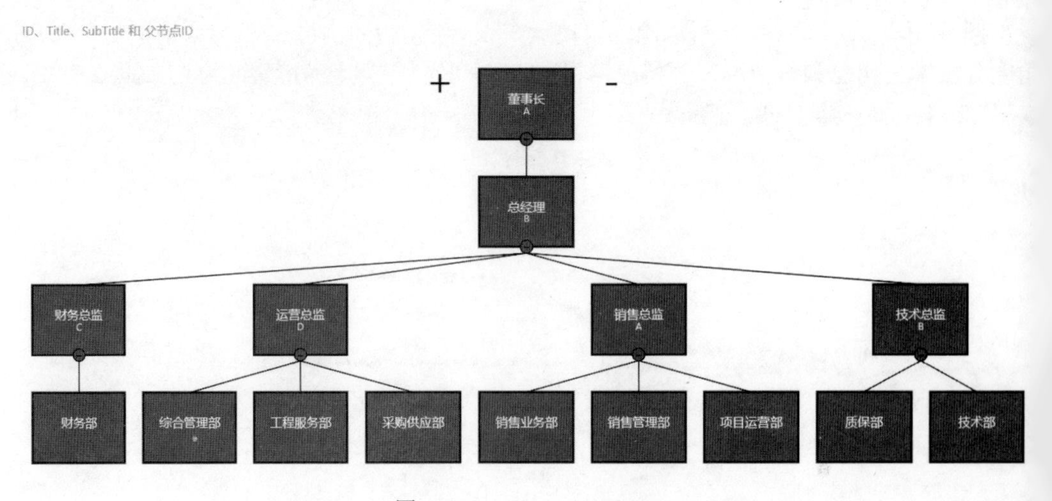

图 4-103　Hierarchy Chart

2. 属性

该控件的属性分为两类，分别为字段（Fields）和格式（Format）。这两类属性下的非公选项及其描述见表4-47和表4-48。

表4-47　字段（Fields）属性

No.	选　项	描　述
1	Id（Id）	节点唯一标识
2	标题（Title）	节点标题
3	副标题（Subtitle）	节点副标题
4	父节点（Parent）	父节点的 Id
5	类型（Type）	分类
6	值（Values）	Id 对应的值

表4-48　格式（Format）属性

No.	选　项	描　述
1	层级（Levels）	提供按层级折叠或展开树结构及设置允许展开最大层级数的层级深度控制
2	类别颜色（Type Colors）	对分类相应颜色的自定义设置
3	节点（Nodes）	对树形图中节点的图形大小、标题大小、字体颜色、标题和副标题之间的距离、节点形状进行自定义设置
4	图例（Legend）	对图例位置，图例标题，图例标题是否显示，及图例字体的颜色、大小、类型进行自定义设置
5	链接（Links）	对连接线颜色的自定义设置
6	警告（Warning）	警告设置

3. 示例

选择“字段”，将数据域表中的“Id”字段拖动到“Id”处，“Title”字段拖动到“Title”处，“Subtitle”字段拖动到“Subtitle”处，“Parent”字段拖动到“Parent”处，“Type”字段拖动到“Type”处，Akvelon 层次结构图将以树状格式自动呈现出行政区域的分结构，如图4-104所示。

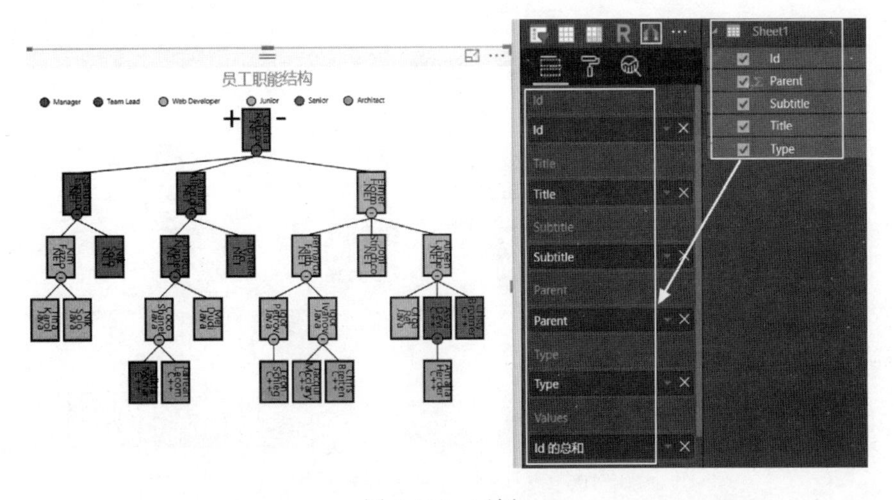

图4-104　示例1

选择“格式”，打开的选项卡中将显示适用于当前所选图表的颜色、大小等自定义选项，修改相应属性值来自定义可视化效果。如图 4-105 所示：①在选项组“Type Colors”中设置各类别对应的颜色；②在选项组“Nodes”中设置标题、副标题的大小、颜色及间距，将“Shape type”切换为“开”并设置节点类型为椭圆形。

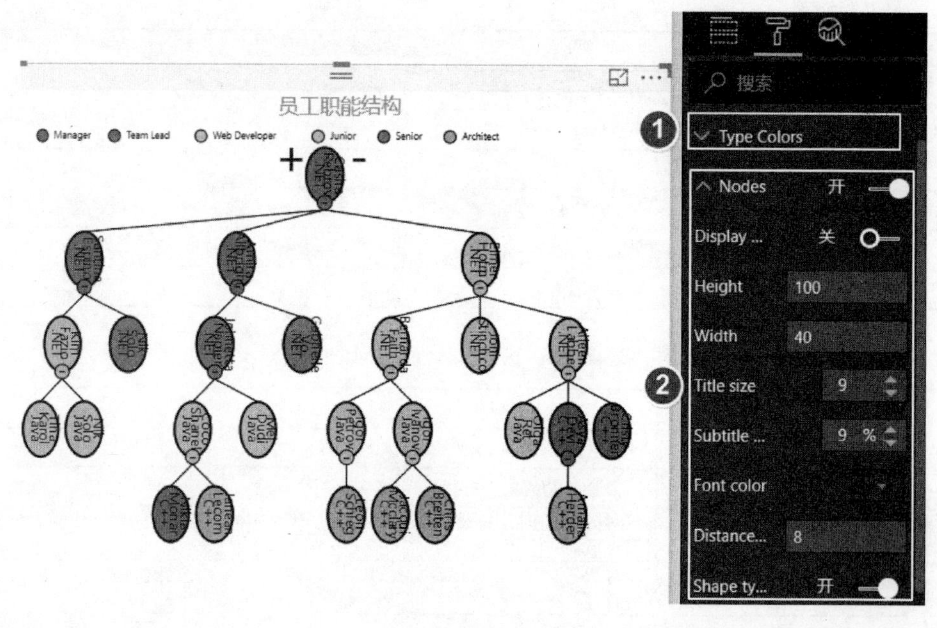

图 4-105　示例 2

4. 应用场景

图 4-106 所示的结构图不仅展示了该公司员工间的组织结构关系，还展示了组织结构中人员职能的分配情况，如 Casha Rebrow 是所有人员的经理（Manager），Amira Allbright 是子结构中的一位经理（Manager），其下有两位.Net Senior 工程师和两位 Java Junior 工程师，以及一位架构师。

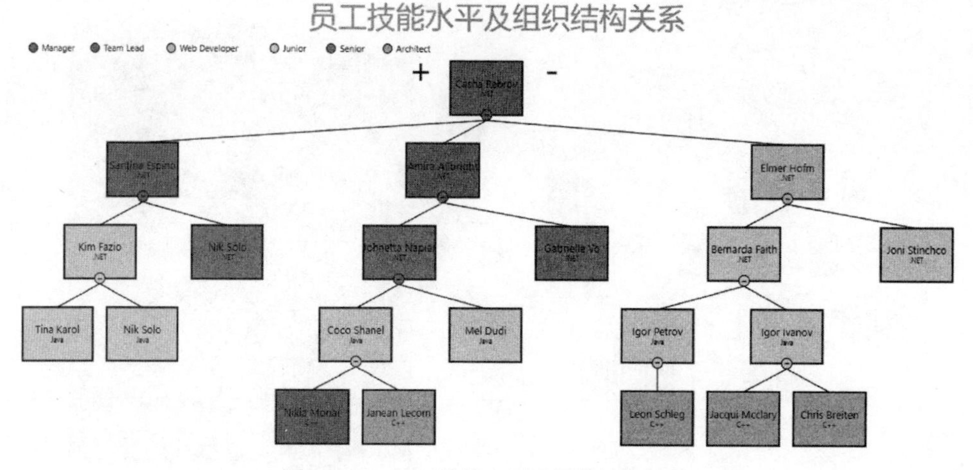

图 4-106　员工技能水平及组织结构关系

5. 控件局限

- Akvelon 层次结构图不适用于无层级结构关系或多对多关系的数据分析。
- 不支持设置单个节点的样式。
- 不支持按层级汇总节点数据。

6.3 Mekko 图表（Mekko Chart）

1. 图例介绍

如图 4-107 所示，Mekko 图表是百分比堆积柱形图和百分比堆积条形图组合成的一个图，数据值由每个矩形的高度和宽度表示。由于它在一个图表中捕捉了两个维度，可以用相同的度量值来计算高度和宽度，也可以根据需要使用不同的度量值。列的宽度与列总值成比例。

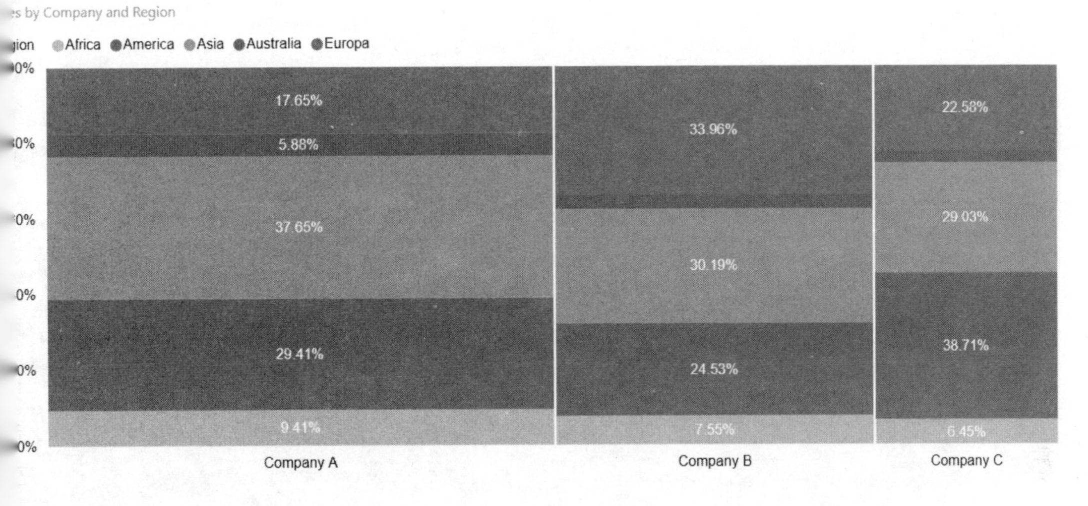

图 4-107　Mekko 图表

2. 属性

该控件的属性分为两类，分别为字段（Fields）和格式（Format）。这两类属性下的非公选项及其描述见表 4-49 和表 4-50。

表 4-49　字段（Fields）属性

o.	选　项	描　述
	类别（Category）	横坐标分类维度设置
2	系列（Series）	纵坐标分类维度设置，即图例
	Y 轴（YAxis）	Y 轴分类度量值设置
	坐标轴宽度（Axiswidth）	决定图形水平方向宽度的度量值设置
	类别排序（Category sorting）	横坐标分类排序设置

表 4-50　格式（Format）属性

No.	选　　项	描　　述
1	Column Border	横坐标分类间隔线条的颜色及宽度设置
2	数据标签（Data labels）	数据标签颜色、单位、小数位数及是否强制显示的设置
3	图例（Legend）	对图例是否展示、图例字体大小、图例标题文本及图例标题是否展示进行自定义设置
4	排序图例（Sort legend）	图例及图例分组排序设置
5	排序系列（Sort series）	纵坐标分类排序设置及数据标签计算方式设置
6	X 轴标签旋转（X Axis labels rotation）	X 轴标签值是否可转动显示
7	X 轴（X-Axis）	X 轴标题和标签文本的大小、颜色设置
8	Y 轴（Y-Axis）	Y 轴标题和标签文本的大小、颜色设置
9	数据颜色（Data colors）	图形颜色设置

3. 示例

选择“字段”，将“Company Sales”表中的“Conrpany”字段拖动到“类别”处，“Region”字段拖动到“系列”处，“Sales”字段拖动到“Y 轴”处，“Sales”字段拖动到“坐标轴宽度”处，“类别排序”选项暂不增加字段，此时 Mekko 图表分别从横向和纵向反映三个公司在五个区域的销量占比情况，如图 4-108 所示。

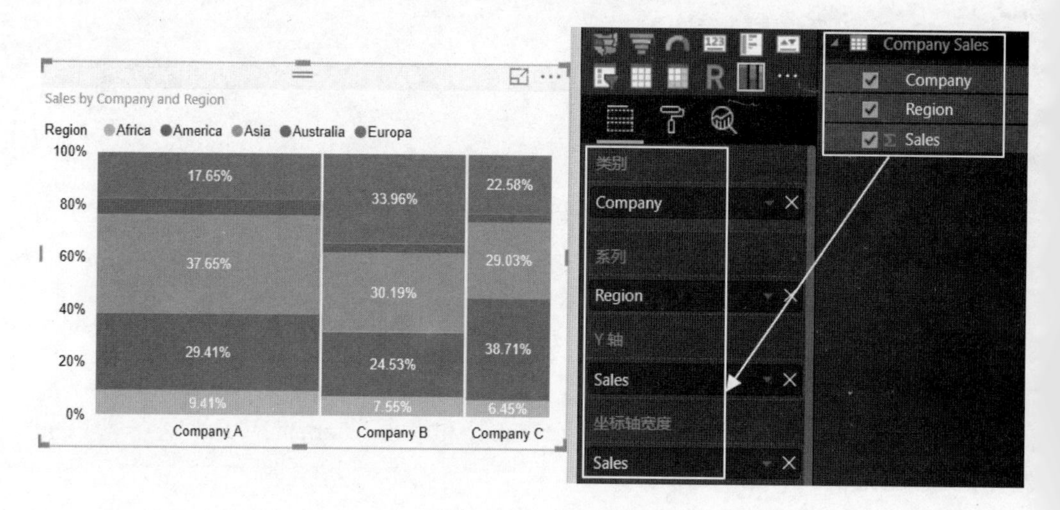

图 4-108　示例 1

将“Sales”字段添加到“类别排序”选项中，Mekko 图表将区域及公司两个维度的销量进行排序展示，效果如图 4-109 所示。

选择“格式”，打开的选项卡中将显示适用于当前所选图表的颜色、大小等自定义项，修改相应属性值来自定义可视化效果：①打开“数据标签”选项组，设置数据标签颜色、大小等格式；②在“排序系列”中修改“方向”为“降序”，即设置为按纵向分类降序排列，修改“显示百分比”为“所有数据集”，即设置数据标签中占比计算方式为占整体数据总值的百分比情况；③在“数据颜色”中设置分类颜色。可视化效果如图 4-110 所示。

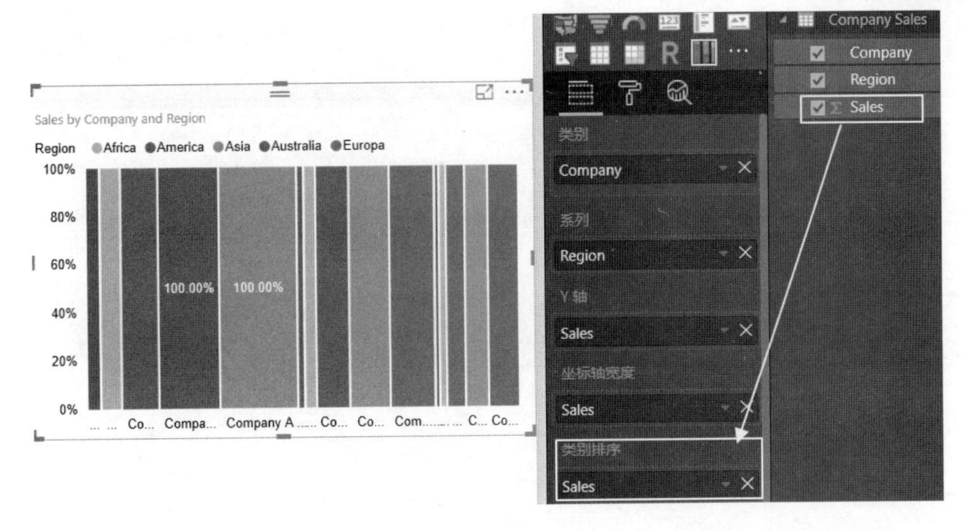

图 4-109　示例 2

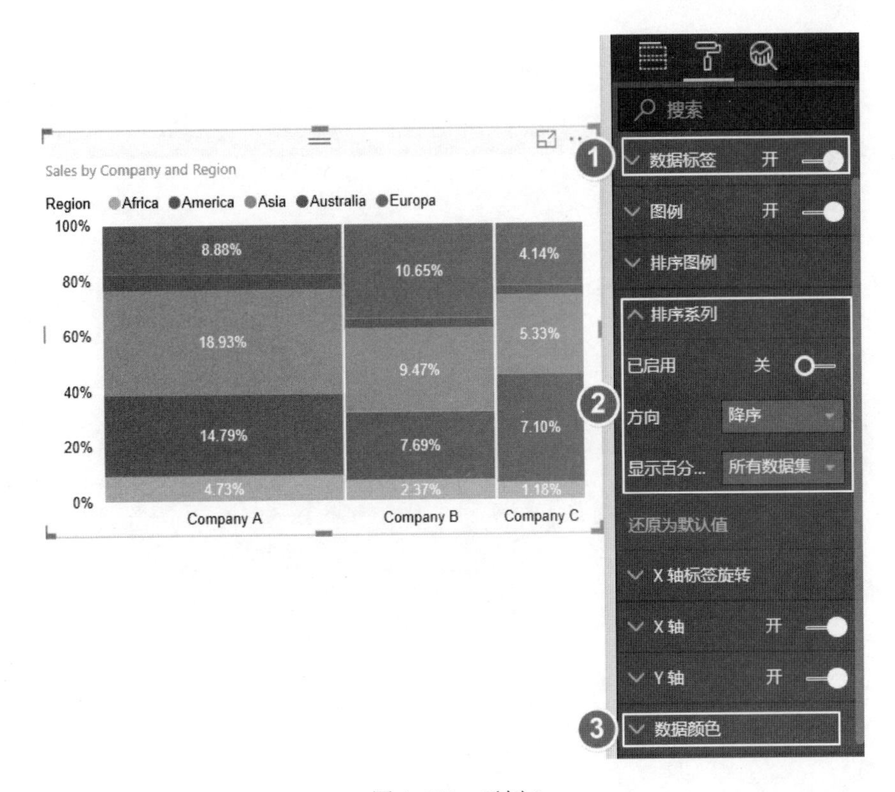

图 4-110　示例 3

4. 应用场景

图 4-111 所示的图表充分反映出国产卡车、国产汽车在各厂家的销售中占有非常大的比列，而且一汽（25.94%）和福特（23.00%）在国产卡车里占比最大，一汽（21.60%）和丰田 18.37%）在国产汽车占比最大。

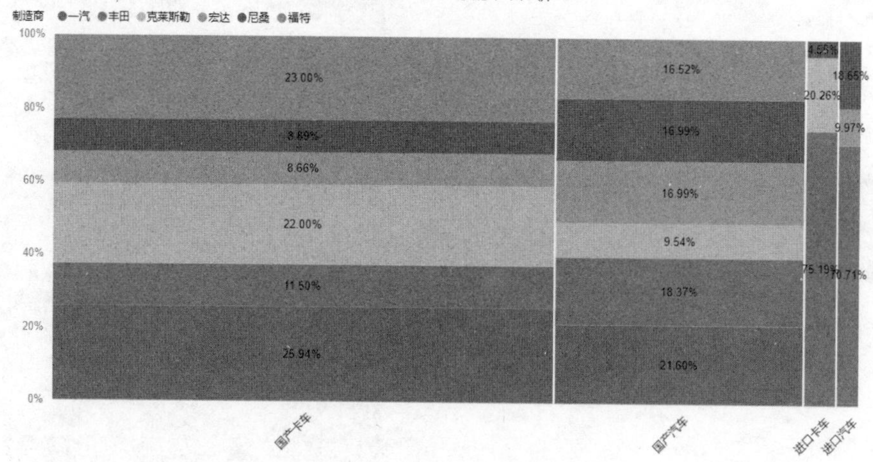

图 4-111　厂家汽车销售情况

5. 控件局限

当某个值占比较小时，该控件中相应的数据标签显示不美观。

4.6.4　树状分支图（TreeViz）

1. 图例介绍

树状分支图将树结构数据可视化，通过展示层级关系对数据的归属进行分析，如图 4-112 所示。

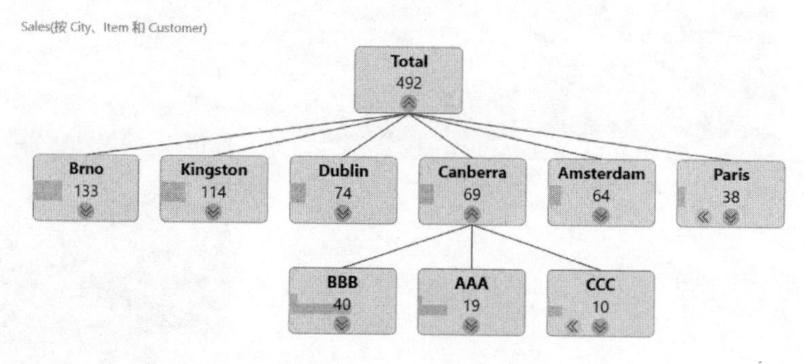

图 4-112　树状分支图

2. 属性

该控件的属性分为两类，分别为字段（Fields）和格式（Format）。这两类属性下的非公共选项及其描述见表 4-51 和表 4-52。

表 4-51　字段（Fields）属性

No.	选项	描　述
1	类别数据（Category Data）	树结构层级分类及层级顺序
2	数据（Measure Data）	树结构展示的数值

表 4-52　格式（Format）属性

No.	选项	描　述
1	节点设置（Treeviz settings）	可对节点汇总值及其占比色条是否显示进行设置；可对默认展示子节点个数进行设置，当数值小于子节点总数时，其他子节点折叠。通过箭头图标可展开节点，紫色箭头可一次展开三个兄弟节点，橙色箭头可一次折叠三个兄弟节点。

3. 示例

选择“字段”，依次将 SampleTable 表中的“City”“Item”“Customer”字段拖动到 Category Data”处，“Sales”字段拖动到“Measure Data”处，此时树状分支图默认生成第一层根节点“Total”，第二层、第三层、第四层分别对应“City”“Item”“Customer”分类，如图 4-113 所示。

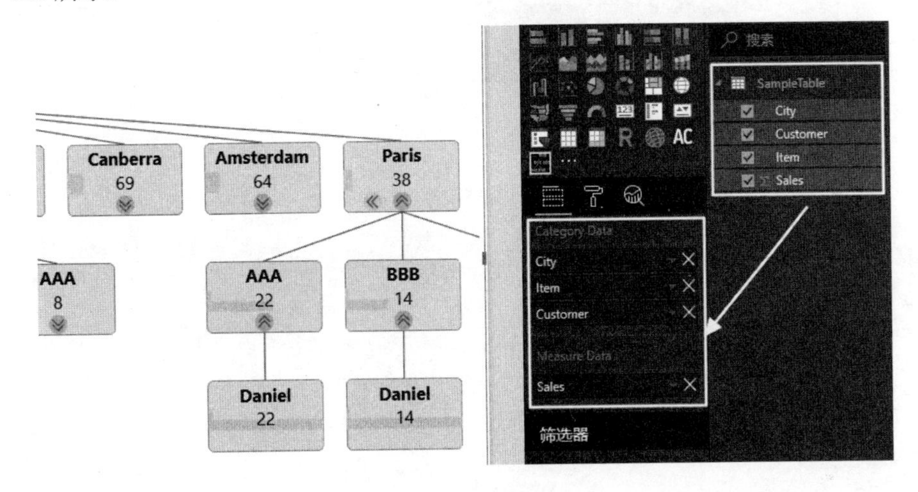

图 4-113　示例 1

通过调整“Category Data”选项中的字段顺序可修改树结构按多层方式显示，如第二层、第三层、第四层分别修改为“Customer”“Item”“City”分类，如图 4-114 所示。

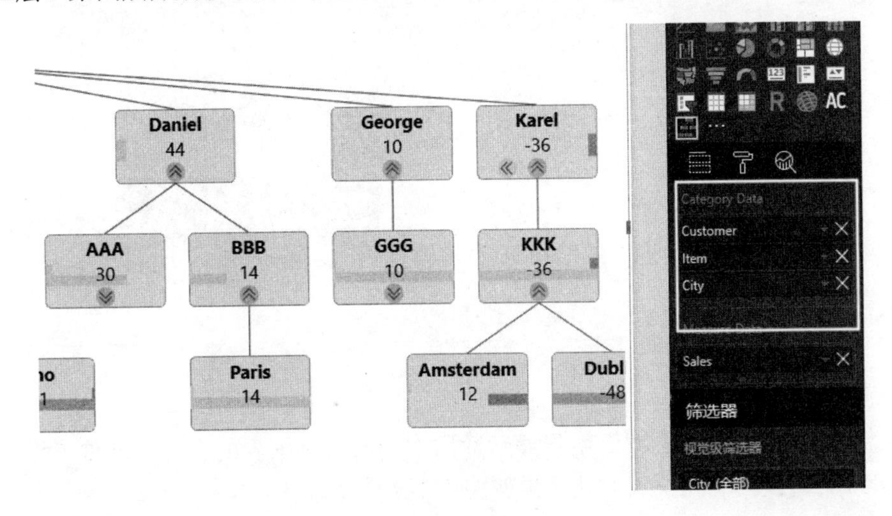

图 4-114　示例 2

第二层节点的可视化效果如图 4-115 所示：①默认展示节点的所有子节点汇总值及其在“Total”节点汇总值中的占比色条；②光标移入节点时，汇总值切换为当前节点在“Total”节点汇总值中的占比；③光标移入节点时，弹出该节点包含子节点的个数（Records）及其所有子节点汇总值；④未展示的兄弟节点可通过单击左箭头或右箭头展开。

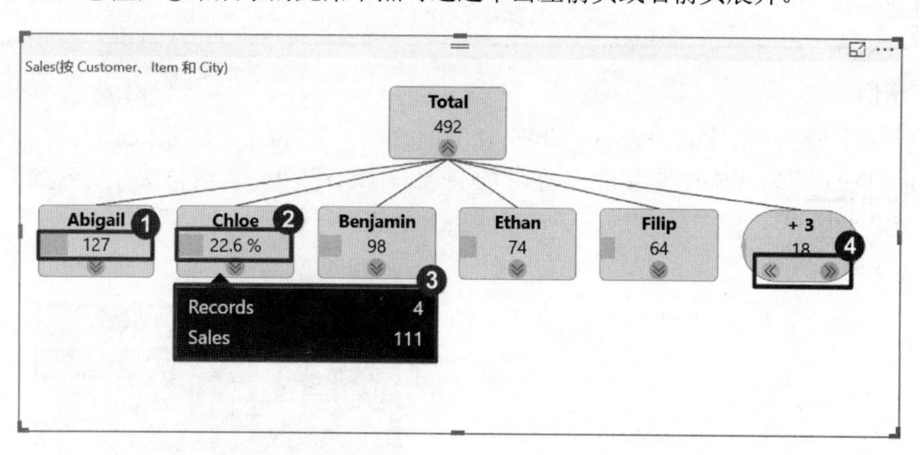

图 4-115　示例 3

其他层级节点的可视化效果如图 4-116 所示：①默认展示节点的所有子节点汇总值、在“Total”节点汇总值中的占比色条，及在其父节点汇总值中的占比色条，如图中“AAA”节点值在“Total”节点值 492 中占 13.6%，在父节点“Filip”节点值 64 中占 104.7%；②占比为正数时色条颜色为绿色，占比为负数时色条颜色为红色。

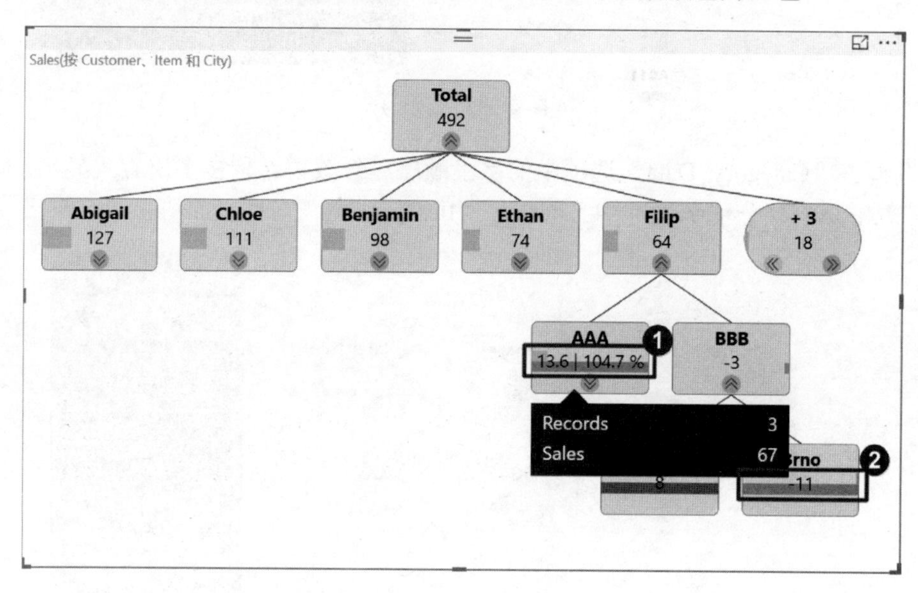

图 4-116　示例 4

选择“格式”，打开的选项卡中将显示适用于当前所选图表的自定义选项，设置默认子节点个数为 2，得到的自定义可视化效果如图 4-117 所示。

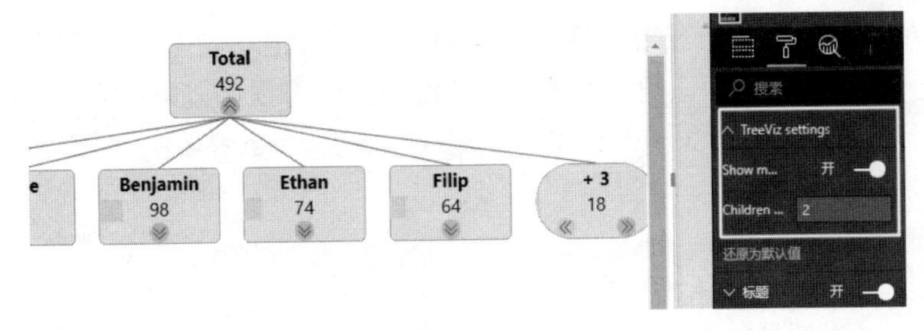

图 4-117　示例 5

4. 应用场景

图 4-118 所示图表通过树形结构清晰、明确地展示了产品的销售情况，如总销量为80851，产品分类为 20 种。其中，北京代表处总销量为 100800，共销售了 11 类产品；成都代表处共销售了 9 类产品，总销量为 80051。该图的一大优点就是可以仅显示需要查看的节点，并通过按钮随时控制，比如成都代表处共销售了 9 种产品，但目前只显示了两类，另外类为收缩状态，这时可以通过单击椭圆里的按钮将其展开。

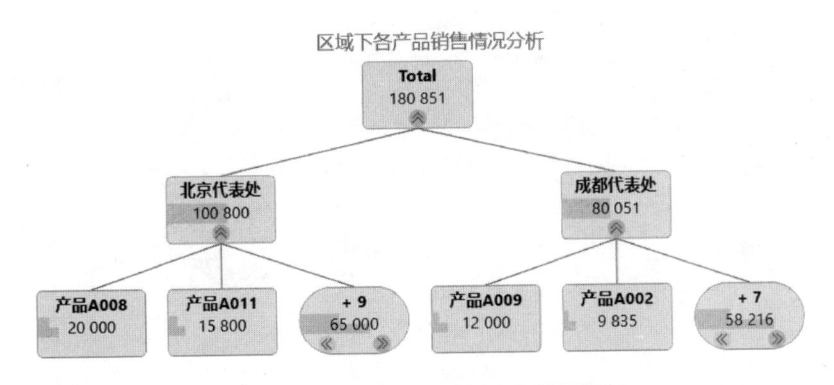

图 4-118　以区域粒度分析产品销售情况

5. 控件局限

- 不支持自定义层级样式。
- 不支持自定义节点样式。
- 不支持自定义数据标签可视化效果。

4.7　地图（Map Charts）

.7.1　世界地图（Global Map）

1. 图例介绍

世界地图是一个 3D 地图，可以自由旋转使得地图分析更具有立体感，它提供了与物理世界的数据联系，以 3D 对象的形式为数据分析呈现出全新的视角。世界地图可以与任何的位置数据一起使用，如地址、城市、县、州/省或者国家/地区。在世界地图上，可以使用三维的条形代表一个度量，从而避免了重叠气泡的混乱，使可视化效果更清晰。该地图还支持空间地图上的热图，可以使用另外一个度量值代表热强度。“世界地图”图表示例如图 4-119 所示。

图 4-119 “世界地图”图表示例

2. 属性

该控件的属性分为两类，分别为字段（Fields）和格式（Format）。这两类属性下的非公共选项及其描述见表 4-53 和表 4-54。

表 4-53 字段（Fields）属性

No.	选　项	描　述
1	位置（Location）	位置
2	经度（Longitude）	经度
3	纬度（Latitude）	纬度
4	三维条形高度（Bar Height）	三维条形高度
5	热强度（Heat Intensity）	热强度

表 4-54 格式（Format）属性

No.	选　项	描　述
1	数据颜色（Data colors）	对地图中每个位置三维条形颜色的设置

3. 示例

选择“字段”，分别将数据源“Location coordinates”中的字段“Longitude”“Latitude”和“Visitors by location”中的“Location”“Visitors”“Average time on site (minutes)”字段拖动到字段属性“Longitude”“Latitude”“Location”“Bar Height”“Heat Intensity”对应的位置，操作效果如图 4-120 所示。

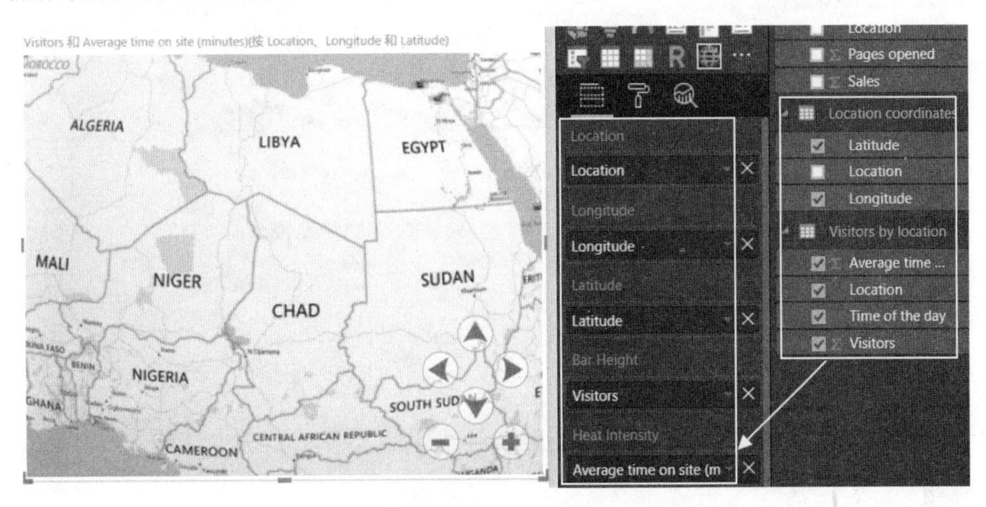

图 4-120 示例 1

选择“格式”，可以对每个位置的三维条形颜色、标题、文本大小及字体进行自定义设置，可视化效果图示例如图 4-121 所示。

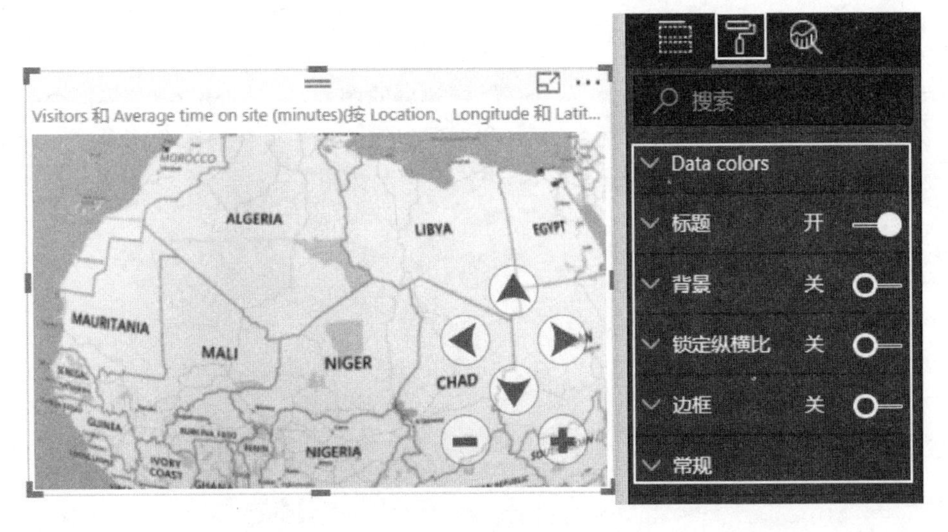

图 4-121 示例 2

4. 应用场景

从图 4-122 所示地图中可清楚地看出运动员籍贯主要分布在 Lima、Rio de Janeiro、Sao Paulo 等地区。

图 4-122　运动员籍贯分布

5. 控件局限

- 因数据分布和地理区域大小的不对称，通常大量数据会集中在地理区域范围小的人口密集区，容易造成用户对数据的误解。
- 地图格式设置选项太少，不能按比例设置三维条形的大小。
- 放大时，条形图也会变得很大，不能调整大小，导致无法查看具体到城市内的数据信息。

4.7.2　热力图（Heatmap）

1. 图例介绍

热力图是一种通过高亮的形式显示地理区域热度的图表，在热力图中，将每个数据绘制成等高线，等高线相关的变量有坐标、半径和透明度等，透明度径向渐变，通过由深到浅的颜色表示数据从大到小、从集中到稀疏。热力地图示例如图 4-123 所示。

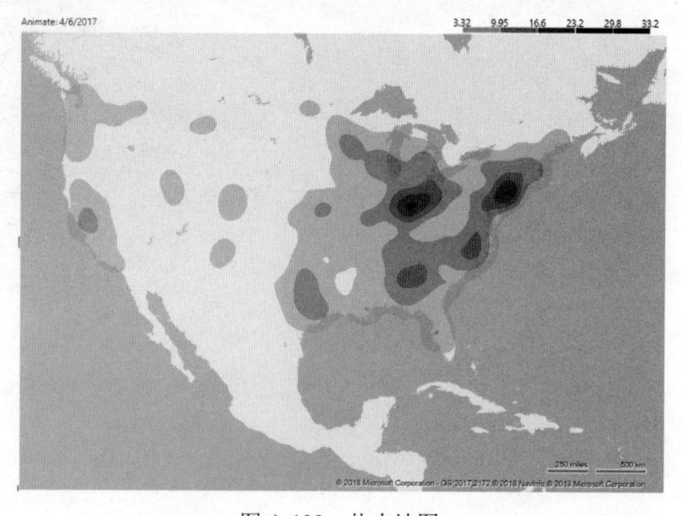

图 4-123　热力地图

2. 属性

该控件的属性分为两类，分别为字段（Fields）和格式（Format）。这两类属性下的非公
选项见表4-55和表4-56。

表4-55 字段（Fields）属性

No.	选　项	描　述
1	位置ID[Location（ID）]	位置ID
2	经度（Longitude）	经度
3	纬度（Latitude）	纬度
4	值（Value）	热力图中圆形的大小和层次的多少
5	组（Group）	分组字段

表4-56 格式（Format）属性

No.	选　项	描　述
1	图例（Legend）	对地图中图例的位置、文本大小、颜色及是否显示详细信息的设置
2	渲染（Renderer）	对图例渲染类型、半径大小、透明度和测试类型的设置
3	等高线图（Contour map）	对等高线最大条数和线条颜色的设置，可根据需要对每个线条设置不同的颜色
4	热力图（Heat map）	对热力图每层颜色和透明度的设置
5	组（Group）	实现对热力图中数据的分组显示设置
6	动画（Animation）	对热力图进行播放、重复及暂停动画功能的设置
7	高级（Advance）	是否设置高速缓存
8	地图控制（Map control）	对地图类别、语言、是否放大/缩小图像及是否自适应大小进行设置
9	地图元素（Map element）	对地图中是否显示路、森林、标签、城市、标记、建筑物等进行设置

3. 示例

选择“字段”，分别将数据源“sample”中的“county”“latitude”“longitude”“date”字
拖动到字段属性“Location（ID）”“Latitude”“Longitude”和“Group”对应的位置，操作
果如图4-124所示。

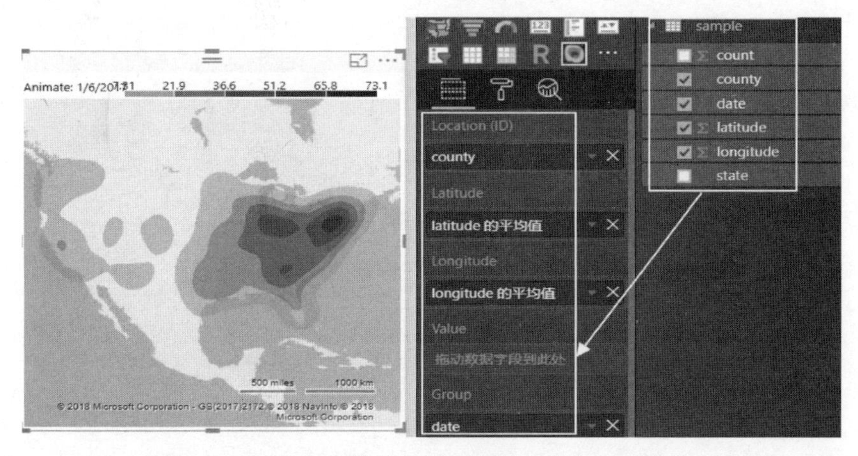

图4-124 示例1

选择“格式”，修改属性值可实现自定义可视化效果：①将“Renderer”选项组中的
ype”选项设置为“Heat”，地图将以热力图的形式呈现；②打开“Heat map”选项组，可

以设置热力图每层的颜色和透明度；③打开“标题”选项组，可以设置地图的标题、文本大小、字体颜色及位置。以上步骤及其效果如图 4-125 所示。

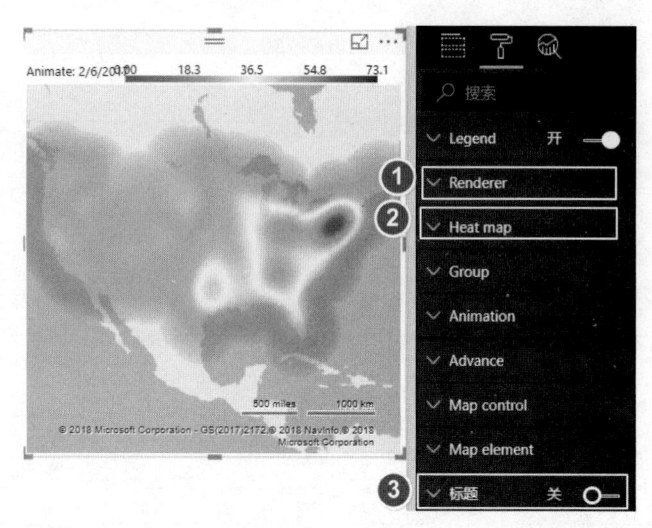

图 4-125　示例 2

4. 应用场景

- 通过城市区域热力图，可以观察到一个区域实时的人口密度。
- 热力图可应用在警务监控中，可以帮助警方实时监测区域内的人流、车流，为精准指挥和调度提供有力的帮助和支持。
- 热力图还经常应用于物流、O2O 等企业。

某物流公司仓库分布情况如图 4-126 所示，通过区域订单梳理和仓库的地理位置匹配，结合交通运输情况，找出最科学的仓库位置，规划最优配送路线，合理安排车辆、人力，从而更好地进行资源配置和节约成本。

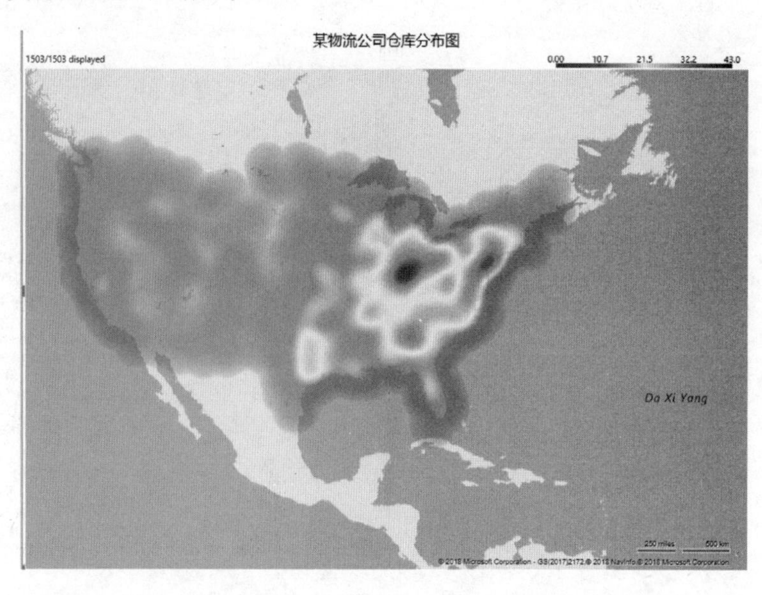

图 4-126　某物流公司仓库分布图

5. 控件局限

- 不适用于数据字段是汇总值情况，需要具有连续数值的数据分布。
- 无工具提示功能。

.7.3 线路地图（Route Map）

1. 图例介绍

线路地图主要是用于显示地图上物体（如出租车、船只、飞机和飓风）的轨迹。创建路图时，时间戳、纬度和经度这三个字段是必需的。时间戳用于决定记录的时间顺序，这些可以是任何可排序的数据类型，如数字和日期。纬度和经度用来记录地理坐标。线路地图列如图 4-127 所示。

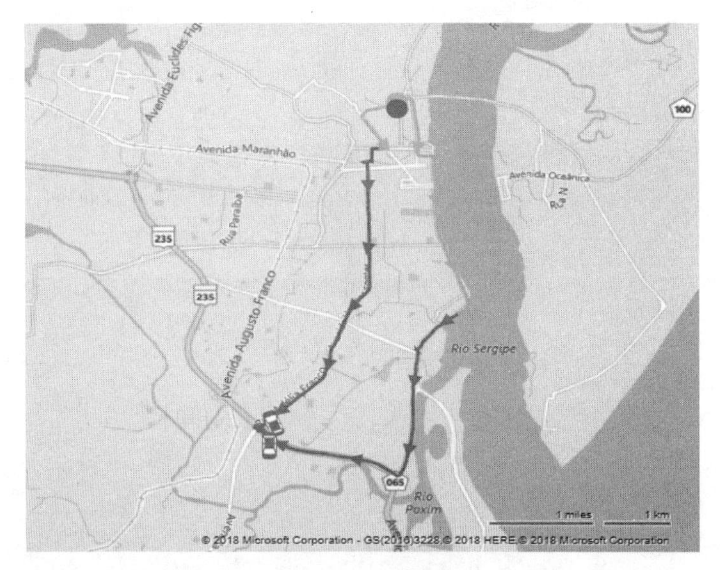

图 4-127　线路地图

2. 属性

该控件的属性分为两类，分别为字段（Fields）和格式（Format）。这两类属性下的非公选项及其描述见表 4-57 和表 4-58。

表 4-57　字段（Fields）属性

o.	选　项	描　述
1	时间戳（timestamp）	定义图中各点出现的先后顺序（可以是任意可排序的值）
2	纬度（Latitude）	定义图中各点的纬度信息
3	经度（Longitude）	定义图中各点的经度信息
4	分段（Segment）	定义路线地图的分段情况
5	色彩图例（Color Legend）	定义线路地图中的颜色类型
6	宽度图例（Width Legend）	定义路线地图中的宽度类型
7	线条图例（Dash Legend）	定义路线地图中的线条样式

表 4-58　格式（Format）属性

No.	选　项	描　述
1	图例（Legend）	实现对图例的开关、位置、字体大小、颜色、宽度、线条显示的设置
2	颜色（Color）	实现对线颜色的设置
3	宽度（Width）	实现对线条宽度的设置
4	线条（Dash）	实现对线条样式的设置
5	符号（Glyphs）	实现对路线开始点开关、大小，中间箭头开关、间隔、大小，结束点开关、大小、样式的设置
6	高级（Advanced）	实现对缓存、迁移的开关设置
7	地图控制（Map control）	实现对地图样式、语言、变焦、缩放、自适应功能的设置
8	地图元素（Map element）	实现对路线、深林、标签、城市、标志、建筑、区域的开关设置

3. 示例

选择“字段”，将“data map”表中“id”字段拖动到“Timestamp”（时间戳）处，“latitude”字段拖动到“Latitude”（纬度）处，“longitude”字段拖动到“Longitude”（经度）处，“track_id”字段拖动到“Segment”（分段）处，“status”字段拖动到“Color Legend”（色彩图例）处，“track_id”字段拖动到“Width Legend”（宽度图例）处，“track_id”字段拖动到“Dash Legend”（线条图例）处，将“latitude”“longitude”“track_id”字段分别拖动到“Tooltip”（工具提示）处。实现的可视化效果如图 4-128 所示。

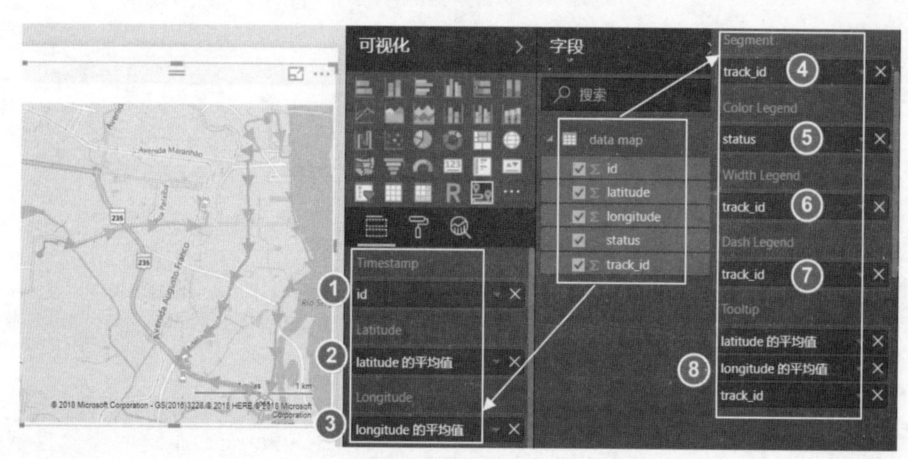

图 4-128　示例 1

图表格式设置步骤如下。

1）选择“格式”→“Color”（颜色），将“Specify”下面的“taken”“empty”“MAK…分别设置为黄色、绿色、红色。

2）选择“Width”（宽度），将“Specify”下面的“1”类型设置为“6”，“2”类型设…为“3”。

3）选择“Dash”（线条），将“Specify”下面的“1”类型设置为“Solid type”，“2”…型设置为“Dash type1”。

4）选择“Glyphs”（符号），将“Start”设置为开，“Start”下面的“Scale”设置…“3”；将“Middle”下面的“Interval”设置为“20”；将“End”设置为“开”，“End”下面

Scale”设置为“3”、“Icon”设置为“Car(top)”。

自定义格式后，可视化效果图如图 4-129 所示。

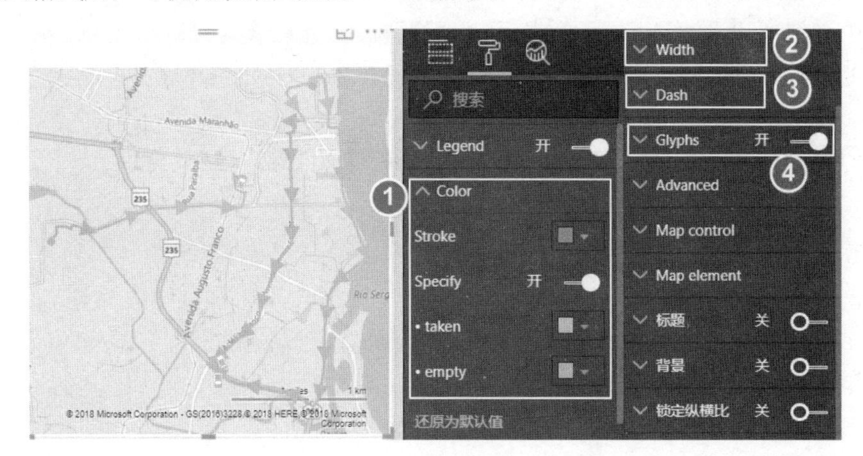

图 4-129 示例 2

4. 应用场景

- 路线地图可用于出行路线选择。
- 路线地图有起始点到终点的流转过程，可用于物流流向图。

路线地图可呈现物体流动的路线和先后顺序。如图 4-130 所示，显示了某物体从一个地到另一个地点的物流路线。

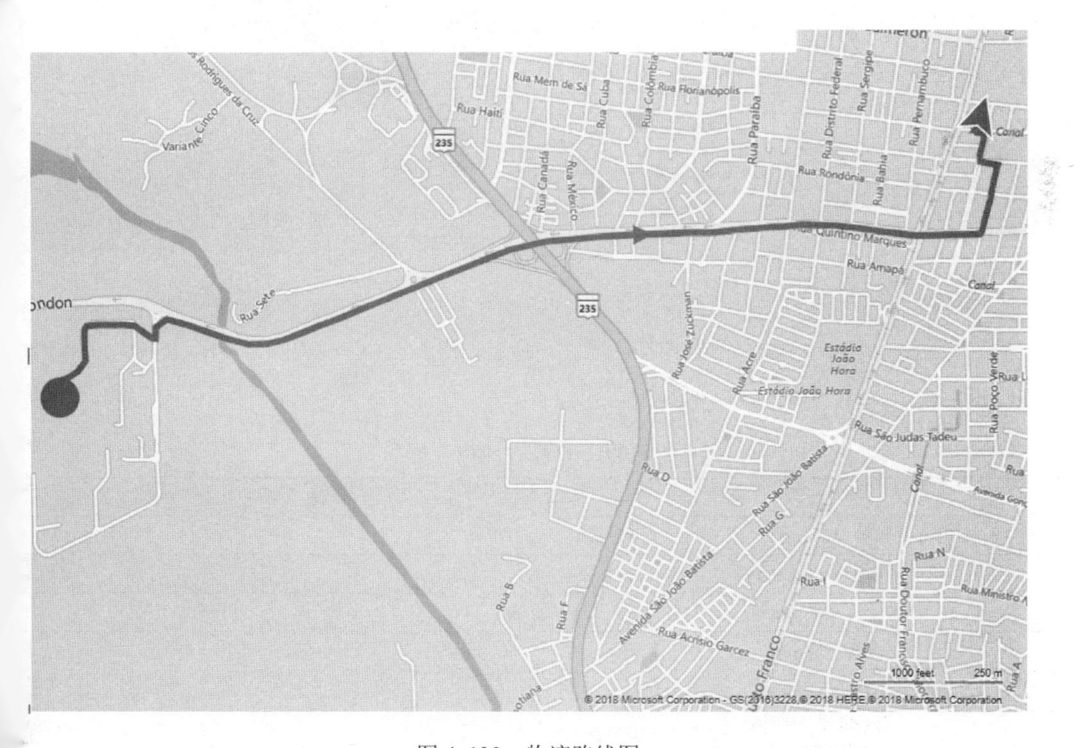

图 4-130 物流路线图

5. 控件局限

- 图中经纬度和现实中的经纬度有一定差距。
- 图中详细位置无法显示，只能显示大体位置。
- 经纬度数据获取较难，不便用于制作可视化图表。

4.7.4 OKViz 面板图（Synoptic Panel by OKViz）

1. 图例介绍

OKViz 面板图是一种自定义图表，允许呈现一个或多个具有自定义外观的区域（称为图，但不一定是地理地图），并为其任意部分（称为区域）分配数据信息。这些区域可以动态出显示和着色，以及在其中显示若干信息。要设计地图可以使用矢量图形编辑器或者自带Synoptic Designer 设计器（网址：https://synoptic.design）。OKViz 面板图示例如图 4-131 所示。

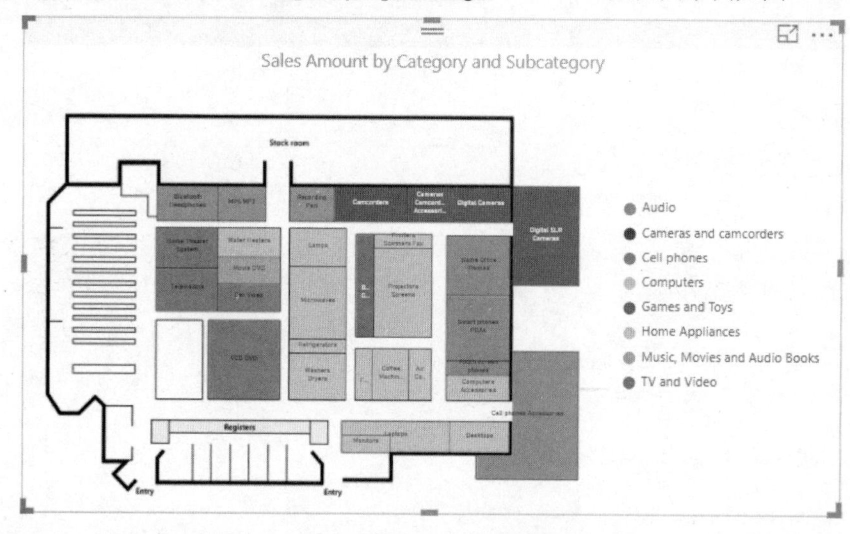

图 4-131　OKViz 面板图

2. 属性

该控件的属性分为两类，分别为字段（Fields）和格式（Format）。这两类属性下的非共选项及其描述见表 4-59 和表 4-60。

表 4-59　字段（Fields）属性

序列	选　项	描　述
1	类别（Category）	分类字段
2	子类别（Subcategory）	子分类字段
3	度量值（Measure）	度量值，即数据值
4	地图（Maps）	地图链接
5	目标（Target）	目标
6	状态度量（States Measure）	状态度量
7	状态（States）	状态

表 4-60　格式（Format）属性

序列	选　项	描　述
1	工具栏（Toolbar）	设置地图是否可变焦
2	数据颜色（Data Colors）	实现对每个数据相应的颜色设置
3	状态（States）	设置区域块的颜色
4	数据标签（Data labels）	数据标签设置
5	图例（Legend）	实现对图例的设置
6	OKViz 的色盲设置（Color Blindness by OKViz）	针对色盲、色弱患者的视觉设置
7	关于（About）	版本展示

3. 示例

选择“Synoptic Panel by OKViz”图表，打开“字段”选项卡，将字段“Category”拖动“Category”处，将“Subcategory”拖动到“Subcategory”处，将“Sales Amount”拖动到leasure”处。图形自动呈现效果如图 4-132 所示。

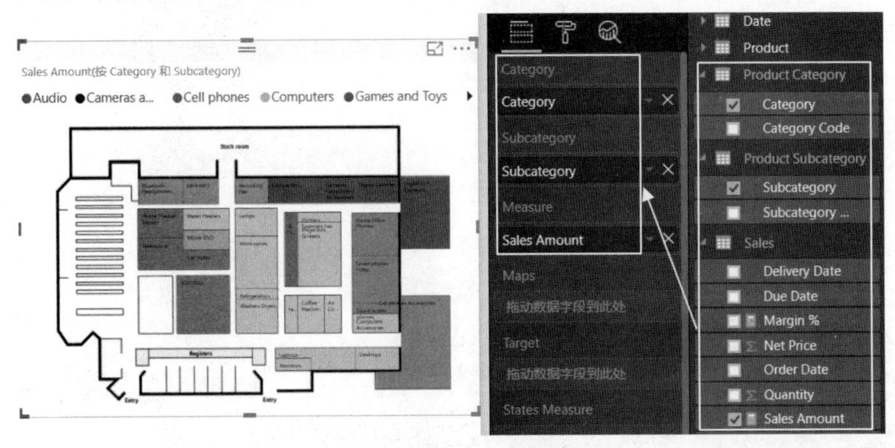

图 4-132　示例 1

选择“格式”，打开的选项卡中将显示适用于当前所选图表的颜色、标签、是否缩放等定义选项，可用于自定义可视化效果，如图 4-133 所示。

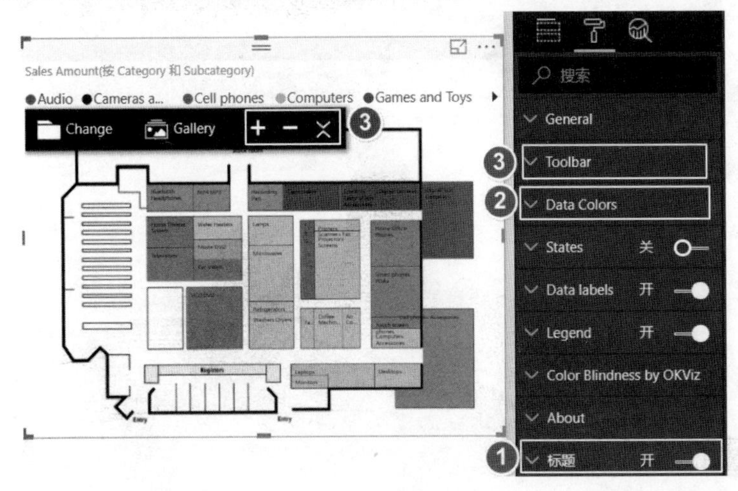

图 4-133　示例 2

该控件中使用的底层地图，可选择系统自带的或者自定义的文件，如图 4-134 所示。

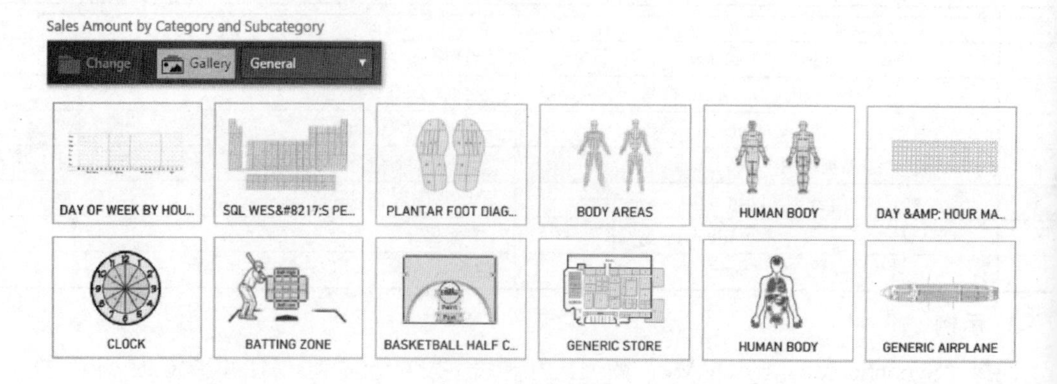

图 4-134　示例 3

4. 应用场景

图 4-135 所示的图表直观地展示了美国各个地区的销售数据，根据不同颜色区分不同地区，光标移动时将展示相关销量数据信息。

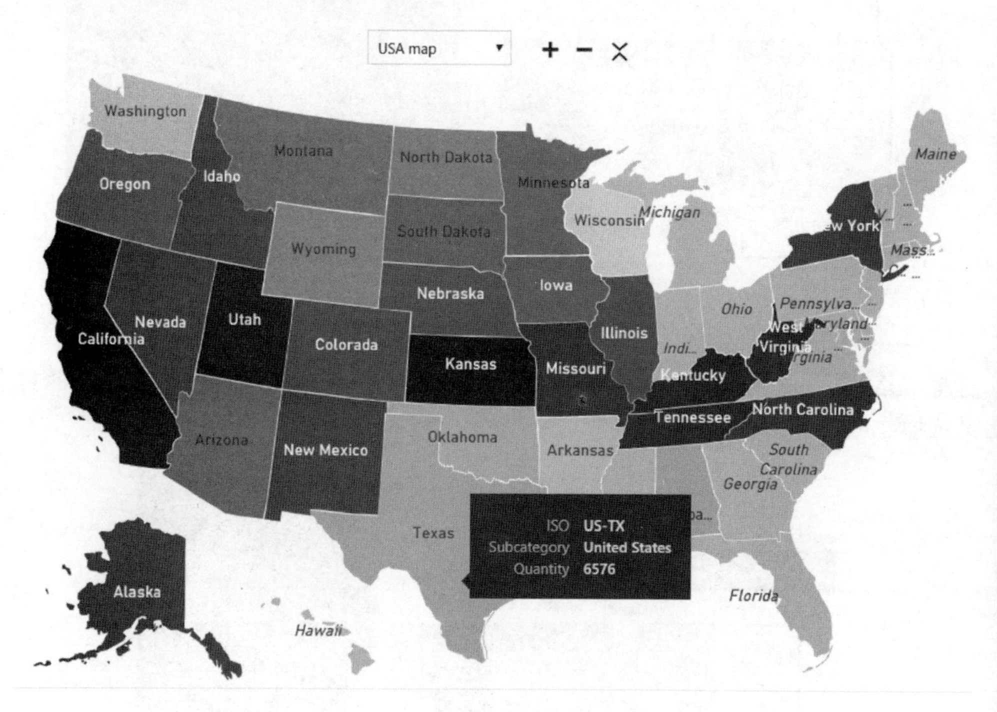

图 4-135　美国各州销售数据统计

5. 控件局限

- 在网页中使用该控件时，有时视觉效果会失效。
- 地图链接必须是在线的链接，不能是本地文件。
- 无法下钻。

.7.5 流向地图（Flow Map）

1. 图例介绍

流向地图是以地图的形式显示始发地和目的地之间数据流向的一种特殊的网状结构。它持三种不同的样式，包括 Straight line、Flow、Great circle，适用于统计各地迁移的人数或业在各地的业务占比等。图表示例如图 4-136 所示。

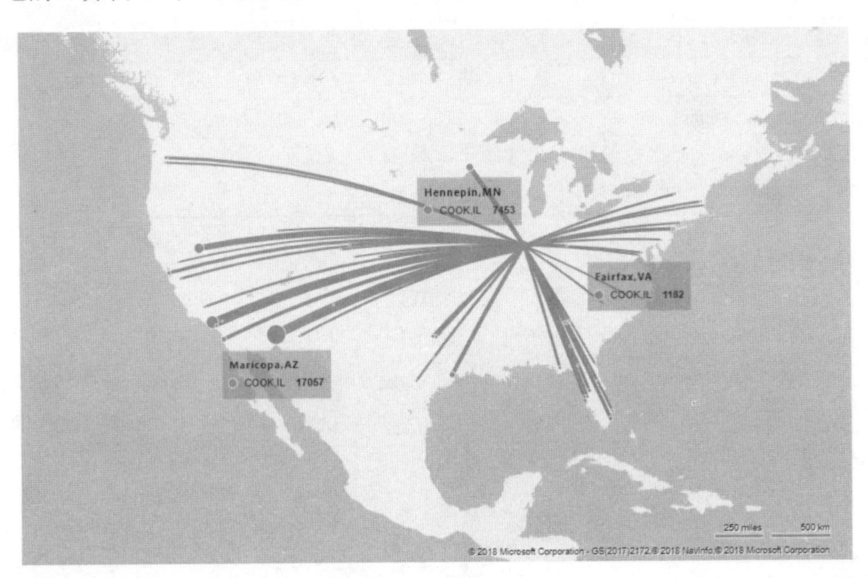

图 4-136 流向地图

2. 属性

该控件的属性分为两类，分别为字段（Fields）和格式（Format）。这两类属性下的非公选项及其描述见表 4-61 和表 4-62。

表 4-61 字段（Fields）属性

No.	选 项	描 述
1	起始地（Origin）	定义地图上流向的起始地位置
2	目的地（Destination）	定义地图上流向的目的地位置
3	宽度（Width）	定义流向线条的宽度
4	颜色（Color）	定义流向线条的颜色
5	起始地的纬度（Origin latitude）	定义地图上流向的起始地纬度
6	起始地的经度（Origin longitude）	定义地图上流向的起始地经度
7	目的地的纬度（Destination latitude）	定义地图上流向的目的地纬度
8	目的地的经度（Destination longitude）	定义地图上流向的目的地经度
9	起始地的名称（Origin name）	定义地图上流向的起始地名称
10	目的地的名称（Destination name）	定义地图上流向的目的地名称

表 4-62　格式（Format）属性

No.	选　项	描　述
1	视觉风格（Visual style）	实现对类型的设置；当类型选择“Flow”时，可实现对分组字段、显示个数的设置
2	图例（Legend）	实现对图例的位置、字体大小、颜色开关（当颜色开关打开时可以设置图例文本）、宽度的设置
3	颜色（Color）	实现对线条的颜色设置
4	宽度（Width）	实现对线条及气泡大小的设置。当样式选择“None”时可设置单位；当选择“Log”或“Linear”时可设置最小值、最大值
5	气泡（Bubble）	实现对起始地或目的地气泡的大小、显示颜色、标签背景颜色的设置
6	详细格式（Detail format）	实现对排序方式、标签 Top 值、数据格式、前缀和后缀的设置
7	地图控制（Map control）	实现对地图样式、语言、变焦、缩放、自适应的设置
8	地图元素（Map element）	实现对路线、森林、标签、城市、标志、建筑、区域的开关设置
9	高级（Advanced）	实现对缓存、迁移的开关设置

3. 示例

选择“字段”，将“migration”表中的“from”字段拖动到“Origin”（起始地）处，“to”字段拖动到“Destination”（目的地）处，“count”字段拖动到“Width”（宽度）处，“from lat”字段拖动到“Origin latitude”（起始地的纬度）处，“from lon”字段拖动到“Origin longitude”（起始地的经度）处，“to lat”字段拖动到“Destination latitude”（目的地的纬度）处，“to lon”字段拖动到“Destination longtitude”（目的地的经度）处，“count”字段拖动到“Label”（标签）处。通过简单的字段拖动就实现了可视化效果定义，如图 4-137 所示。

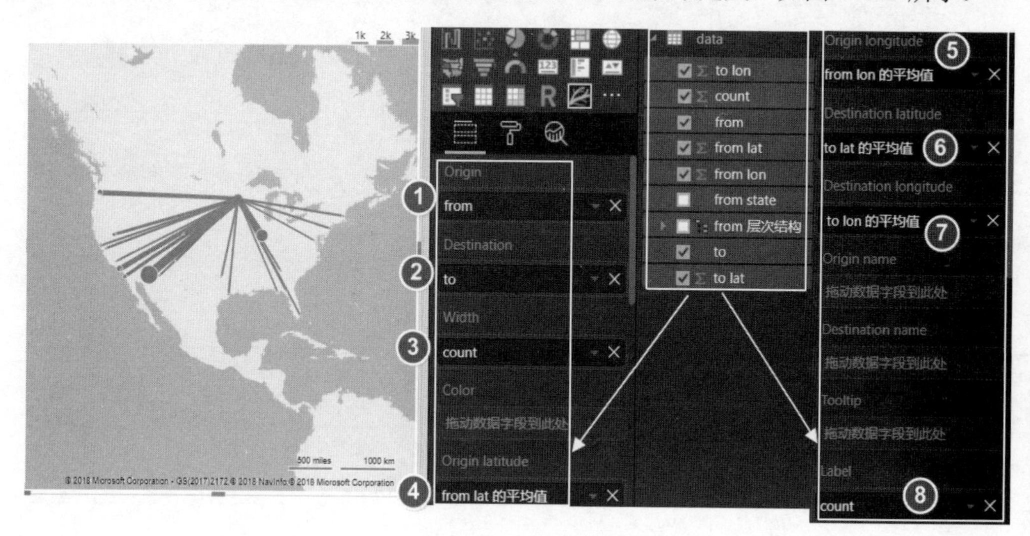

图 4-137　示例 1

对图表进行格式设置。

1）选择“格式”→“Color”（颜色），设置“Default”为红色。

2）选择“格式”→“Width”（宽度），设置“Min”为“1”、“Max”为“20”。

3）选择“格式”→“Bubble”（气泡），设置“For”为“Both”、“Label”为“All”、“Destination”为黄色、“Origin”为红色。

设置格式后，可视化效果如图 4-138 所示。

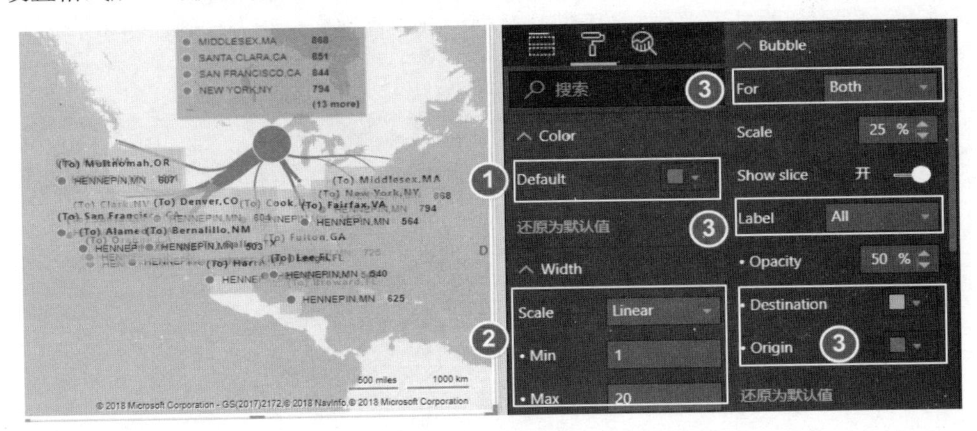

图 4-138　示例 2

4. 应用场景

图 4-139 所示的地图显示了从某地到其他各个地区的航班流向情况。

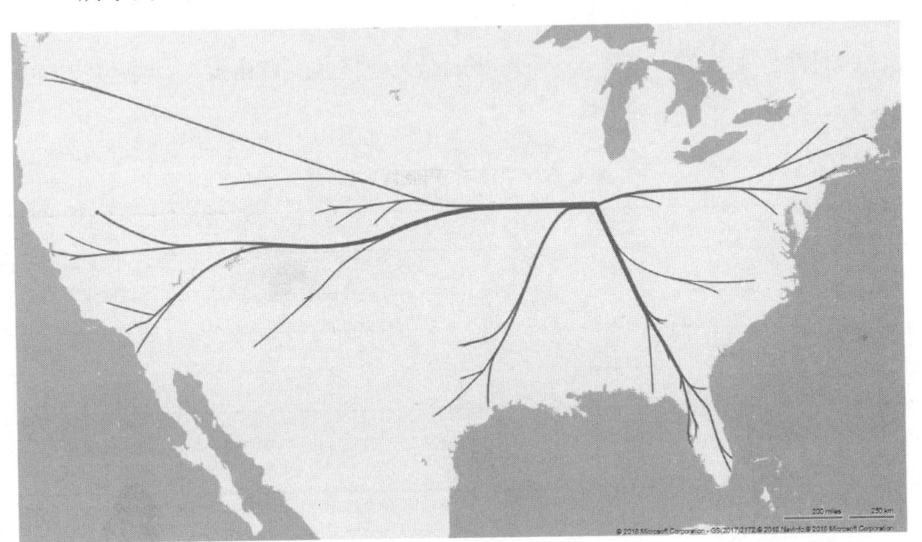

图 4-139　航班流向图

5. 控件局限

- 不支持动态显示。
- 线条样式比较单一。

.7.6　钻取式统计地图（Drilldown Cartogram）

1. 图例介绍

钻取式统计地图显示每个位置的分层地图，图中的圆形大小、颜色来自 JSON 文件中指定的值。通过钻取统计图形，可以探索深层地理数据（如从州到县、到界），从而帮助用户在大型和小型政治活动中进行数据探索并从数据中获取洞察力。图表示例如图 4-140 所示。

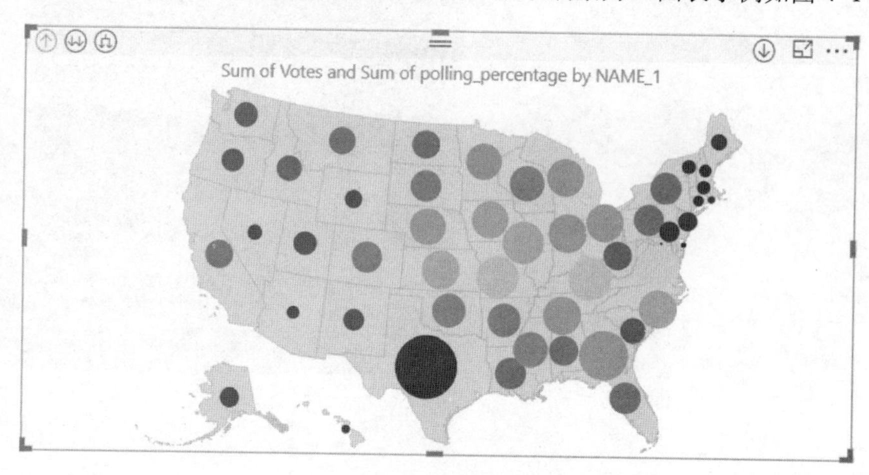

图 4-140　钻取式统计地图

2. 属性

该控件的属性分为两类，分别为字段（Fields）和格式（Format）。这两类属性下的非公共选项及其描述见表 4-63 和表 4-64。

表 4-63　字段（Fields）属性

序号	选　项	描　述
1	位置（Locations）	要绘制的位置，可以是国家、城市、街道等，一般会在地图上用圆点表示。当位置的名称相同时，需要使用经度和纬度加以辅助来告诉必应应该显示的位置
2	数据值（Size Values）	数据值
3	颜色值（Color Values）	颜色值

表 4-64　格式（Format）属性

序号	选　项	描　述
1	数据颜色（Data colors）	实现对数据点的颜色设置
2	形状（Shape）	设置气泡大小和图像的形状等
3	默认颜色（Default color）	控制地图的背景色和设置边框厚度
4	圆形的设置（Circle setting）	圆形的大小、颜色、边框、透明度设置
5	缩放（Zoom）	设置自动缩放功能和更改地图主题
6	碰撞（Collision）	圆形重叠时的显示设置

3. 示例

首先选择“Drilldown Cartogram”图表，打开“字段”选项卡，将字段“NAME_1”和“NAME_2”拖动到“Locations”处，将“Votes”拖动到“Size Values”处并做求和处理，将“polling_ percentage”拖动到“Color Values”处，操作效果如图 4-141 所示。

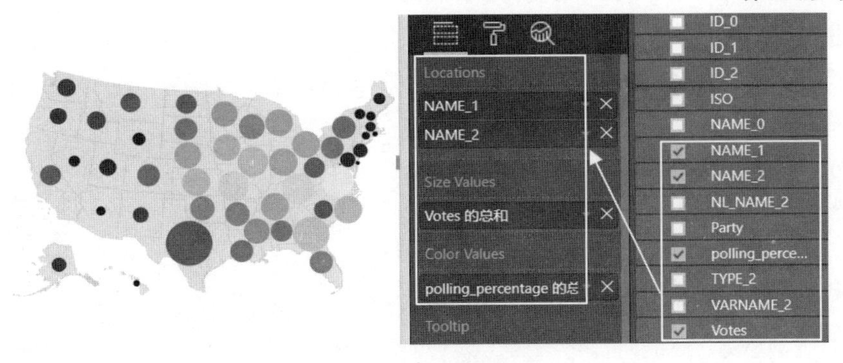

图 4-141　示例 1

选择“格式”，打开的选项卡中将显示适用于当前所选图表的颜色、边框、标签等自定选项，根据具体场景修改相应属性的值，得到自定义可视化效果。在“Shape”里面通过opo JSON 文件来绘制所有的层，如在“Projection”中设置地图的位置为“albersUSA”，在Level1”和“Level”中设置两个地区维度对应的 JSON 文件。示例如图 4-142 所示。

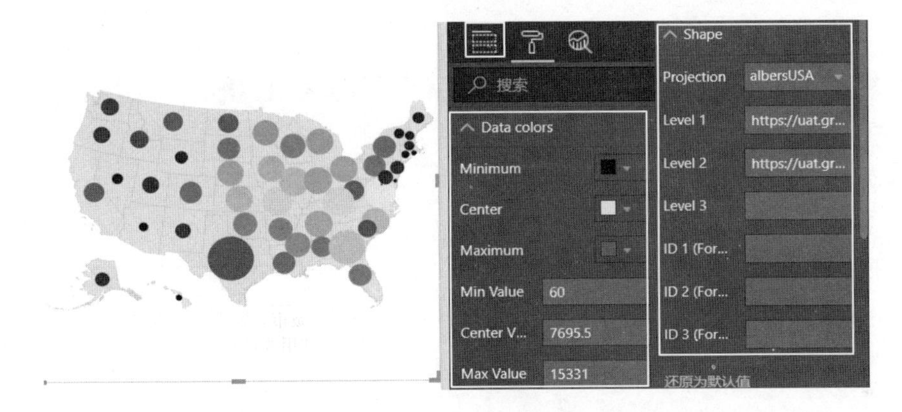

图 4-142　示例 2

图 4-143 所示图表是图 4-142 中的示例 2 完全下钻到一层的详细图例。

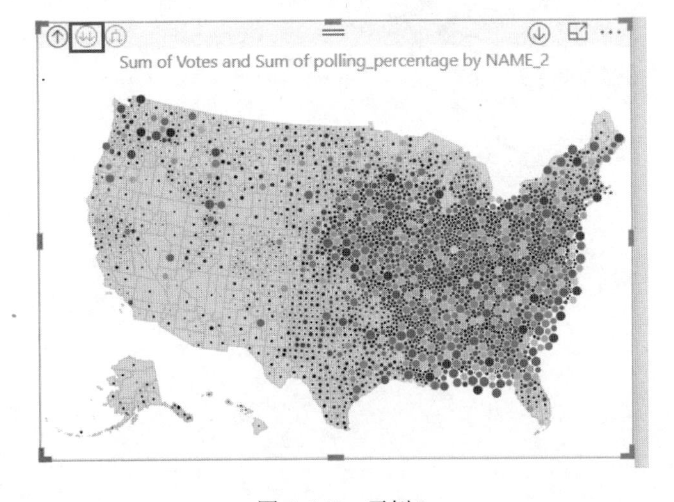

图 4-143　示例 3

4. 应用场景

- 专门用于帮助用户进行大型和小型政治探索活动并从数据中获取洞察力。
- 可用于反映哪个候选人或派别在某个区域中得票最多，使用的数据需要进行标准化处理。
- 获取跨地理位置的数据分布情况。

如图 4-144 所示为某国西部的人口分布图，圈越大，人口越多，在进行图表分析的时候可以对图表设置大范围、中等范围、小范围。图中通过人口数据范围的颜色渐变直观地展示了人口密度。

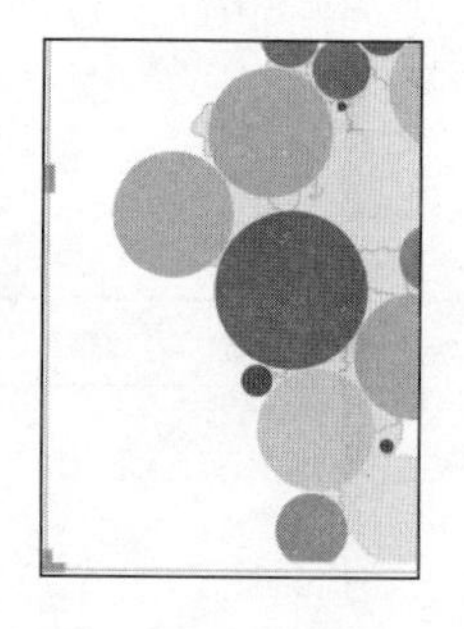

图 4-144　某国西部人口分布图

5. 控件局限

- JSON 文件必须在 Web 服务器上，而不能在本地文件夹中。
- 数据必须标准化。

4.7.7 钻取式地区分布图（Drilldown Choropleth）

1. 图例介绍

钻取式地区分布图显示一个分层的地图集，每个地区都使用指定的值填充颜色。通过钻取图形，可以探索深层地理数据（如从州到县、到界）因而能用于帮助用户在大型和小型政治活动中进行数据探索并从数据中获取洞察力。图表示例如图 4-145 所示。

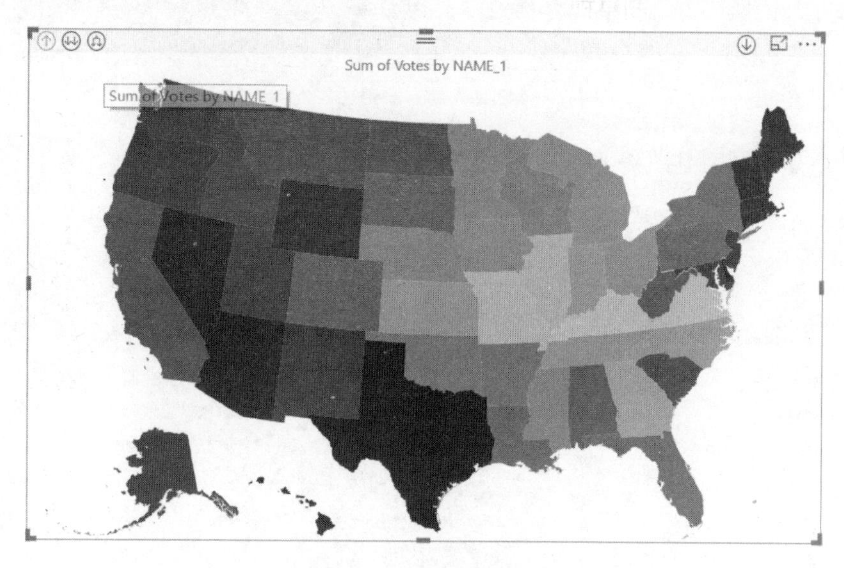

图 4-145　美国数据图

2. 属性

该控件的属性分为两类，分别为字段（Fields）和格式（Format）。这两类属性下的非公共选项及其描述见表 4-65 和表 4-66。

表 4-65 字段（Fields）属性

序号	选　项	描　述
1	位置（Locations）	要绘制的位置，可以是国家、城市、街道等，一般会在地图上用圆点显示，当位置的名称相同时，需要使用经度和纬度加以辅助来告诉必应应该显示的位置
2	值（Values）	值
3	图例（Legend）	用于选择对应不同颜色的分类字段

表 4-66 格式（Format）属性

序号	选　项	描　述
1	数据颜色（Data colors）	实现对数据块的颜色设置
2	形状（Shape）	设置图块大小和图像的形状等
3	默认颜色（Default color）	控制地图的背景色和设置边框厚度
4	缩放（Zoom）	设置自动缩放功能和更改地图主题

3. 示例

首先选择“Drilldown Choropleth”图表，如图 4-146 所示，打开“字段”选项卡，将字段“NAME_1”和“NAME_2”拖动到“Locations”处，将字段“Votes”拖动到“Values”并进行求和处理，图形自动呈现各个州县数据的大小及位置。

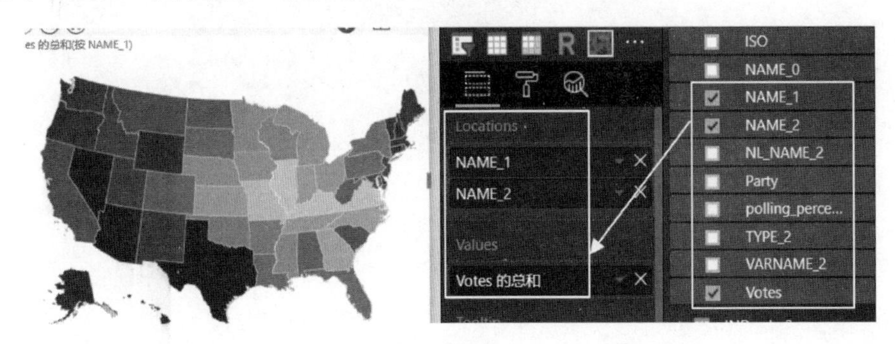

图 4-146 示例 1

如图 4-147 所示，选择“格式”，打开的选项卡中将显示适用于当前所选图表的颜色、框、标签等自定义选项，如“Data colors”颜色设置以及“标题”设置，可用于自定义可化效果。在“Shape”里面通过 TopoJSON 文件来绘制所有的层，如在“Projection”中设地图的位置为“albersUSA”，在“Level1”和“Level”中设置两个地区维度对应的 JSON 件。示例如图 4-147 所示。

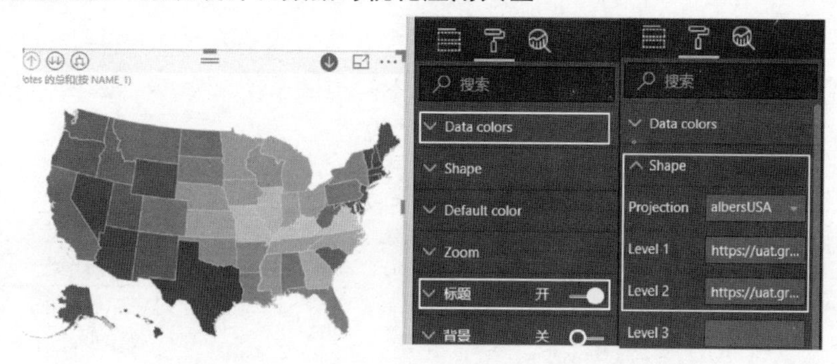

图 4-147 示例 2

4. 应用场景

- 专门用于帮助用户进行大型和小型政治探索活动并从数据中获取洞察力。
- 可用于反映哪个候选人或派别在某个区域中得票最多，使用的数据需要进行标准化处理。
- 获取跨地理位置的数据分布情况。

如图 4-148 所示，图表中清晰地展示了美国各地的选票数对比情况，颜色越深，选票越多。

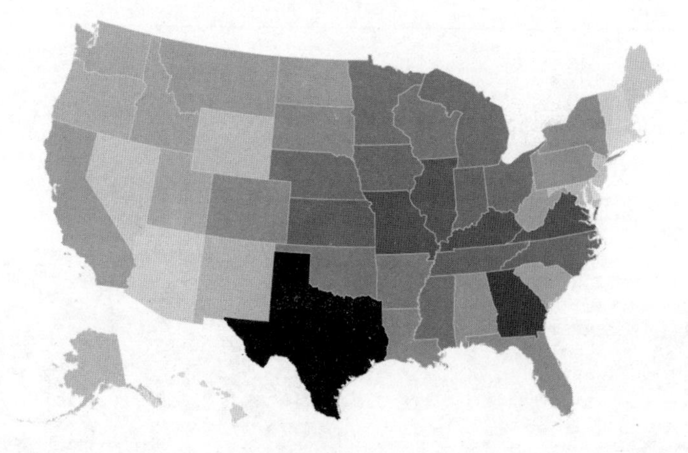

图 4-148 美国各地选票数分布图

5. 控件局限

- JSON 文件必须在 Web 服务器上，而不能在本地文件夹中。
- 数据必须标准化。

4.7.8 3D 数据条形地图（Globe Data Bars）

1. 图例介绍

环球数据条是由数据条和数据标签组成的可定制的 3D 地球仪。可以根据提供的纬度/

，以及该位置的数据值和名称，快速获得数据的全局视图。地球仪可以随意转动来查看数
条密度，但是不能放大或者缩小地球仪查看，只能改变视图大小。另外，可自定义数据提
的个数。示例如图 4-149 所示。

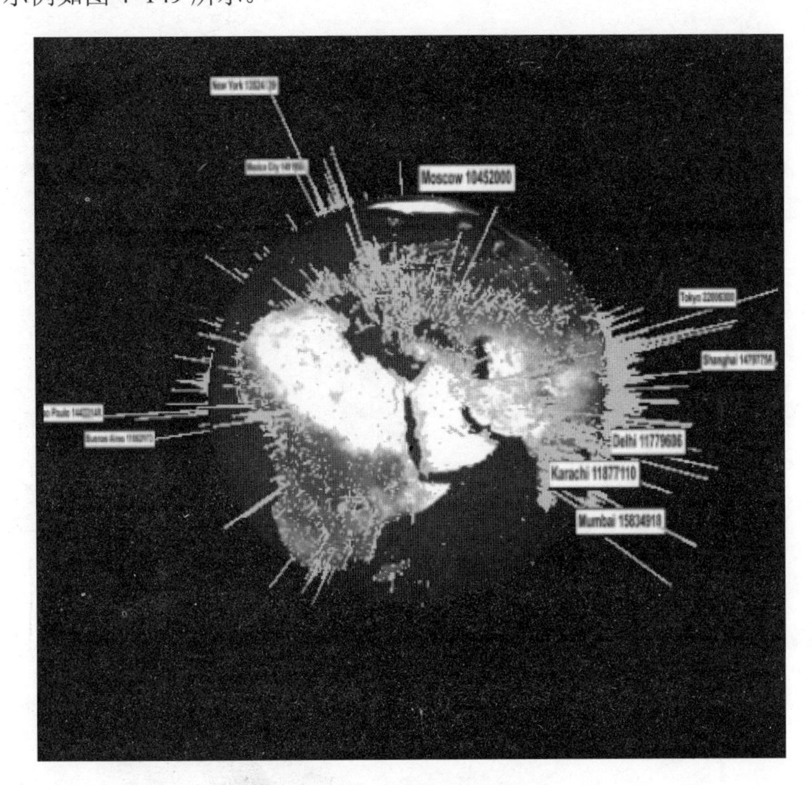

图 4-149　3D 数据条形地图

2. 属性

该控件的属性分为两类，分别为字段（Fields）和格式（Format）。这两类属性下的非公
选项及其描述见表 4-67 和表 4-68。

表 4-67　字段（Fields）属性

序号	选　　项	描　　述
1	纬度（Latitude）	纬度
2	经度（Longitude）	经度
3	值（Value）	值
4	名称（Name）	名称

表 4-68　格式（Format）属性

序号	选　　项	描　　述
1	地球设置（Global Settings）	实现对地球的照明颜色、条颜色和可见工具提示数据的设置

3. 示例

选择“Globe Data Bars”图表，打开“字段”选项卡，将字段“lat”拖动到“Latitude”处，“lng”拖动到“Longitude”处，“pop”拖动到“Value”处，“city”拖动到“Name”处，操作效果如图 4-150 所示。

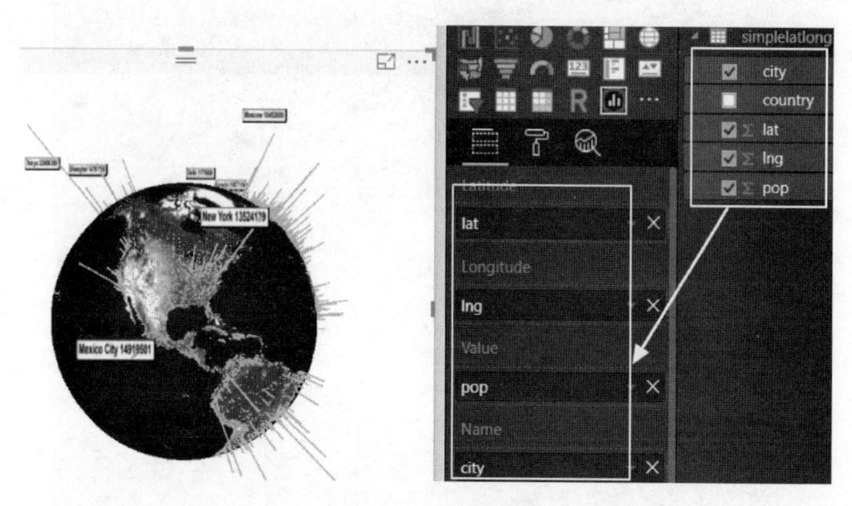

图 4-150　示例 1

选择“格式”，打开的选项卡将显示适用于当前所选图表的颜色、标签等自定义选项可用于自定义可视化效果，如图 4-151 所示。

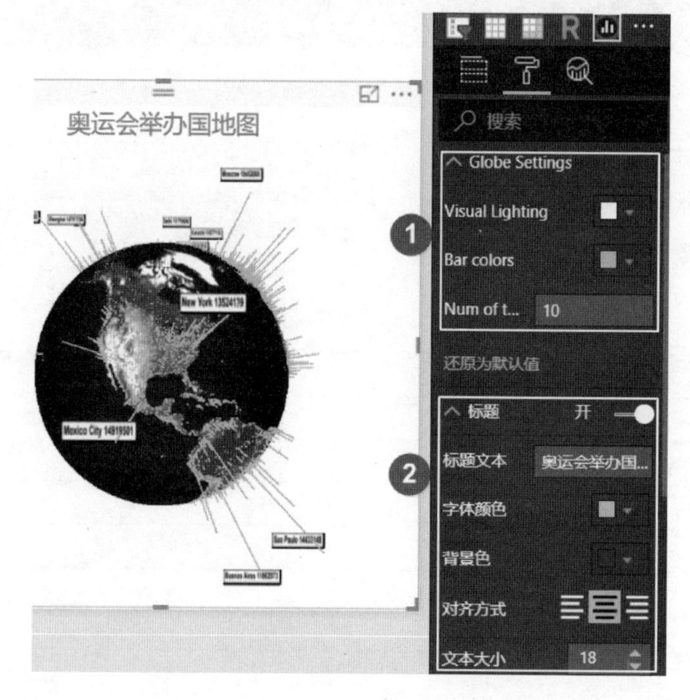

图 4-151　示例 2

4. 应用场景

几个城市的某指标数据对比如图 4-152 所示，图中数据表达非常直观。

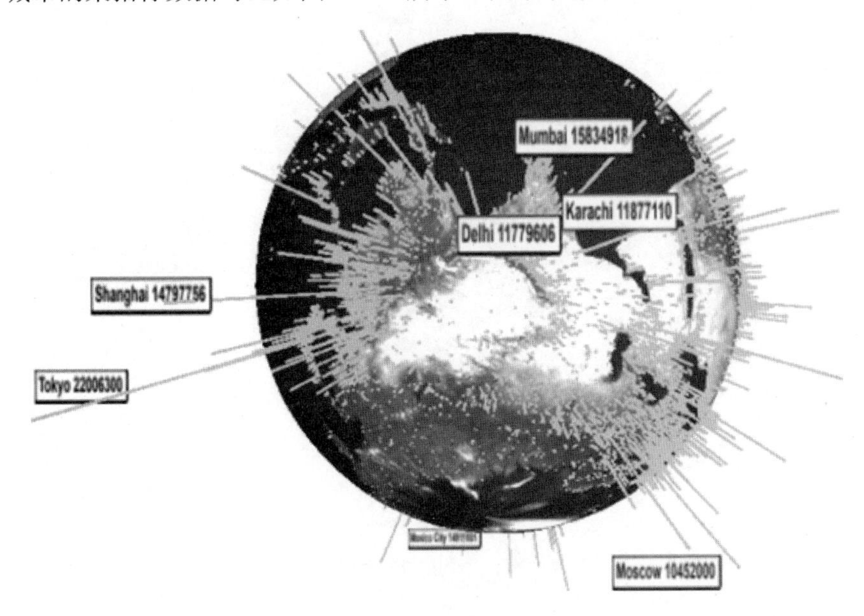

图 4-152　不同城市数据对比

5. 控件局限

- 只能转动地球仪，无法缩小或者增大查看具体信息。
- 只能通过悬浮提示获取具体信息，条形密集时可看性差。
- 可以选择输出悬浮提示数量，但是不能指定。

4.8　KPI 图（KPI）

.8.1　MAQ KPI 柱形图（KPI Column by MAQ Software）

1. 图例介绍

MAQ KPI 柱形图是柱形图和折线图的组合，用于衡量关键绩效指标（KPI）的实际和目标值完成进度，以及实际值与预测值间的关系。柱形图表示 KPI 实际值，折线表示 KPI 目标值。柱形根据其实际值与相应目标值的关系而改变颜色。例如，实际值于目标值时展示为蓝色，实际值小于目标值则展示为黄色，实际值小于最小目标值则展示红色。此外，该控件的另一大亮点是，可以在 KPI 图上展示未来的 KPI 预估值。并以形的虚线边框和半透明填充色来显示，以区别于 KPI 实际值。图表示例如图 4-153 示。

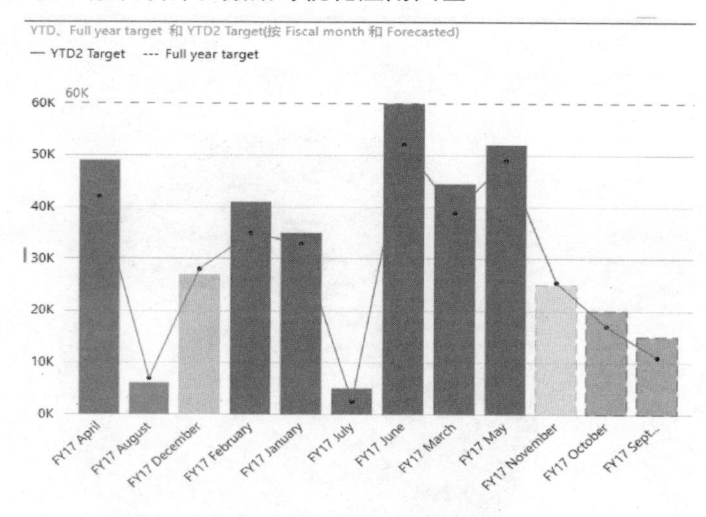

图 4-153　MAQ KPI 柱形图

2. 属性

该控件的属性分为两类，分别为字段（Fields）和格式（Format）。这两类属性下的非
共选项及其描述见表 4-69 和表 4-70。

表 4-69　字段（Fields）属性

No.	选　　项	描　　述
1	类别数据（Category data）	图表横轴展示的维度，该项有多个字段时，只展示第一个字段的值
2	预测（Forecasted）	预测字段，标识对应 KPI 指标是否为预测指标
3	度量数据（Measure data）	图表纵轴展示的度量，该项只能容纳一个字段
4	目标（Target）	表示 KPI 的总目标
5	阶段性目标（Individual target）	表示 KPI 各阶段性目标

表 4-70　格式（Format）属性

No.	选　　项	描　　述
1	区间设置（Zone settings）	1、设置 KPI 范围（设置值为%） 2、设置处于不同 KPI 范围下的柱形图颜色
2	背景图片（Background Image）	设置控件的背景图片以图片显示透明度
3	图例（Legend）	图例信息设置（颜色、字体、字号、标题）
4	数据标签（Data labels）	数据信息设置（颜色、字体、字号、单位、位置、小数位数）

3. 示例

MAQ KPI 柱形图可对包含以下 5 类字段的数据进行编辑操作和展示：“Category dat
“Forecasted”“Measure data”“Target”“Individual target”。将数据字段按业务需求放在对
位置。其中，“Forecasted”字段属性用 0 和 1 来区别实际值和预测值（0 表示实际值；1
示预测值），预测图形展示为半透明和虚线边框，如图 4-154 所示。

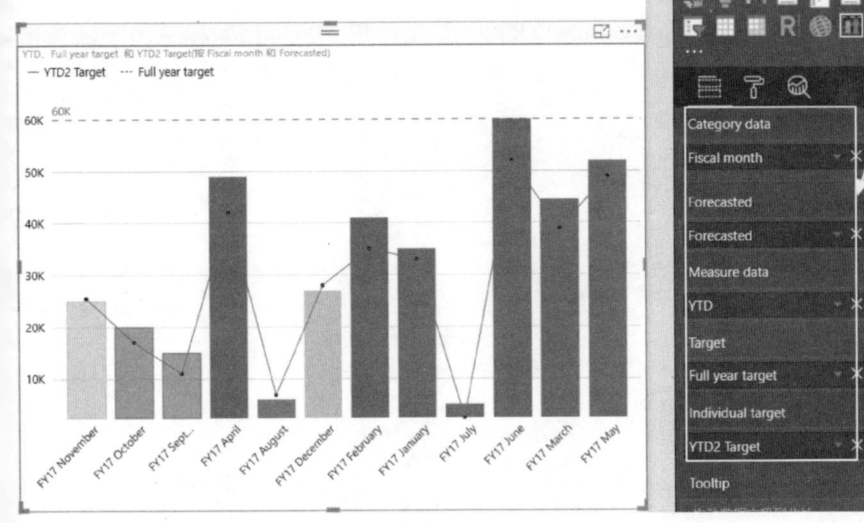

图 4-154 示例 1

首先为目标值折线图设置线条颜色、粗细等样式，然后在“Zone setting”选项组中设置PI 区间，以及不同区间内柱形图对应的颜色。如图 4-155 所示，将 KPI 区间设置为 3 段，0～90%/90%～101%/101%以上，区间颜色设置为：0～90%为红色，90%～101%为黄色，于 101%为绿色。

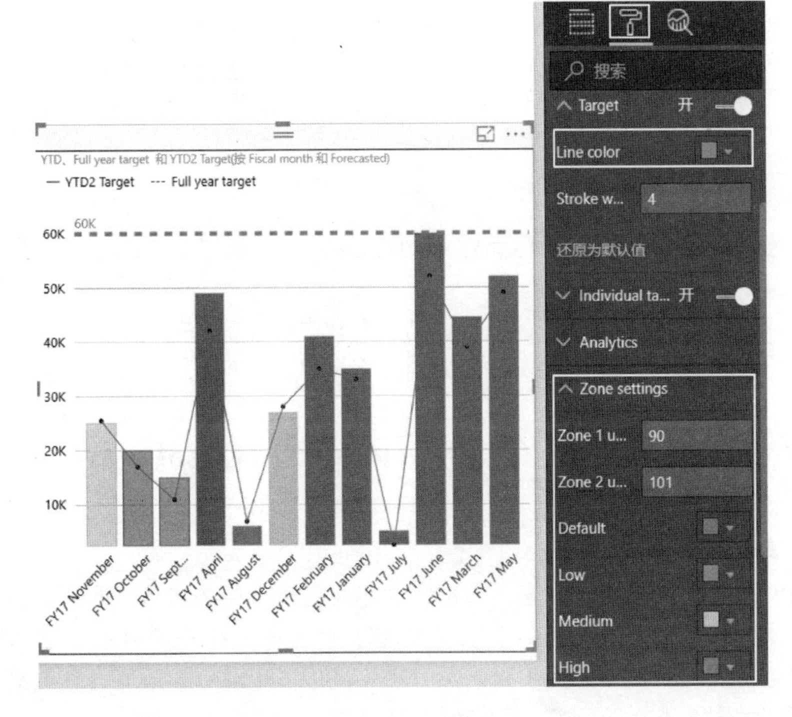

图 4-155 示例 2

4. 应用场景

该图表用于各行各业衡量关键绩效指标（KPI）的实际值和目标值完成进度，以及实际值与预测值间的关系。图 4-156 所示图表展示了某公司 2017 年的财务 KPI。

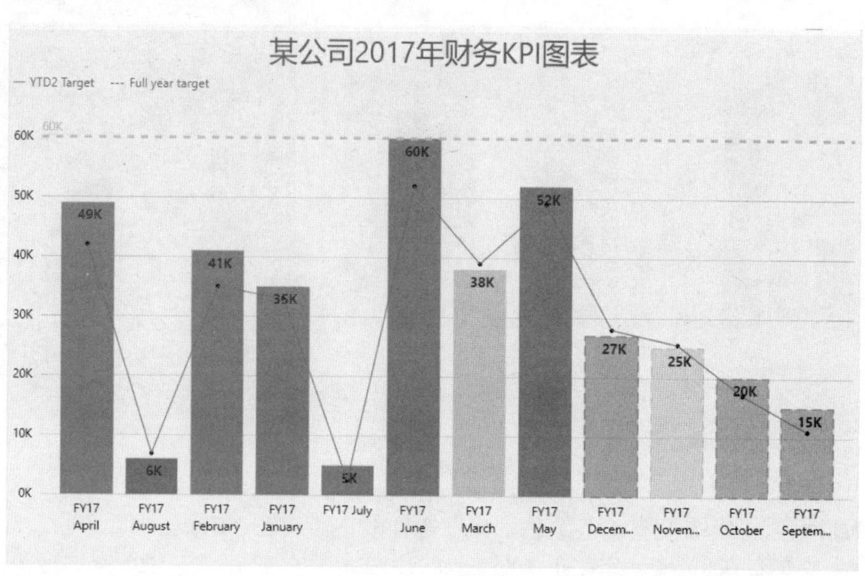

图 4-156　财务 KPI

在该示意图中，8 月实际财务值小于对应目标值的 97%，显示为红色；3 月财务实际值小于对应目标值，但大于目标值的 97%，显示为黄色；1、2、4、5、6、7 月均为实际值大于目标值，则显示为绿色；9、10、11、12 月为预测情况，12 月预测 KPI 实际值会低于目标值的 97%，11 月预测实际值会比目标值低，但会高于目标值的 97%；9、10 月预测实际值高于目标值。

5. 使用局限

- 在展示全年财务时，“Target”值为全年总目标，只能取最大的一个值而无法取得最后一个月（最近一月）的值。
- 数据显示只有一种方式，不能在数据与百分比之间按需切换。
- 横轴数据只能有一个维度，不能同时通过多维度进行展示。

4.8.2　MAQ KPI 网格图（KPI Grid by MAQ Software）

1. 图例介绍

MAQ KPI 网格图以分层结构显示数据，并包含用于分类和趋势说明的选项。它允许用户通过按层次顺序显示关键数据来跟踪生产力和绩效数据。用户可以指定显示数据的时间段，并通过自定义图标（如上升或下降箭头）来生动地展现最后期限值与基准测量值之间的关系。图表示例如图 4-157 所示。

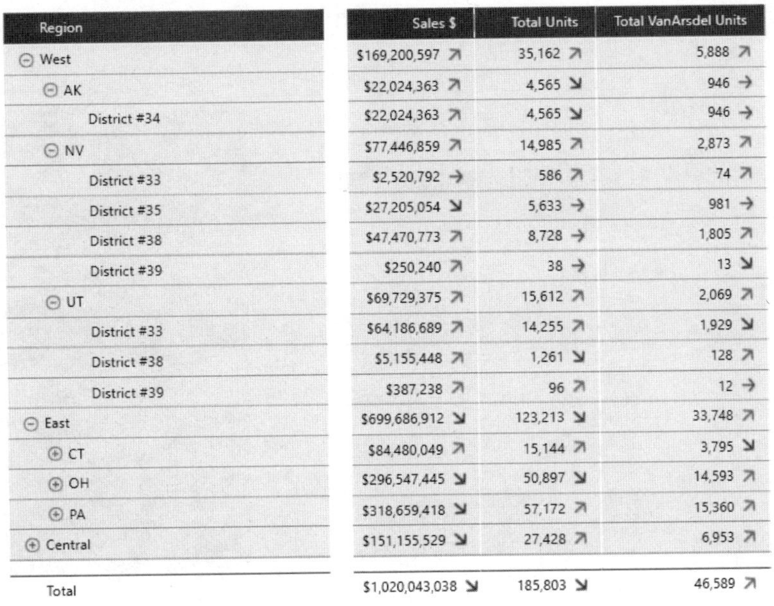

Region	Sales $	Total Units	Total VanArsdel Units
⊖ West	$169,200,597 ↗	35,162 ↗	5,888 ↗
⊖ AK	$22,024,363 ↗	4,565 ↘	946 →
District #34	$22,024,363 ↗	4,565 ↘	946 →
⊖ NV	$77,446,859 ↗	14,985 ↗	2,873 ↗
District #33	$2,520,792 →	586 ↗	74 ↗
District #35	$27,205,054 ↘	5,633 →	981 →
District #38	$47,470,773 ↗	8,728 →	1,805 ↗
District #39	$250,240 ↗	38 →	13 ↘
⊖ UT	$69,729,375 ↗	15,612 ↗	2,069 ↗
District #33	$64,186,689 ↗	14,255 ↗	1,929 ↘
District #38	$5,155,448 ↗	1,261 ↘	128 ↗
District #39	$387,238 ↗	96 ↗	12 →
⊖ East	$699,686,912 ↘	123,213 ↘	33,748 ↗
⊕ CT	$84,480,049 ↗	15,144 ↗	3,795 ↘
⊕ OH	$296,547,445 ↘	50,897 ↘	14,593 ↗
⊕ PA	$318,659,418 ↘	57,172 ↗	15,360 ↗
⊕ Central	$151,155,529 ↘	27,428 ↗	6,953 ↗
Total	$1,020,043,038 ↘	185,803 ↘	46,589 ↗

图 4-157 MAQ KPI 网格图

2. 属性

该控件的属性分为两类，分别为字段（Fields）和格式（Format）。这两类属性下的非公选项及其描述见表 4-71 和表 4-72。

表 4-71 字段（Fields）属性

No.	选 项	描 述
1	类别数据（Category Data）	类别，以层次结构展示
2	KPI（Measure KPIs）	预估数据字段，用于跟 Measure Data 进行对比
3	测量数据（Measure Data）	图表网格展示的数据

表 4-72 格式（Format）属性

No.	选 项	描 述
1	表头设置（Header settings）	设置表格的表头信息（字体颜色、表格背景、字体大小）
2	内容设置（Label settings）	设置表格内容的字体颜色、字体大小、背景颜色、列间隔（有 3 个有效值：0、1、2）。列间隔数字含义说明： 0：表示各列之间没有间隔 1：表示各列之间间隔为 1 列 2：表示最后一列与前一列间隔为 1 行
3	汇总行设置（Total settings）	设置汇总数据（颜色、汇总名称、字号）
4	前缀设置（Prefix settings）	设置数据对比结果的图标（上升、下降、持平）

3. 示例

MAQ KPI 网格图可对包含以下 3 类字段的数据进行编辑操作和展示：“Measure KPIs”“Measure Data”“Category Data”。将数据字段按业务需求放在对应位置。注意，“Measure

KPIs”对应的值在图表中作为对比基准，不进行具体数据信息展示。“字段”类属性设置
例如图 4-158 所示。

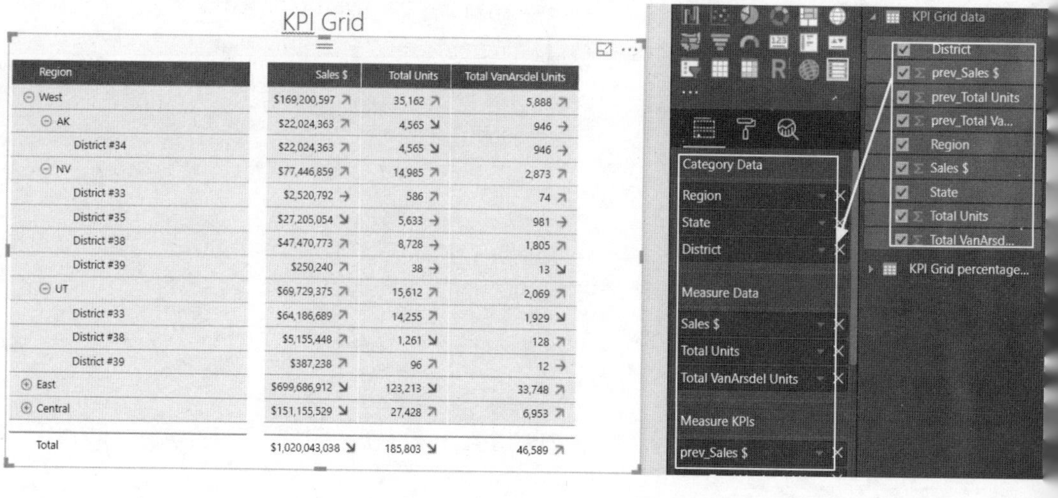

图 4-158　MAQ 示例 1

在“格式”选项卡中执行以下操作：①设置“Prefix text”为“prev_”，则“上升”为
色箭头，“下降”为红色箭头，“持平”为灰色箭头；②在“Indicator settings”选项组中设
“Measure KPIs”各字段显示的图标，将“Total VanArsdel units”这个字段的开关打开，则
以看到相应列的“上升”图标由绿色向上箭头变为了红色向上箭头，“下降”图标由红色
下箭头改为绿色向下箭头，显示方式与默认方式相反，如图 4-159 所示。

Region	Sales $	Total Units	Total VanArsdel Units
West	$169,200,597	35,162	5,888
AK	$22,024,363	4,565	946
District #34	$22,024,363	4,565	946
NV	$77,446,859	14,985	2,873
District #33	$2,520,792	586	74
District #35	$27,205,054	5,633	981
District #38	$47,470,773	8,728	1,805
District #39	$250,240	38	13
UT	$69,729,375	15,612	2,069
District #33	$64,186,689	14,255	1,929
District #38	$5,155,448	1,261	128
District #39	$387,238	96	12
East	$699,686,912	123,213	33,748
Central	$151,155,529	27,428	6,953
Total	$1,020,043,038	185,803	46,589

搜索
Prefix settings
① Prefix text　prev_
还原为默认值
Indicator settings
Sales $　关
② Total Van...　开
Total Units　关
还原为默认值

图 4-159　MAQ 示例 2

4. 应用场景

- 按层次顺序显示关键数据。
- 通过自定义图标（如上升或下降箭头）来生动地展现最后期限值与基准测量值间的关系。

图 4-160 清楚地表达了各大区域中各地的销售 KPI 与基准值间的关系，并通过不同颜色、不同形状的箭头进行上升、下降、持平三种状态的形象说明。该图表不仅展现了各最小区域单位的销售情况，同时也展现了每层区域对应的销售汇总数据与基准值的对比情况。

区域销售KPI报表

Region	Sales $	Total Units	Total VanArsd...
⊖ East	$699,686,912 ↘	123,213 ↘	33,748 ↗
⊖ OH	$296,547,445 ↘	50,897 ↘	14,593 ↗
District #14	$145,013,858 ↘	24,148 ↗	7,305 ↗
District #15	$74,481,599 ↗	13,785 →	3,394 ↘
District #16	$70,287,247 →	11,783 ↘	3,566 ↘
District #13	$6,265,608 →	1,103 →	301 →
District #06	$499,133 →	78 →	27 ↗
⊕ PA	$318,659,418 ↘	57,172 ↗	15,360 ↗
⊕ CT	$84,480,049 ↗	15,144 ↗	3,795 ↘
⊖ Central	$151,155,529 ↘	27,428 ↗	6,953 ↗
⊕ LA	$101,840,639 ↘	19,178 ↗	4,533 ↗
⊕ NE	$45,849,060 ↘	7,410 ↗	2,291 ↗
⊕ UT	$3,465,830 →	840 →	129 ↘
⊖ West	$169,200,597 ↗	35,162 ↗	5,888 ↗
⊕ UT	$69,729,375 ↗	15,612 ↗	2,069 ↗
⊕ NV	$77,446,859 ↗	14,985 ↗	2,873 ↗
⊕ AK	$22,024,363 ↗	4,565 ↘	946 →
Total	$1,020,043,038 ↘	185,803 ↘	46,589 ↗

图 4-160　区域销售 KPI 图

5. 使用局限

- 不能将基准信息展示出来。
- 不能在展示对比图标的同时切换百分比表示方式。

8.3　双 KPI（Dual KPI）

1. 图例介绍

在该图表中，能够观察两种数据值随时间变化的趋势，每个 KPI 都可以折线图或面积图示，如图 4-161 所示。该图表具有动态行为，并且可以显示历史值以及最新值的变化（图上的文本）。它还通过小图标和标签来传达关于数据新鲜度的 KPI 定义和警报。该图表中以自定义颜色、标题、轴属性、工具提示等。

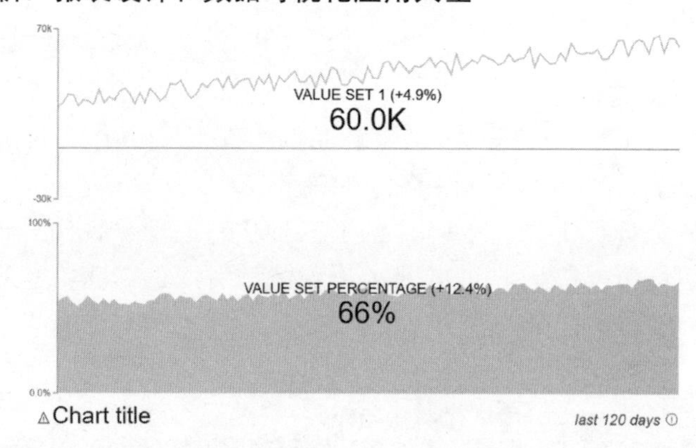

图 4-161　KPI 指标

2. 属性

该控件的属性分为两类，分别为字段（Fields）和格式（Format）。这两类属性下的非公共选项及其描述见表 4-73 和表 4-74。

表 4-73　字段（Fields）属性

No.	选　项	描　述
1	轴（Axis）	Y 轴的值
2	顶部值（Top values）	顶部值
3	底部值（Bottom values）	底部值
4	警告状态（Warning state）	警告状态
5	顶部值开始日期（Top-% change start date）	更改“顶部值”开始日期
6	底部值开始日期（Bottom-% change start date）	更改“底部值”开始日期

表 4-74　格式（Format）属性示例

No.	选　项	描　述
1	双 KPI 属性（Dual KPI Properties）	设置双 KPI 的相关属性，包括标题，上下图表提示信息、警告信息等属性
2	双 KPI 值（Dual KPI Values）	包括顶图 KPI 数据显示开关，顶图默认 KPI 文本内容设置；底图 KPI 数据显示开关，底图默认 KPI 文本内容
3	双 KPI 顶部图颜色（Dual KPI Top Chart Colors）	设置顶图图表及文本的颜色，区域颜色填充不透明值
4	双 KPI 底部图颜色（Dual KPI Bottom Chart Colors）	设置底图图表及文本的颜色，区域颜色填充不透明值 有用于颜色设置的开关，开则匹配显示顶图颜色设置，关则不匹配，显示设置颜色
5	双 KPI 轴设置（Dual KPI Axis Settings）	设置顶图和底图的 Y 轴数值区间范围
6	双 KPI 图表类型（Dual KPI Chart Type）	分别设置顶图和底图的图表类型，有区域显示和折线显示

3. 示例

选择“Dual KPI”控件并定义字段属性。“Axis”字段：“date”；“Top values”字段：“Value Set1”；“Bottomvalues”字段：“Value Set Percentage”；“Warming state”字段：“warming state”；“Top-% change start date”字段：“sample percent calc start date”。字段定义如图 4-162 所示。

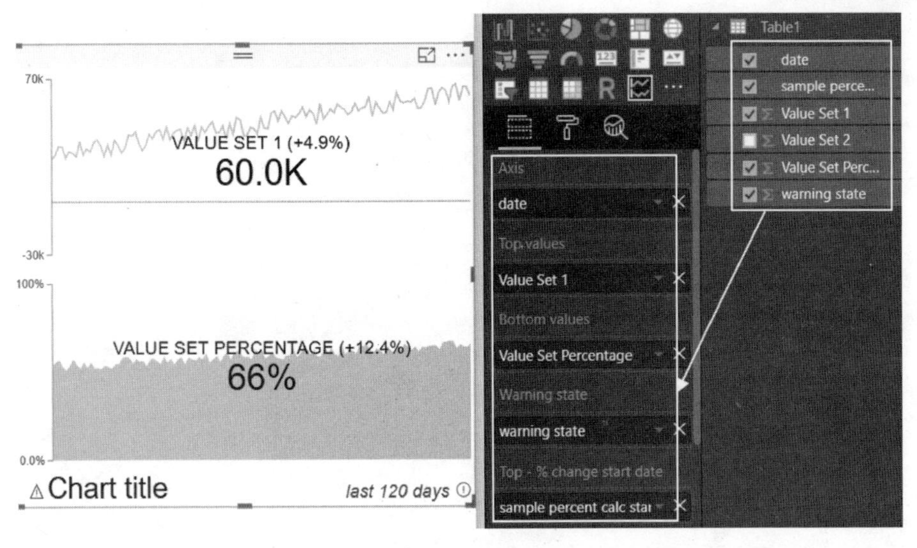

图 4-162　示例 1

分别在“格式”→“Dual KPI Axis Settings”/“Dual KPI Chart Type”选项组中设置相关，得到的 KPI 效果图及具体操作如图 4-163 所示。

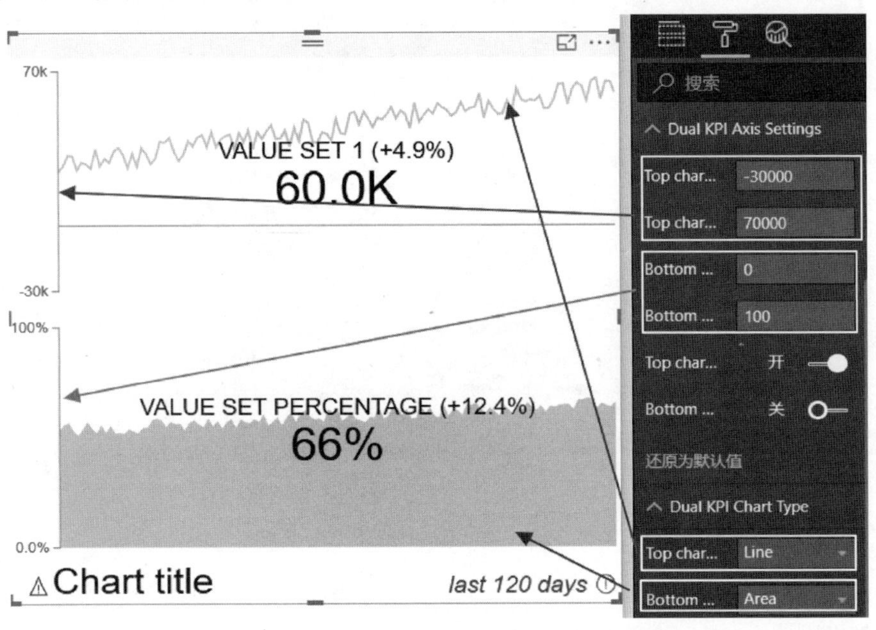

图 4-163　示例 2

4. 应用场景

从图 4-164 所示的统计图中清楚地看到 120 天里每天的详情数据信息，并通过两种图形显示来清晰、直观地将数据与百分比 KPI 信息分别进行对比展示。

5. 使用局限

数据运算规则太过复杂，里面具有太多的百分比信息，它们的计算公式不易理解。

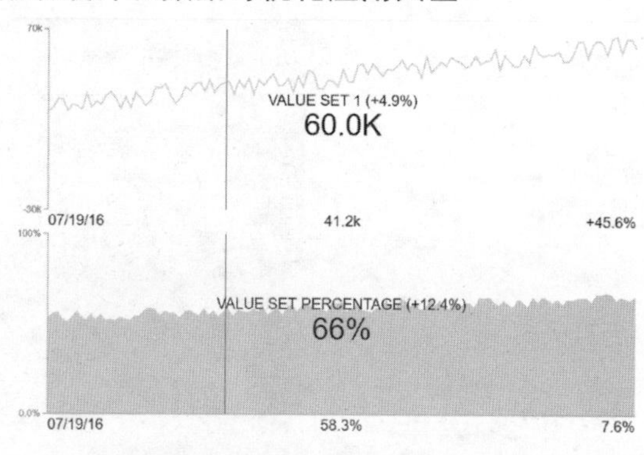

图 4-164　120 天数据统计

4.8.4　KPI 指标（KPI Indicator）

1. 图例介绍

KPI 指标用于显示关键绩效指标（KPI），可以显示一段时间的趋势，以及最新的偏差百分或偏差绝对值，还可以用不同的颜色表示不同的绩效状态。绩效状态的类型分为达标、中等、达标。绩效状态统计方式分为比目标越大越好、比目标越小越好、越接近目标越好。其中趋势可以设置为折线图或条形图，趋势的统计维度一般是时间维度。示例如图 4-165 所示。

图 4-165　KPI 指标

2. 属性

该控件的属性分为两类，分别为字段（Fields）和格式（Format）。这两类属性下的非共选项及其描述见表 4-75 和表 4-76。

表 4-75　字段（Fields）属性

No.	选　项	描　述
1	实际值（Actual value）	KPI 中实际数据
2	目标值（Target value）	KPI 的目标数据
3	趋势轴（Trend axis）	KPI 趋势轴
4	实际趋势值（Trend actual value）	KPI 实际趋势值

表 4-76　格式（Format）属性

No.	选　项		描　述
1	KPI 常规（KPI General）	KPI 名称（KPI name）	KPI 图表名称
2		图表类型（Chart type）	KPI 图表展示方式：Line（折线图）/Bar（柱形图）
3		状态类型（Banding type）	类型： Increasing is better（数据与目标值相比越大越好） Decreasing is better（数据与目标值相比越小越好） Closer is better（数据与目标值越相近越好）
4		状态比较方式（Banding comparison）	Absolute（绝对值）：实际值-目标值 Relative（相对值）：（实际值-目标值）/目标值
5		差距值显示为百分比（Deviation as%）	目标值与实际值差距用百分比显示
6		显示差距值（Display deviation）	差距值是否显示的开关，开则显示，关则不显示
7		实际值提示名称（Actual heading tooltip）	实际值在提示信息里显示名称的设置
8		目标值提示名称（Target heading tooltip）	目标值在提示信息里显示名称的设置
9	KPI 颜色（KPI Colors）	良好（Good）	设置指标良好的显示颜色
10		中等（Neutral）	设置指标中等的显示颜色
11		差（Bad）	设置指标差的显示颜色
12	KPI 字体大小（KPI Font Size）	标题（Heading）	设置标题值字体大小
13		实际值（Actual）	设置实际值字体大小
14		偏差值（Deviation）	设置偏差值字体大小

3. 示例

选择“KPI Indicator”控件，选择“Actual value”对应的字段为“Number”，选择arget value”对应的字段为“Target”，选择“Trend axis”对应的字段为“Date”，如图 4-166 示。

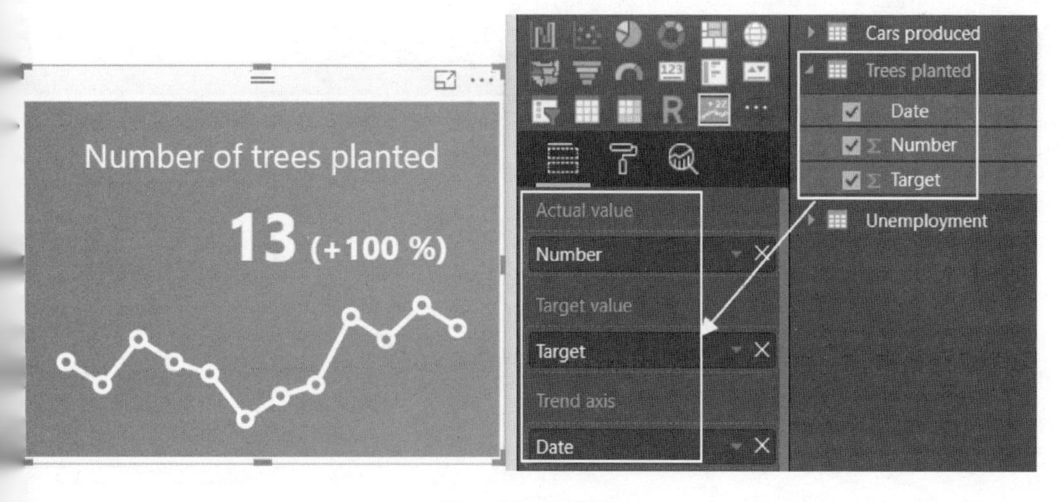

图 4-166　示例 1

在“格式”→“KPI General”选项组中设置图表的相关属性，如 KPI 名称、提示信息名等，如图 4-167 所示。

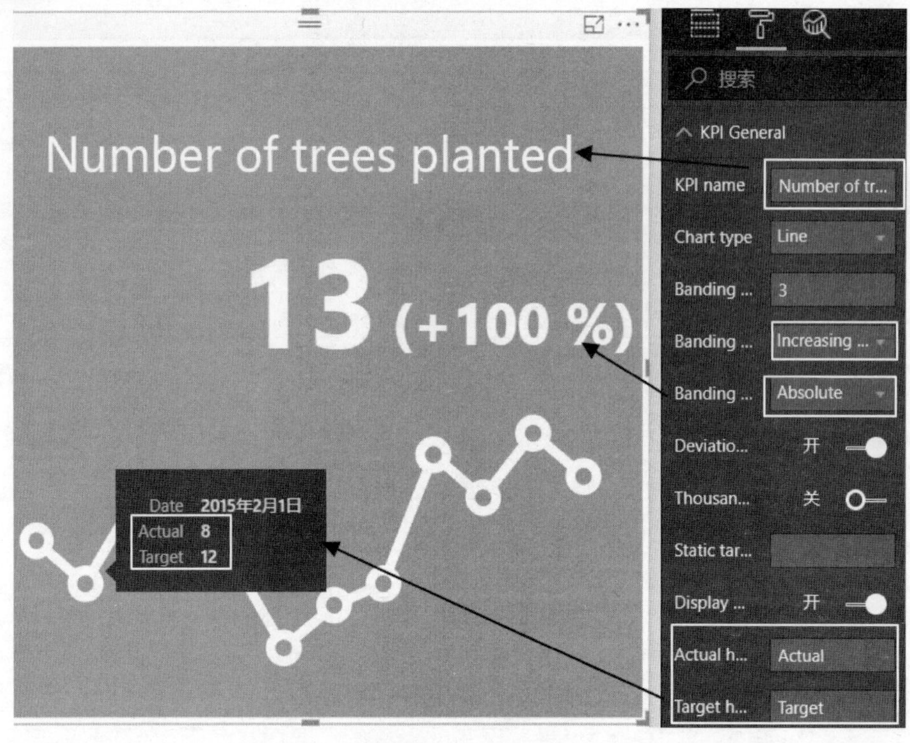

图 4-167　示例 2

4. 应用场景

图 4-168 所示的图表统计了一年 12 个月植树数量的走势，同时也展示了实际值与目值之间的差异，如 12 月份实际植树 13 棵，比目标值高出了 8.3%。同时从图表背景也能观地看出实际值大于目标值（图表背景为绿色）。

图 4-168　植树数据统计

5. 使用局限

- 不能对标题和显示数据进行字体设置。
- 不能在每个节点显示对应的数据信息，只有在光标移动上去时出现的提示中才能示（“工具提示”功能）

.8.5 MAQ KPI 卡片（KPI Ticker by MAQ Software）

1. 图例介绍

MAQ KPI 卡片便于用户查看一些频繁变化的指标，比如股票的价格变化趋势。趋势图
示▲、▼、▬ 使用户直观地看到该指标是在增加还是降低，这三个图标分别与值 1、-1、0
绑定，表示增长、减少、持平。每次只能展示 1～4 个指标，展示个数可以自定义设置，控
件会根据设置的展示个数定时滚动刷新每一组指标。图表示例如图 4-169 所示。

ChangeValue、Last 和 Status(按 Name)

21St Centry Fox Class A	Bank of America Corp	Sarepta Therapeutics	Twitter Inc
24.64 ▼ 0.74 (3.10%)	15.74 ▼ 0.16 (1.03%)	7.07 ▲ -48.77 (-87.34%)	18.36 ▬ 0.00 (0.00%)

图 4-169　MAQ KPI 卡片

2. 属性

该控件的属性分为两类，分别为字段（Fields）和格式（Format）。这两类属性下的非公
共选项及其描述见表 4-77 和表 4-78。

表 4-77　字段（Fields）属性

No.	选　　项	描　　述
1	KPI 名称（KPI name）	KPI 名称
2	当前 KPI 值（KPI current value）	当前 KPI 值
3	上一次 KPI 值（KPI last value）	上一次 KPI 值
4	KPI 状态（KPI status）	KPI 状态（0、1、-1）

表 4-78　格式（Format）属性

No.	选　　项		描　　述
1	格式（Formating）	KPI 数量（KPI count）	每次显示的 KPI 数量（数字为：1、2、3、4）
2		增量百分比显示开关（Enable delta）	是否显示增量百分比
3		大小（Size）	KPI 字体大小
4		KPI 字体颜色（Font color）	KPI 字体颜色
5		KPI 背景色（Background color）	KPI 背景色
6	指标（Indicators）	正常指标颜色（Positive indicator color）	正常指标颜色（对应状态值为 1）
7		不正常指标颜色（Negative indicator color）	不正常指标颜色（对应状态值为-1）
8		中等指标颜色（Neutral indicator color）	中等指标颜色（对应状态值为 0）

3. 示例

选择“KPI Ticker by MAQ Software”控件，选择“KPI name”对应的字段为“Name”，
择“KPI current value”对应的字段为“ChangeValue”，选择“KPI last value”对应的字段

为“Last”，选择“KPI status”对应的字段为“Status”，如图 4-170 所示。

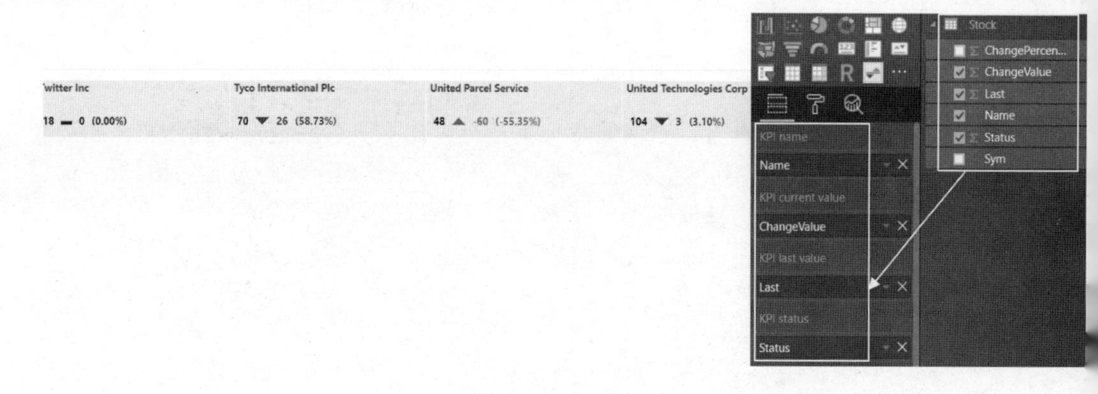

图 4-170 示例 1

在“格式”→“Formatting”选项组中设置 KPI 显示个数、背景、是否显示数据详情。

在“格式”→“Indicators”选项组中为不同状态下的数据设置颜色。如标准之上的数字设置为绿色，标准之下的数字设置为红色，与标准相等的数字设置为蓝色，如图 4-171 所示。

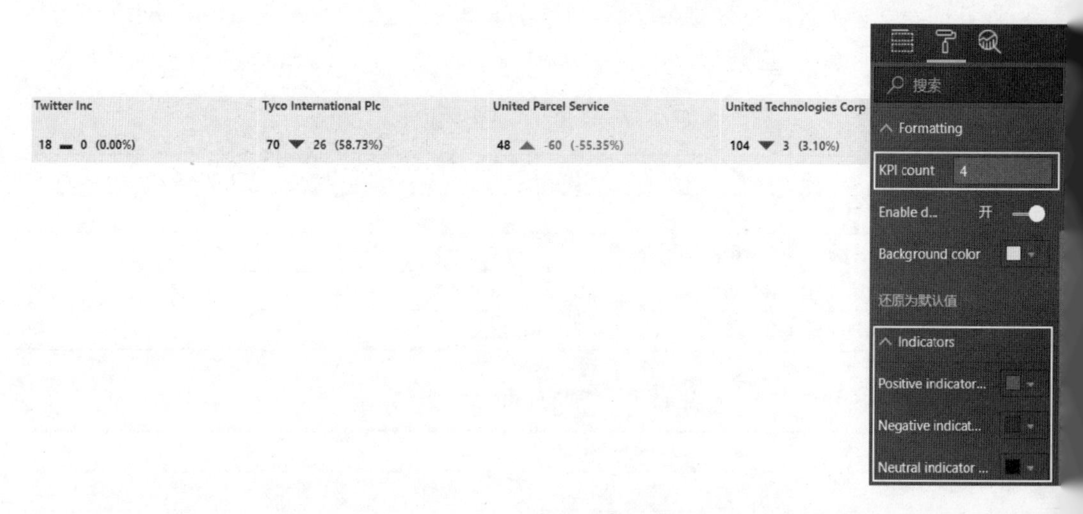

图 4-171 示例 2

4. 应用场景

从图 4-172 中可以直观地看出，JP Morgan Chase& Co 和 Kinder Morgan 这两个指标数据为高于标准的数据；Lennar Corp 和 Linkedin 这两个指标数据为低于标准的数据。

CurrentValue、LastValue 和 Status(按 Name)

JP Morgan Chase & Co 51.53 ▲ -14.95 (-22.49%)

Kinder Morgan 19.33 ▲ -2.71 (-12.30%)

Lennar Corp -39.45 ▼ -82.45 (-191.74%)

Linkedin 204.4 ▼ 12.26 (6.38%)

图 4-172 销售指标

5. 控件局限

- 缺少动画控制设置选项，比如延迟时间、播放/暂停等设置。
- 字体大小不能调整过大，图形不能随控件大小自动调整。

.8.6 Power KPI 矩阵（Power KPI Matrix）

1. 图例介绍

Power KPI 矩阵将无限数量的指标和 KPI 放在一个易于阅读的矩阵中。Power KPI 矩阵在 Power BI 中启用平衡计分卡，并在单个自定义列表中显示无限数量的指标和 KPI。控件持创建和显示 KPI 指标符号和值以及展示实际值、目标值和历史趋势的对比情况。Power PI 矩阵示例如图 4-173 所示。

Category	Sub-Category	Metric Name	Current Value	KPI Status	To Prior Year	Last 18 Months
Non-Financial	Usage	Active Customers	64,493	11 %	+34.41 %	
		Transactions	1,605,597	19 %	+27.58 %	
		Satisfaction	142.9 %	5 %	+12.77 %	
	Volume	Total Units	3,437,815	60 %	+46.05 %	
		Premium Units	85,110	-30 %	+47.31 %	
Financial	Top Line	Gross Revenue	$20,480,789	-16 %	+0.77 %	
		Avg Price	$43.04	-8 %	+8.60 %	
		Returns	4,743	18 %	+2.15 %	

图 4-173　Power KPI 矩阵

2. 属性

该控件的属性分为两类，分别为字段（Fields）和格式（Format）。这两类属性下的非公选项及其描述见表 4-79 和表 4-80。

表 4-79　字段（Fields）属性

No.	选　项	描　述
1	日期（Date）	日期值
2	实际值（Actual Value）	实际值
3	比较值（Comparison Value）	比较值
4	KPI 指标索引（KPI Indicator Index）	KPI 指标索引
5	KPI 指标值（KPI Indicator Value）	KPI 指标值
6	第二比较值（Second Comparison Value）	第二比较值
7	第二 KPI 指标值（Second KPI Indicator Value）	第二 KPI 指标值
8	（Row-based Metric Name）	基于行的度量标准名称
9	类别（Category）	类别
10	图片（Image）	图片
11	排序（Sort Order）	排序
12	超链接（Hyperlink）	超链接

表 4-80　格式（Format）属性

No.	选　　项		描　　述
1	类别小计（Category Subtotal）	类型（Type）	类别小计类型选择
2	纵向网格（Vertical Grid）	颜色（Color）	纵向网格颜色
3		宽度（Thickness）	纵向网格宽度
4	横向网格（Horizontal Grid）	颜色（Color）	横向网格颜色
5		高度（Thickness）	横向网格高度
6	度量标准特定选项（Metric Specific Options）	背景颜色（Background Color）	度量标准特定选项背景颜色
7	表格（Table）	类型（Type）	表格类型
8		风格（Style）	表格风格
9		类别自动排序（Category Auto-Sort）	表格类别自动排序
10		默认排序依据（Default Sort Order By）	表格默认排序依据
11		隐藏未映射的指标（Hide Unmapped Metrics）	隐藏未映射的指标
12		默认未映射的类别名称（Default Unmapped Category Name）	默认未映射的类别名称
13	弹出图表常规设置（Pop-out Chart General）	背景颜色（Background Color）	弹出式图表的背景色
14		大小%（Size%）	弹出式图表的大小百分比
15	弹出图表布局（Pop-out Chart Layout）	自动缩放（Auto Scale）	自动缩放
16		自动（Auto）	自动（控制“Layout”）
17		布局（Layout）	布局位置

3. 示例

选择“Power KPI Matrix”控件，根据图 4-174 所示界面选择数据字段。

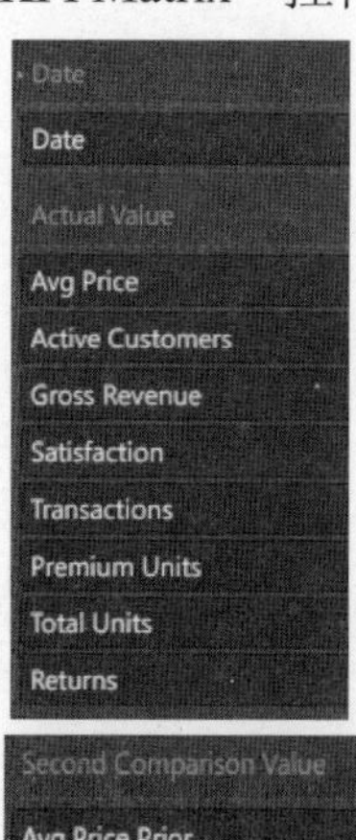

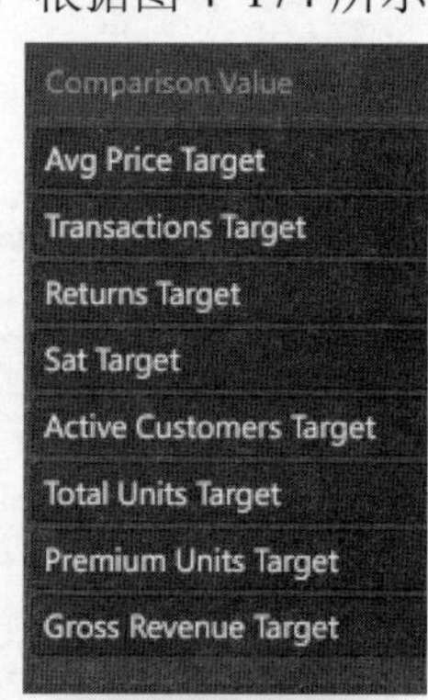

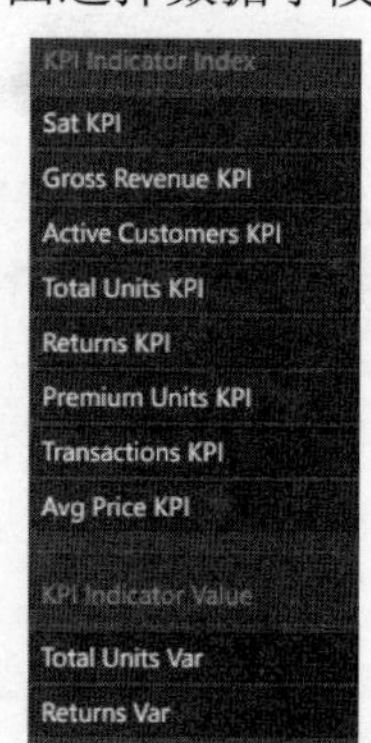

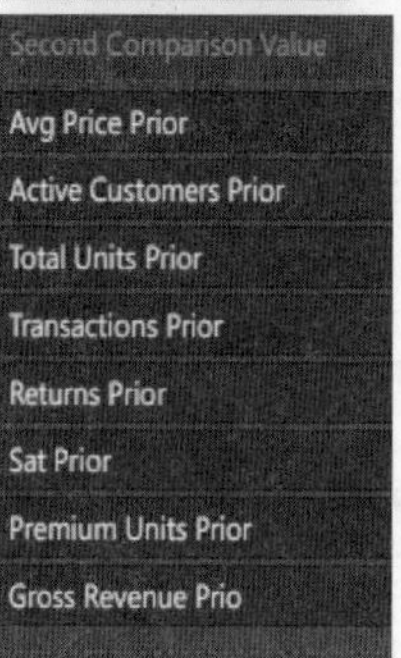

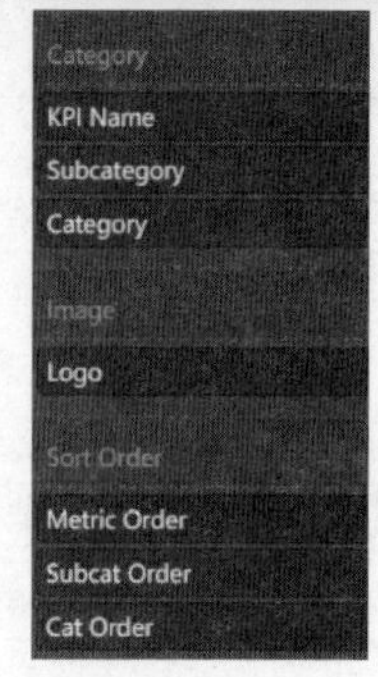

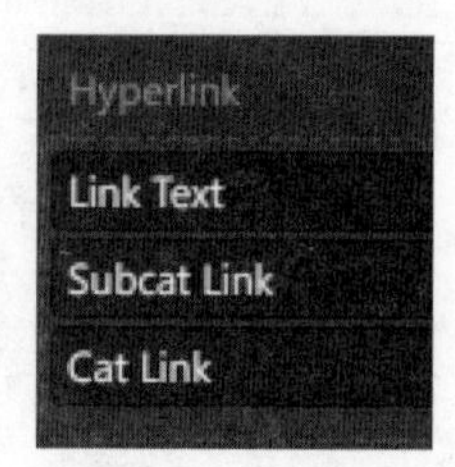

图 4-174　示例 1

在格式属性中可针对控件使用的字体和背景颜色，数字格式、类型和精度，折线图颜色和样式，行、列高度和宽度等进行相关设置，效果示例如图 4-175 所示。

Category	Sub-Category	As of Date	Metric Name	Current Value	KPI Status	To Prior Year	Last 18 Months
Non-Financial ^	Usage ^	30-6-2018	Active Customers	64,493	11 %	+34.41 %	
		30-6-2018	Transactions	1,605,597	19 %	+27.58 %	
		30-6-2018	Satisfaction	142.9 %	5 %	+12.77 %	
	Volume ^	30-6-2018	Total Units	3,437,815	60 %	+46.05 %	
		30-6-2018	Premium Units	85,110	-30 %	+47.31 %	
Financial ^	Top Line ^	30-6-2018	Gross Revenue	$20,480,789	-16 %	+0.77 %	
		30-6-2018	Avg Price	$43.04	-8 %	+8.60 %	
		30-6-2018	Returns	4,743	18 %	+2.15 %	

图 4-175 示例 2

4. 应用场景

图 4-176 展示了各个软件过去 1 年多以来活跃客户的各项统计数据，它将不同类型的度标准和 KPI 作为单个列表中的行显示，灵活且可自定义，能够由用户随意控制细节。例如设置每个单独的单元格、行或列的字体和背景颜色，数字格式、类型和精度，折线图颜色样式，行、列高度和宽度等。除了具有超链接的字段，单击任意字段内容，将弹出详细的线图数据。

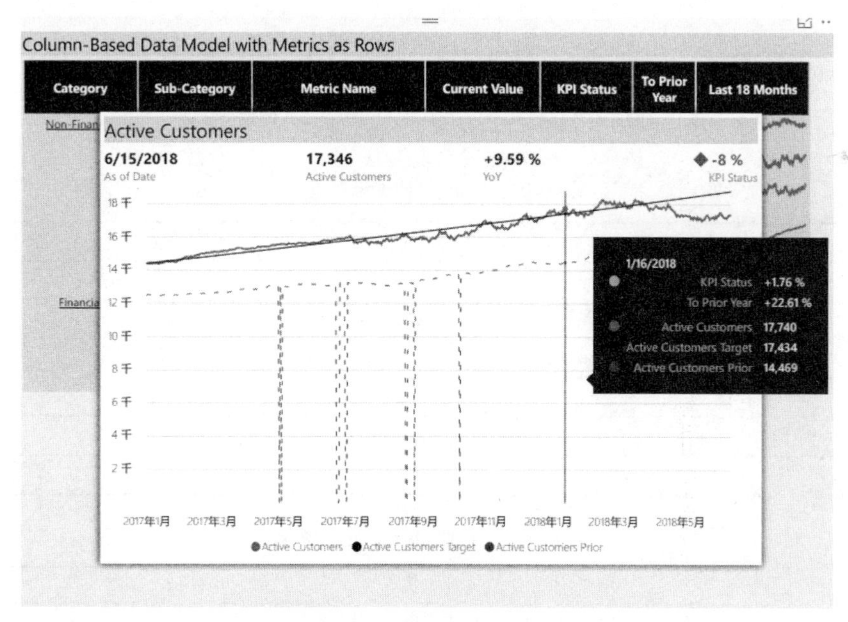

图 4-176 软件用户统计

5. 控件局限

- 不允许单击特定的行来进行深度可视化。
- 数据过于复杂，不易于理解和使用。

4.8.7 Power KPI（Power KPI）

1. 图例介绍

Power KPI 是一种强大的 KPI 指标图，是包含当前日期和历史日期的数据、具备目标差异对比展示功能的多线图表。图 4-177 中通过三个不同的折线图体现了最近的 KPI 走势，从图中也可以看出实际 KPI 数据都大于目标 KPI 值。

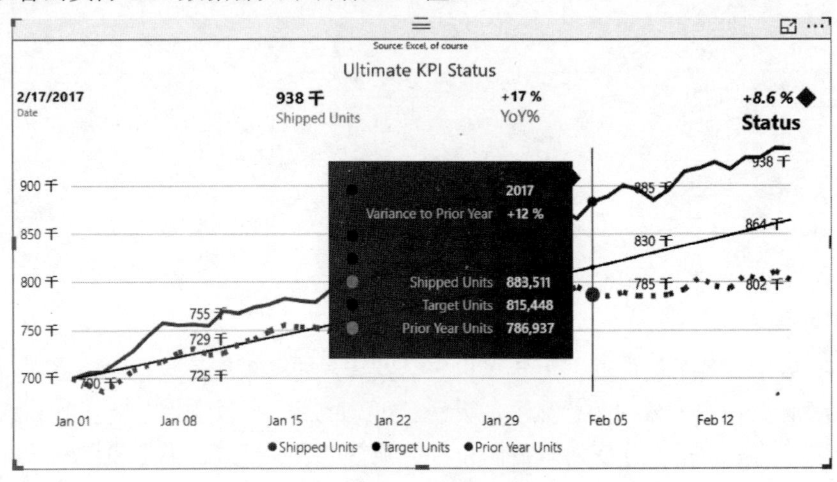

图 4-177 Power KPI

2. 属性

该控件的属性分为两类，分别为字段（Fields）和格式（Format）。这两类属性下的非公共选项及其描述见表 4-81 和表 4-82。

表 4-81 字段（Fields）属性

No.	选　项	描　述
1	轴（Axis）	X 轴值
2	值（Values）	KPI 值
3	KPI 指标索引（KPI Indicator Index）	KPI 指标索引
4	KPI 指标值（KPI Indicator Value）	KPI 指标值
5	第二指标值（Second Values）	第二指标值
6	系列（Series）	系列

表 4-82 格式（Format）属性

No.	选　项	描　述
1	布局（Layout）	设置自动缩放、度量值的显示位置等
2	标题（Title）	设置标题的内容、颜色、字体、位置等属性
3	副标题（Subtitle）	设置副标题的内容、颜色、字体、位置等属性
4	KPI 指标（KPI Indicator）	设置 KPI 指标的字体大小、位置等
5	KPI 指标值（KPI Indicator Value）	设置 KPI 指标值的显示单位、小数位数、字体样式等
6	KPI 指标标签（KPI Indicator Label）	设置 KPI 指标标签的字体大小、颜色、粗细等样式

（续）

No.	选　项	描　述
7	第二 KPI 指标值（Second KPI Indicator Value）	设置第二 KPI 指标值的字体大小、颜色、粗细等样式
8	第二 KPI 指标标签（Second KPI Indicator Label）	设置第二 KPI 指标标签的字体大小、颜色、粗细等样式
9	KPI 实际值（KPI Actual Value）	设置 KPI 实际值的字体大小、颜色、粗细等样式
10	KPI 实际值标签（KPI Actual Label）	设置 KPI 实际值标签的字体大小、颜色、粗细等样式
11	KPI 数据值（KPI Data Value）	设置 KPI 数据值的字体大小、颜色、粗细等样式
12	KPI 数据标签（KPI Data Label）	设置 KPI 数据标签的字体大小、颜色、粗细等样式
13	数据标签（Data Labels）	设置数据标签的字体大小、颜色、粗细等样式
14	线（Line）	设置折线图形的颜色、粗细、样式（虚线、实线等）、类型（折线图/面积图）等属性
15	图例（Legend）	设置图例的字段名称、显示位置、文本样式
16	X 轴（X Axis）	设置 X 轴的坐标值范围及文本样式
17	Y 轴（Y Axis）	设置 Y 轴的坐标值范围及文本样式
18	X 轴参考线（X Axis Reference Line）	设置 X 轴参考线的颜色和粗细
19	Y 轴参考线（Y Axis Reference Line）	设置 Y 轴参考线的颜色和粗细
20	工具提示标签（Tooltip Label）	设置工具提示标签的样式
21	工具提示 KPI 指标（Tooltip KPI Indicator）	设置工具提示 KPI 指标的线条样式、显示单位、小数位数
22	工具提示第二 KPI 指标（Second Tooltip KPI Indicator）	设置工具提示第二 KPI 指标的线条样式、显示单位、小数位数
23	工具提示值（Tooltip Values）	设置值工具提示的线条样式、小数位数

3. 示例

选择“Power KPI”控件，选择“Axis”对应的字段为“Date”，选择“Value”对应的字段“Actual Units”“Prior Year Units”“Target Units”，选择“KPI Indicator Index”对应的字段为“KPI Fixed”，选择“KPI Indicator Value”对应的字段为“Variance”，如图 4-178 所示。

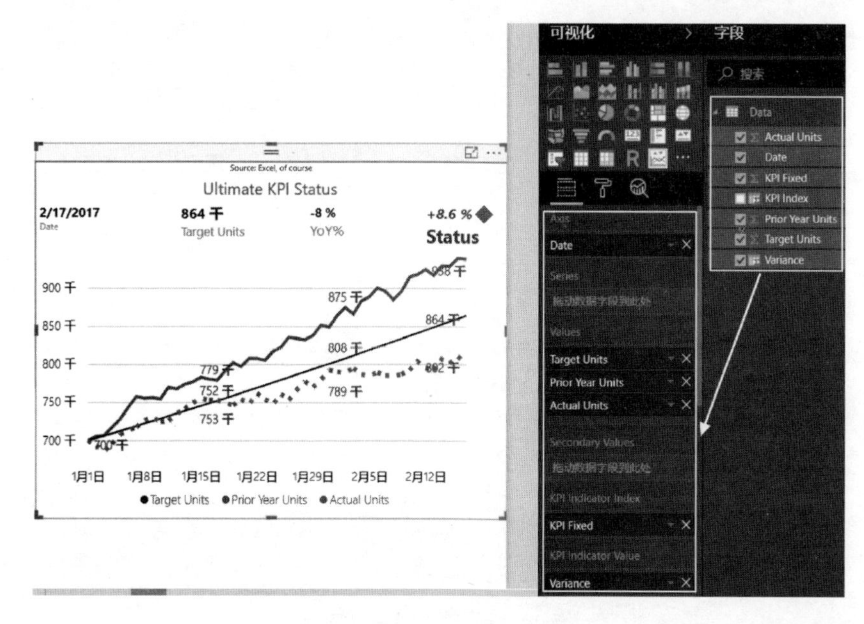

图 4-178　示例 1

格式设置示例如图 4-179 所示，在“格式”→“Line”选项组中根据需要设置不同折线的显示样式或宽度等效果。在格式属性中可根据需求对每个模块内容设置不同的字体、颜色、大小等效果。

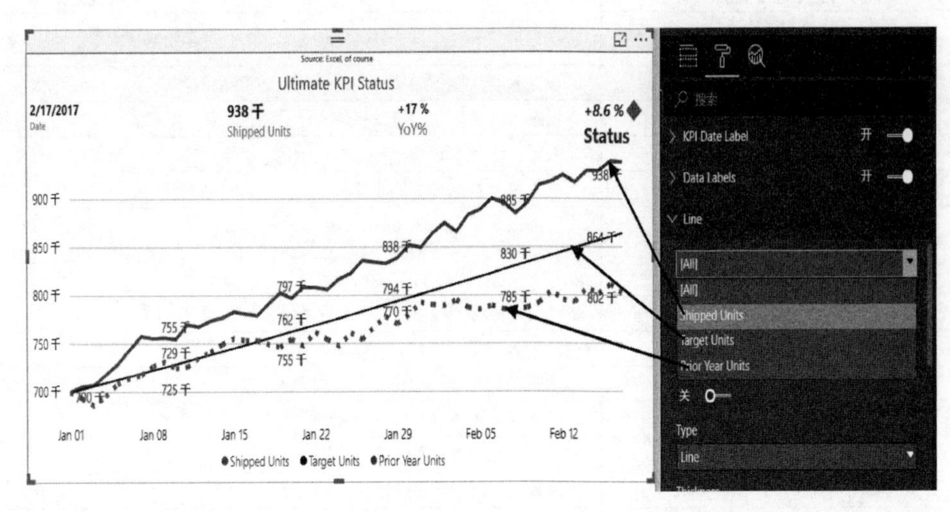

图 4-179　示例 2

4. 应用场景

图 4-180 中可以清晰明了地看出目标值与实际值以及与去年同期数据的对比情况。每关键点的值都在具体点显示。其中顶部的“Shipped Units”值为当前日期的值，“YoY%”16%=917/793-1，即当前时间实际 KPI 除以去年同期 KPI 再减 1，“Status”值 8%= 917/849即当前时间实际 KPI 除以当前时间目标 KPI 再减 1。

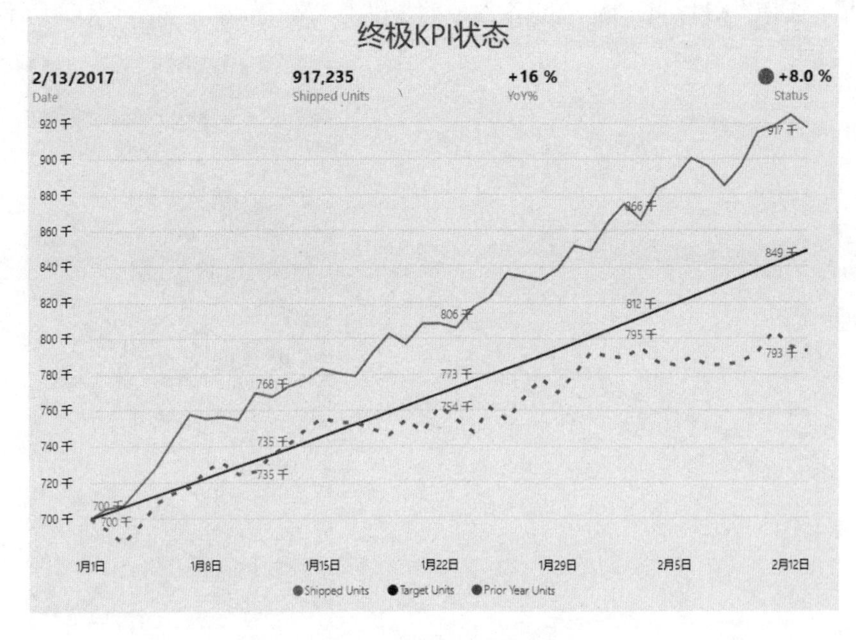

图 4-180　终极 KPI 状态

5. 控件局限

该控件中无法获知字段中 KPI 指标索引和值的使用方式，取消或者显示该值对控件并没有任何影响。

4.9 表型图（Table）

4.9.1 MAQ 网格（Grid by MAQ Software）

1. 图例介绍

MAQ 网格以网格格式显示具有分页和排序等功能的数据。MAQ Software 的网格允许用户从复杂数据中集中呈现特定数据。这种形式使用户能够浏览大型数据集并专注于最重要的项目。分页有利于轻松导航，用户还可以基于任何列对数据进行排序。图表示例如图 4-181 和图 4-182 所示。

ate format example 1

Date 1 ▲	Date 2	Date 3	Sales	Sales count	Year
Thursday, January 1, 2015	Thursday, January 1, 2015	Thursday, January 1, 2015	2,015	2,015	2015
Friday, January 2, 2015	Friday, January 2, 2015	Friday, January 2, 2015	2,015	2,015	2015
Saturday, January 3, 2015	Saturday, January 3, 2015	Saturday, January 3, 2015	2,015	2,015	2015
Sunday, January 4, 2015	Sunday, January 4, 2015	Sunday, January 4, 2015	2,015	2,015	2015
Monday, January 5, 2015	Monday, January 5, 2015	Monday, January 5, 2015	2,015	2,015	2015
Tuesday, January 6, 2015	Tuesday, January 6, 2015	Tuesday, January 6, 2015	2,015	2,015	2015
Wednesday, January 7, 2015	Wednesday, January 7, 2015	Wednesday, January 7, 2015	2,015	2,015	2015
Thursday, January 8, 2015	Thursday, January 8, 2015	Thursday, January 8, 2015	2,015	2,015	2015
Friday, January 9, 2015	Friday, January 9, 2015	Friday, January 9, 2015	2,015	2,015	2015
Saturday, January 10, 2015	Saturday, January 10, 2015	Saturday, January 10, 2015	2,015	2,015	2015

1 2 3 4 5 > Jump to 1 of 37

图 4-181 MAQ 网格 1

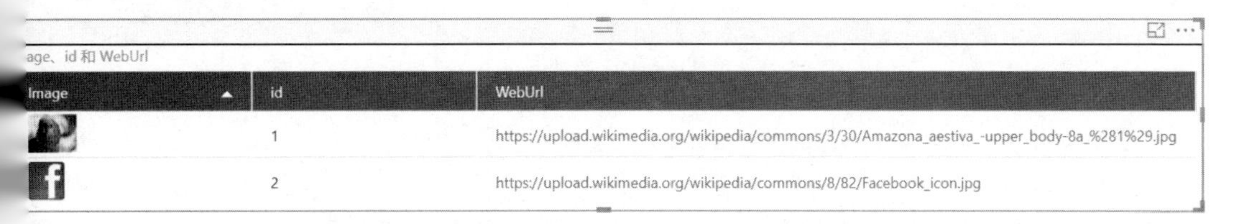

age、id 和 WebUrl

Image ▲	id	WebUrl
	1	https://upload.wikimedia.org/wikipedia/commons/3/30/Amazona_aestiva_-upper_body-8a_%281%29.jpg
	2	https://upload.wikimedia.org/wikipedia/commons/8/82/Facebook_icon.jpg

图 4-182 MAQ 网格 2

2. 属性

该控件的属性分为两类，分别为字段（Fields）和格式（Format）。这两类属性下的非公选项及其描述见表 4-83 和表 4-84。

表 4-83　字段（Fields）属性

No.	选　项	描　述
1	值（Values）	网格显示的值

表 4-84　格式（Format）属性

No.	选　项	描　述
1	网格配置（Grid Configuration）	设置网格文本字体大小、默认每页最大行数、默认排序字段及排序方式，并且支持对某一列增加重定向 URL 设置

3．示例

选择“Grid by MAQ Software”控件，依次将“Sample data 1”表中的“Year”“Quarter“MonthName”“Date1”“Sales”“Sales count”字段拖动到“字段”选项卡中的“Values”i项处，可通过修改“Values”选项中字段的前后顺序来调整网格中字段的左右顺序，如图 4-183 所示。

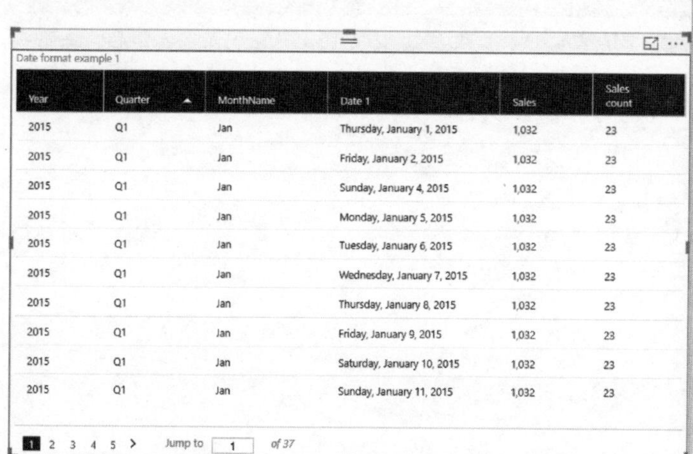

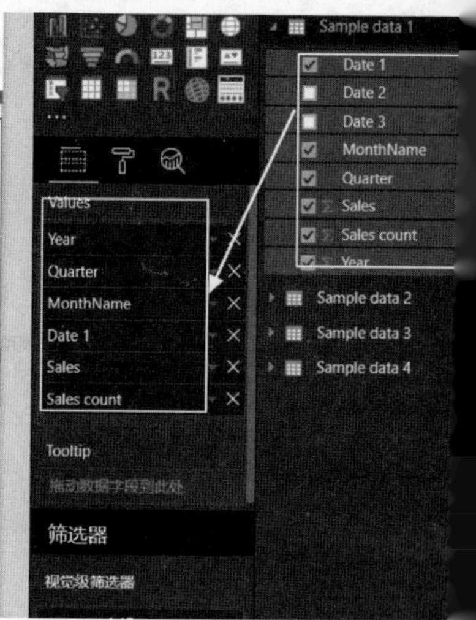

图 4-183　示例 1

选择“格式”，在“Grid configuration”选项组中设置网格字体大小为 12，每页展示大行数为 10 行，默认排序列为第 2 列，即“Quarter”列，排序方式为“ASC”（升序）网格支持通过手动单击列名称修改排序字段及排序方式，打开重定向开关，设置重定URL。设置重定向列为第 5 列，即“Sales”列，此时“Sales”列的值默认以蓝色显示。击重定向列某个值，该值会附加在 URL 后面，并打开 URL 地址。格式设置示例如图 4-1所示。

如图 4-185 所示，设置数据“Image”列 URL 值的数据分类为“图像 URL”，则网格“Image”列显示内容为图片。用同样的方法使“WebUrl”列显示内容为 URL 地址，图 4-186 和图 4-187 所示。

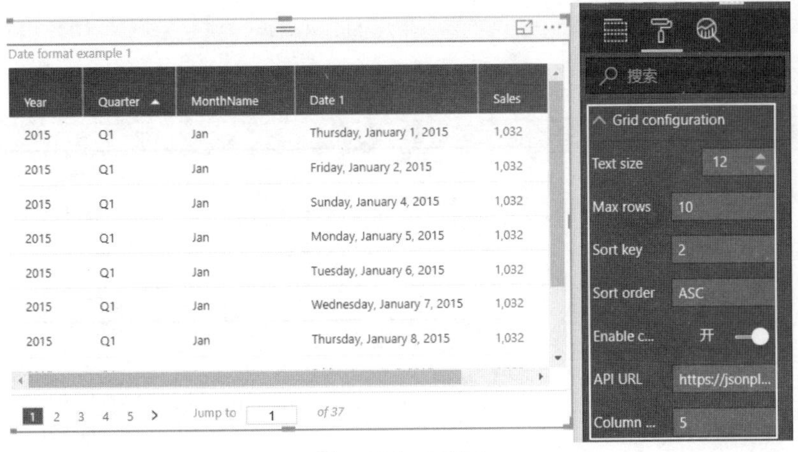

图 4-184　示例 2

图 4-185　示例 3

图 4-186　示例 4

age、id 和 WebUrl

Image	id	WebUrl
	1	https://upload.wikimedia.org/wikipedia/commons/3/30/Amazona_aestiva_-upper_body-8a_%281%29.jpg
	2	https://upload.wikimedia.org/wikipedia/commons/8/82/Facebook_icon.jpg

图 4-187　示例 5

4．应用场景

网格视图主要适用于清单查看，图 4-188 所示的网格清晰地展示了某地区的历史剧收益数据。

Country Name、年、季度、月份 和 Revenue

Country Name	年	季度	月份	Revenue
USA	2006	季度 2	May	54968156.82749565
USA	2007	季度 2	May	53982619.05750407
USA	2008	季度 2	May	53648771.92495832
USA	2008	季度 2	June	52023411.877466686
USA	2006	季度 2	April	51042097.36504121
USA	2007	季度 2	June	50740256.59501097
USA	2005	季度 2	April	50394687.10500701
USA	2006	季度 2	June	48744765.510001525
USA	2008	季度 2	April	46583563.372497335
USA	2005	季度 2	May	46146512.89500738
USA	2004	季度 2	April	45700313.40001307
USA	2007	季度 1	March	45520426.82251115
USA	2007	季度 2	April	43346668.47001327
USA	2007	季度 3	July	42822399.32253822
USA	2005	季度 2	June	42712982.23500865
USA	2006	季度 1	March	42332871.52501784
USA	2004	季度 2	June	42245805.57751566
USA	2004	季度 2	May	41931335.880022824

1 2 3 4 5 > Jump to 1 of 11

图 4-188 历史剧收益清单

5. 控件局限

- 不支持对数字类型的列设置小数位数。
- 不支持行列数据样式自定义设置。

4.9.2 表分拣机（Table Sorter）

1. 图例介绍

表分拣机采用了 LineUp 技术，是一个强大的多属性排序视觉分析工具。通过表分机，用户可以创建堆积形式的表格列（见图 4-189），以探索列数值的不同组合和权重如何致表记录的不同排列顺序。另外，列标题可以显示列值的分布情况，并支持表格行的快速新排序。

2. 属性

该控件的属性分为两类，分别为字段（Fields）和格式（Format）。这两类属性下的非共选项及其描述见表 4-85 和表 4-86。

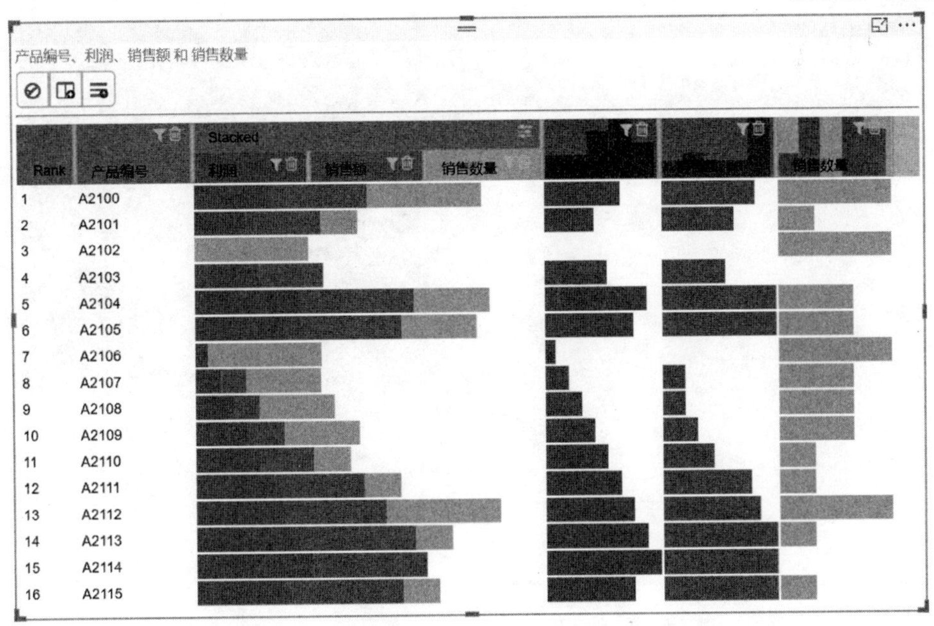

图 4-189　表分拣机

表 4-85　字段（Fields）属性

No.	选　项	描　述
1	值（Values）	值字段
2	分组（Rank）	分组字段

表 4-86　格式（Format）属性

No.	选　项	描　述
1	展示（Presentation）	Rank 字段有值的情况下，可对相应的列进行样式设置，同时支持对表头及列内容的字体颜色、数值单位、小数位进行设置，以及对是否堆积、是否显示值、是否在表头显示直方图、动画开关、表格提示开关进行控制
2	选项（Selection）	多选开关

3．示例

选择“Table Sorter” 控件，依次将产品利润分析表中的“产品编号”“利润”“销售额”消售数量”字段拖动到“字段”选项卡中的“Values”选项处，默认的展示效果如图 4-190示。

选择用来绘制堆积条形图的列名称及各列值的权重，查看利润、销售额及销售数量合并比情况，如图 4-191 和图 4-192 所示。

增加“产品编号”列，如图 4-193 所示。

单击堆积列的列头右上角图标，可删除、重命名包含的列或重置各列值的权重，如 4-194 所示。

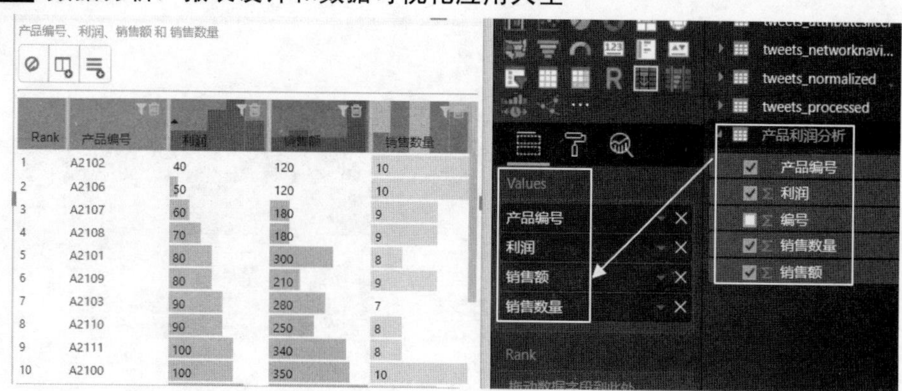

图 4-190　示例 1

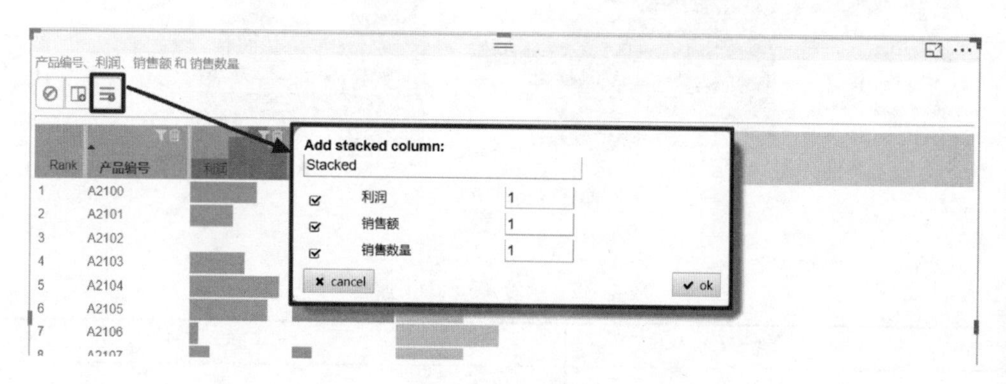

图 4-191　示例 2

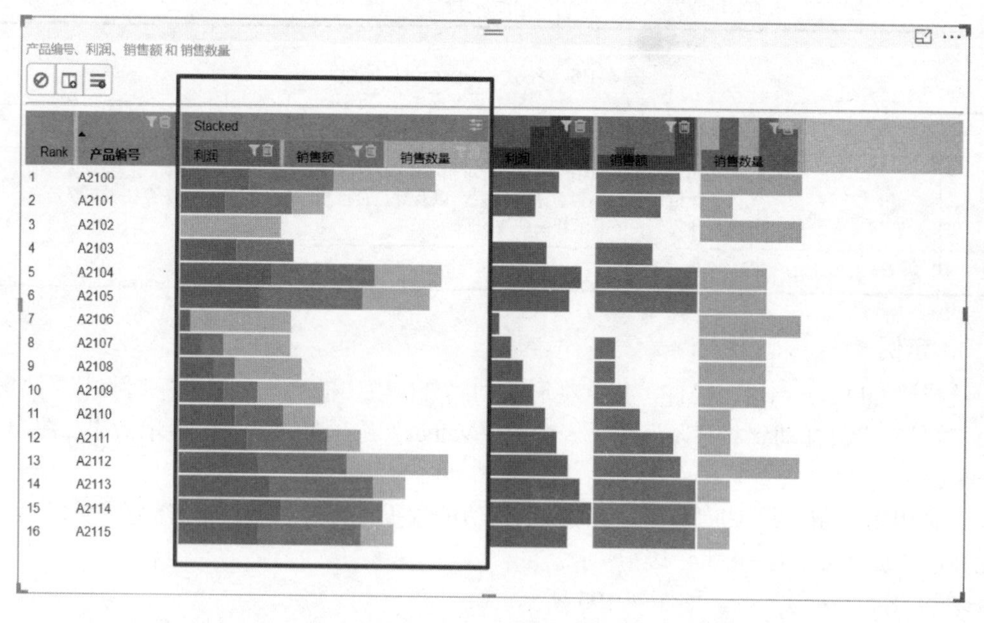

图 4-192　示例 3

单击非堆积列列头右上角的图标，可删除或增加过滤条件，如图 4-195 所示。

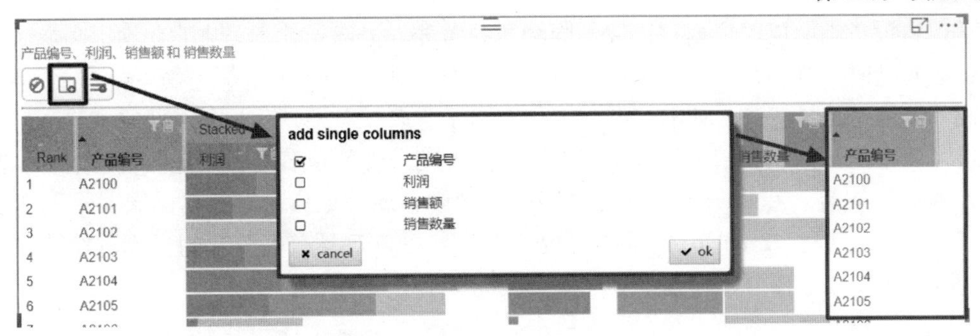

图 4-193　示例 4

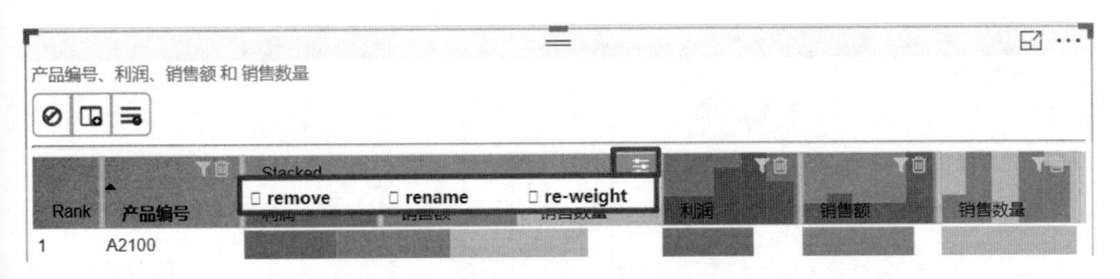

图 4-194　示例 5

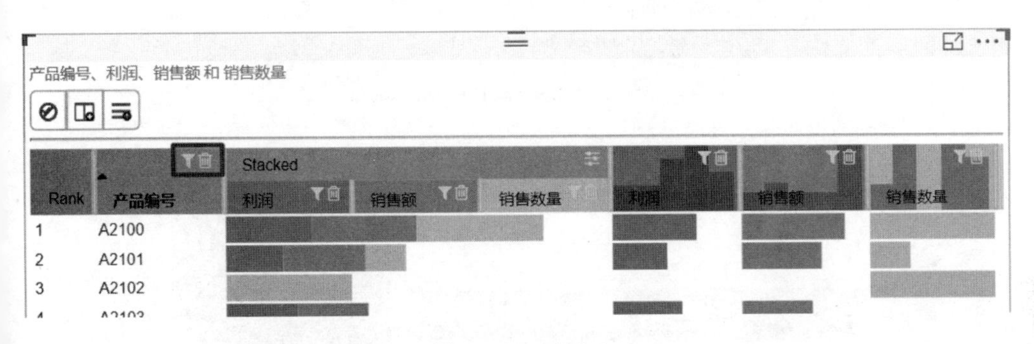

图 4-195　示例 6

过滤条件允许用户过滤所有可见行。文本过滤器提供了一个简单的文本框来输入一个模查询条件。过滤数字列时将显示一个对话框，可通过移动圆点调整“Raw”的范围来筛选据，同时支持排除异常值（一组测定值中与平均值的偏差超过两倍标准差的测定值），如4-196 所示。对话框中的 40～130 是筛选列的数值范围，0～1 用于调整网格中的进度条，将左上角圆点移动到 0.2 时，数值 40 对应的进度条长度为列宽的 20%，数值 50 对应的进条长度约为列宽的 9%，数值 130 对应 100%。

选择“格式”，在“Presentation”选项组中设置行字体颜色为黑色，表头字体颜色为白，数字单位为“自动”，小数位为默认，打开堆积图开关，打开值提示开关（此时堆积图效），关闭列头直方图显示开关，关闭字段排序时的表格动画显示效果，设置弹出表格提，效果如图 4-197 所示。

4．应用场景

在日常生活中，常常需要对一些事物进行评价从而做出选择、决策。比如，要比较不同的大学，为报考志愿提供依据；比较不同物质的营养，为选择健康美味的食物提高参考。在解决这些问题时，排序是一种常用的有效方法。通过排序，能得到关于大学排名、食物和票房电影的排名，这样解决上述的问题就变得容易了许多。对于只有一个属性的事物，理解排名结果是简单的，如歌曲销量排行榜。但一所大学的属性就是多维的，包括科研情况、教学情况及专业设置等。在基于多属性的排序中，理解各属性如何影响排名结果是非常有必要的。表分拣机是基于 LineUp 技术的可视化控件，可以对具有多属性的事物进行排名。如图 4-198 所示，通过综合比较各大学的多个属性得出了排名结果。

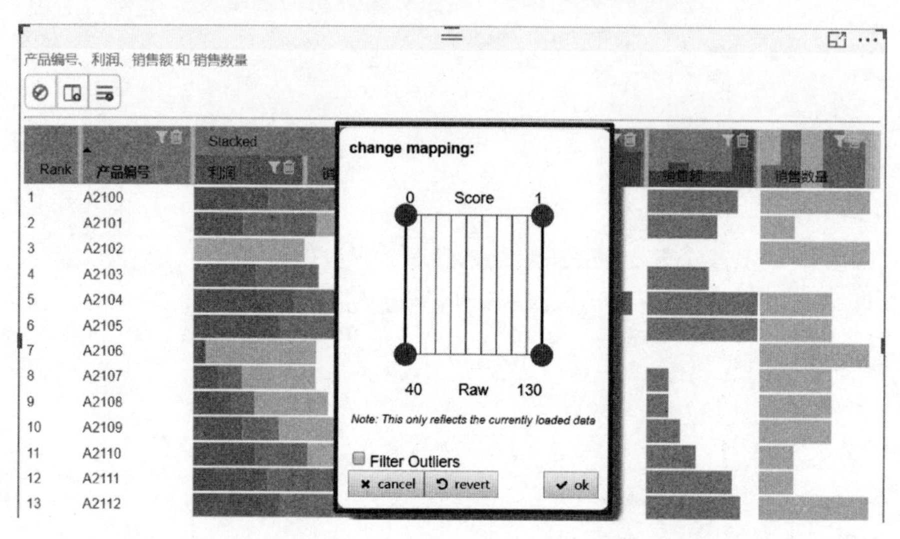

图 4-196　示例 7

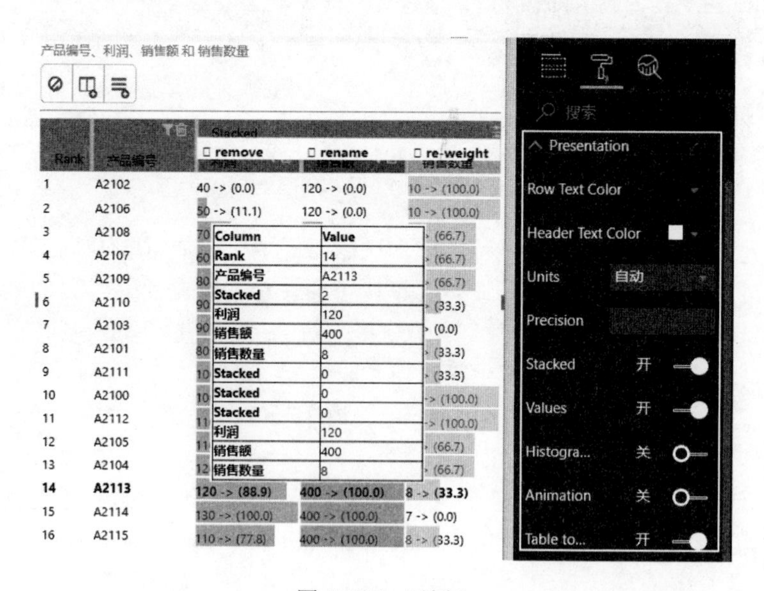

图 4-197　示例 8

5. 控件局限

- 不支持堆积图排序。

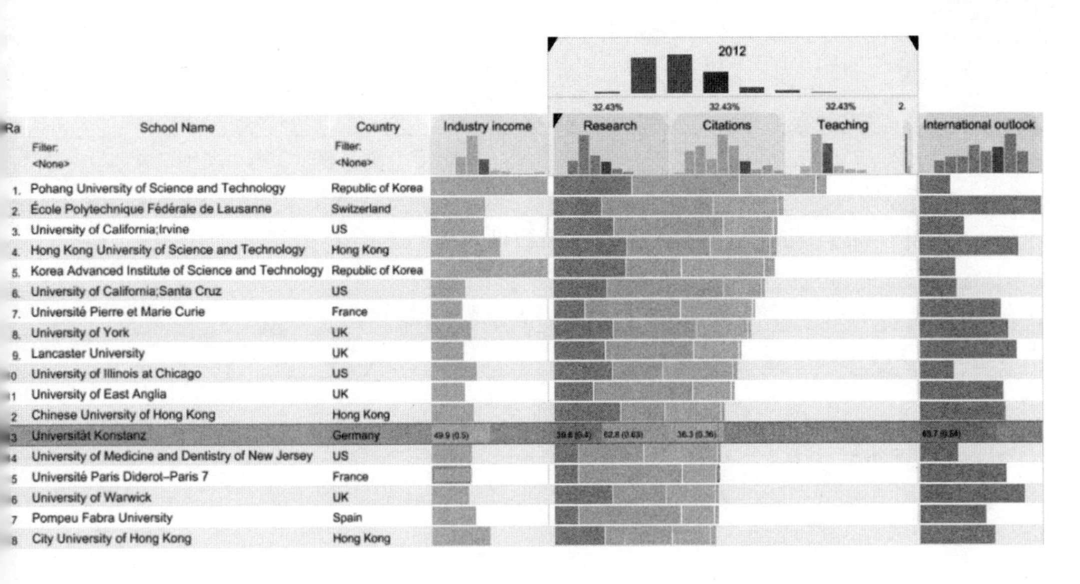

图 4-198　世界大学排名

- 不支持条形图样式自定义。

9.3　微图表（VitaraCharts – MicroCharts）

1. 图例介绍

VitaraCharts-MicroCharts 即微图表，使用网格布局，在紧凑的网格布局中设置多个指
。布局中的每个指标都可以表现为不同的可视化效果（指定不同的图形），以更好地表
其含义。如图 4-199 所示，当前控件可设置 3 种可视化效果，分别为柱形图、折线图和
弹图。

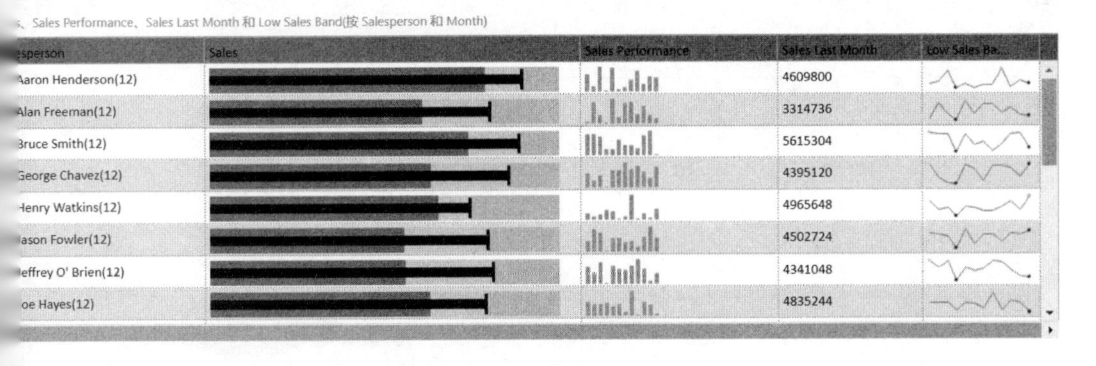

图 4-199　微图表

2. 属性

该控件的属性窗格中包含两类属性，分别为字段（Fields）和格式（Format）。这两类属
下的非公共选项及其描述见表 4-89 和表 4-90。另外，该控件还有一些属性在列菜单和右

键菜单中，见表4-87和表4-88。

表4-87　列菜单属性

No.	选　项	描　述
1	趋势图表（Trendline Charts）	微图表样式及其属性设置（子弹图颜色及聚合方式设置/折线图线和点颜色设置/柱形图颜色设置）
2	自适应尺寸（Autosize）	列宽自适应方式选择
3	值聚合（Value Aggregation）	列值聚合方式设置，不可与微图表同时使用
4	隐藏列（Hide Column）	隐藏列

表4-88　右键菜单属性

No.	选　项	描　述
1	自适应尺寸（AutoSize）	列宽自适应方式选择（内容自适应或网格自适应）
2	重置列（Reset Columns）	重置列值（清除过滤器/清除排序/清除阈值）
3	网格主题（Grid Theme）	网格主题设置（可选默认/蓝色/黑色/引导式，同时支持主题样式字体类型、大小、颜色的设置）
4	显示/隐藏列（Show/Hide Columns）	隐藏/显示列
5	总计（Grand Totals）	隐藏/显示网格总计行

表4-89　字段（Fields）属性

No.	选　项	描　述
1	分类轴（Category Axis）	表格分类维度
2	趋势依据（Trend By）	表格分类维度下微图表趋势分析的分类维度，默认折叠隐藏，通过单击表格分类前的+图标展开
3	值（Value）	表格列值设置

表4-90　格式（Format）属性

No.	选　项	描　述
1	网格状态（内部使用）[Grid State（Internal Use）]	网格状态，仅供内部开发人员使用

3．示例

选择“VitaraCharts-MicroCharts”控件，打开“字段”选项卡，拖动“Salesperson”字段到“Category Axis”选项，设置表格分类维度；拖动“Month”字段到“Trend By”选项，设置微图表分类维度，默认折叠不显示；分别拖动“Sales”“Sales Performance”“Sales Last Month”“Low Sales Band”字段到“Value”选项，设置表格统计值，效果如图4-200所示。

如图4-201所示，选择列菜单中的“Trendline Charts”→“More Options”选项，打开值字段样式设置对话框，在“Trend Line Options for”下拉列表框中选择“Sales”，修改“Sales”列子弹图颜色及聚合类型；在“Trend Line Options for”下拉列表框中选择“Sa rformance”，修改“Sales Performance”列柱形图颜色；在“Trend Line Options for”下拉表框中选择“Low Sales Band”，修改“Low Sales Band”列折线图的特殊数值点颜色，如 4-202 所示。右击任意单元格，修改网格主题“Grid Theme”为蓝色，再选择“Edit Theme”置字体为红色，如图 4-203 所示；效果如图 4-204 所示。

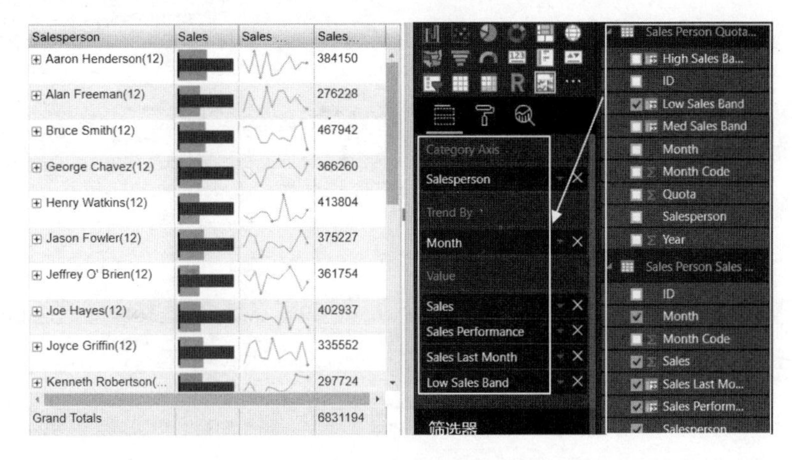

图 4-200　示例 1

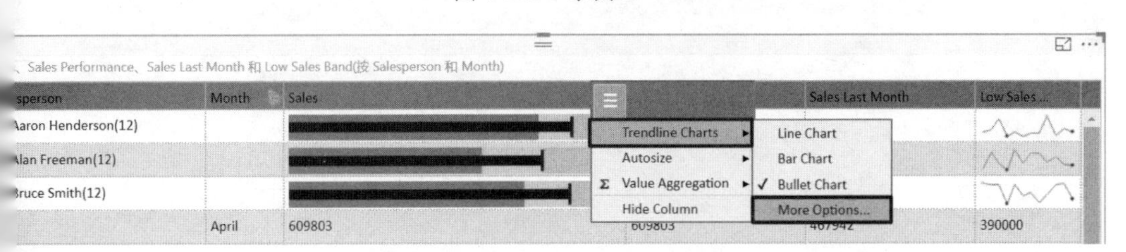

图 4-201　微图表样式编辑菜单

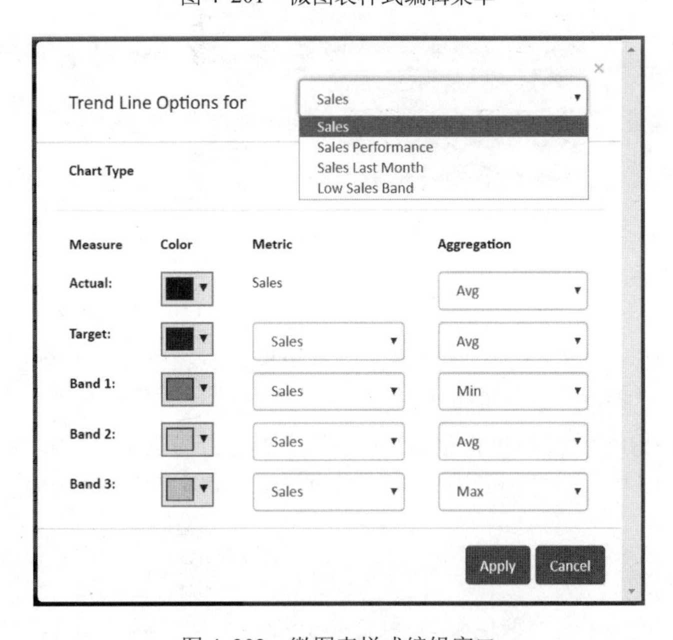

图 4-202　微图表样式编辑窗口

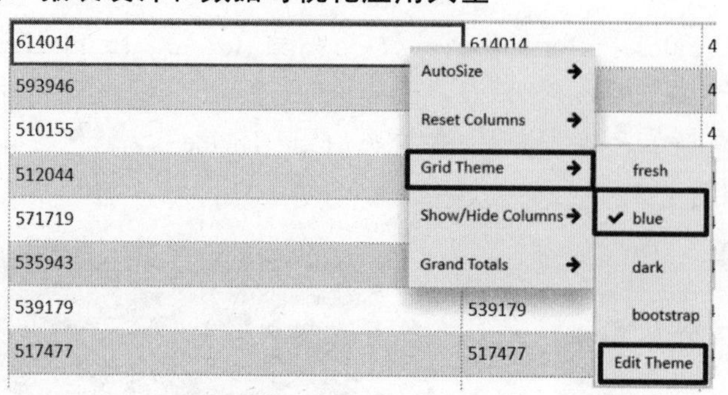

图 4-203　表格样式设置

Sales、Sales Performance、Sales Last Month 和 Low Sales Band(按 Salesperson 和 Month)

Salesperson	Mon...	Sales	Sales Performance	Sales Last Mon...	Low Sales ...
⊞ Aaron Henderson(12)				4609800	
⊞ Alan Freeman(12)				3314736	
⊟ Bruce Smith(12)				5615304	
	June	535943	535943	467942	354000
	April	609803	609803	467942	390000
	December	593946	593946	467942	384000
	February	510155	510155	467942	312000
	January	512044	512044	467942	384000
	July	571719	571719	467942	342000
	August	614014	614014	467942	384000
	March	539179	539179	467942	318000
	May	517477	517477	467942	348000
	November	602941	602941	467942	384000
	October	630031	630031	467942	390000
	September	467942	467942	467942	330000
⊞ George Chavez(12)				4395120	
⊞ Henry Watkins(12)				4965648	
⊞ Jason Fowler(12)				4502724	
⊞ Jeffrey O' Brien(12)				4341048	
⊞ Joe Hayes(12)				4835244	

图 4-204　样式自定义效果

4. 应用场景

微图表被设计成一个超级快速的图表（每秒可以显示超过 2000 个新图表），并可以
加到菜单、工具栏或功能区。它们被用来在较小的空间中快速提供基于上下文显示的非
数据信息，而不是旨在取代标准图表。用户可以使用它们来显示功能区中的快速销售
表、财务指标或任何其他能想到的内容。如图 4-205 所示，通过微图表可对团队运动健
进行监控分析。

5. 控件局限

微图表的可选嵌套图表类型仅限 3 种，不支持较复杂的数据分析，如财务分析中的
布图。

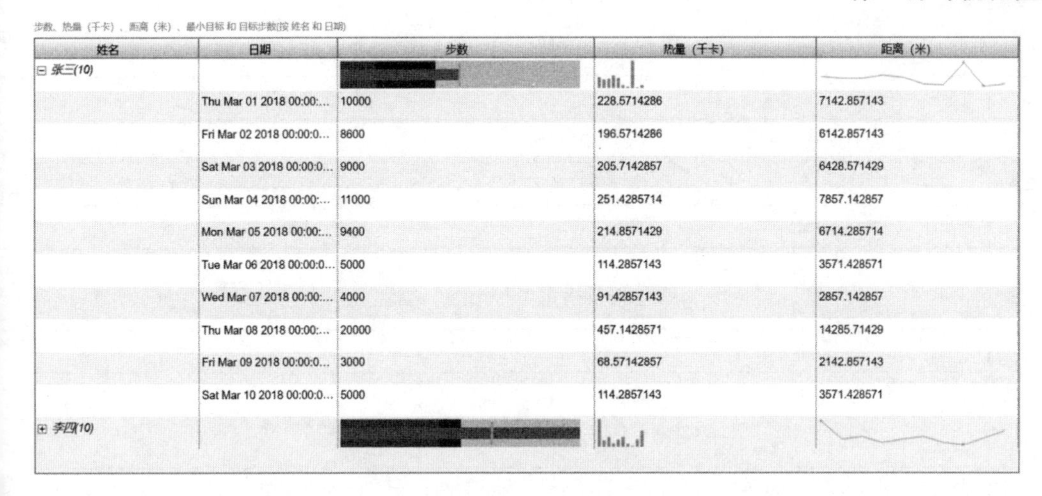

步数、热量（千卡）、距离（米）、最小目标 和 目标步数(按 姓名 和 日期)

姓名	日期	步数	热量（千卡）	距离（米）
⊟ 张三(10)				
	Thu Mar 01 2018 00:00:...	10000	228.5714286	7142.857143
	Fri Mar 02 2018 00:00:0...	8600	196.5714286	6142.857143
	Sat Mar 03 2018 00:00:0...	9000	205.7142857	6428.571429
	Sun Mar 04 2018 00:00:...	11000	251.4285714	7857.142857
	Mon Mar 05 2018 00:00:...	9400	214.8571429	6714.285714
	Tue Mar 06 2018 00:00:0...	5000	114.2857143	3571.428571
	Wed Mar 07 2018 00:00:...	4000	91.42857143	2857.142857
	Thu Mar 08 2018 00:00:...	20000	457.1428571	14285.71429
	Fri Mar 09 2018 00:00:0...	3000	68.57142857	2142.857143
	Sat Mar 10 2018 00:00:0...	5000	114.2857143	3571.428571
⊞ 李四(10)				

图 4-205　团队运动健康分析表

4.10　统计图（Statistical Charts）

统计图有箱线图（Box and Whisker Chart）。

1．图例介绍

箱线图是利用数据中的最小值、第一四分位数、中位数、第三四分位数与最大值五个统计量来描述数据的一种方法，它也可以粗略地显示出数据分布的对称性和分散程度等信息，且特别适用于比较若干个样本。图表示例如图 4-206 所示。

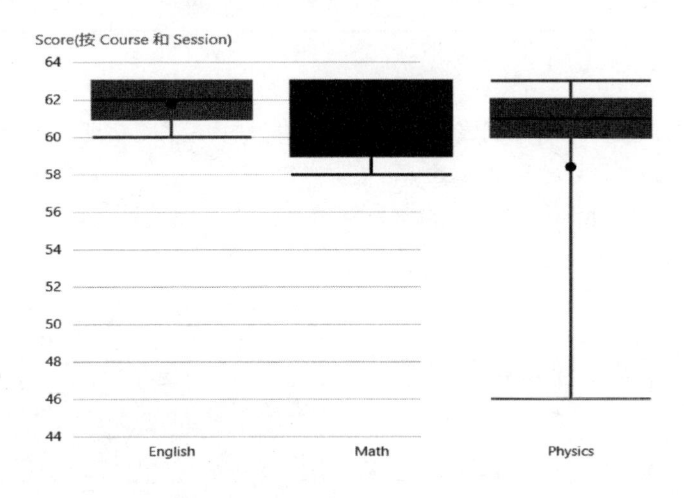

图 4-206　箱线图

2．属性

该控件的属性分为三类，分别为字段（Fields）、格式（Format）、分析（Analytics）。这类属性下的非公共选项及其描述见表 4-91～表 4-93。

表 4-91 字段（Fields）属性

No.	选　项	描　述
1	类别（Category）	分类，横坐标值
2	采样（Sampling）	数据采样范围
3	值（Values）	数值

表 4-92 格式（Format）属性

No.	选　项	描　述
1	图表选项（Chart Options）	设置箱线图四分位距（IQR）计算方式（默认为“Inclusive”），设置箱线图中线的显示方式（最大、最小值/小于 1.5 倍 IQR/等于 1.5 倍 IQR/自定义百分比计算）以及箱线图的宽度设置
2	分类坐标（Category Axis）	分类坐标字体大小、颜色、布局及坐标标题样式的设置
3	值坐标（Value Axis）	纵坐标字体类型、大小、颜色、单位、小数位及标题样式的设置
4	数值颜色（Data Colors）	设置平均值圆点颜色（Mean Color）、中位线颜色（Median Color）及是否统一设置各分类箱线颜色或单独设置每个箱线颜色
5	数据标签（Data Labels）	设置值是否显示数据标签及其字体类型、颜色、大小、单位、小数位设置
6	形状（Shapes）	设置中位线、平均值圆点是否显示
7	网格线（Gridlines）	设置主要或次要参考线是否显示及其大小、颜色等样式设置，当次要参考线打开时以次要参考线样式为准

表 4-93 分析（Analytics）属性

No.	选　项	描　述
1	恒定参考线（Constant Line）	可添加多条参考线，并设置线条位置、颜色、样式及线条数据标签样式设置

3．示例

现对张三各学期物理课程考试成绩进行分析。打开“字段”选项卡，将“Courses”表中的“Course”字段拖动到“Category”处，“Session”字段拖动到“Sampling”处，“Score”字段拖动到“Values”处，箱线图自动呈现出张三各学期物理课程的考试成绩分布情况，如图 4-207 所示。

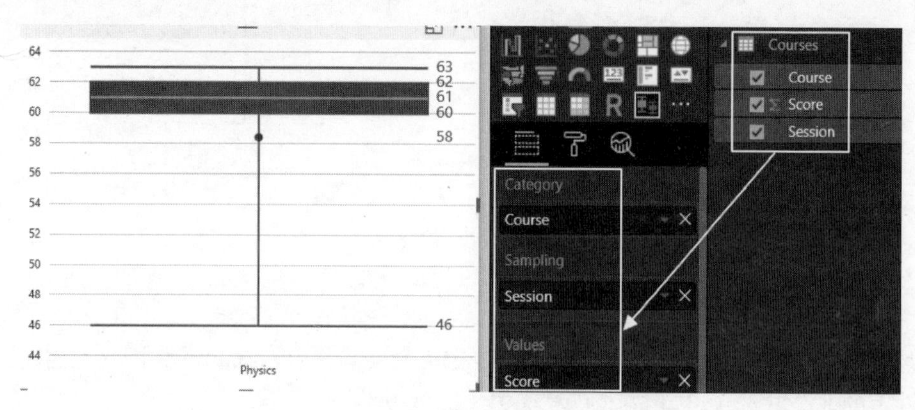

图 4-207 示例 1

选择“格式”，对箱线图进行自定义可视化配置：①在“Data colors”选项中设置平均值圆点为红色，中位线为黑色，箱线图为绿色；②打开“Data labels”选项开关，则相应数值在图右侧显示，如图 4-208 所示。

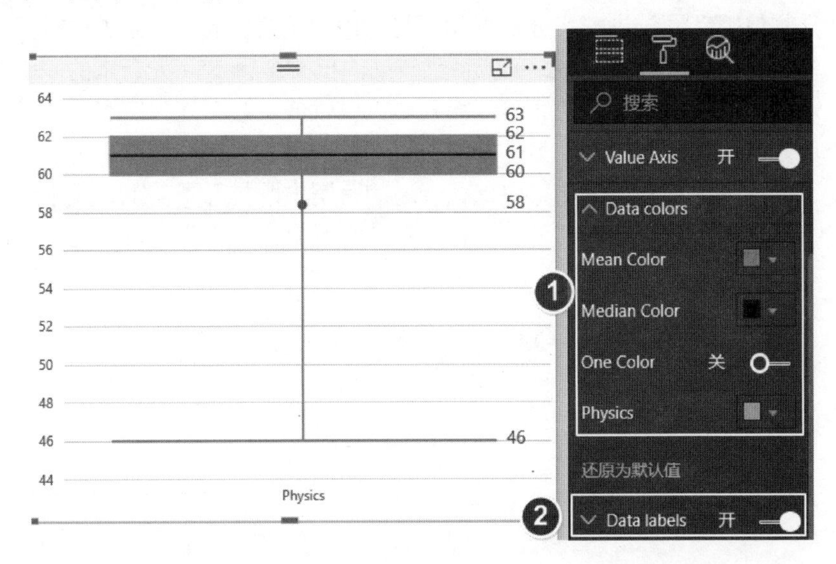

图 4-208　示例 2

选择“分析”，添加年级平均成绩参考线，如图 4-209 所示。

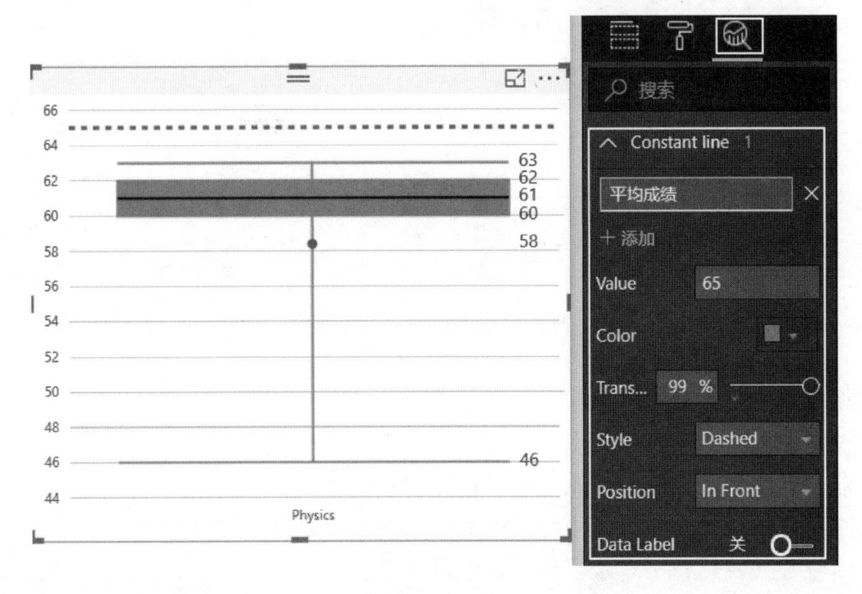

图 4-209　示例 3

4．应用场景

箱线图用于质量管理、人事测评、探索性数据分析等统计分析活动中，其简便快捷显而易见。

图 4-210 所示为两组某直销中心 30 名员工的工资测算数据，第一组为工资调整前的数

据，第二组为工资调整后的数据。绘出它们的箱线图进行比较，可以很容易地得出：工资调整前，总体水平在 700 元左右，四分位距为 230，没有异常值；经过调整后，出现 550 和 1100 两个异常值（箱线图中的异常值被定义为小于 Q1−1.5IQR 或大于 Q3+1.5IQR 的值）。为什么会出现异常值呢？经过进一步分析得知，得 1100 元薪水的员工由于技能强、工龄长、积累贡献大、表现较好，劳苦功高，理应得到较高的报酬；得 550 元薪水的职工则因为技能偏低、工龄短、积累贡献小且表现较差，得到的工资较低，甚至连一般水平也难以达到。这体现了工资调整的奖优罚劣原则。另外，调整后工资总体水平比调整前高出 95 元，四分位距为 100，工资分布比调整前更加集中，在合适的范围内既拉开了差距，又不至于差距太悬殊，还针对特殊情况进行了特殊处理。这种工资分布具有激励作用，可以说工资调整达到预期目的。

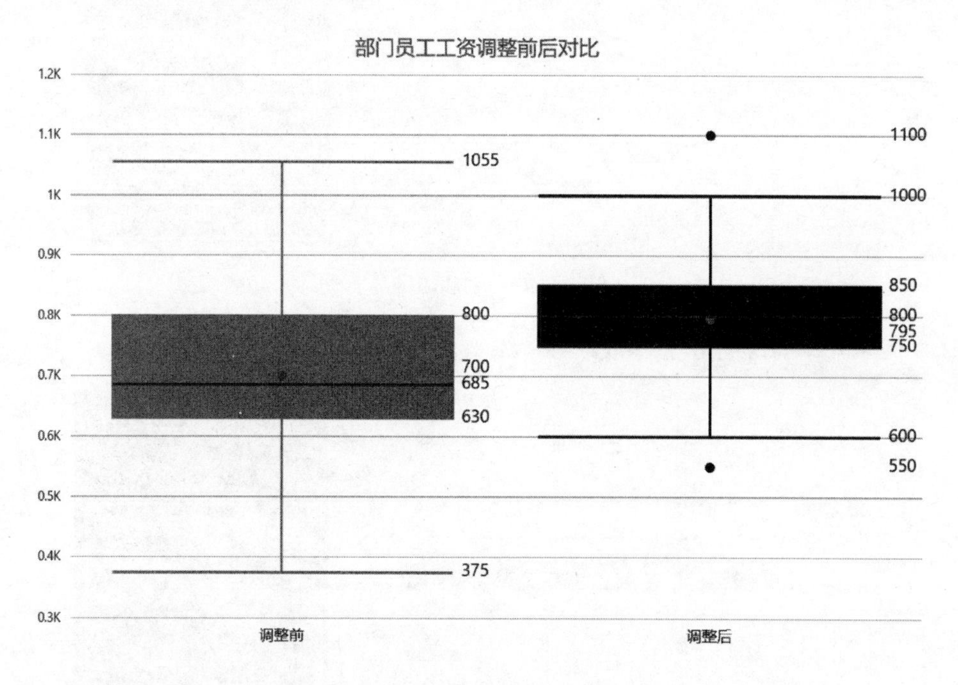

图 4-210　员工薪资水平调整前后对比

5．控件局限

- 不支持异常值名称标记。
- 不能提供关于数据分布偏态和尾重程度的精确度量。
- 对于批量较大的数据，箱线图反映的信息更加模糊。
- 用中位数代表总体平均水平有一定的局限性。

4.11　雷达图（Radar Chart）

1．图例介绍

雷达图又称为戴布拉图、蜘蛛网图，是在以中心点为起点的一组轴上绘制数据点并加接而形成的二维图表，用于显示多元数据，如图 4-211 所示。图表中，轴的相对位置和角通常是无意义的。其中的每个轴代表一个度量指标，所有的轴沿径向排列，相互之间的夹相等，即沿径向均匀分布。通常使用从轴到轴连接的网格线作为该图表的背景以便于快速图，同一实体的各个度量指标值分别在相应的轴上绘制为点，这些点连接在一起形成一个边形。雷达图表对于查看变量在数据集中得分高低非常有用，因此很适合显示综合技能，员工或运动员的技能分析，产品比较等。

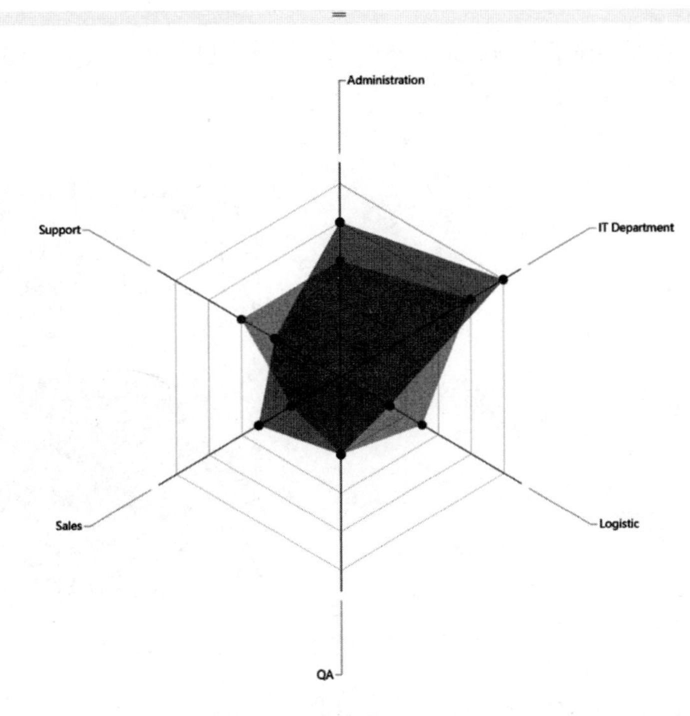

图 4-211　雷达图

2. 属性

该控件的属性分为两类，分别为字段（Fields）和格式（Format）。这两类属性下的非公选项及其描述见表 4-94 和表 4-95。

表 4-94　字段（Fields）属性

序号	选　项	描　述
1	类别（Category）	分类指标
2	Y 轴（Y axis）	雷达图上的数值

表 4-95　格式（Format）属性

序号	选　项	描　述
1	图例（Legend）	实现对图例标题、颜色、字体大小、位置的自定义设置
2	数据颜色（Data colors）	实现雷达图上数据显示颜色的自定义设置

（续）

序号	选　项	描　述
3	绘制线条（Draw lines）	对雷达图线条外观进行自定义设置
4	显示设置（Display settings）	对雷达图显示效果进行自定义设置
5	数据标签（Data labels）	对雷达图分类指标进行字体颜色与大小的自定义设置

3. 示例

连接数据源并选择“Radar Chart”图，然后进行以下操作：①选择“字段”；②“Category”字段拖动到“类别”处，“Actual”“Planned”字段拖动到“Y 轴”处，如图 4-2 所示。

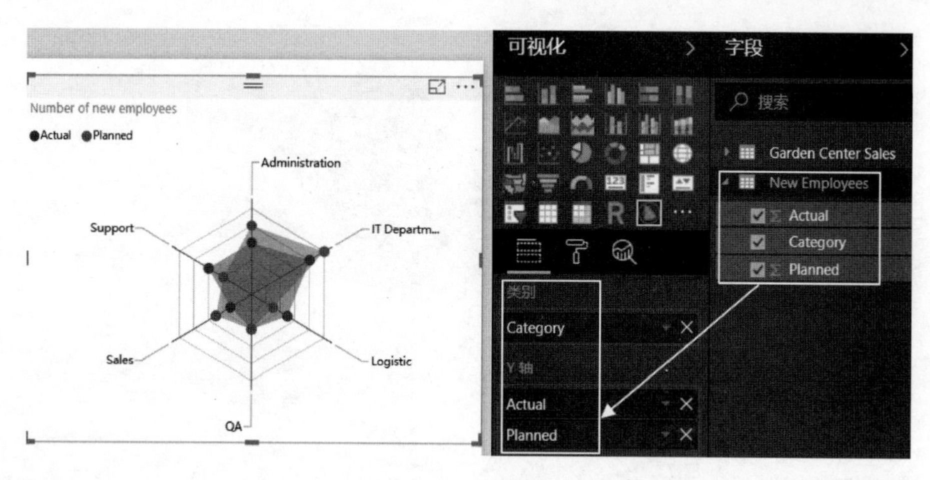

图 4-212　示例 1

进行格式设置：①选择“格式”；②设置雷达图的图例位置；③设置数据颜色；④置雷达图的标题。以上操作步骤如图 4-213 所示。

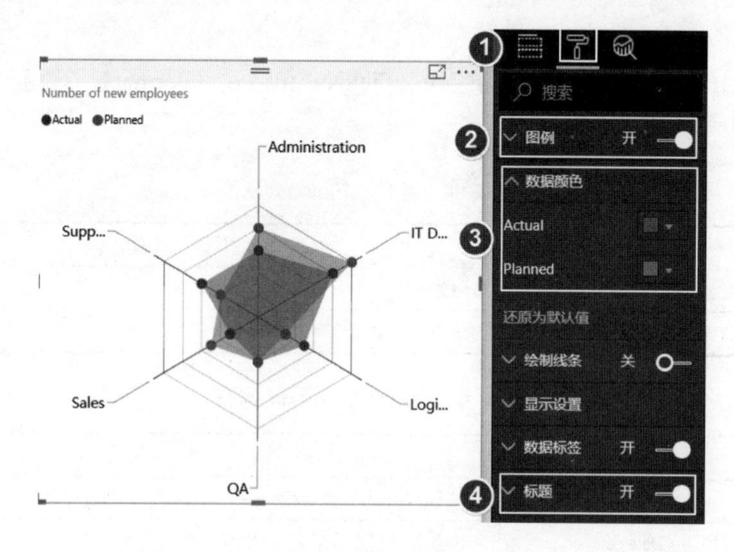

图 4-213　示例 2

4．应用场景

- 可用于企业经营状况分析。
- 可用于人物能力分析。

图 4-214 所示的雷达图是一张王者荣耀中的对战资料图。通过对战资料图，可以分析出玩家的综合能力。对战资料图由发育、推进、团战、战绩、生存、输出 6 部分组成，每部分都有数据，值越大，数据点离中心点的距离就越远。从图中可以看出，发育指标的值最大，所以该玩家是一个很注重角色发育的玩家，由此猜测该玩家比较喜欢玩刺客或者射手类英雄，因为这类角色只有发育好了才能秒人。

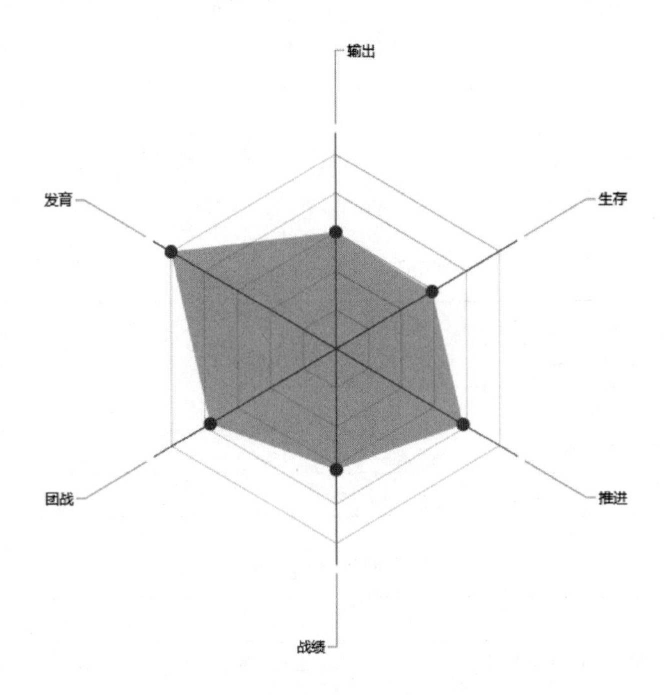

图 4-214　王者荣耀英雄对战表现图

5．控件局限

无法显示数据值。

4.12　漏斗图（Funnel Charts）

以下内容对 MAQ 漏斗图（Funnel with Source by MAQ Software）进行介绍。

1．图例介绍

漏斗图能够显示数据来源和阶段性指标。漏斗图，顾名思义，用于显示度量标准或数据的漏斗行程。它允许用户在不同阶段遵循任何指标的路径，并追踪度量标准到达漏斗的入口或入口渠道的来源。根据选择的渠道和销售阶段过滤数据。如图 4-215 所示，左侧黑点代表仅显示来源为“Brazil”的数据。

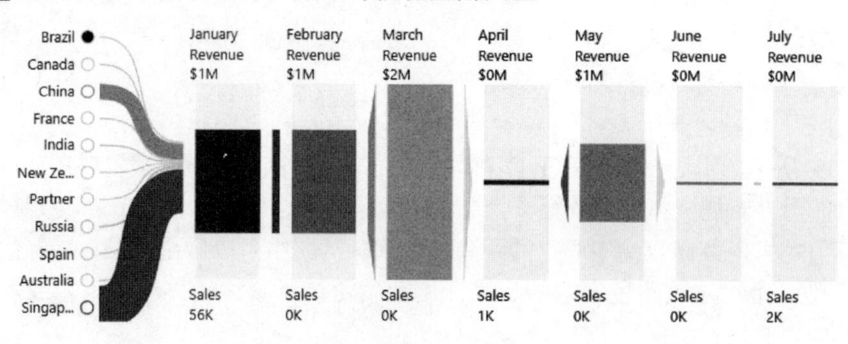

图 4-215　漏斗图

2. 属性

该控件的属性分为两类，分别为字段（Fields）和格式（Format）。这两类属性下的非
共选项及其描述见表 4-96 和表 4-97。

表 4-96　字段（Fields）属性

序号	选　项	描　述
1	类别（Category）	类别
2	子类别（Sub category）	子类别
3	主要度量（Primary measure）	主要度量
4	次要度量（Secondary measure）	次要度量

表 4-97　格式（Format）属性

序号	选　项	描　述
1	主要数据标签（Primary data labels）	实现对主要数据标签颜色、显示单位，小数位的自定义设置
2	次要数据标签（Secondary data labels）	实现对次要数据标签颜色、显示单位，小数位的自定义设置
3	渐变的颜色（Gradient colors）	实现对最小值、最大值的颜色自定义设置
4	数据颜色（Data colors）	实现对子类别数据颜色的设置
5	连接器设置（Connector settings）	实现对连接器颜色属性的自定义设置

3. 示例

选择“字段”，执行以下操作：①将“Sample data 2”表中的“Country”字段拖动
“Category”处；②将“Sort mapping”表中的“Month”字段拖动到“Sub category”处
③将“Revenue”字段拖动到“Primary measure”处；④将“Sales”字段拖动到“Seconda
measure”处。可视化控件自动呈现出随时间变化的趋势，如图 4-216 所示。

选择“格式”，打开的选项卡中将显示适用于当前所选图表的选项。执行以下操作：①
“Data colors”选项组中对子类别的数据颜色进行设置；②在“Primary data labels”选项组
对主要数据标签进行设置。根据具体场景修改相应属性值，得到的自定义可视化效果示例
图 4-217 所示。

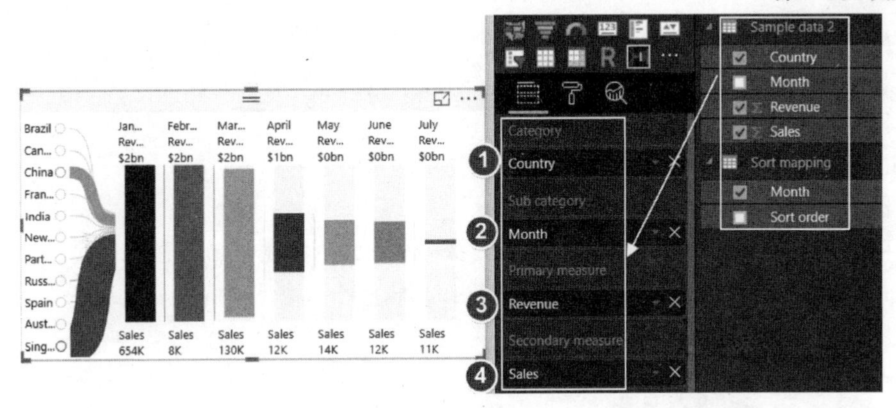

图 4-216　示例 1

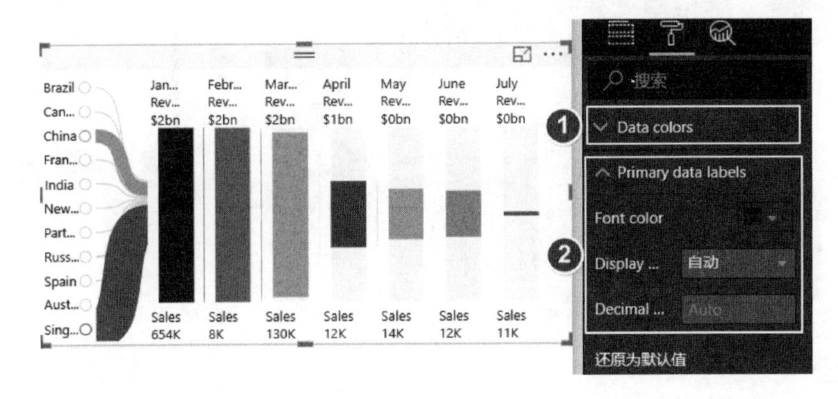

图 4-217　示例 2

再进行以下格式设置：①在“Gradient colors”选项组中设置渐变色、最大值和最小值；在“Connector settings”选项组中设置连接器颜色等属性。根据具体场景修改相应属性得到的自定义可视化效果示例如图 4-218 所示。

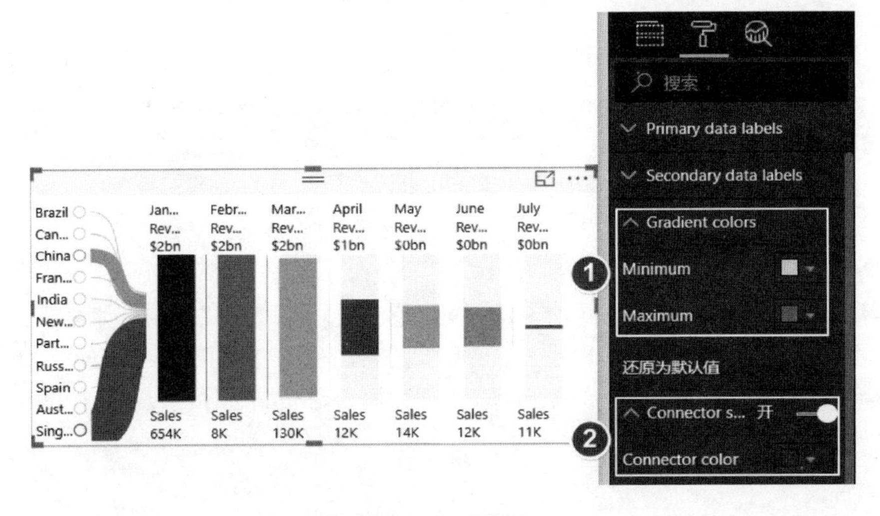

图 4-218　示例 3

4．应用场景

- 用于显示销售行程数据，任何销售线索通过其进入销售的渠道，然后显示销售周
  各个阶段的相应行程。
- 用于展示国家出口贸易每月的收入和销量。
- 适用于流程中的流量分析。

图 4-219 所示图表展示的是国家出口贸易每月的收入和销量。国家名称后的小圆圈颜
深浅及漏斗的粗细和颜色深浅，均代表数据的大小。

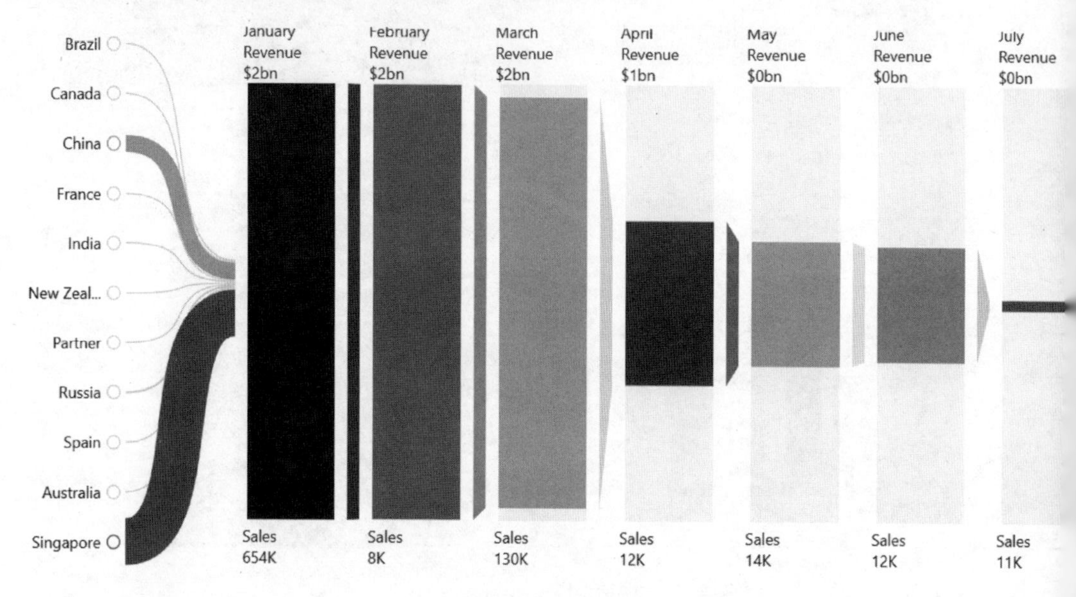

图 4-219　漏斗图

5．控件局限

- 当表示无逻辑顺序的分类对比时，不适合使用漏斗图，这时候使用柱形图更合适。
- 当表示占比情况时，不适合使用漏斗图，这时候使用饼图更合适。
- 不适用于数据量太大的数据。

4.13　瀑布图（Waterfall Charts）

以下内容对终极瀑布图（Ultimate Waterfall）进行介绍。

1．图例介绍

终极瀑布图支持水平和垂直两种图表方向。它支持增加自定义小结，如在分月查看时
定义增加季度小结；同时支持拆分为“小倍数”图表，以便进行多图表的比较，如近三年
支分析瀑布图，可拆分为上半年和下半年，缩放为两个瀑布图进行比较。终极瀑布图示例
图 4-220 所示。

2．属性

该控件的属性分为两类，分别为字段（Fields）和格式（Format）。这两类属性下的主

选项及其描述见表 4-98 和表 4-99。

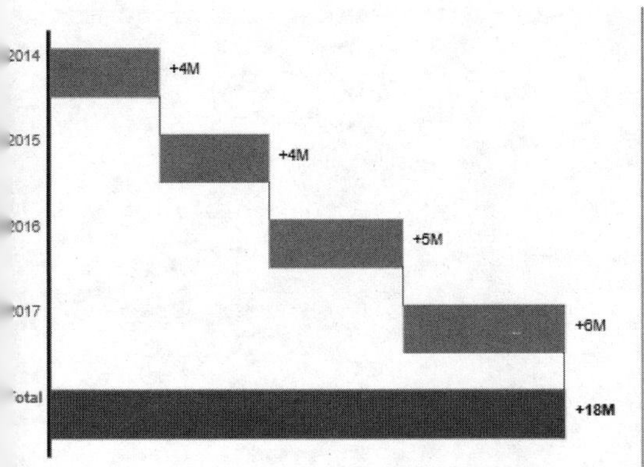

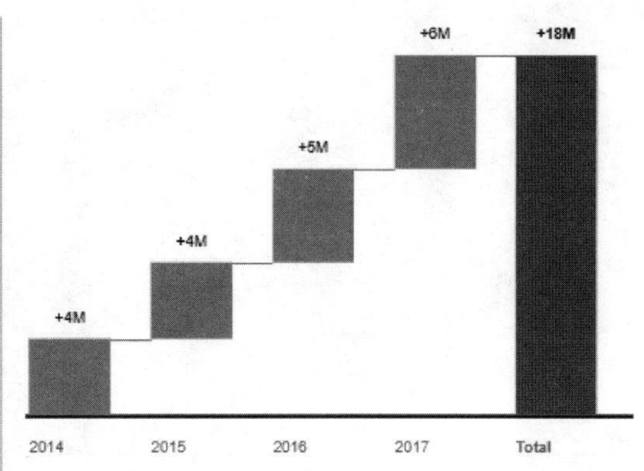

图 4-220　终极瀑布图（垂直分布|水平分布）

表 4-98　字段（Fields）属性

No.	选　　项	描　　述
1	类别（Category）	瀑布图分布维度设置（可多值层级下钻）
2	小倍数（SmallMultiples）	缩放图表为多个小图表的依据
3	值（Value）	对应柱状图的值
4	参考值（Reference）	设置参考值来查看数值与参考值之间的偏差（增加或减少）

表 4-99　格式（Format）属性

No.	选　　项	描　　述
1	平台授权（Licensed to dataviz.boutique）	控件来源与版本类型
2	颜色（Column Bar Colors）	柱子颜色设置，功能默认为关，打开后可对每一个柱形进行颜色设置
3	分类标签（Category Labels）	对 X 轴分类标签颜色和字体大小的设置
4	列标签（Column Labels）	对柱形图的数据标签文本大小、单位、小数位的设置
5	小图表标签（Small Multiple Labels）	缩放小图表的标题颜色、字体大小、布局设置
6	总计（Total）	图表最终汇总柱子名称、颜色、填充样式的设置
7	小计（Subtotal）	增加柱形图小计功能，可设置小计位置、名称、柱子颜色，免费版本仅支持增加一个小计
8	柱子类型颜色设置（Sentiment Color）	对增加和减少的柱子进行颜色设置，与“Column Bar Colors”不可同时使用
9	图表呈现（Chart Render）	图表水平或垂直展示、排序类型及连接线是否显示的设置

3．示例

选择“字段”，将“Date”表中的“dim_date_month”字段拖动到“Category”处设置瀑布图分布维度，将“Factpnl”表中的“Sales Amount”字段拖动到“Values”处设置瀑布柱子值，终级瀑布图将默认以垂直方式呈现 12 个月的销售金额分析结果，如图 4-221 所示。

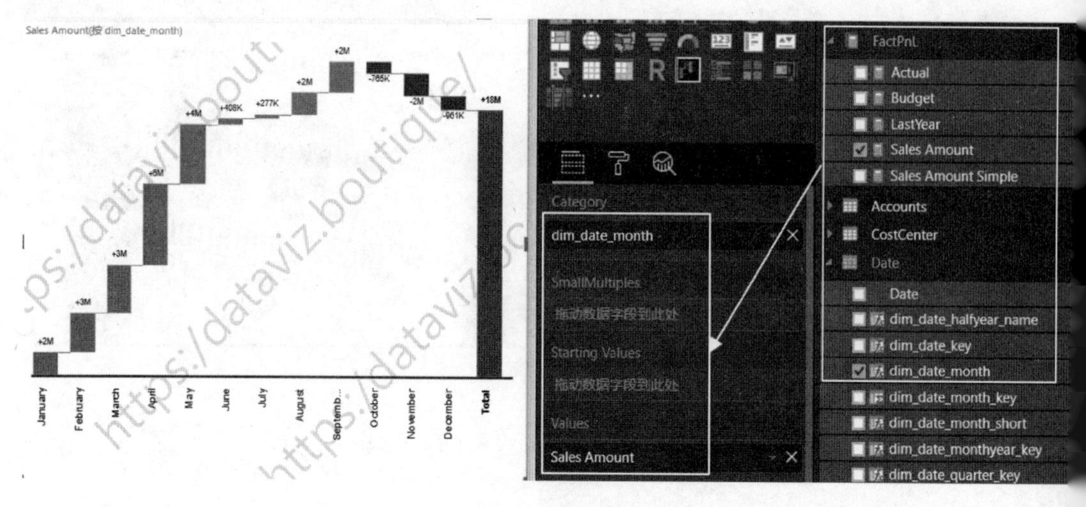

图 4-221　示例 1

设置“SmallMultiples”选项值为“dim_date_year”，同时修改“格式”中“Sm
Multiple Labels”标签下的列布局为“2”，按年度缩放为小图表，如图 4-222 所示。

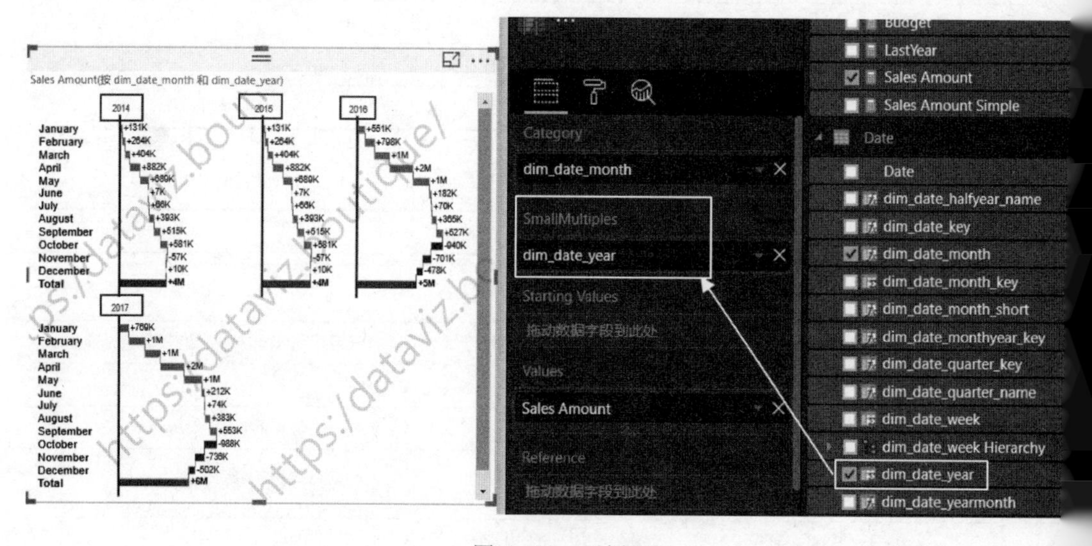

图 4-222　示例 2

这里再给出一个简单示例。设置“Reference”选项值为“支出”，查看数值“收入”
参考值“支出”之间的偏差（即盈余情况），如图 4-223 所示。

选择“格式”，修改相应属性值来自定义可视化效果，如图 4-224 所示：①在“Colu
Bar Colors”选项组中设置年数据柱子的颜色；②将“Total”选项切换为“开”并修
“Total”柱子的颜色；③将“Subtotal”选项切换为“开”，增加一个计算小结，位置排序
3，名称为“Subtotal”，颜色为深灰；④在“Chart Render”选项组中修改“Orientation”值
“Horizontal”，设置瀑布图为水平布局方式。

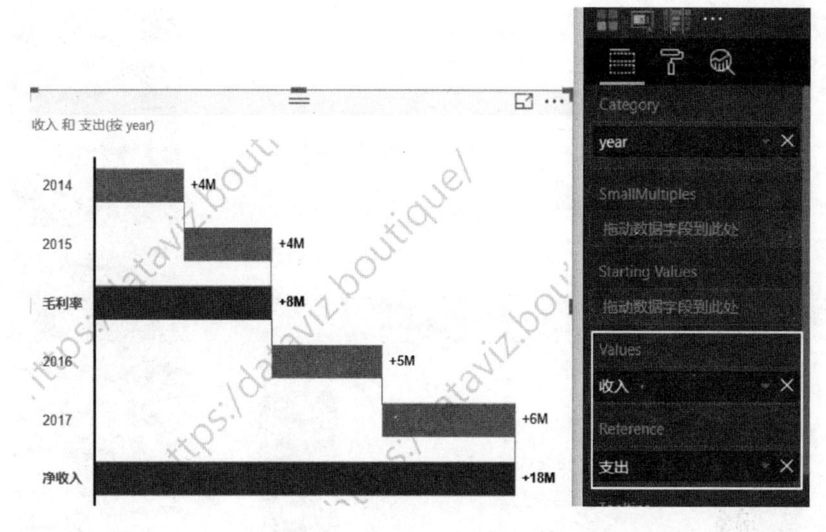

图 4-223　示例 3

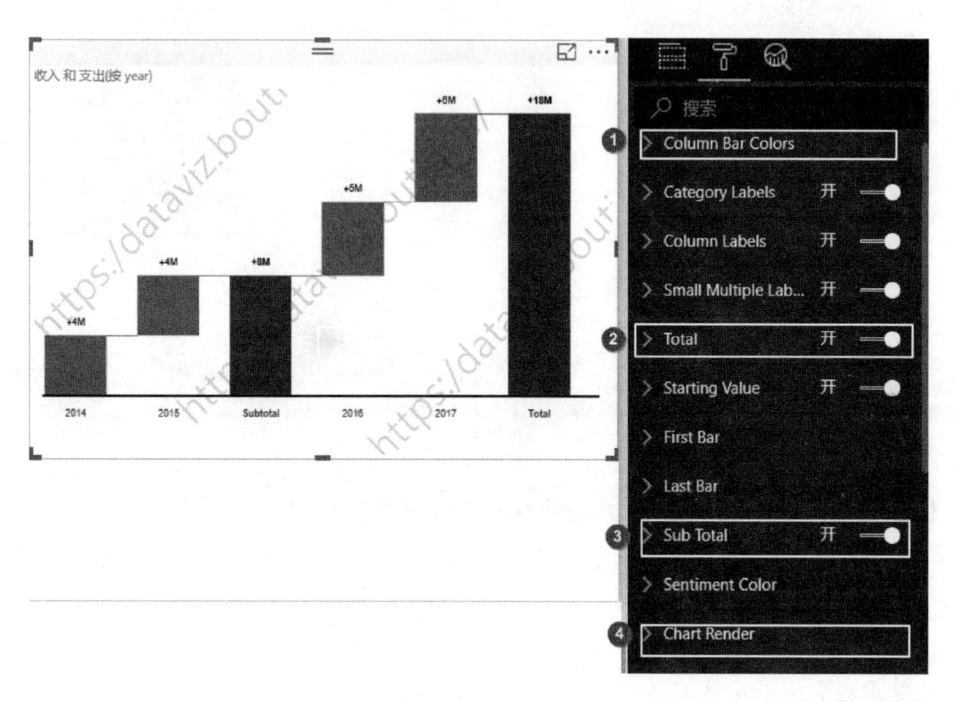

图 4-224　示例 4

4. 应用场景

终极瀑布图适用于解释两个数据值之间的差异是由哪几个因素贡献，及每个因素的贡献例，并能够展示两个数据值之间的演变过程，还可以展示数据是如何累计的，如财务报表的收入与净利润之间的演变过程（见图 4-225）。

5. 控件局限

该控件没有柱形图、条形图的使用场景多。

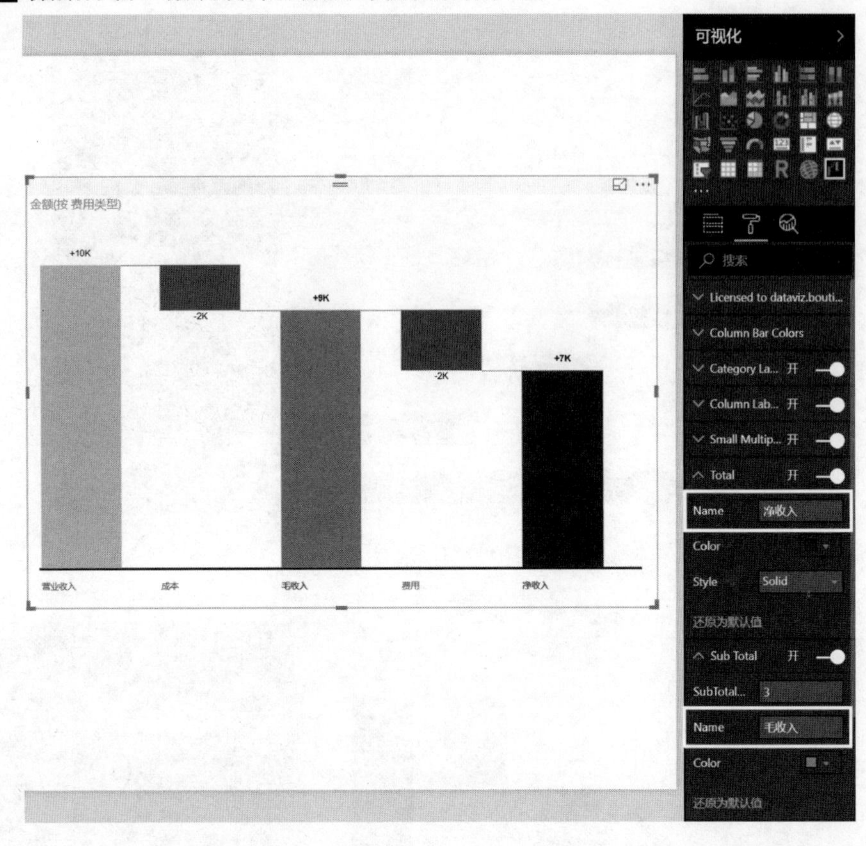

图 4-225 利润分析

4.14 文字图（Text Charts）

4.14.1 数据引导故事（Enlighten Data Story）

1. 图例介绍

数据引导故事是一种使用数据讲解一个清晰而简单的故事的文本可视化控件。它用可化显示的文本来突出动态数据值，从而以一种简单易懂的方式呈现故事；用户可以通过控文本和数据值的字体大小、颜色和样式等来突显需要重点描述的数据。如图 4-226 所示，需要显示的文本使用大字体进行了突出显示。

On a National Level:

1,319 water systems serving 3.49M Americans would have violated the proposed standard from the beginning of 2013 through 2015
2,509 water systems serving 18.37M Americans were found over the current limit in the same time period

图 4-226 数据引导故事

2. 属性

该控件的属性分为两类，分别为字段（Fields）和格式（Format）。这两类属性下的非公
选项及其描述见表 4-100 和表 4-101。

表 4-100　字段（Fields）属性

No.	选　　项	描　　述
1	数据值（Data values）	需要突出显示的数据值

表 4-101　格式（Format）属性

No.	选　　项	描　　述
1	故事（Story）	实现对故事字体颜色、大小、内容、对齐方式的设置
2	数据（Data）	实现对数据替换符、字体颜色和大小、是否加粗、单位类型、小数位数的设置

3. 示例

选择“字段”，将“data”表中的“Population served violating current limit (15ppb)”、
opulation served violating proposed limit (10ppb)”、“Water systems violating current limit
)ppb)”、“Water systems violating proposed limit (10ppb)”字段拖动到“Data Values”处。

在“格式”图标下“Story”选项组的“Text”文本框中输入文本“# water systems
ving # Americans would have violated the proposed standard from the beginning of 2013 through
15
water systems serving # Americans were found over the current limit in the same time
iod”，可实现图 4-227 所示的可视化效果。

如图 4-227 所示，上面为效果图，下面为制作步骤，可实现突出显示关键数据的简单故
可视化效果。

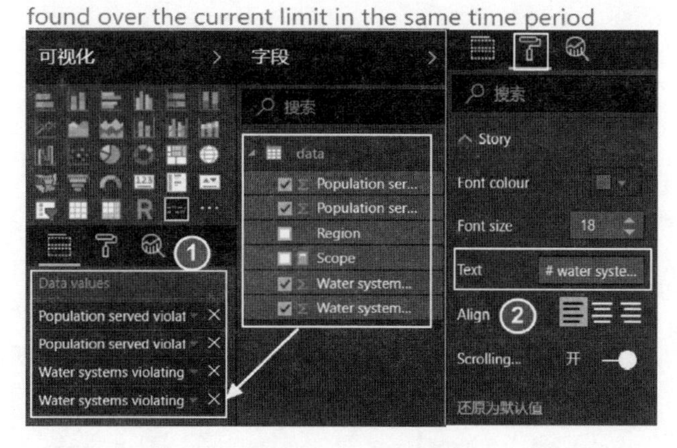

图 4-227　示例 1

在“格式”选项卡中自定义字体颜色、大小、背景色等。选择“格式”图标下的“Story”，设置“Font size”为“18”；在“Data”选项组中，设置“Font colour”为粉红色，设置“Display”为“千”。

如图 4-228 所示，上面为效果图，下面为制作步骤，得到自定义的可视化效果。

图 4-228　示例 2

4. 应用场景

通过该控件可对故事中需要突出显示的动态数据设置字体颜色、大小等。如图 4-229 示，通过突显数字“800”，直观地展示了图中所讲的故事。

图 4-229　腾讯新闻

5. 控件局限

- 只能对故事进行文本说明，不能添加图片等特殊效果。
- 所有突出显示的数据只能统一设置。
- 故事的文本长度有限制，不能超过文本框能输入的最大值。

4.14.2　MAQ 文本包装器（Text Wrapper by MAQ Software）

1. 图例介绍

MAQ 文本包装器可以从任何数据源中检索文本，并将其包装在目标字段中，以可各式呈现出来。文本包装器包含静态文本字符串（语句）和动态文本字段值，动态文本字段值将根据所选滤镜/切片器进行更新，静态文本保持不变。如图 4-230 所示，前面的“Apple”是通过一个字段控制的动态值，后面的“Hi,I am Static text”是一个静态文本字符串，可以分别调整静态和动态文本字体的颜色、大小、类型以及文本的背景颜色等。

Apple : Hi, I am static text

图 4-230　MAQ Software 的文本包装器

2. 属性

该控件的属性分为两类，分别为字段（Fields）、格式（Format）。这两类属性下的非公共选项及其描述见表 4-102 和表 4-103。

表 4-102　字段（Fields）属性

No.	选　　项	描　　述
1	字段（Field）	设置动态显示的数据

表 4-103　格式（Format）属性

No.	选　　项	描　　述
1	文本设置（Text settings）	实现对字体颜色、大小、对齐方式的设置
2	静态文本设置（Static text settings）	实现对静态文本是否显示冒号、文本位置、文本背景颜色、文本内容、字体样式、是否加粗、是否斜体、是否有下划线的设置
3	动态文本设置（Dynamic text settings）	实现对动态文本背景颜色、字体样式、是否加粗、是否斜体、是否下有画线的设置

3. 示例

1）选择“字段”，将“Fruit data”表中的“Fruits”字段拖动到“Field”处。

2）在“字段”选项卡中右击字段“Fruits”，在弹出菜单中选择“首先”。

3）选择“格式”中的“Static text Settings”，在“Text to append”中输入文本“Hi, I am Static text”，可实现图 4-231 所示的可视化效果。

图 4-231 中，下面为制作步骤，可实现一个动态文本加一个静态文本的效果。

其他格式属性设置如下。

1）选择“格式”→“Text settings”，设置“Color”为红色，设置“Text size”为“5”。

2）选择“格式”→“Dynamic text settings”，设置“Text highlighter”为淡蓝色。

3）选择“格式”→“Dynamic text settings”，设置“Italic”为“开”。

4）选择“格式”→“Static text settings”，设置“Text highlighter”为黄色。

5）选择“格式”→“Static text settings”，设置“Italic”和“Underline”为“开”。

图 4-231　示例 1

如图 4-232 所示，下面为制作步骤，上面为实现的可视化效果。

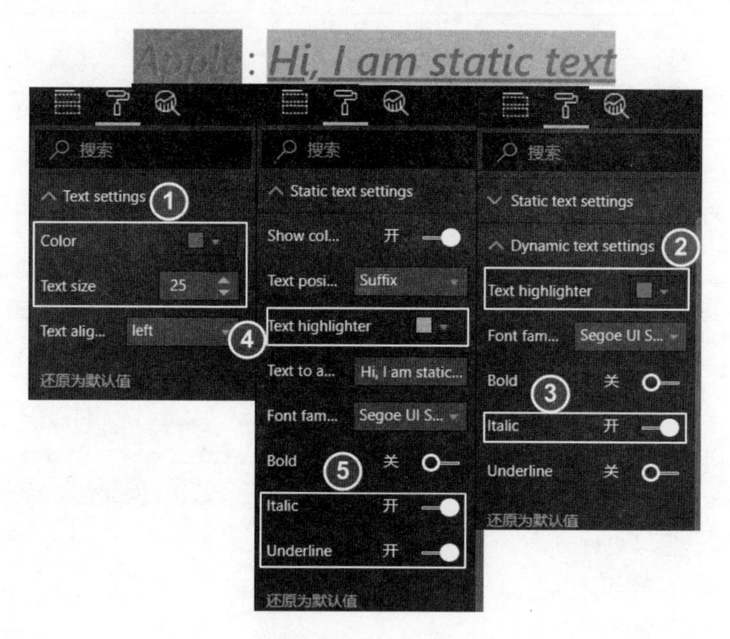

图 4-232　示例 2

4．应用场景

- 可通过筛选器动态地显示文本。
- 可分别设置动态文本和静态文本的属性。

例如，图 4-233 所示的统计图中，通过条件筛选器动态控制衣服各个尺寸的销售总情况。

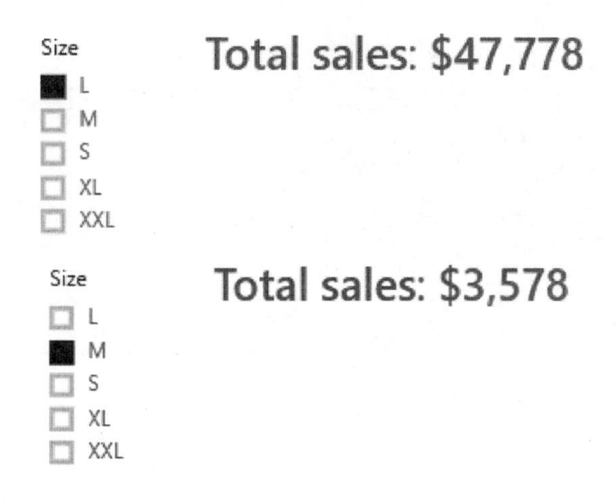

图 4-233　衣服各尺寸销售统计

5．控件局限性

- 只能把数据中的第一个文本作为动态文本。
- 不能单独设置动态文本和静态文本字体的颜色和大小。
- 文本长度有限制，不能超过文本框能输入的最大值。

4.15　子弹图（Bullet Chart）

1．图例介绍

子弹图是带有额外视觉元素的条形图，用于追踪目标。它可作为仪表的替代，是为了克仪表的基本问题而开发的。子弹图具有单一的主要衡量标准（如当前的收入），将该衡量准与一个或多个其他衡量标准进行比较，以丰富其含义（例如，与目标相比），并将其显为定性范围，如差、满意、好。同一定性范围以单一色调的不同强度显示。子弹图可以是平的或垂直的，有 4 个不同方向（水平左，水平右，垂直左，垂直右），并且可以堆叠以许一次比较多个测量。子弹图示例如图 4-234 所示。

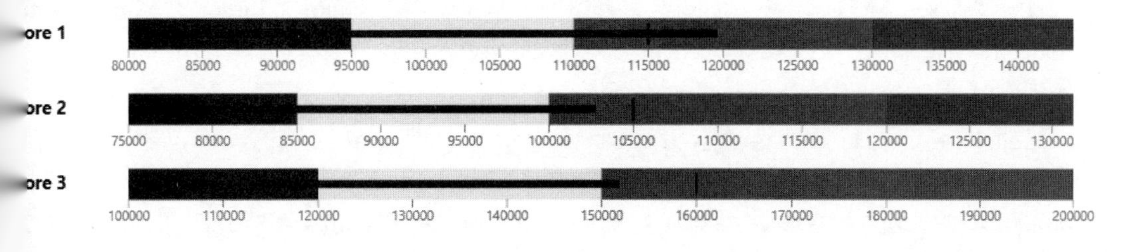

图 4-234　子弹图

2．属性

该控件的属性分为两类，分别为字段（Fields）和格式（Format）。这两类属性下的非公选项及其描述见表 4-104 和表 4-105。

表 4-104　字段（Fields）属性

序号	选　项	描　述
1	类别（Category）	类别
2	值（Value）	数据实际值
3	目标值（Target value）	目标值
4	最小值（Minimum）	最小值
5	需要改进（Needs improvement）	需要改进
6	满意的（Satisfactory）	满意
7	好（Good）	好
8	非常好（Very good）	非常好
9	最大值（Maximum）	最大值
10	目标值 2（Target value 2）	目标值 2

表 4-105　格式（Format）属性

序号	选　项	描　述
1	数据值（Data values）	实现对目标值、最低值、最大值的自定义设置
2	提示（Tooltips）	实现对值和目标值的自定义名称设置
3	分类标签（Category labels）	实现对分类标签颜色、字体大小、最大宽度的自定义设置
4	方向（Orientation）	实现对图形展示方向的自定义设置
5	颜色（Colors）	实现对子弹颜色的自定义设置
6	轴（Axis）	实现对数值轴、度量单位、颜色等属性的自定义调整

3．示例

打开“字段”选项卡，将“Stores”表中的“Store”“Revenue”“Target”“Min Revenu
“Satisfactory Revenue”“Good Revenue”“Very Good Revenue”字段拖动到相应位置，子弹
自动呈现出时间趋势下的分析结果，如图 4-235 所示。

选择“格式”，打开的选项卡将显示适用于当前所选图表的颜色、轴、参考线等自
义选项，将“Category Labels”选项设置为“开”，如图 4-236 所示。“Colors”选项组中
选项如图 4-237 所示。根据具体场景修改相应属性值，得到自定义可视化效果，如图 4-
所示。

4．应用场景

- 分析各大商店年初至今的收入和预算。
- 分析链球资格比赛中运动员的平均表现。
- 对比分类数据的数值大小、所处区间以及达标情况。

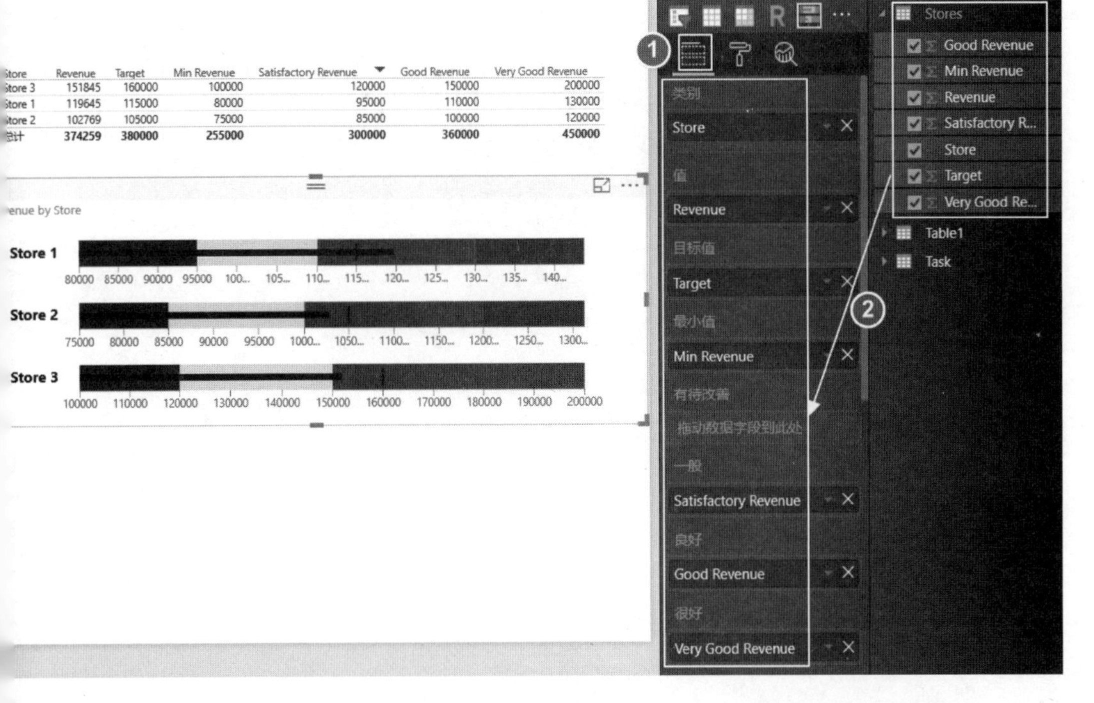

图 4-235　示例 1

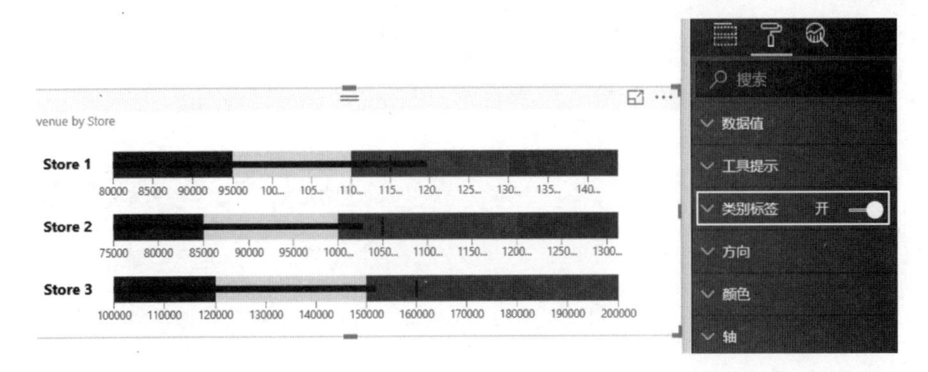

图 4-236　示例 2

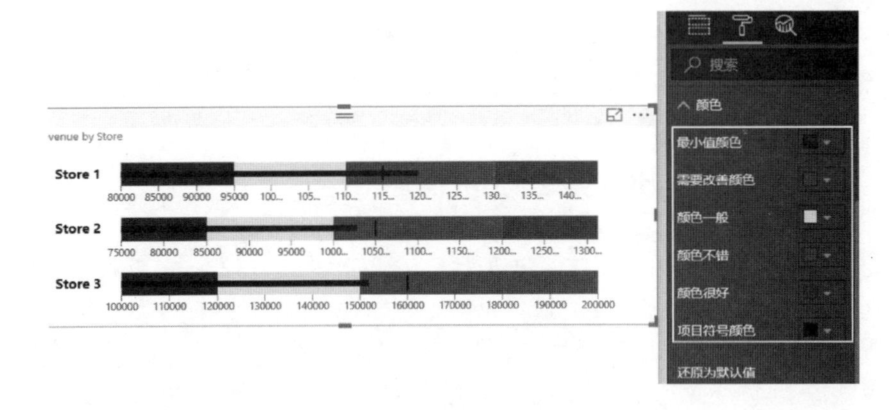

图 4-237　示例 3

● 显示阶段性数据信息。

图 4-238 所示的子弹图，展示了三个超市的实际收入和目标收入，以及收入的评价范围。深红色（最左端）代表最低的收入，黄色（第二段）代表满意的收入，绿色（第三段）代表好的收入。实际收入是黑色横线，目标收入是细竖线。当光标移至图上时，显示相应的实际收入值和目标收入值。

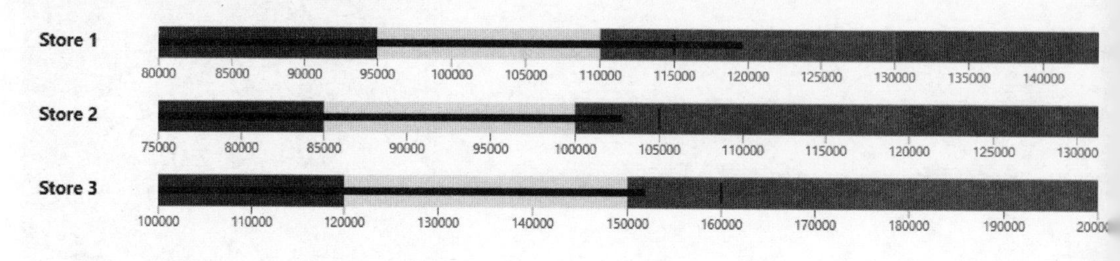

图 4-238　子弹图

5. 控件局限

● 当进行多个分类间数据的对比时，使用柱形图更加合适。

● 无法使用公共轴。

● 适合的数据条数：不超过 10 条数据。

6. 拓展案例

图 4-239 所示的子弹图用于表达一些阶段性的数据。图中标明了全年的定额目标（线），同时每个季度的阶段性完成进度都显示在了条形图上。

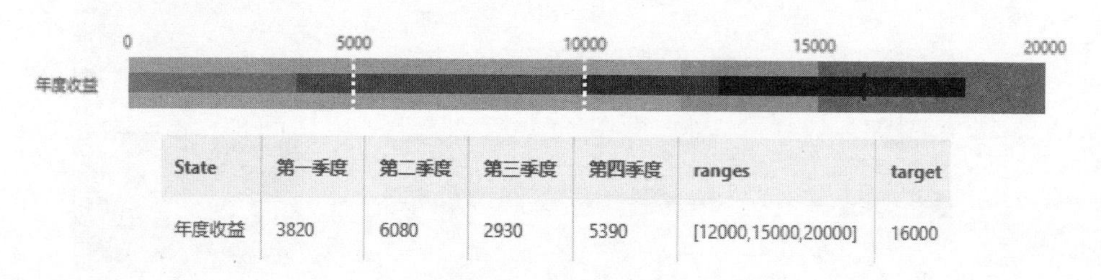

State	第一季度	第二季度	第三季度	第四季度	ranges	target
年度收益	3820	6080	2930	5390	[12000,15000,20000]	16000

图 4-239　层叠子弹图

4.16　扩展控件

4.16.1　烛台图（Candlestick Charts）

OKViz 烛台图（Candlestick by OKViz）适用于展示股票、证券、货币的价格走势，图的每根蜡烛通常显示四个价格值：高、低、开放和关闭。该图表允许用户为定义多条趋势线，图 4-240 所示。

上图反映了某月 1～29 号股票的走势情况。深色（原为蓝色）蜡烛表示乐观值（涨浅色（原为红色）蜡烛表示悲观值（跌），蜡烛的尾巴线上方表示最大值，尾巴线下方表最小值，蜡烛下边框表示关闭值（收盘价），蜡烛上边框表示开放值（开盘价）。

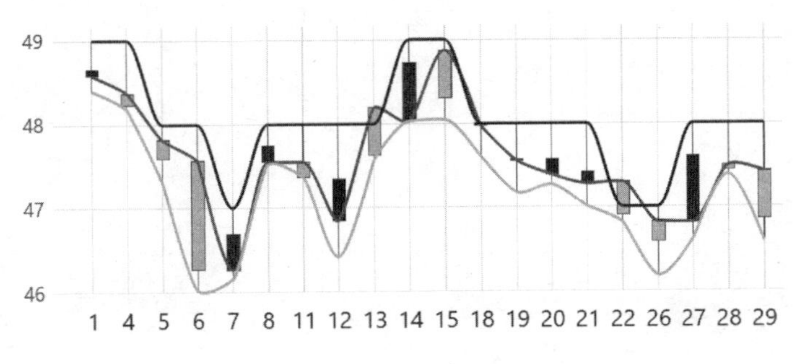

图 4-240　OKViz 烛台图

.16.2　日历（Calendar）

1. 视觉日历（Calendar Visual）

视觉日历是以天为单位的年度日历视觉效果图，颜色的深浅代表度量值的相对权重大小，无数据的日期单元格默认填充为白色。

图 4-241 所示为 2017 年某业务全年每天的销售额权重分配情况，一季度权重最大，为一年中销量最好的时期，二季度权重较低，可视为淡季，从三季度末到四季度权重较大，可视为旺季。

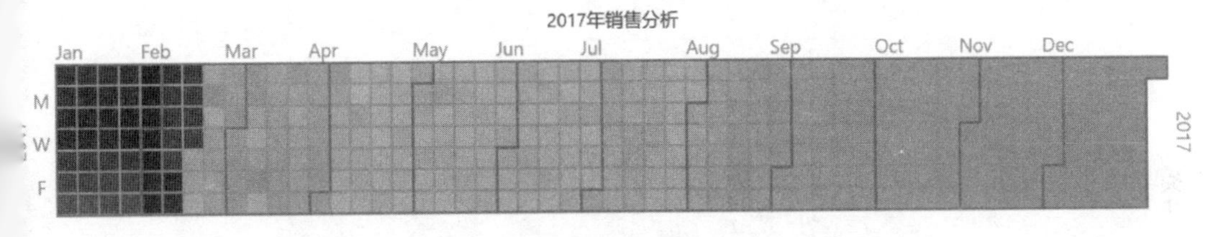

图 4-241　视觉日历

2. Beyondsoft 日历（Beyondsoft Calendar）

Beyondsoft 日历是以天为单位的单个月份的日历效果图，若日期中存在多个月份，默认显示最小月份的数据。

图 4-242 所示为 2017 年 1 月份个人每天的运动步数记录情况，不同的颜色分别代表低于目标值未达标的日期（如 1000），接近或刚刚达到目标值的日期，以及超过目标值的日期（如 3000）。

3. Tallan 日历（Calendar by Tallan）

Tallan 日历以标准的日历布局形式展示选择时间范围内的数据对比情况，每个月有单独卡片，从左往右月份数依次增加，颜色的深浅代表度量值的相对权重大小，无数据的日期单元格默认填充为白色。

图 4-243 所示为 2017 年各月每天的销售收入比重情况。

日运动步数

January 2017

Sun	Mon	Tue	Wed	Thu	Fri	Sat
1 2,000	2 2,000	3 1,000	4 2,000	5 1,000	6 2,000	7 1,000
8 2,000	9 3,000	10 3,000	11 3,000	12 1,000	13 2,000	14 1,000
15 2,000	16 3,000	17 3,000	18 3,000	19 3,000	20 2,000	21 1,000
22 2,000	23 1,000	24 2,000	25 1,000	26 3,000	27 2,000	28 1,000
29 1,600	30 1,800	31 2,100				

图 4-242　Beyondsoft 日历

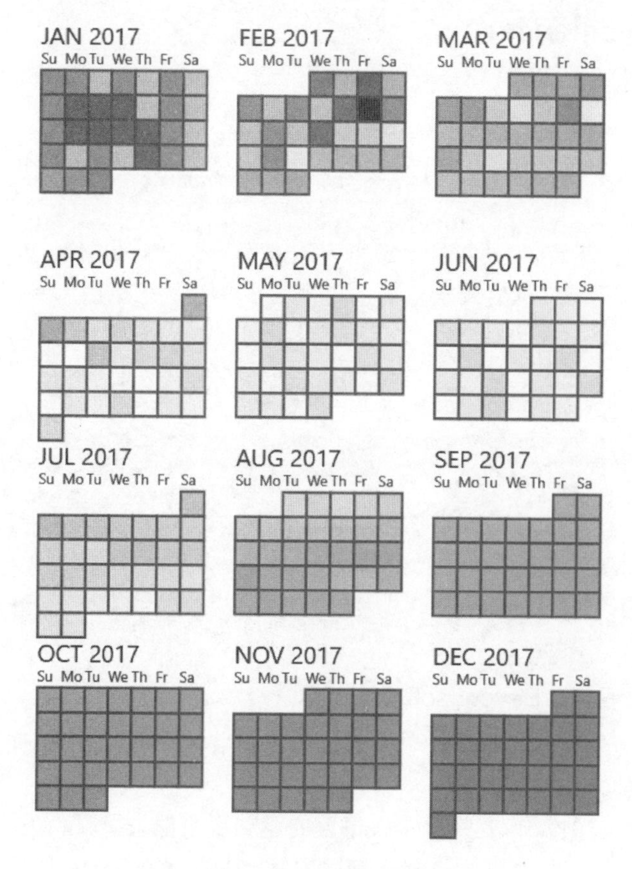

图 4-243　Tallan 日历

4. Akvelon 自定义日历（Custom Calendar by Akvelon）

在 Akvelon 自定义日历中可以查看和显示任何来源的日常数据（如出勤率、项目时间流量及日常报告），该工具可以在很短的时间内为日常活动提供重要参考。

图 4-244 所示为国外某学校 2017～2018 学年学校日历，图例中包括上学日期、周末秋季休息日、圣诞节假期、冬季休息日。

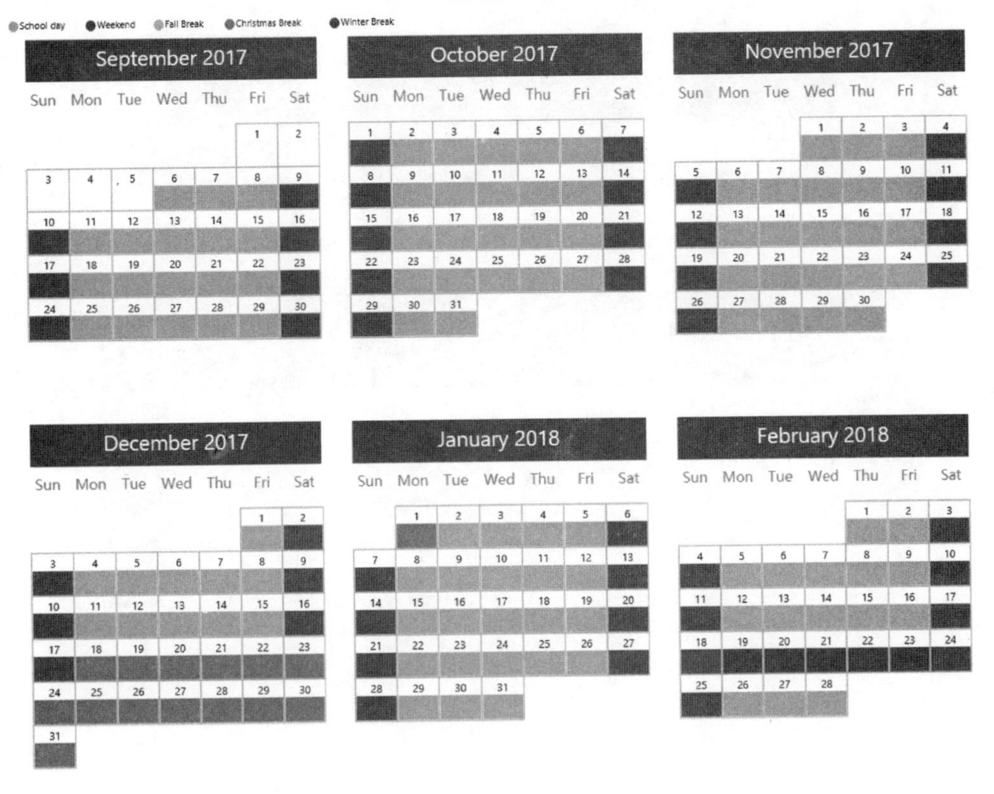

图 4-244 Akvelon 自定义日历

.16.3 卡片图（Card）

1. 卡片浏览器（Card Browser）

- 卡片浏览器通过图文结合方式反映人或事物的相关信息，可从中快速找到需要查找的信息。
- 卡片浏览器具有可折叠的双面图，可扩展人或事物的相关信息。

图 4-245 所示的可视化效果通过图文结合的方式清晰地展示了各个球员的基本信息，并过扩展信息显示了球员的详细信息。通过单击标题下的四个小方块可翻转卡片查看球员的本介绍。

2. OKViz 状态卡（Card with States by OKViz）

- OKViz 状态卡可对显示的值设置多种状态，并根据不同的状态设置不同的颜色。
- OKViz 状态卡中的趋势线可展示此度量值的走势情况，同时可突显趋势线中的最高值和最低值等。

图 4-246 所示的状态卡通过卡片的形式展示了销售情况。在此图中通过绿色的数字56700”反映出销售额在向好的方向发展，同时在折线中分别用不同颜色的圆点表示折线的最小值和最大值。通过此图能清晰地看出销售额的走势情况和当前销售的状态。

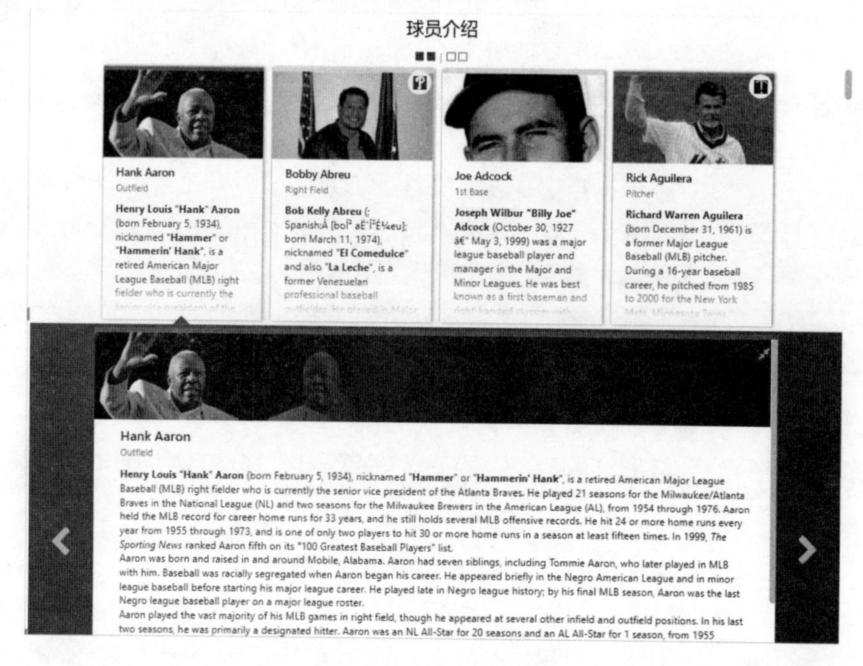

图 4-245　卡片浏览器

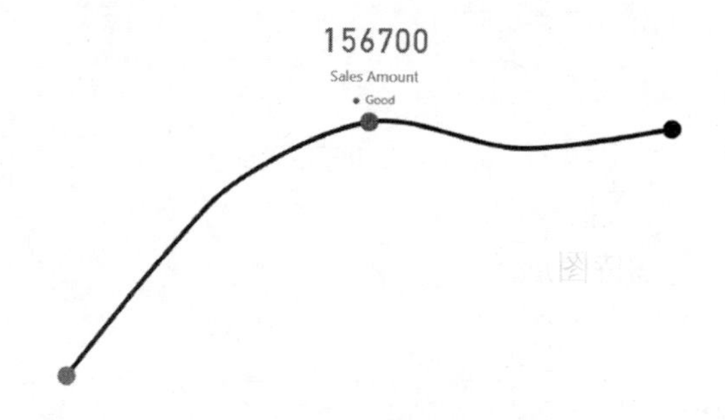

图 4-246　OKViz 状态卡

4.16.4　集群图（Cluster Charts）

集群图有集群地图（Cluster Map），它有以下特点。

- 最多可添加四个图像源，且必须是 HTTP 协议的 URL，其中第一个提供主图像。
- 集群分对称“螺旋”布局和自由形式的“关系”布局，“关系”布局下集群邻近度集群之间的相关性确定。在任一布局中选择一个集群可以过滤和突出显示其他视效果。

图 4-247 所示的示意图展示了 10 个集群，集群数量的显示可在格式属性中根据用户求进行设置，每个集群的数量是根据该集群分组后所属的所有不同群 ID 的总和得来。集地图能帮助用户导航报表，它提供了一种可视化的方式来选择与某个主题相关的所有内容并帮助用户快速浏览大量的内容。

图 4-247　群集映射

16.5　甘特图（Gantt Charts）

1．甘特图（Gantt）

甘特图是一种条形图，用于展示具有时间轴的时间表。主要用于项目管理，比如从不同角度查看资源分配、任务完成情况、剩余任务等。

如图 4-248 所示，使用甘特图展示一个项目的进度，以图例颜色反映任务阶段类型（分、设计、开发、执行），任务名称作为纵坐标，时间轴作为横坐标，条形图的起止位置代任务的计划起止时间，条形图中心的黑色线条代表该任务的完成情况，条形图后面的文字示代表执行该任务的人员角色。

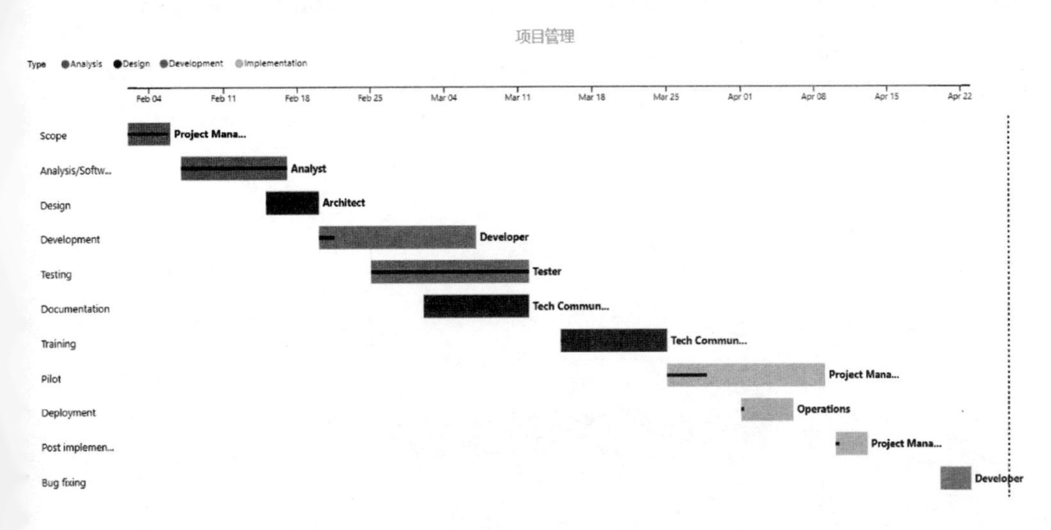

图 4-248　甘特图

2. MAQ 甘特图（Gantt Chart by MAQ Software）

MAQ 甘特图用于调度和任务管理。普通的甘特图只显示基本的细节，如任务 ID、名
和时间表。MAQ 甘特图包含一个网格，允许用户查看与任务相关的数据和数据类别的层
结构。用户可以根据任务中包含的任何数据点对数据进行排序。

通过 MAQ 甘特图，项目经理可以监控项目 ID、开始时间、结束时间、当前状态、
目持续时间、项目所有者、任务优先级以及许多其他 KPI。用户还可以查看单个任务及
进度。

如图 4-249 所示，反映了两个地区 5 个项目的 7 个里程碑情况：第一部分网格反映任
相关的数据和数据类别的层次结构（类别有 State、ProjectName、Milestone）；第二个网格
映任务优先级以及其他 KPI 指标（RiskStatus、SafetyStatus、ScheduleStatus）；第三部分的
特图以条形图标记项目阶段起止时间，并提供“Today”参考线。

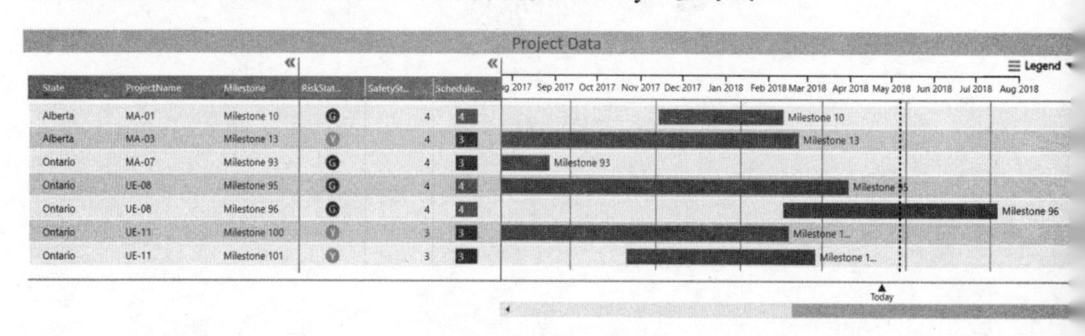

图 4-249　MAQ 甘特图

4.16.6　测量图（Gauge Charts）

1. MAQ 圆柱形测量仪（Cylindrical Gauge by MAQ Software）

圆柱形测量仪的填充线为用户提供了一种简单的方法来了解实际值与目标容量的关系
该工具可用于评估库存、燃料或其他库类别的指标。

如图 4-250 所示，深色柱形上面的线圈代表收入目标位置，柱形代表已完成的收入。

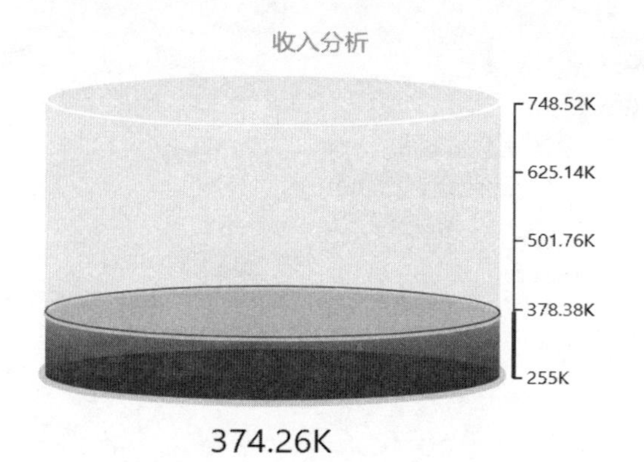

图 4-250　MAQ 圆柱形测量仪

2．千分表（Dial Gauge）

千分表允许用户在转盘中定义各种范围以及指针值。

如图 4-251 所示，红色显示的是实际值，如图中为今年的值范围（50K～900K）；黄色图中的浅色）表示的是目标值，如去年的值（30K～700K），指针显示当前值（600K）；绿代表最小值 20K 到最大值 1.1M 之间的空白（20K～1.1M）；千分表的中心显示图表维度名（可从上面表格中选择显示“Mumbai”“Delhi”，额外的标签显示占比 73%。其中默认最值是 0，默认最大值是 100。图中红色和绿色由于黑白打印不易辨识，参考以上数值范围可。另外，该图表中目标值范围（黄色）覆盖实际值范围（红色），绿色范围被其他范围色覆盖。

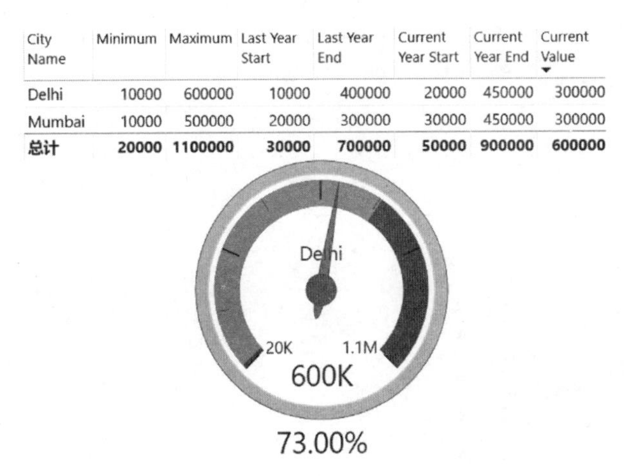

City Name	Minimum	Maximum	Last Year Start	Last Year End	Current Year Start	Current Year End	Current Value
Delhi	10000	600000	10000	400000	20000	450000	300000
Mumbai	10000	500000	20000	300000	30000	450000	300000
总计	**20000**	**1100000**	**30000**	**700000**	**50000**	**900000**	**600000**

图 4-251　千分表

3．MAQ 线性测量仪（Linear Gauge by MAQ Software）

线性测量仪主要作用于将进度与确定的目标和警告区进行比较。图中能够描述完成目标的进展情况，包含现值、目标值、完成率、最小完成目标、最大完成目标等，图表可选择平或垂直方向展示。

如图 4-252 所示，当前完成进度（90）以灰色细条显示，目标要求以不同的颜色表示，中 80 为最低目标要求，100 以上为优秀，目标值 120 以黑色线条显示，同时以虚线设置～110 区间来观察完成情况。

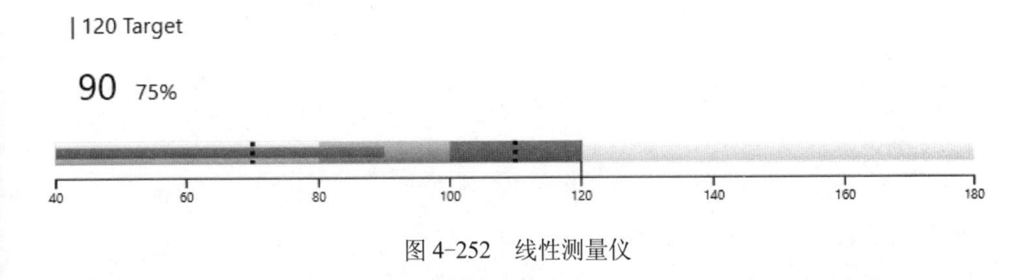

图 4-252　线性测量仪

4．转速表（Tachometer）

转速表是一种灵活的仪表，可以以直观的方式快速传达详细信息。例如，展示目标的团队绩效、错误率、测试覆盖率、客户满意度等指标。

图 4-253 所示为 2016 年亚特兰大的降水情况，0～2.0 表示降水偏少、出现干旱，2.0～8.0 表示正常降水，8.0～12.0 表示降水偏高、将出现洪涝。以往 30 年的平均降水量 5.3 作为“Target Value”在图表上以线条提示方式展示，2016 年的降水值 3.66 在图表上方以指针提示方式展示，同时在图表最下方以文字方式提示。

5．MAQ 温度计（Thermometer by MAQ Software）

MAQ 软件提供的温度计是实现目标进度可视化的完美工具。可以设置温度计的填充颜色、边框颜色、调整比例的最小值和最大值，以及关闭滴答杆以获得极简风格的外观。

图 4-254 所示，统计某一研发产品出错率，通过最大、最小值设置温度计的起止值，设置阈值为 250，在温度计左侧标记出阈值刻度，增加不同等级的数值和并进行颜色设置，如 100～200 间温度计是以浅蓝色标记，200～250 间以深蓝色显示，250～300 间以黄色显示，300 到最大值 350 间以红色显示。

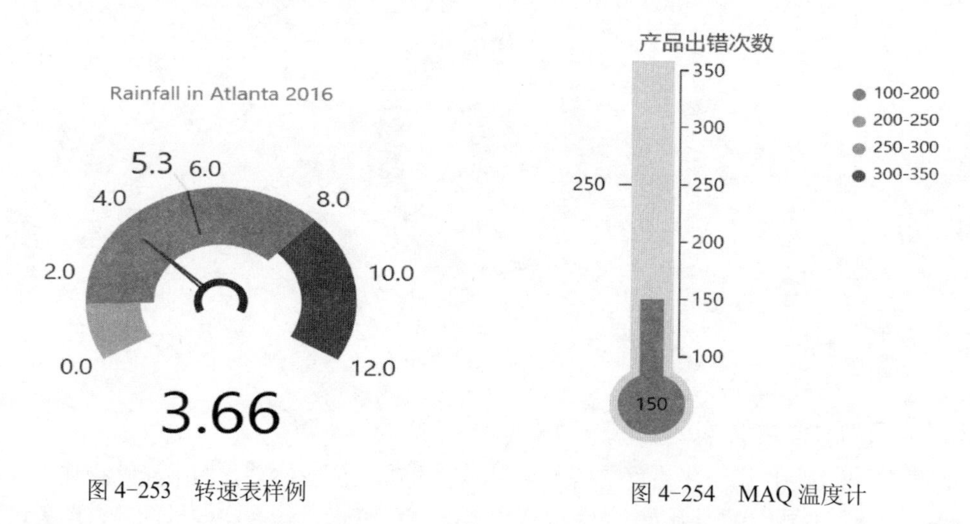

图 4-253　转速表样例

图 4-254　MAQ 温度计

4.16.7　图像图（Image）

1．图像网格（Image Grid）

- 图片 URL 必须是 HTTP 开始的网络地址，本地 URL 无法识别。
- 可根据图像大小快速识别展示信息。

图 4-255 所示的示意图展示了图像网格控件的 3 种展现模式。Top list：图像大小对应数据排列顺序，默认第一条数据对应的图像最大；Weighted by measure：图像大小跟对应的值成正比，即值越大图像越大；Grid：图像根据数据排序顺序以表格布局形式呈现。

2．图像时间轴（Image Timeline）

- 只适合一定范围的数据量，不适合大数据的展示。
- 图片 URL 必须是 HTTP 开始的网络地址，本地 URL 无法识别。
- 图形的视觉效果好，能按照时间顺序展示图像。

图 4-255　图像网格

图 4-256 所示的效果是在一个年份水平时间轴上（1800 年～2000 年）展示了各个时间的名人图像，光标放在某个图像上时该图像会放大，能查看所指的图像和对应的提示信。拖动左侧和右侧可以更改开始日期和结束日期。如果未指定图像网址，则时间线事件将示为点。

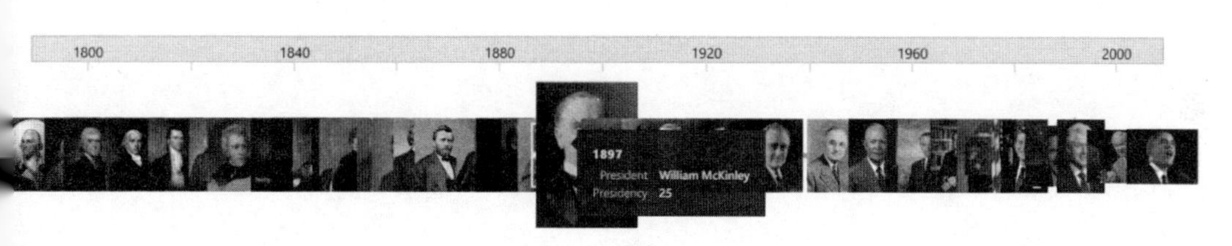

图 4-256　图像时间轴

16.8　关系图（Relation Charts）

1．力导向图（Force-Directed Graph）

- 通过源和目标确定相关节点的关系，同时可以双向显示节点之间的关系。
- 通过权重确定线条宽度。
- 通过“LinkType”字段属性可以定义链接标签和文本的颜色。

图 4-257 所示的图表图通过关系网的形式反映了公司员工的通讯情况：通过线条的宽度映出各个员工之间通讯次数的多少；通过线条不同的颜色反映员工之间关系。此图能够很观地反映出员工之间的沟通情况。

2．MAQ 旅程图表（Journey Chart by MAQ Software）

- MAQ 旅程图表可以清晰、简洁地展示多层次数据。
- 能够突出显示源自单一来源的子类别，并显示类别之间的关系。

图 4-258 所示的图表展示了 2014 年和 2013 年不同厂商赞助的不同影视类型的销售情在此图中用节点及节点间的连线表示类别及类别之间的关系。节点越大，值越大。2013 的圆点比 2014 年圆点小，说明 2014 相比 2013 年的电影销售值大。

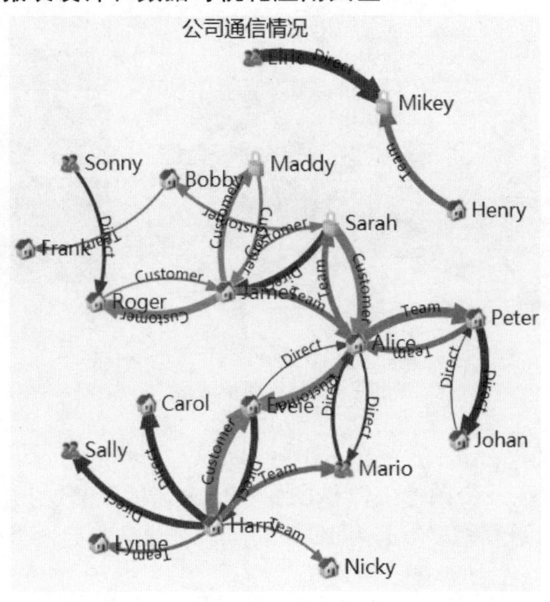

图 4-257　力导向图

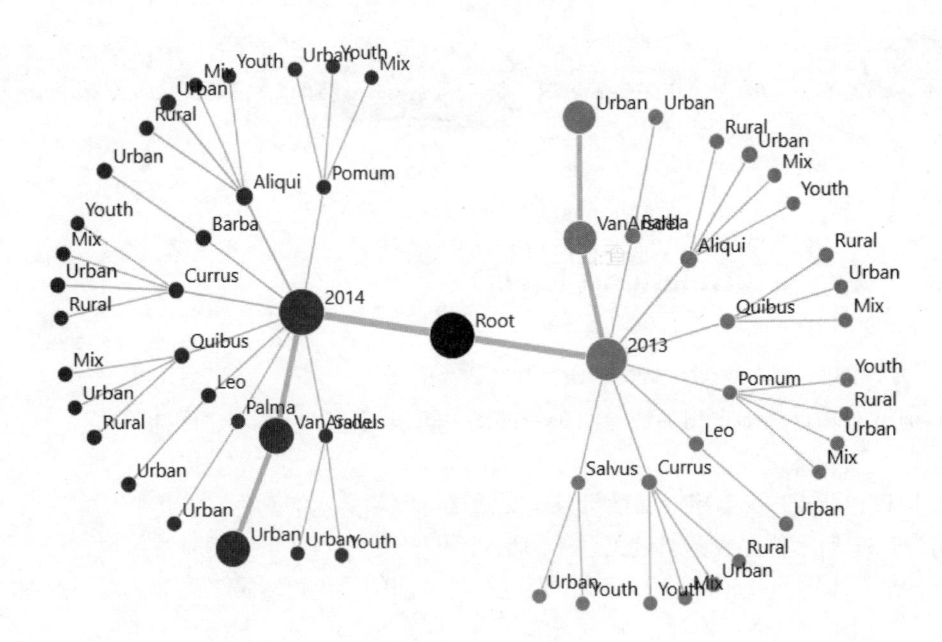

图 4-258　MAQ 旅程图表

3. 社交网络图（Social Network Graph）

- 社交网络图可用于反映人与人之间的关系。
- 也可用于反映组织关系情况。

图 4-259 所示的图表展示了某公司的组织关系情况。此图中清晰地反映了公司每个人职务、部门和销售情况，气泡越大，销售越多。

图 4-259　社交网络图

16.9　切片器和过滤器图（Slicer and Filter）

1. 属性切片器（Attribute Slicer）

- 属性切片器用于在页面中按需过滤数据集。
- 可通过搜索框搜索你想要查找的过滤值，然后单击过滤值达到切片效果。
- 可指定维度值或度量值对用于切片的维度值进行排序，且用于排序的维度值或度量值会以条状图形显示出来。
- 可随意选择多个筛选项。
- 单击“Clear All”按钮可一次性清空筛选项，使用方便。

在图 4-260 所示的图表中，图 1 是通过切片器将图 2 的数据进行过滤后呈现的效果，过条件为“#slide”“#SQLServer”“#ppt”，对于已选择的筛选条件可以分别单击删除或者单“Clear All”按钮一次性清空筛选条件。

2. 巧克力切片器（Chiclet Slicer）

- 巧克力切片器用于限制在页面的其他可视化图表中显示的数据集。
- 该切片器以文本按钮或图像按钮平铺展示，可单击这些平铺的按钮以达到画布内数据过滤的效果。
- 可设置单选或者多选。
- 可设置一行平铺多少个按钮。
- 可设置选中、未选中、光标覆盖等不同场景对应的颜色，从而在页面上动态显示交互状态。

如图 4-261 所示，图 1 是通过切片器将图 2 的数据进行过滤后呈现的效果，切片器呈一行三列的样式平铺展现，过滤条件为“Louisiana”“Ohio”“Oklahoma”，对于已选择的筛选条件可以分别单击取消或者单击筛选器右上角的“clear”按钮一次性清空筛选条件。

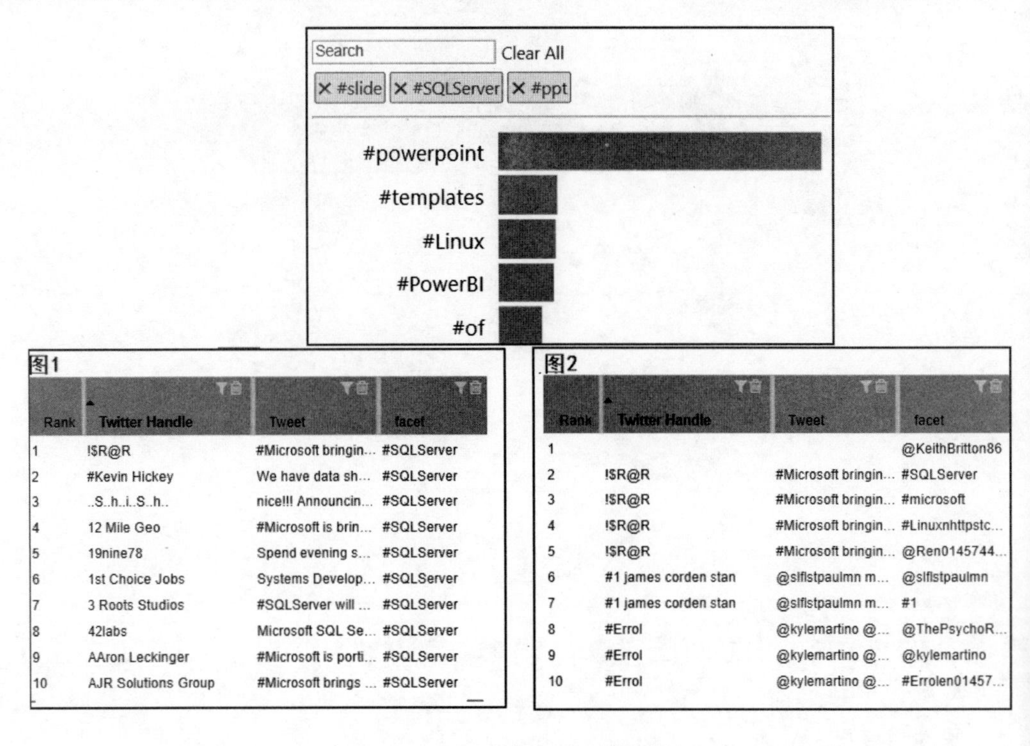

图 4-260　属性切片器效果图

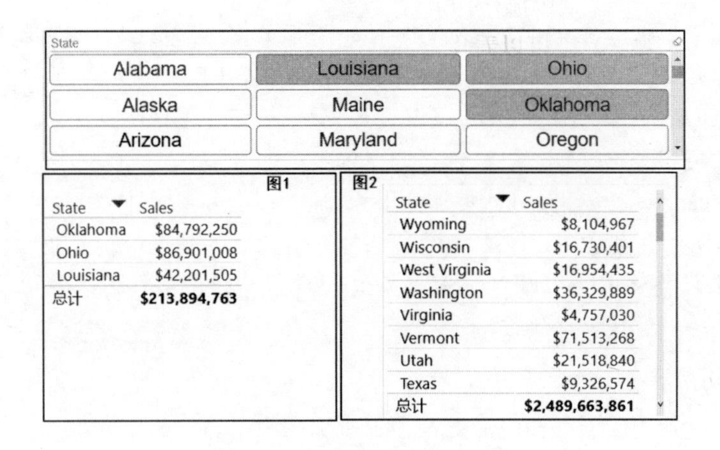

图 4-261　巧克力切片器效果图

3. Enlighten 切片器（Enlighten Slicer）

- Enlighten 切片器以一种简单的方式来与数据进行交互，切片机可视化效果如图 4-所示，允许以交互方式筛选报表，以简单的风格显示数据。
- 可以自定义背景颜色、文本颜色以及文本大小。
- 可以设置过滤来突出显示数据。

从图 4-262 所示的效果图可以看出，图 1 是通过切片器将图 2 的数据进行过滤后呈现的效果，切片器将不同年龄段的筛选条件横向平铺展现，过滤条件为“26-29”，过滤后的数据在图 1 中高亮显示，整体数据以较浅的颜色显示。

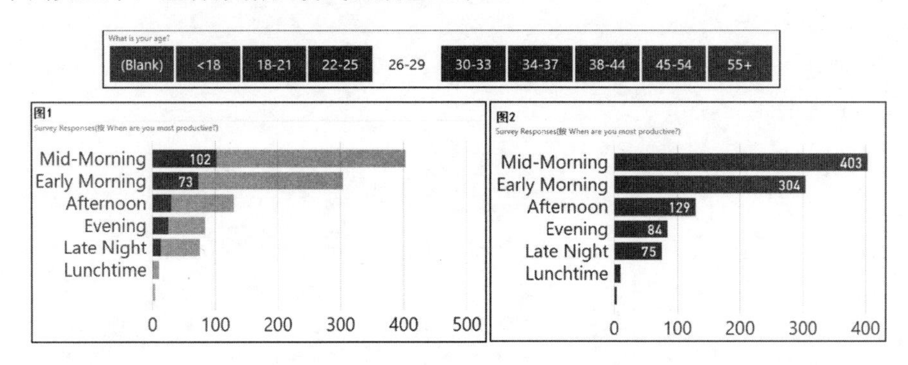

图 4-262　Enlighten 切片器效果图

4. Enlighten 世界国旗切片器（Enlighten World Flag Slicer）

- 由世界国家标志组成的可视化切片器，允许用户创建视觉上引人注目的国家切片器来交互式地过滤报告。
- 该视觉效果中可使用常用的国家名称或使用两个字母的 ISO 3166-1-alpha-2 国家代码。
- 国家标志可以动态调整来适应容器大小。
- 过滤后的数据在另一图表中高亮显示。
- 文字大小、颜色，标志阴影均可以调整。

从图 4-263 所示的图表中可以看出，图 1 是通过切片器将图 2 的数据进行过滤后呈现的效果，切片器以不同国家旗帜横向平铺展现，过滤条件为“New Zealand”，过滤后的数据在图 1 中高亮显示，剩余数据以较浅的颜色显示。

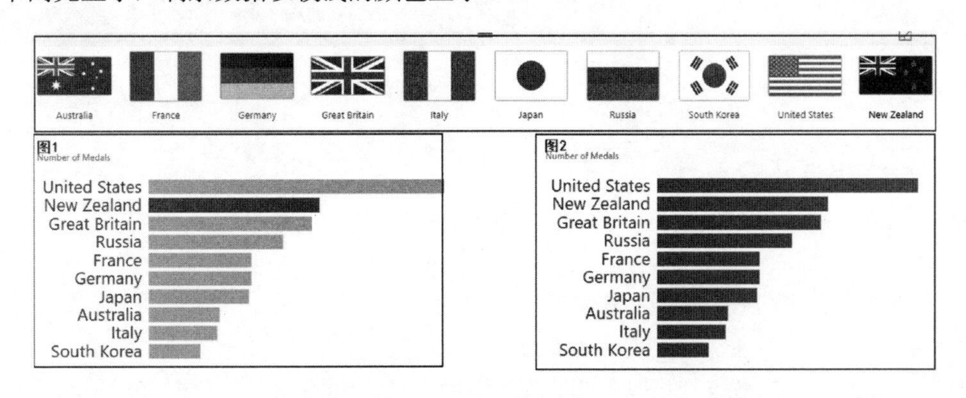

图 4-263　Enlighten 世界国旗切片器

5. 关键项切片器（Facet Key）

- 关键项切片器用于在整个文档集合中显示各种类型文档中的最常见实体。
- 选择一个感兴趣的实体过滤器并突出显示链接文档，这样就可以一次一个实体地对文档集合进行系统分析。

- 关键项切片器还可以通过搜索框随意搜索想要查找的文档类型。

从图 4-264 所示的效果图可以看出，图 1 是通过切片器将图 2 的数据进行过滤后呈现的效果，还可以看出关键项切片器将文档分成了三类，分别是 Organization、Person、Location，控件对每一类文档按照文章 ID 进行了统计，并按照从大到小的顺序进行排序，可以明显看出 Organization 类型下 Microsoft 相关的文章最多。

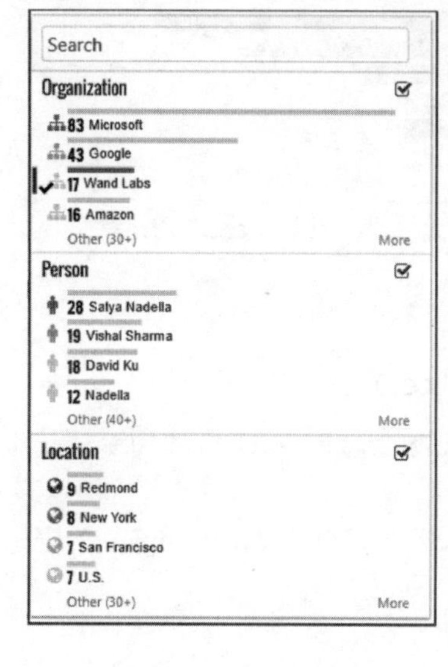

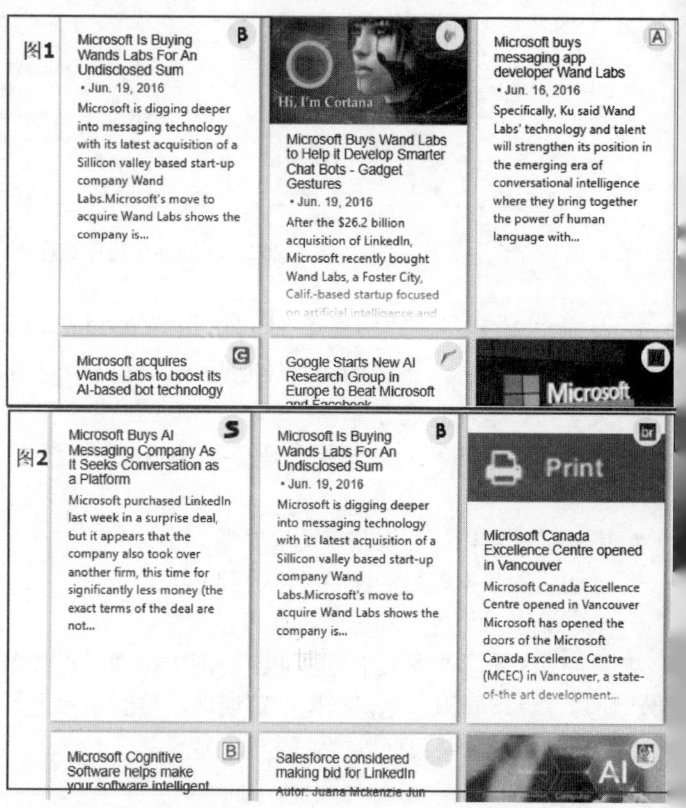

图 4-264　关键项切片器效果图

6. 层次切片器（Hierarchy Slicer）

- 层次切片器用于限制在页面的其他可视化图表中显示的数据集。
- 层次切片器可以设置多个层级。
- 层次切片器可以设置为单选或者多选。
- 层次切片器中的搜索框让查找筛选更加方便。

从图 4-265 所示的效果图可以看出，图 1 是通过切片器将图 2 的数据进行过滤后呈现的效果，还可以看出切片器按层级结构显示。切片器右上角有三个按钮，功能分别为：折叠所有节点、展开所有节点、清空所有选项。

7. 参数播放轴（Play Axis）

- 参数播放轴像动态切片机一样工作，在没有任何用户交互的情况下，动画播放其可视化图表。

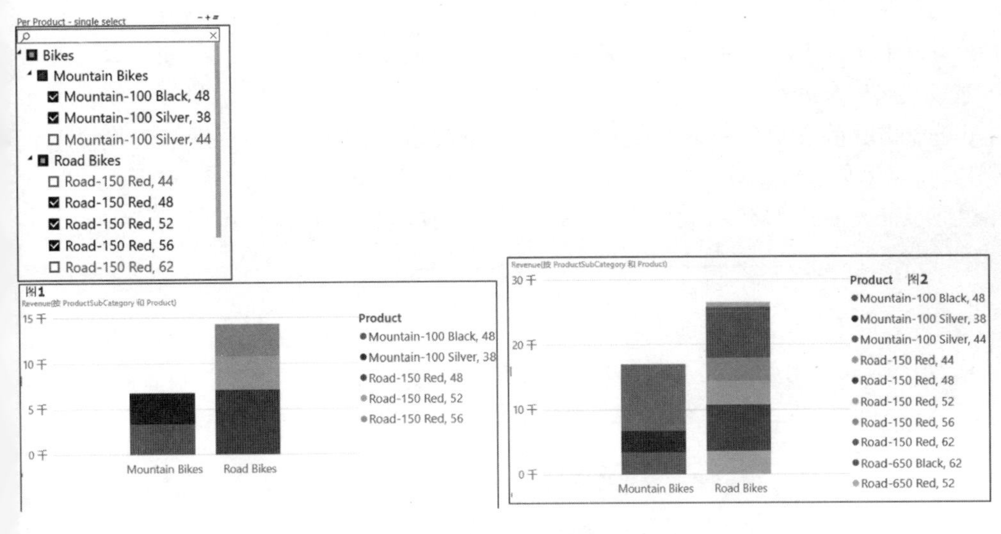

图 4-265　层次切片器效果图

- 参数播放轴非常适合显示报告，无须每次都通过单击来更改过滤器的值，因而适合在墙面显示中使用。
- 当用户想要以某个维度逐一查看其他可视化图表的变化情况时很有用，可以单击“播放”按钮，关注数据如何演变。
- 播放轴上的“播放”“暂停”“终止”“上一步”“下一步”按钮便于用户随意切换当前画面。
- 可以自由设置播放的间隔时间。
- 非常适用于需要通过切片器动态演示报表的场景。

在图 4-266 所示的效果图中，图 1 是停止播放时的效果图，图 2 是播放过程中的效果可以看出图 1 是通过切片器将图 2 的数据进行过滤后呈现的效果，该图通过月份维度动的切换每个维度值的数据来动态展示报表数据。

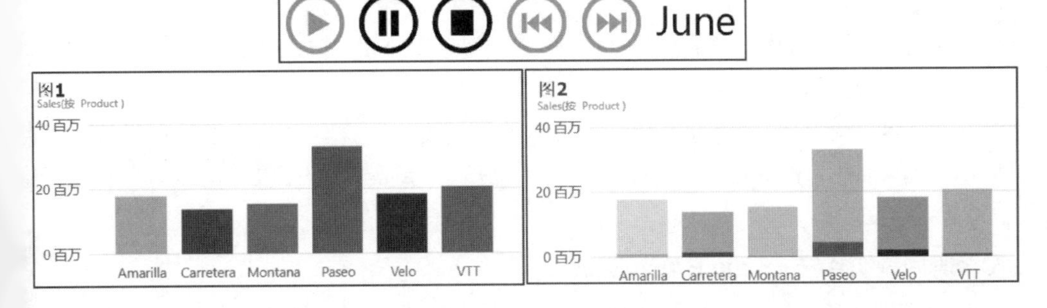

图 4-266　参数播放轴效果图

8. OKViz 智能滤镜切片器（Smart Filter by OKViz）

- OKViz 智能滤镜切片器可搜索和查看当前筛选器列表。

- 允许从下拉列表框中选择记录，或者通过输入几个字母来搜索。
- 筛选项为类别与子类别时，可以在较小的空间内展示多个过滤器，使页面更美观。
- 处理较长的下拉列表时或客户名单很长时，不能全部放在普通切片机上，可设置压缩多个选项来展示。

从图 4-267 所示的效果图中可以看出，该切片器支持同时设置多个筛选项，图 2 为已选筛选项展示效果，“Category”选择“Cameras and camcorders”，“Subcategory”选择“Bluetooth Headphones”“MP4&MP3”，图 3 是图 2 设置压缩多个选项后的呈现效果。

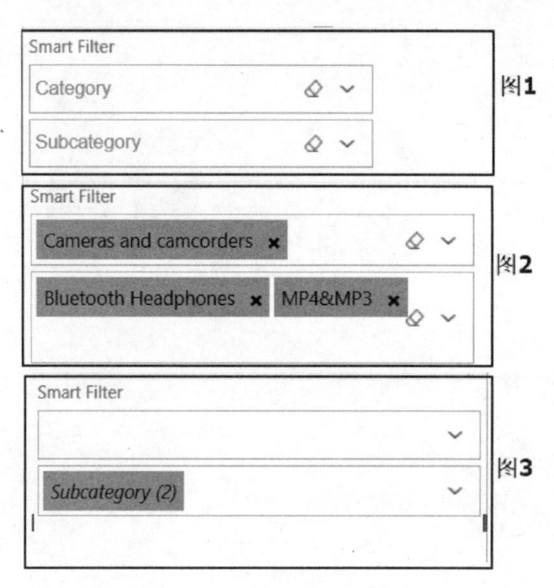

图 4-267　OKViz 智能滤镜切片器效果图

9. 文本过滤器（Text Filter）

- 文本过滤器提供一个搜索框，可用于过滤图表上的可视化数据。
- 文本过滤器在输入检索文字后需单击搜索按钮，过滤才会生效。
- 能够通过搜索关键字快速查找仪表板上显示的特定内容。
- 模糊搜索大小写不敏感。
- 可使用搜索框右侧的橡皮擦工具清除当前搜索，但这样仅会去除搜索框中的文字，可视化效果不变。

从图 4-268 所示的效果图可以看出，图 1 是通过文本过滤器将图 2 的数据进行过滤后呈现的效果，过滤条件为模糊搜索“SALL”，对于已搜索的筛选条件可以单击搜索框右侧的橡皮擦工具清除。

10. 时间刷切片器（Time Brush Slicer）

- 时间刷切片器可以直接拖动感兴趣的时间段过滤基于时间维度的数据。
- 时间刷本身没有聚合数据，每个预定义时间段（如小时、天、年）中的项目频率显示为柱形图。
- 每选择一个时间段时，将自动过滤所有链接的图表，仅显示所选时段中的数据。

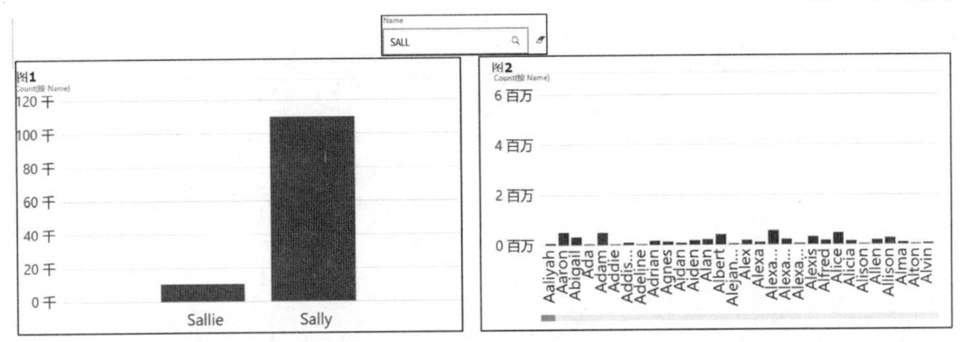

图 4-268　文本过滤器效果图

从图 4-269 所示的效果图可以看出，图 1 是通过时间刷切片器将图 2 的数据进行过滤后现的效果，过滤条件是时间刷切片器所筛选的时间段，筛选时间段直接通过拖动实现。

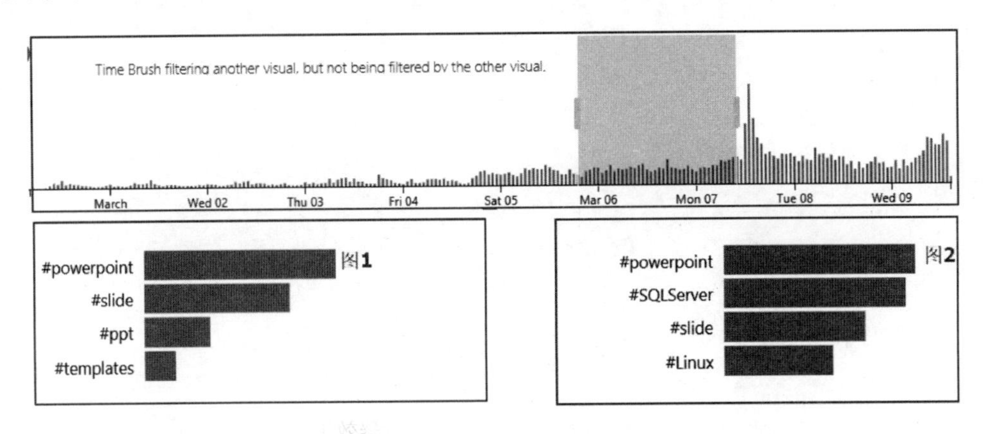

图 4-269　时间刷切片器效果图

11．时间轴切片器（Timeline Slicer）

- 时间轴切片器是一个过滤日期的图表日期范围选择器，当用户必须单击大量的日期值来选择想要的范围时，使用该控件后，只需单击并拖动滑块到需要的范围即可。
- 可以切换到年、季度、月、周、天视图以选择范围。
- 可以更改背景和选择颜色或进行其他格式设置来控制外观。

从图 4-270 所示的效果图可以看出，图 1 是通过时间轴切片器将图 2 的数据进行过滤后现的效果，过滤条件是“Apr”“Jun”的时间段，可以通过左上方的滑块来切换视图的范（年、季度、月、周还是天），也可以自定义每年开始的月份，每周开始的星期等，还可选择是显示全部标签，还是只显示当前标签。

.16.10　饼图（Waffle Charts）

1．Enlighten 华夫饼图（Enlighten Waffle Chart）

- 用 10×10 的圆形组成的华夫饼图和百分比，简单清晰地展示调查问卷等数据。

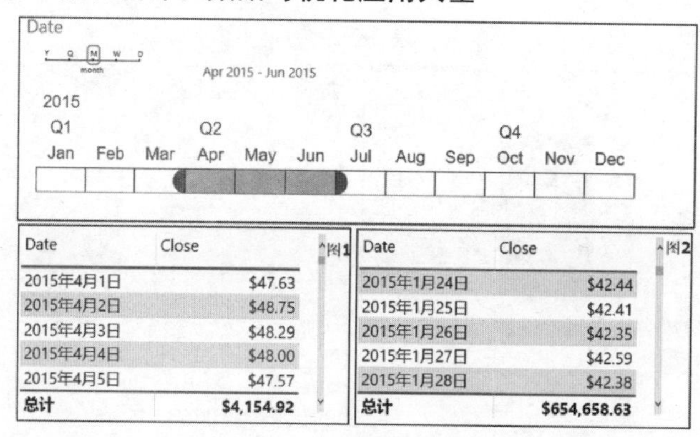

Date	Close
2015年4月1日	$47.63
2015年4月2日	$48.75
2015年4月3日	$48.29
2015年4月4日	$48.00
2015年4月5日	$47.57
总计	$4,154.92

Date	Close
2015年1月24日	$42.44
2015年1月25日	$42.41
2015年1月26日	$42.35
2015年1月27日	$42.59
2015年1月28日	$42.38
总计	$654,658.63

图 4-270　时间轴切片器效果图

- 可以根据需要更改文本和圆的颜色，并选择按哪个类别显示占比。
- 不管选择几个类别，只有前两个类别用于百分比。

图 4-271 所示的示意图中是一个由 10×10 网格组成的饼图，通过图和百分比可以看出“相信生产力是很重要的”这个问题的肯定答案有 93%，深色圆点表示否定的答案，有 7%。

图 4-271　Enlighten 华夫饼图

2. 华夫饼图（Waffle Chart）

- 用户对图标的颜色和形状，可完全自定义。默认图标是一个圆圈，但可以使用 SV路径进行自定义。
- 具有多个值的数据集可以通过多张华夫饼图显示，以便于比较。

图 4-272 所示的示意图展示了各产品的活跃客户数占比。每张华夫饼图由 10×10 网格成，其中，每个单元格代表一个百分点，相应的百分比显示在饼图下面，并且和突出显示单元格颜色相同。“Server 2003”突出显示了 16 个单元格，代表活跃客户占 16%。每个饼的颜色和形状都是自定义的。

4.16.11　组合图（Combinations Charts）

终极差异图（Ultimate Variance）控件属于组合图。这个控件可完美地实现财务差异比较和可视化（实际值与预算值）。基本视图是显示值、参考值和偏移量，显示值和参考的两个栏或列是重叠显示的。可以在此基础视图中添加一个“绝对差异值”图表，同时可图表方向更改为基于时间序列的水平方向，或更改为基于所有其他类别的垂直方向。也可加一个“百分比差异”图表，这样三个图表将在一起展示。除此之外，可选择三个图表中每一个作为单个或更细粒度的图表进行展示。最后，该图表遵循 IBCS (R)标准。

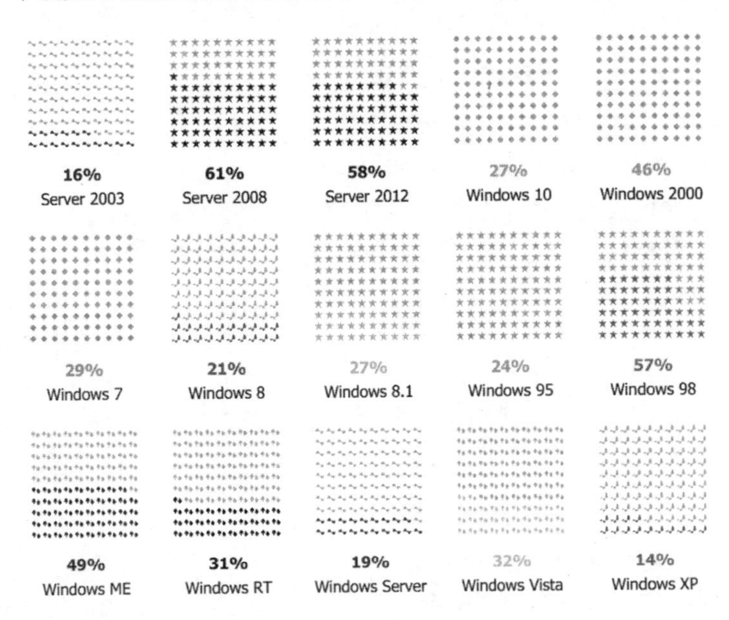

图 4-272　华夫饼图

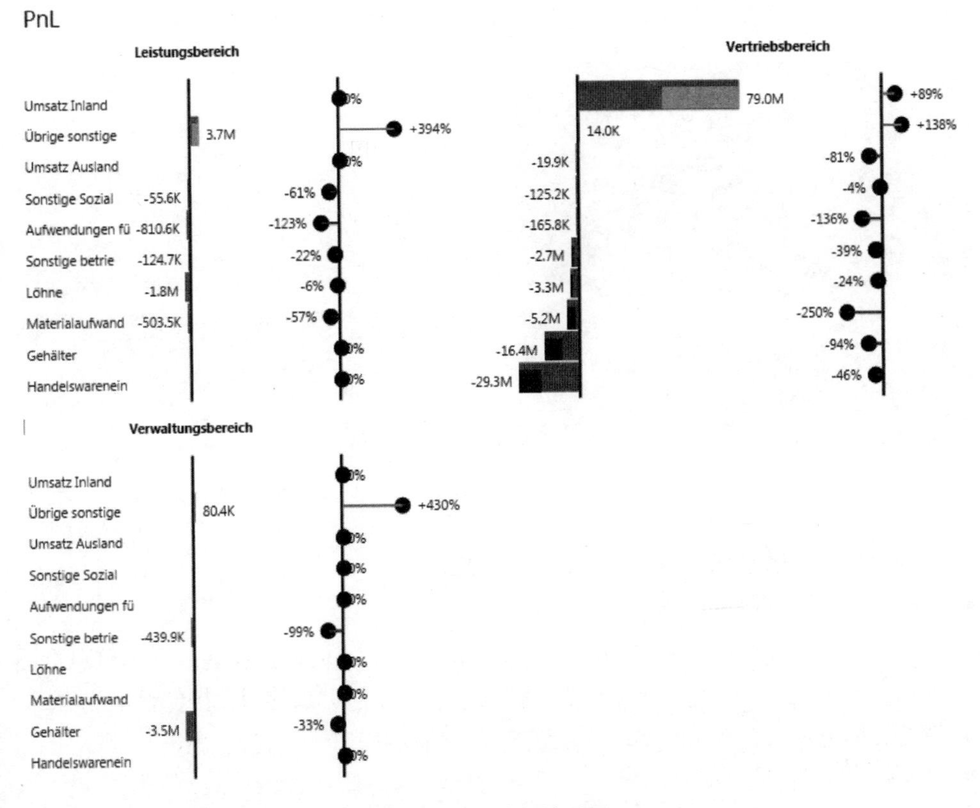

图 4-273　终极差异图

该图表最适合用在财务分析中，深灰色部分是预计值的刻度，深灰色部分是实际值超出预计值的量，浅灰色部分是实际值和预计值之间的差距量；色块的大小表示数据的大小。

4.16.12 其他控件（Other Charts）

1. MAQ 砖图（Brick Chart by MAQ Software）

- 可提示每个颜色代表的类别及其相应的百分比。
- 可选择具有可自定义标题、文本大小和颜色的图例。
- 具有可自定义的图表宽度和高度。

图 4-274 所示的砖块图是由 100 个正方形组成，根据数据集的类别百分比进行着色，每个颜色代表一个类别及其相应的百分比。例如，在图 4-274 所示砖图中，有 3 家制造商拥有相同的 YTD 单位，因此，3 个占比均为 1/3，每个制造商对应 33 块砖，共有 99 块砖，单独留下的一块砖将以白色填充。每个类别的砖块数量是根据上述比例计算的，如上例，多出来的砖块显示为白色。

2. 倒数计时器（Count Down Timer）

- 通过倒数计时器，可以在报表中查看即将到来的重要日期距当前日期的差值。
- 支持日期和时间的基本格式。

该控件是一个倒计时的计时器，其中设置了天、小时、分钟、秒的倒计时。从图 4-275 所示的倒数计时器中可看出距离某个时间点大概还有 128 天 10 个小时。

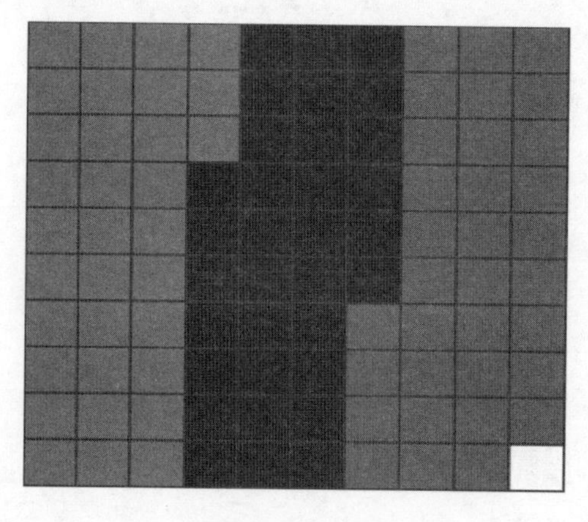

图 4-274 砖图

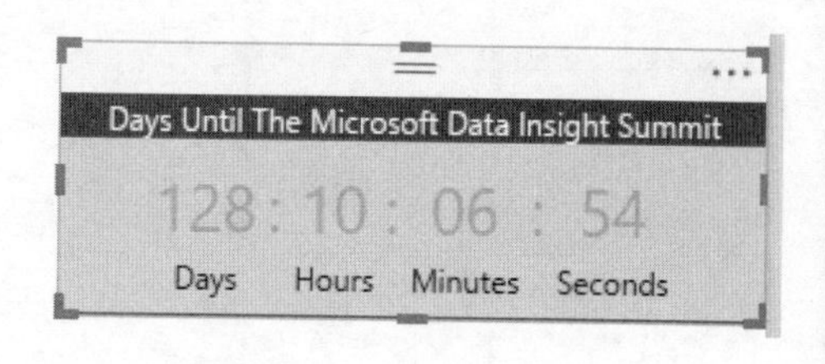

图 4-275 倒数计时器

3. CloudScope 数据影像（Image by CloudScope）

- 可显示数据记录中的图像。
- 对于显示单个记录数据的详细页面来说是理想选择。例如，在客户详细信息页面上可以使用此控件显示徽标。对于员工详细信息页面，可以使用此控件显示照片。
- 可在数据记录中使用 Internet 可访问的 URL 显示图像。
- 可选择多个图像进行筛选展示，并且可单独设置每组图像的样式。

如图 4-276 所示，展示了一个源于 Internet 链接的图像，并分别使用了椭圆形和长方界。

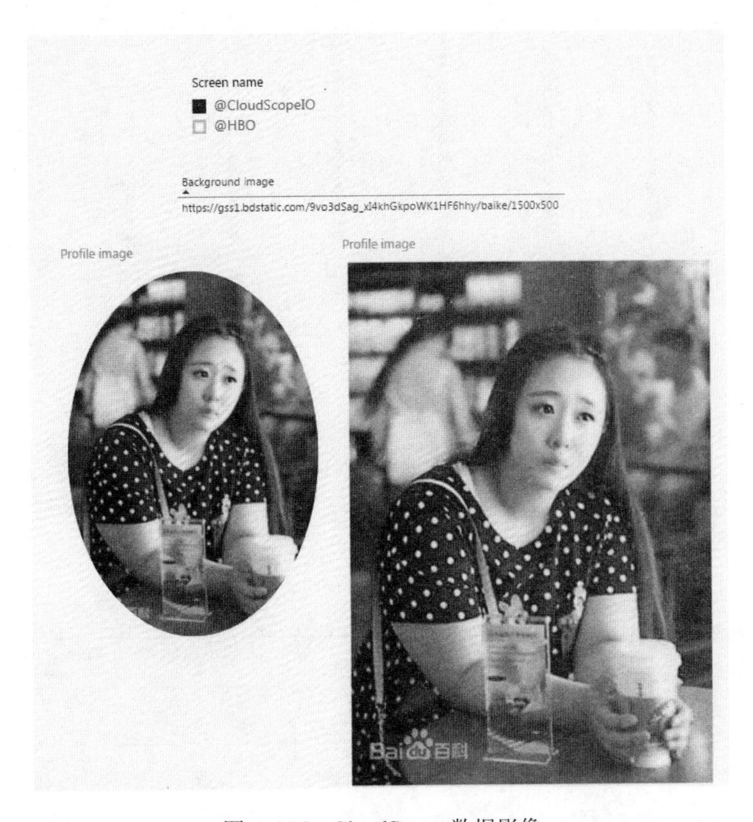

图 4-276　CloudScope 数据影像

4．点阵图（Dot Plot）

- 可用于连续的，定量的，单变量的数据。
- 适用于小到中等规模的数据集。
- 对突出显示集群和差距以及异常值很有用。
- 可自定义图表宽度和高度。
- 以非常直观的方式显示频率分布。
- 用于数字信息的保存。

如图 4-277 所示，该图表中，可以在图形上显示每个柱形的具体数字标签也可以不显示签。该图表具有基本柱形图的性质，柱子是由圆点累积而成，可以设置圆点的颜色、每个形标签文字的颜色、大小、小数保留位数等。

5．MAQ 动态工具提示（Dynamic Tooltip by MAQ Software）

通过该控件可增强报告图表的可读性。

由 MAQ Software 提供的动态工具提示同时显示从数据源提取的静态文本和动态数据。如，图 4-278 所示的图表显示了四个月的销售额，当选中柱形时，上方的提示框内容也会变。

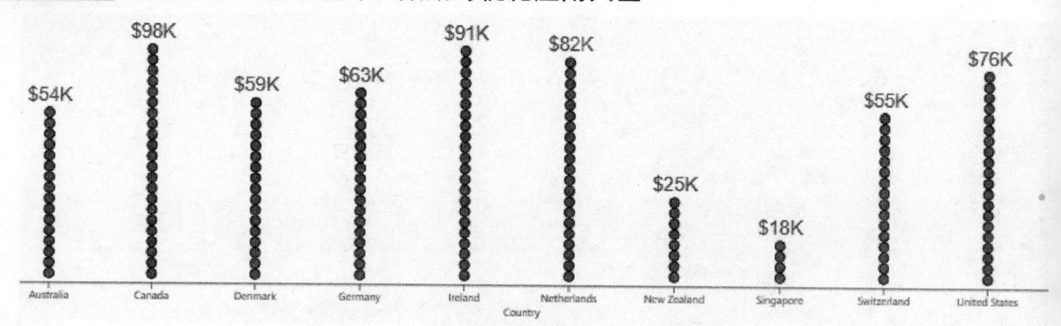

图 4-277　点阵图

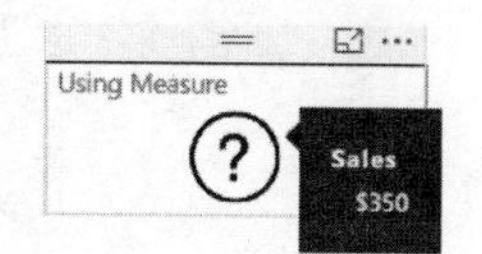

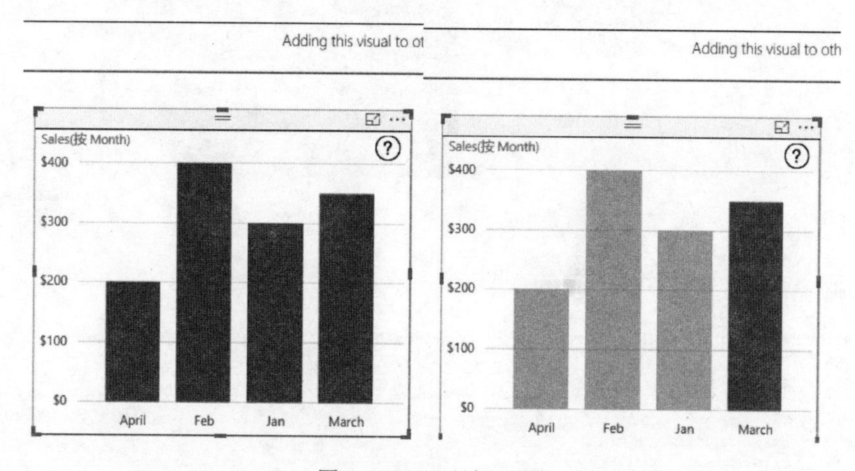

图 4-278　工具提示图

6. Enlighten 堆洗牌（Enlighten Stack Shuffle）

通过该控件可以在探索和过滤数据时呈现动态效果。

图 4-279 所示为一个 Enlighten 堆洗牌控件所制作的图表，当选定 South、North、W
三个区域中的一个时，“sales person”列就会根据事先设置好的“sales”字段排序展示，
示的过程是动态的。

7. 热流（Heat Streams）

- 可使用渐变颜色来显示随着时间的数据变化。
- 将数据按 X 轴和 Y 轴分类和排序，来创建热图式颜色表。
- 可以使用不同的颜色方案，如适合于不同数据类型的发散、顺序或分类。
- 可以非常直观地呈现一些原本不易理解或表达的数据，比如密度、频率、温度等。

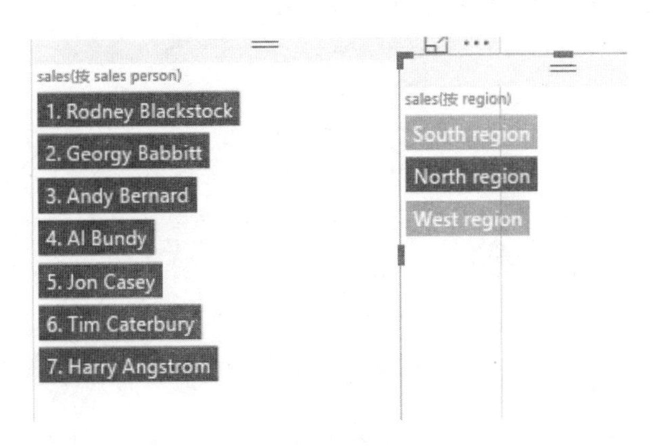

图 4-279　Enlighten 堆洗图

- X 轴可以是任何有序的数据，如时间或顺序。

热流图可在研究中使用，每个小方格表示一个数据，数据越大颜色越深。例如，图 4-280 示的热流图用于统计一个月内每个学生每天的情绪，颜色越接近，学生的情绪越接近。

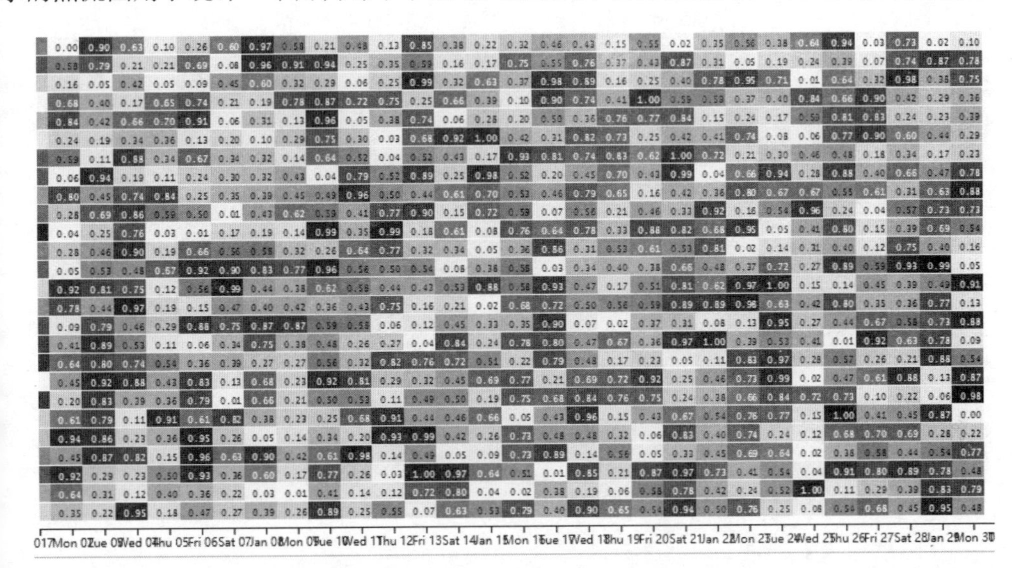

图 4-280　热流图

8．HTML 查看器（HTML Viewer）

- 可美观地呈现您的 HTML 数据。
- 用于报表中含有 HTML 数据类型的可视化解析。

图 4-281 所示内容源于一个 HTML 类型的数据，用 HTML 查看器将其展示成了一条一的可读数据，并且可以设置展示数据的字体、大小、颜色、位置。

9．商业智能描述（Narrative for Business Intelligence）

- 对不熟悉 Power BI 的用户通过文本描述的方式直接描述图表的各种性质。
- 动态叙述在用户过滤分析时实时更新。
- 包括对线形图、条形图、饼图、树状图、直方图和散点图的描述。

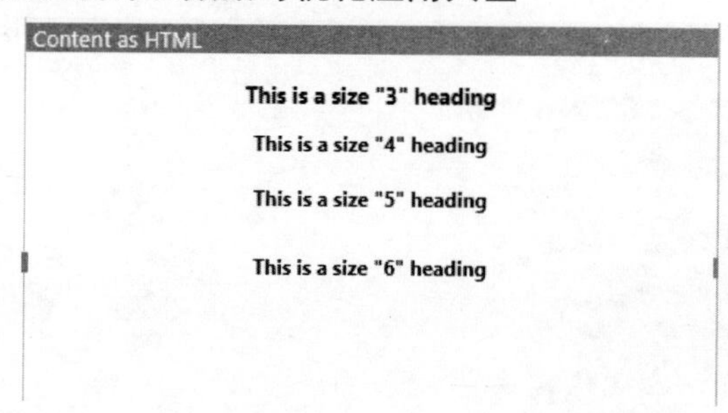

图 4-281　HTML 查看器

- 通过提供包括数据表征和分析软件包在内的附加信息来实现个性化描述。
- 能够定制描述的格式和长度。

图 4-282 所示的图表展示的是某市区各个行业的盈利情况。其中，饼图展示的是当地资源分布情况；折线和条形图中条形图展示的是当地一年的收入情况，折线图展示的是同去年同期的收入提升情况；条形图所展示的是该市五个地区的全年收入占比情况。针对图展示的三个可视化控件，可以通过商业智能描述自动将它们展示的报表数据用简洁的文本息描述出来，并且还能实时更新这些文本信息。

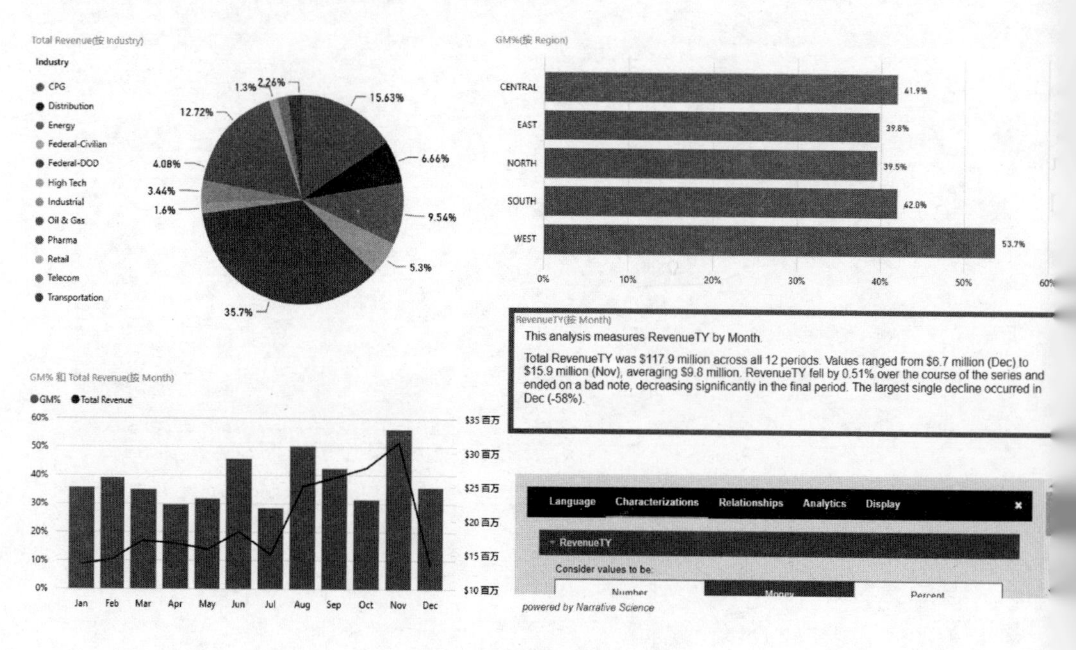

图 4-282　商业智能叙述图

10. MAQ 旋转标题（Rotating Tile by MAQ Software）

- 通常在需要显示多个 KPI 时应用。
- 报表空间不足且需要对不同的 KPI 进行展示时适用。
- 能够节约报表空间。

图 4-283 所示的 MAQ 旋转标题控件展示的是公司年终五项 KPI 指标，MAQ 旋转标每旋转一次，图中所展示的 KPI 就更换一次，直到所有 KPI 全部展示。

图 4-283　MAQ 旋转标题

11. 沙舞图（SandDance）

- 可用于洞察数据、分析数据、查找异常数据等场景，要求明细数据相对比较多的时候使用。
- 可使用多种图形来展现数据。
- 对于处理 50～30 万行的数据组合比较有优势。

沙舞图具有六种不同的展现形式，包括 Grid、Column、Scatter、Density、Stacks、uarify，它们之间可以自由切换。图 4-284 所展示的是用 Scatter（散点图）来展现美国 15 年全国各地不同年龄段的失业率统计情况以及人口密度的热力图。

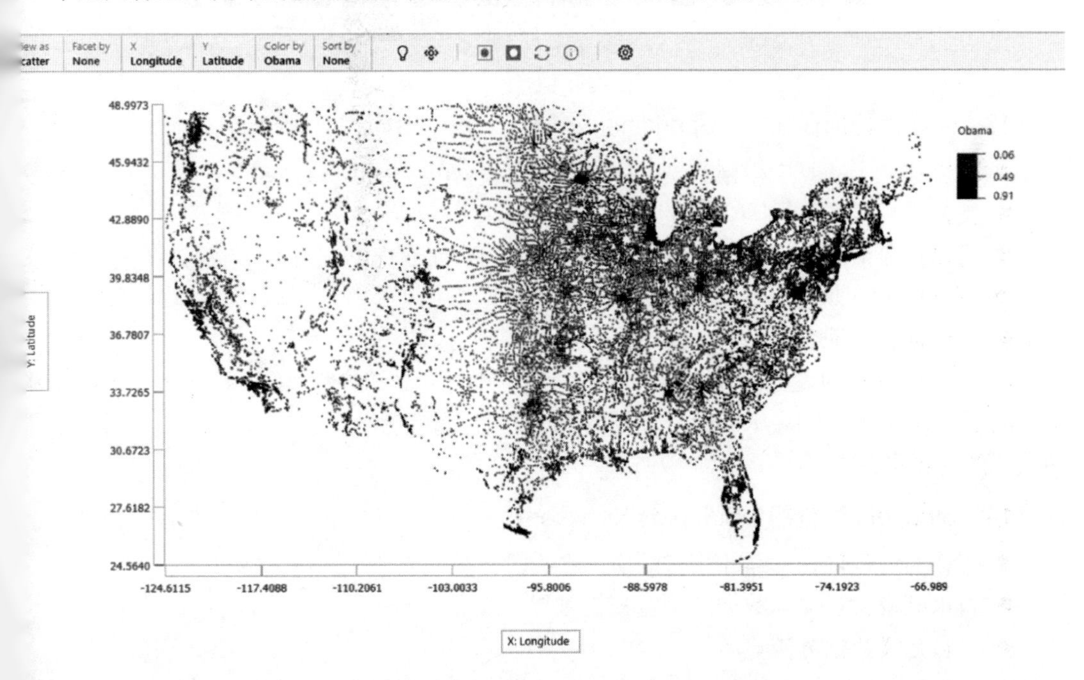

图 4-284　沙舞图

12. 滚动条（Scroller）

- 超市热卖商品信息、银行理财活动信息使用滚动条展示的效果比较好。
- 可随意拖动改变滚动条大小，自定义滚动条内各种属性。
- 光标移动至滚动条时，会停止播放，便于观看。

滚动条图形通常用来展示小量数据，如图 4-285 所示的滚动条展示的是商场促销商品的价格信息，该图形比较吸引顾客眼球，而且内容简明易懂。

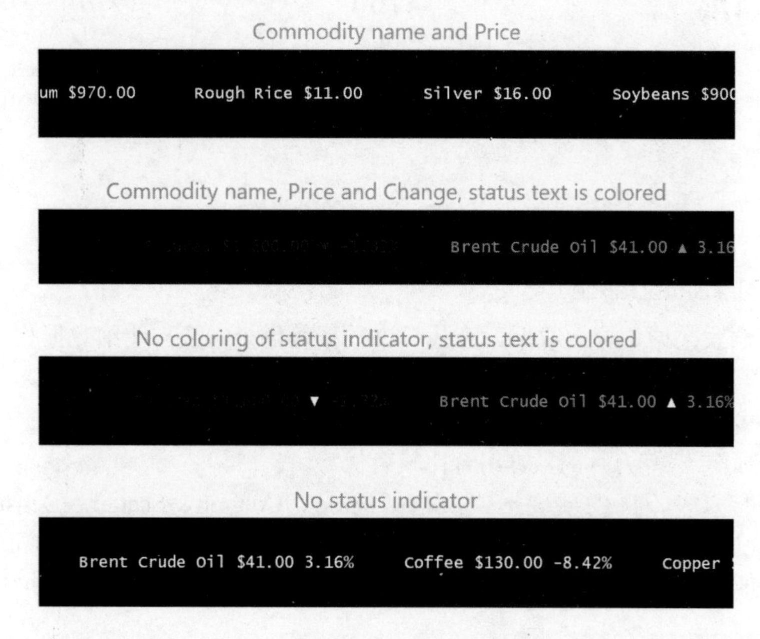

图 4-285　滚动条

13. OKViz 迷你曲线图（Sparkline by OKViz）

- 可以在一个图表中根据类别分区域展示分布趋势。
- 支持目标线或目标区域定义。
- 可以控制最高点、最低点等指标的显示和点状图的颜色。
- 可以根据日期查看不同度量的趋势。
- 可以根据日期查看不同类别下同一度量的趋势。

图 4-286 所示的迷你曲线图展示的是商场全年每月的销售额，Sales Cost 是商场全年每个月的销售成本额，Sales Rows 是商场导购人员的提成金额。曲线上的最高点和最低点用不同颜色的点表示。

14. Strippets 浏览器（Strippets Browser）

- 可作为关键项切片器和集群映射两个控件的信息查看器。
- 可以处理大量文章数据的浏览视觉效果。
- 可自定义数据分类显示。

Strippets 浏览器是一种文档阅读器，它提供了对文档集合或新闻流内容抽样两种展现方式。Strippets 浏览器如果单独使用可能视觉效果不是很明显，所以它主要与关键项切片器群映射两种视觉效果混合使用。如图 4-287 所示，集群映射用来展示网页数据（超链），Strippets 浏览器与关键项切片器则会描述当前网页中的分类数据信息。

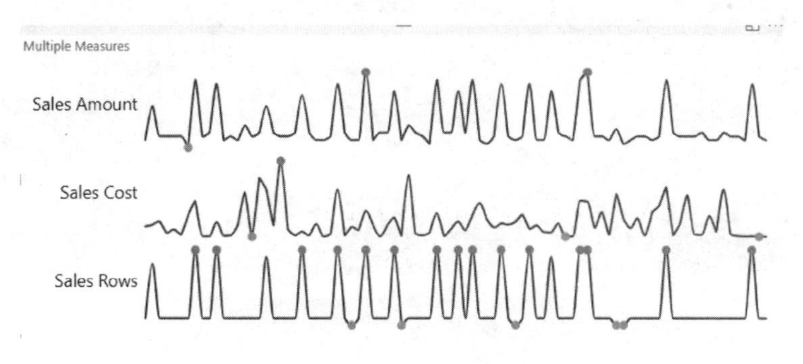

图 4-286　OKViz 迷你曲线图

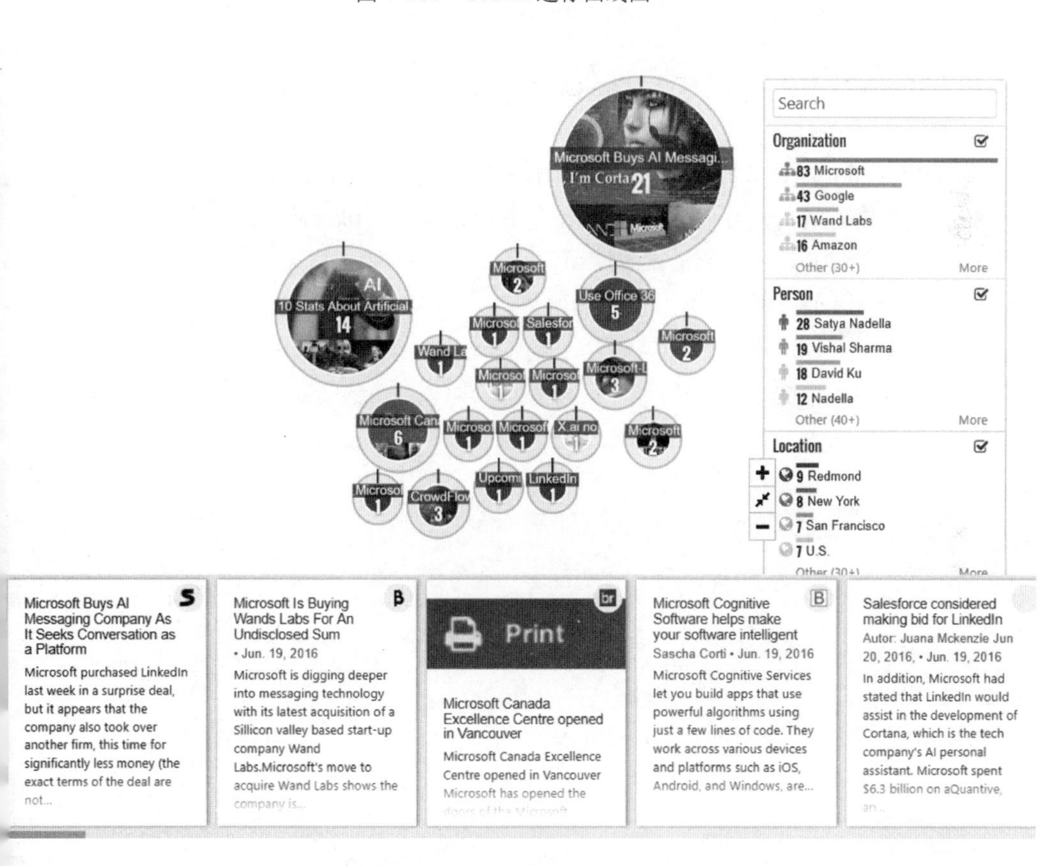

图 4-287　Strippets 浏览器

15. 表格热图（Table Heatmap）

- 按月份+年份的矩阵形式展示数据。
- 提供多种内置配色方案，并支持自定义配色。

图 4-288 所示的图表为按月份查看每年的产品销售情况，颜色分为五种，颜色越深代表越大。通过该图可以直接看到 2010 年～2016 年每个月的销售对比情况。

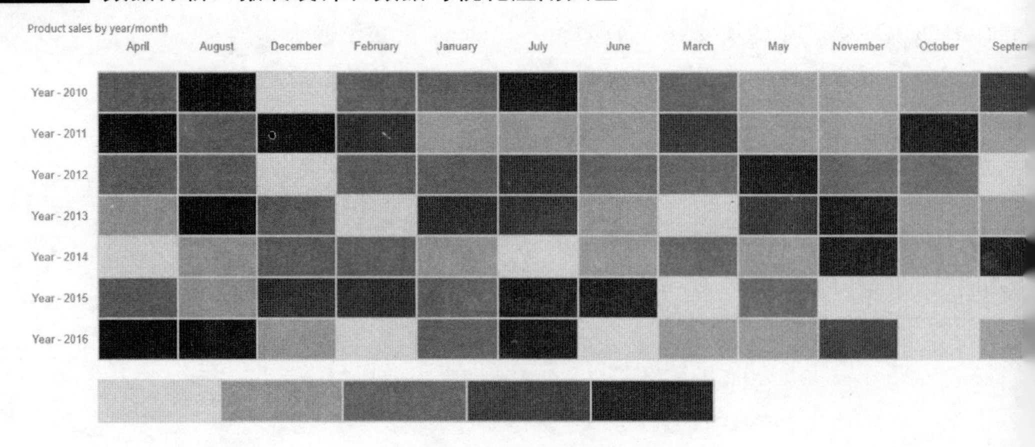

图 4-288　表格热图

16. 时间轴故事讲述图（Timeline Storyteller）

- 它一个表现性很强的可视化控件，可以通过时间轴、刻度和布局的调色板、过滤、突出显示和注释等功能来呈现数据的不同方面。
- 可以保存配置好的图例，并通过界面上的方向键按钮切换不同的图例。
- 可用于运动员职业生涯、人物传记、产品生命周期呈现及与竞争对手的对比。

如图 4-289 所示，展示了一名运动员的职业生涯。

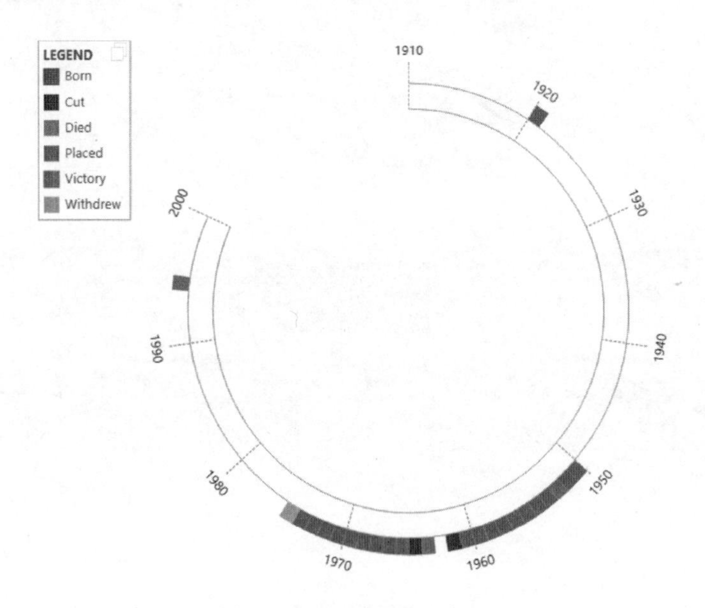

图 4-289　运动员职业生涯

该运动员的职业生涯如下。

1920 年：出生。

1950 年～1951 年：参加美国公开赛。

1952 年：参加世界高尔夫锦标赛，获得$4,000。

1953～1961 年：获得各种公开赛邀请。

1963 年：在乡村俱乐部第 2 次竞赛中获得胜利，获得$17,500。

1964 年：参加锦标赛淘汰赛。

1965 年～1974 年：获得各种公开赛邀请。

1975 年：退役。

1994 年：死亡。

17．MAQ 交易图（Trading Chart by MAQ Software）

- 该控件的图形颜色、数据标签的颜色、格式、小数点都可以进行自定义设置。
- 该控件主要用于展示交易类型数据随时间变化的价格走势。

如图 4-290 所示，展示了股票随时间变化的价格走势。深色（原为红色）代表上涨，浅（原为浅蓝色）代表下跌。例如，在 2016 年 2 月 22 日，该股票的开盘价是 200，最小值 50，最高值是 250，收盘价是 100，因为收盘价小于开盘价，所以颜色为浅色。

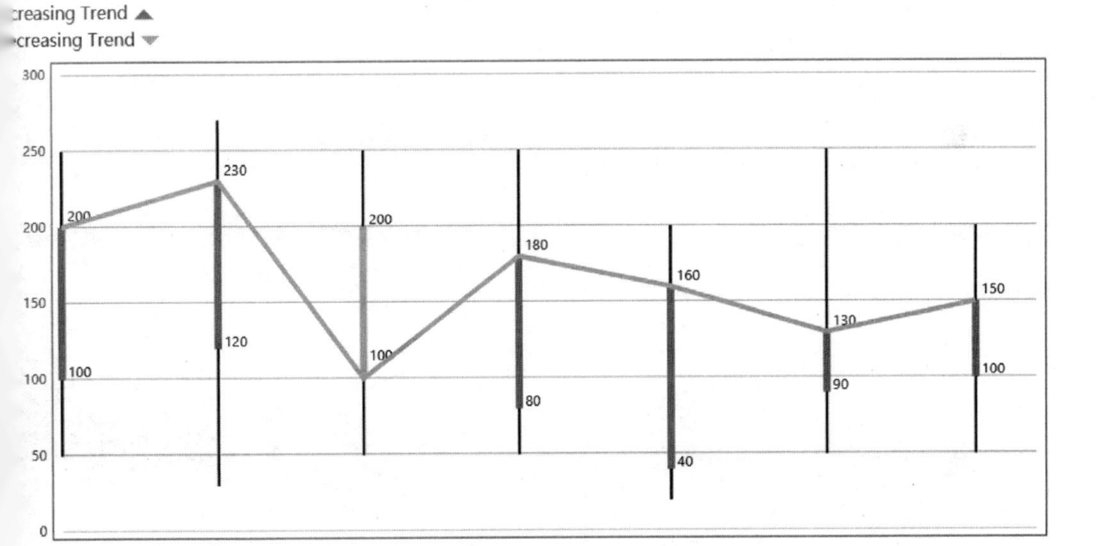

图 4-290　股票交易图

18．MAQ 维恩图（Venn Diagram by MAQ Software）

- 支持最多四个类别的交/并级关系查看。
- 图形的视觉效果明显，能够清楚地看出数据占比。

如图 4-291 所示，按课程统计选课人数。其中，只选学了几何而没有选学历史的学生有 0 人，选学了历史但没有选择几何的学生有 890 人，既选学了几何又选学了历史的学生有 人。

19．Visio 可视化预览板[Visio Visual (Preview)]

- 可导入任何 Visio 图，如流程图、BPMN、数据流图、平面图、组织结构图、网络、时间线、电气图、机架图、价值流图等。

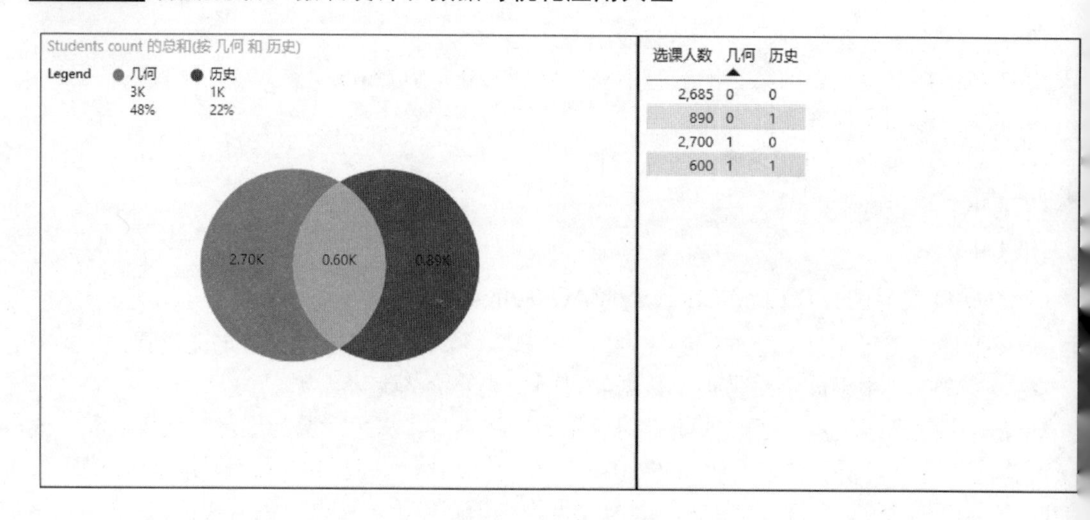

图 4-291　学生选课图

- 数据可设置不同的颜色范围，以表示良好/不良状态或不同的区间值。
- 允许设置不同模块筛选后联动到其他控件，如柱形图等。

如图 4-292 所示，在 Power BI 中导入 Visio 组织结构图，当单击某个人名的时候，右的收入图表会联动变化。

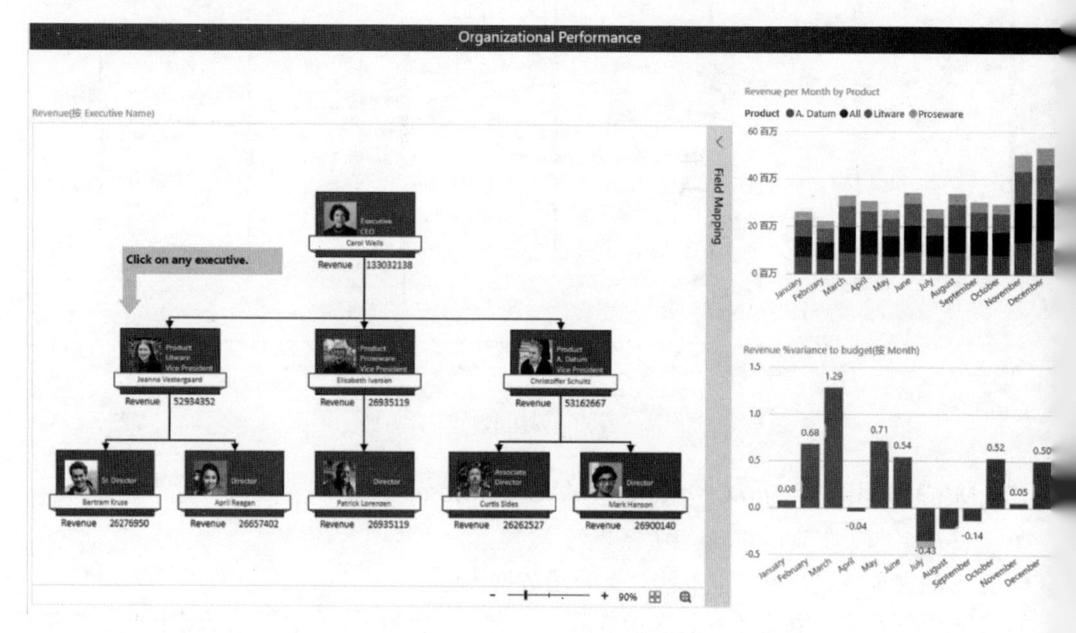

图 4-292　人员组织关系图

20. 词云（Word Cloud）

通过词云控件可以在大量的文本中找出突出或流行的术语。

如图 4-293 所示，词云控件可以根据“Value”值的大小，自动改变“Words”在图中显示大小，从而直观地找出流行度最高的词。

Words	Value
Microsoft	100
Microsoft PowerBI	50
PowerBI	25
SQL	75

图 4-293　词云

21．网络导航图（Network Navigator Chart）

- 可用于淘宝、京东、百度等网站的用户和访问网页之间的关系图。
- 可呈现家族关系网、人际关系网络图。
- 可自定义图形颜色。

图 4-294 所示网络导航图展示的是某网站各个节点的用户访问量，用网络导航图用来展网络访问关系图是一个很好的选择。

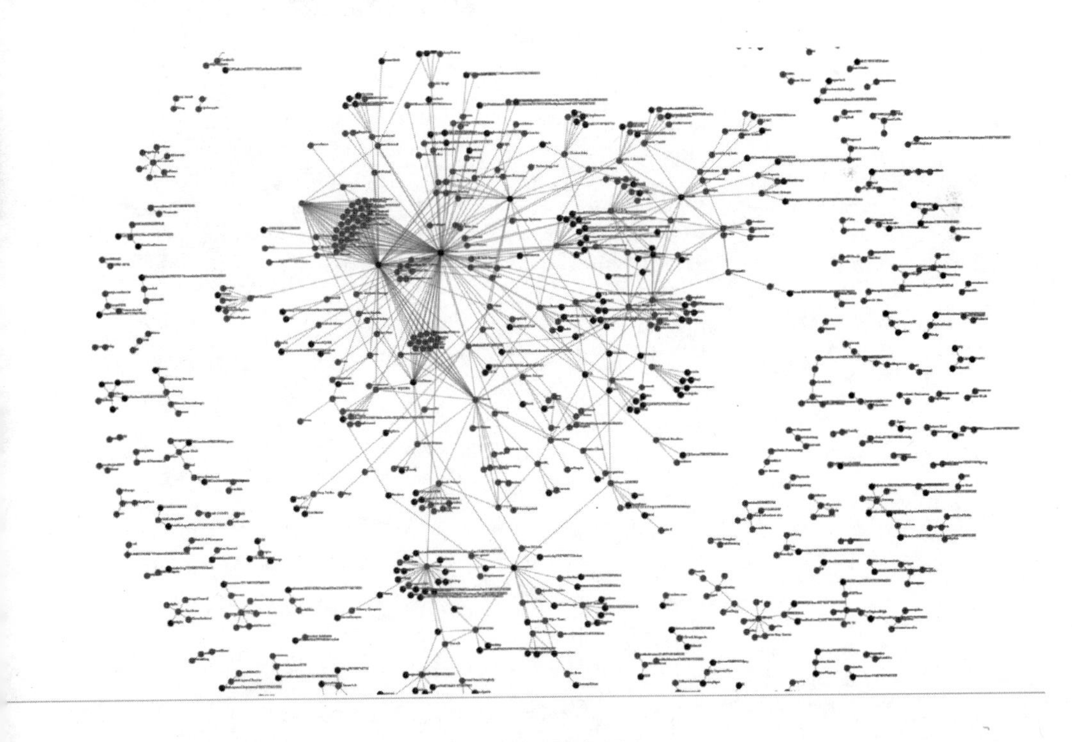

图 4-294　网络导航图

22. MAQ 翻转图（Rotating Chart by MAQ Software）

- 其中的条形图可以在水平轴或垂直轴上旋转。
- 可以指定翻转延迟时间，确保条形图中显示的所有数据都可读。
- 包含 3D 效果选项，可用来突出显示不同的数据。

图 4-295 所示的图表展示的是某个国家 2013 年四个季度的经济增长速度。MAQ 翻转图每次旋转都可以展示不同的数据。例如，上图需要展示全年四个季度的不同数据，而 MAQ 翻转图就可以很好的实现该功能，因为它每旋转一次就可以展示一个季度的数据。

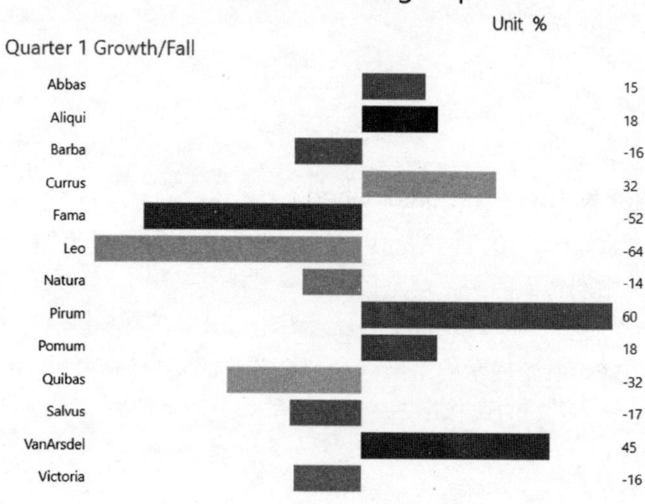

图 4-295 MAQ 翻转图

第 5 章

Info Visual 可视化控件

本章重点知识

5.1　Info Visual 概述

5.2　控件介绍

5.1 Info Visual 概述

Info Visual 是北京上北智信科技有限公司在多年数据分析挖掘、报表处理的技术经验基础上，运用先进的商业智能核心理论，经过多年的潜心研发而推出的微软 Power BI 系列可视化控件。

Info Visual 为数据而生，它能洞悉数据的蛛丝马迹，释放数据的潜在价值，预测数据的发展趋势，为各种规模的企业提供灵活易用的全业务链报表展示解决方案，让每一位用户都能使用这一产品轻松发掘大数据价值，获取深度洞察力。

5.2 控件介绍

5.2.1 高级自定义图表

1. 控件介绍

Info Visual 高级自定义图表使用户可以通过代码自定义任何图表展示效果，并实现数据的绑定，提供直观、交互丰富、可高度个性化定制的数据可视化，支持折线图（区域图）、柱形图（条形图）、散点图（气泡图）、K 线图、饼图（环形图）、雷达图（填充雷达图）、和弦图、力导向图、仪表盘、漏斗图、事件河流图等多类图表，同时提供标题、详情气泡、图例、值域、数据区域、时间轴等多个可交互控件，支持多图表、多控件的联动和混搭展现。控件示例如图 5-1 所示。

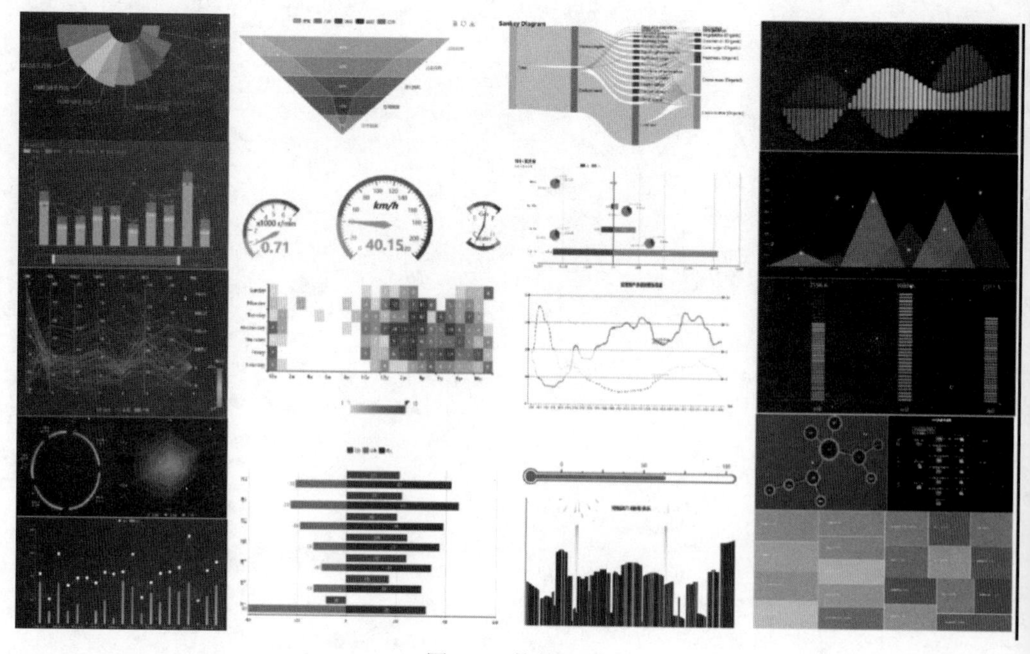

图 5-1 控件示例

2. 应用场景

❑ 折线图

图 5-2～图 5-4 所示为自定义的折线图展示效果。

（1）分区间设置折线的不同颜色

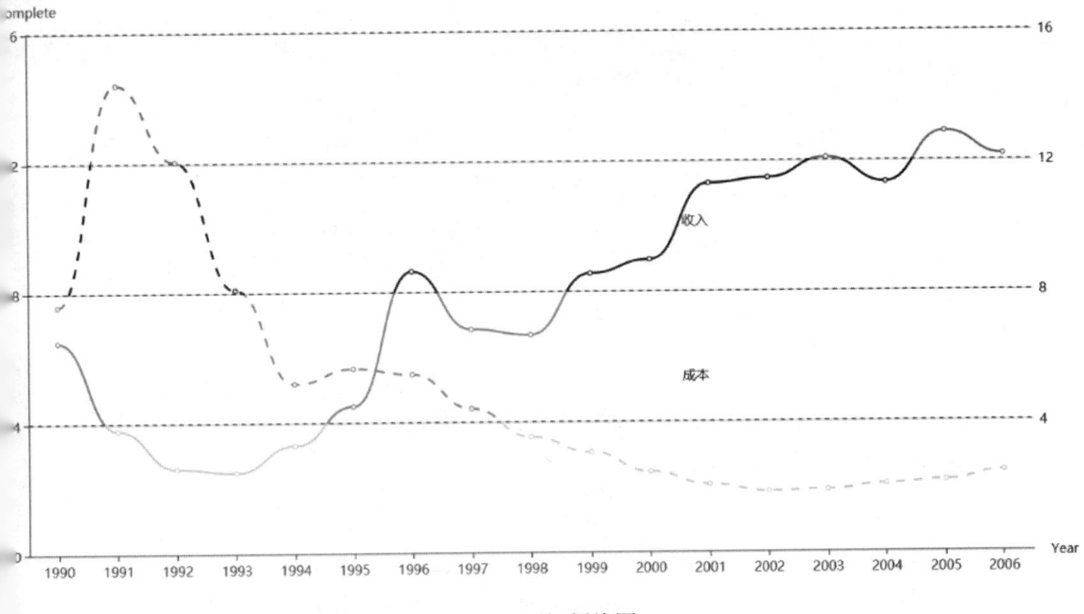

图 5-2　区间折线图

（2）用气泡显示最大、最小值

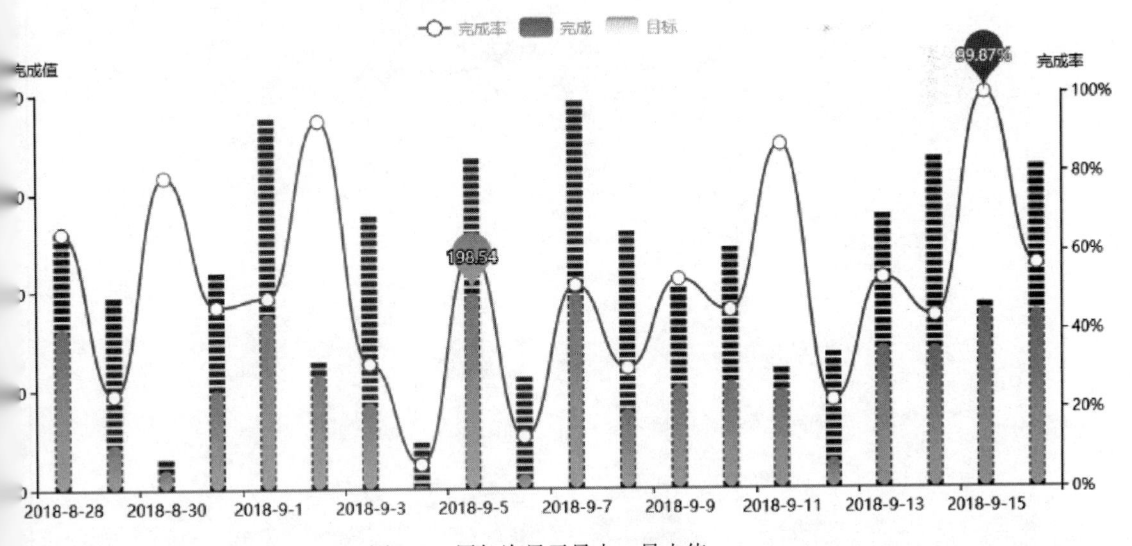

图 5-3　用气泡显示最大、最小值

（3）自定义描述标签

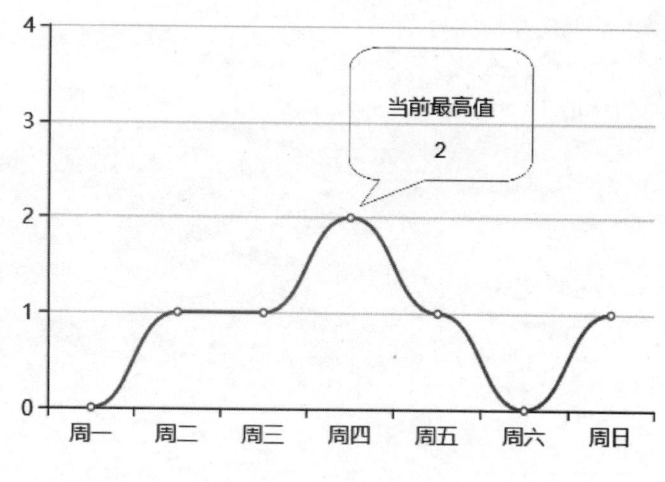

图 5-4　自定义描述标签

❑ 条形图

图 5-5～图 5-9 所示为多种自定义的条形图展示效果。

（1）正负值混合的旋风条形图

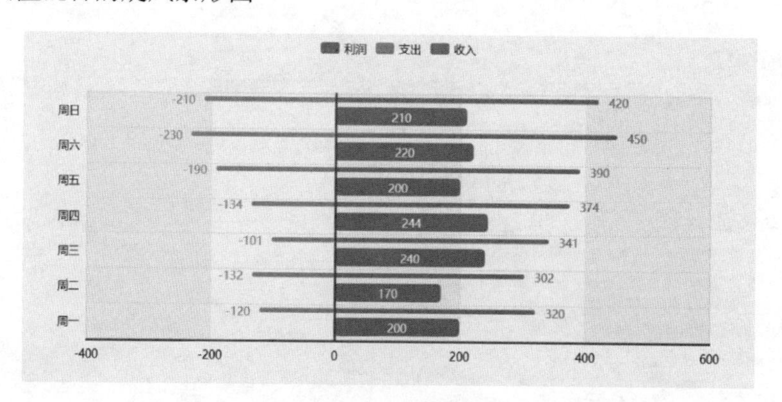

图 5-5　旋风条形图

（2）多维条形图

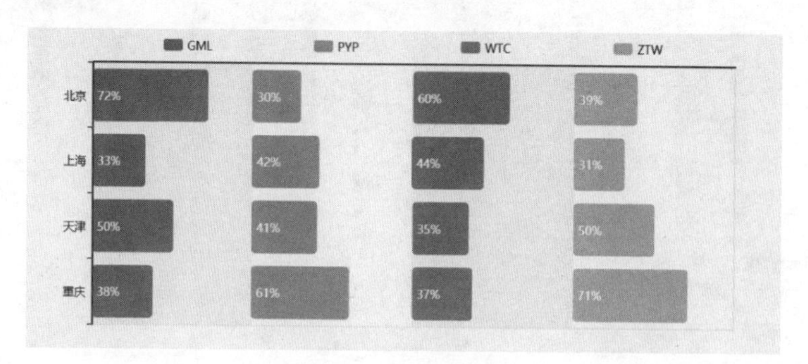

图 5-6　多维条形图

（3）双轴三角柱图

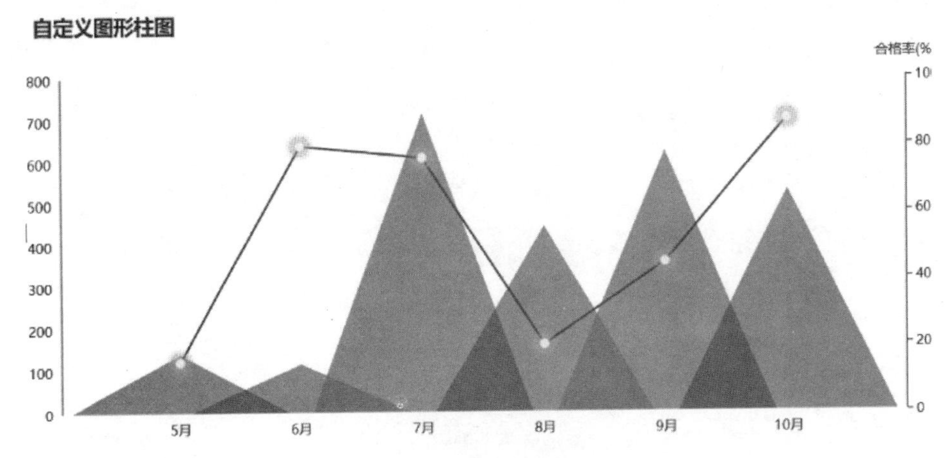

图 5-7　双轴三角柱图

（4）能分段显示实际值、目标值以及总值的子弹图

图 5-8　子弹图

（5）极坐标柱形图

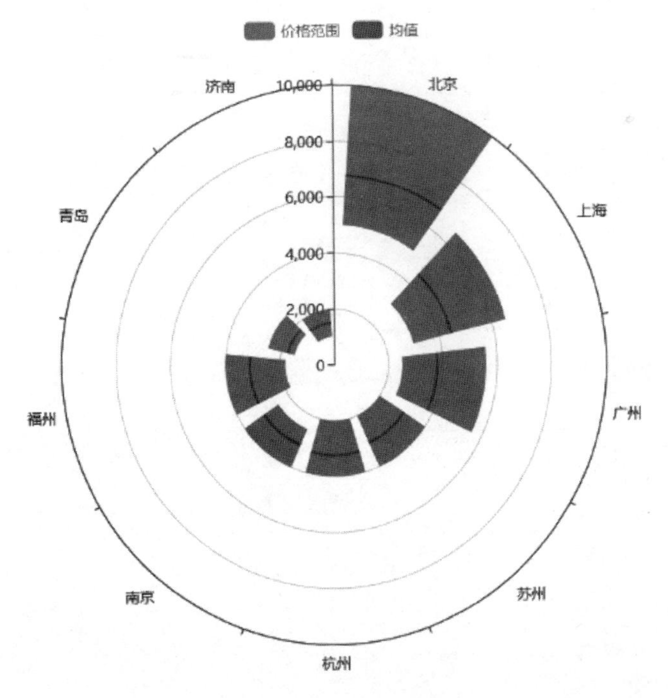

图 5-9　极坐标柱形图

□ 饼图

图 5-10 和图 5-11 所示为两种自定义的饼图类展示效果。

（1）南丁格尔玫瑰图

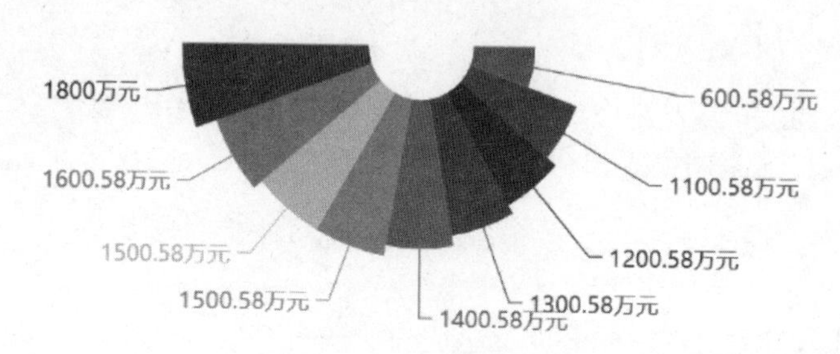

图 5-10 南丁格尔玫瑰图

（2）断点环形图

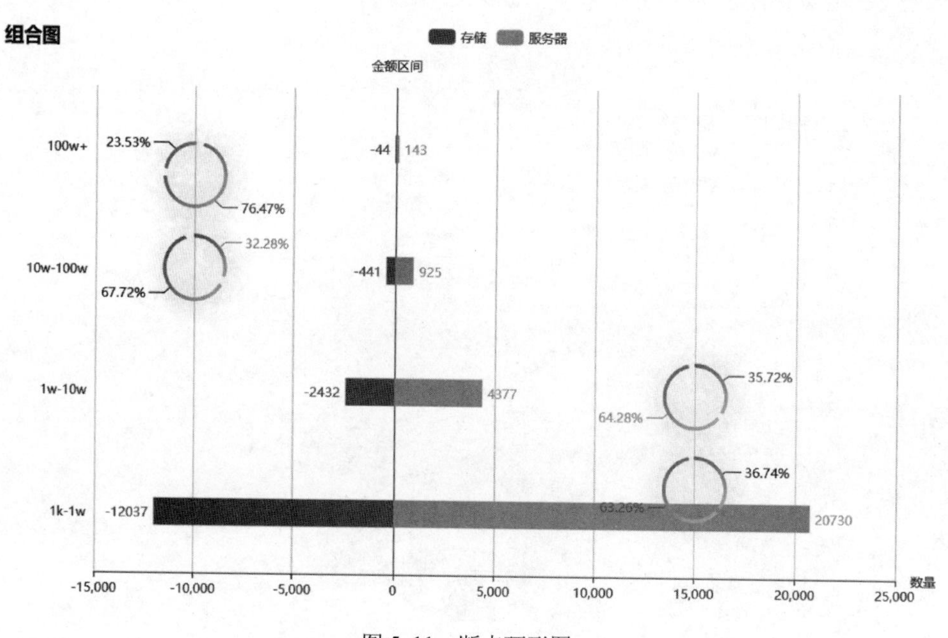

图 5-11 断点环形图

□ 散点图

如图 5-11 所示的散点图中，添加了以下自定义效果。

- 用虚线框出分布区间。
- 用气泡显示最大值和最小值。
- 添加平均恒线。

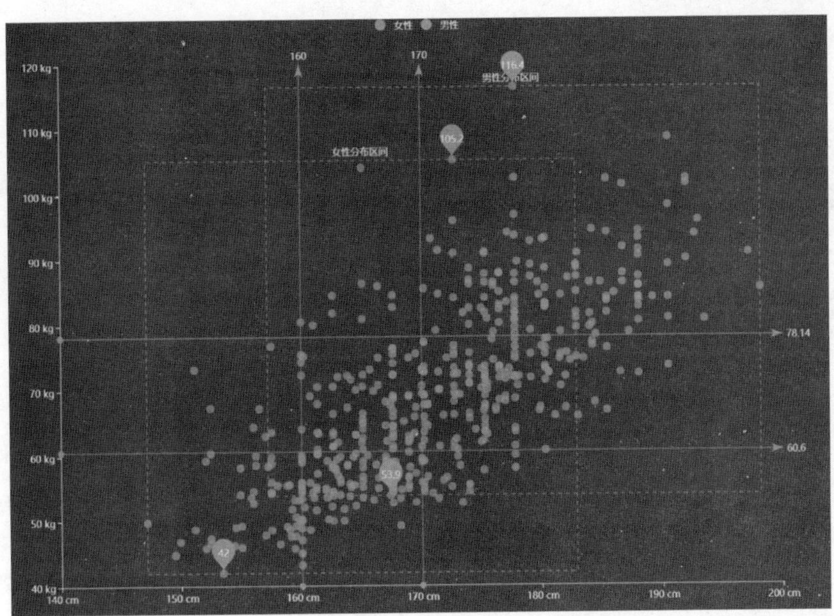

图 5-12　散点图

❑ 关系图

关系图应用示例如图 5-13 所示。

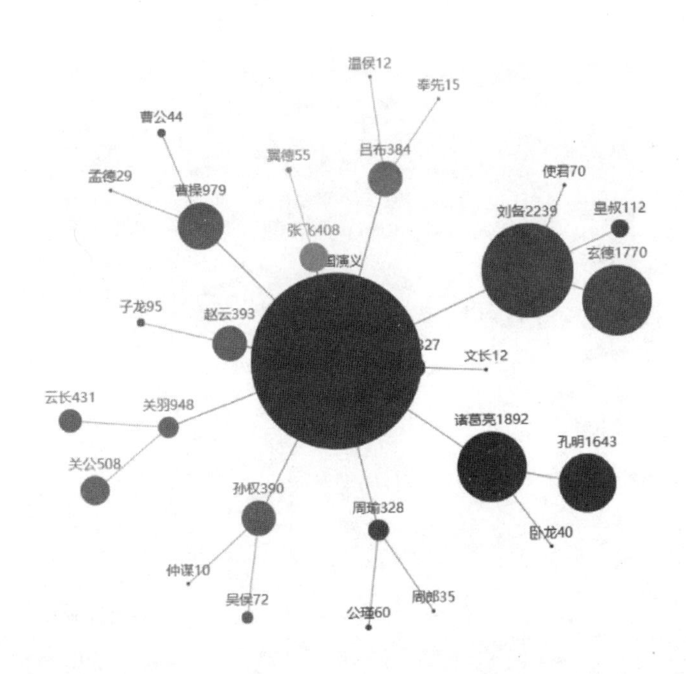

图 5-13　关系图

❑ 平行坐标图

平行坐标图应用示例如图 5-14 所示。

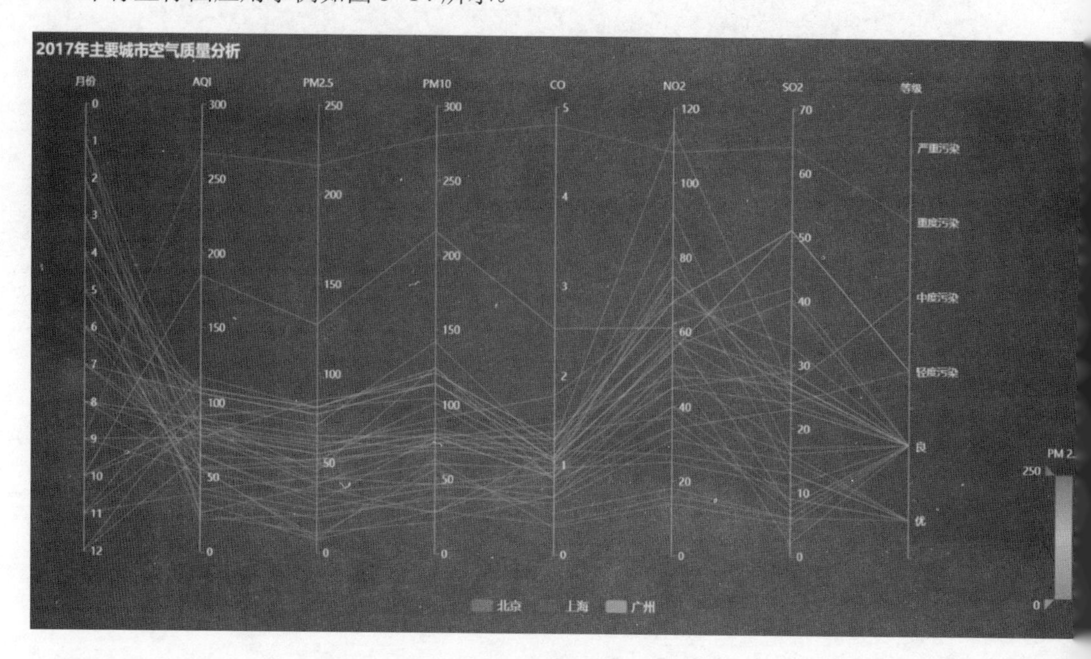

图 5-14　平行坐标图

❑ 仪表盘

仪表盘应用示例如图 5-15 所示。

图 5-15　仪表盘图

❑ 可下钻的矩形树图

可下钻的矩形树图如图 5-16 所示，下钻后效果如图 5-17 所示。

❑ 分解树

分解树应用示例如图 5-18 所示。

❑ 热力图

热力图应用示例如图 5-19 所示。

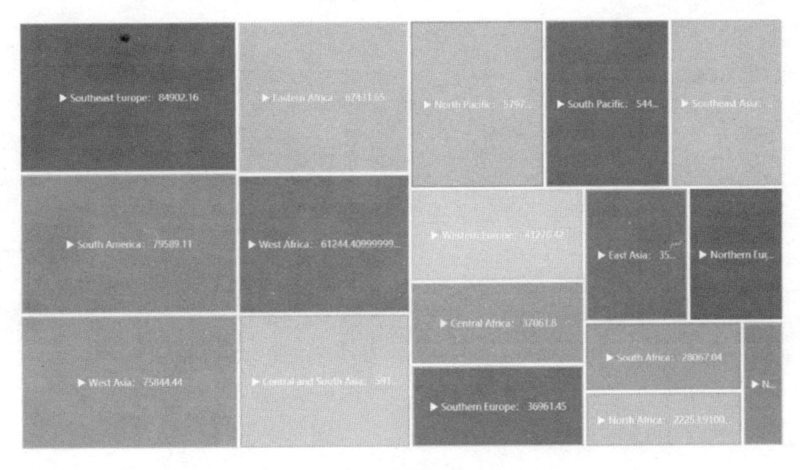

图 5-16 树图 1

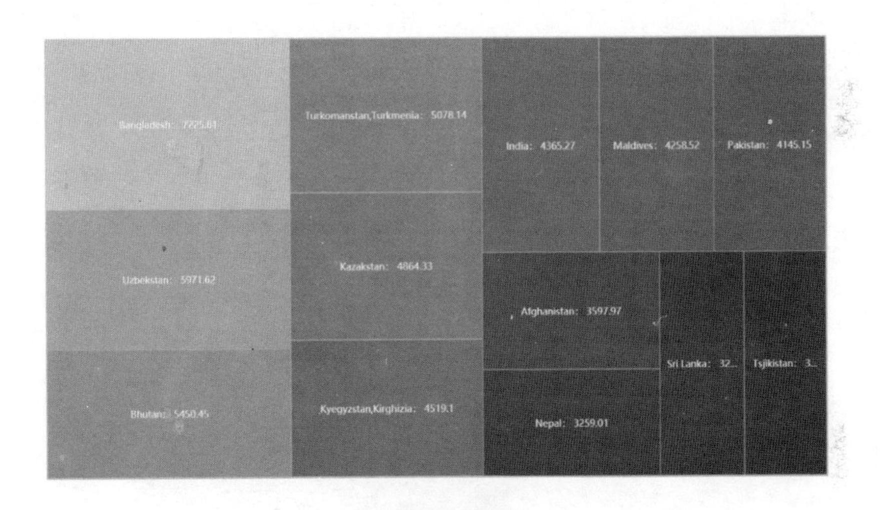

图 5-17 树图 2

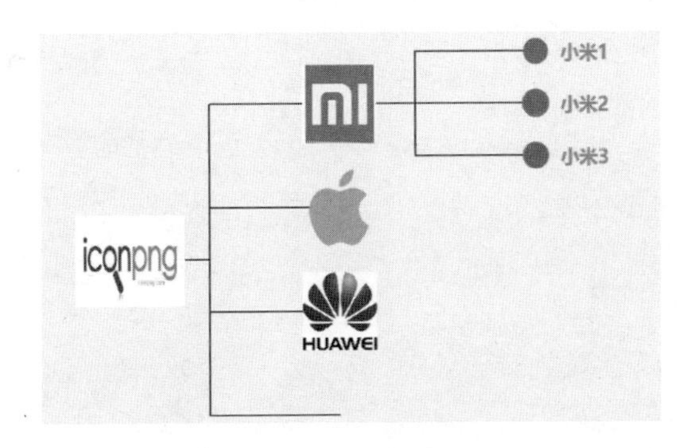

图 5-18 分解图

	1月	2月	3月	4月	5月	6月	7月	8月	9月	10月	11月	12月
重庆	163.84	184.62	193.41	220.45	212.35	240.63	256.39	289.08	297.97	267.76	251.33	244.76
深圳	180.87	200.65	220.45	210.98	250.54	230.34	256.65	324.35	301.86	271.16	250.26	240.76
广州	166.54	175.54	178.74	189.76	230.76	279.55	290.87	301.86	297.65	286.76	254.98	243.54
上海	167.65	174.97	186.54	200.76	212.54	230.65	268.45	300.65	320.54	304.78	256.76	245.87
北京	180.23	195.98	190.34	200.24	210.14	230.56	298.09	320.78	350.72	313.65	279.98	265.69

100 400

图 5-19　热力图

❑ 日历饼图

日历饼图应用示例如图 5-20 所示。

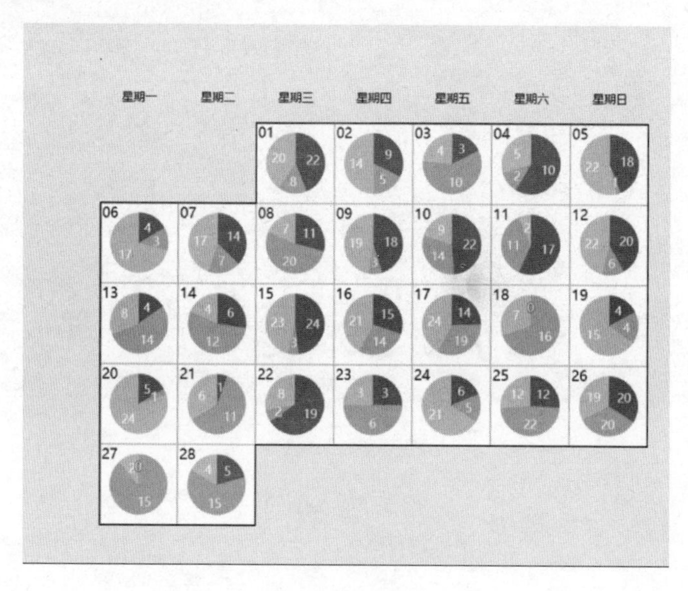

图 5-20　日历饼图

❑ 旭日图

旭日图应用示例如图 5-21 所示。

5.2.2　高级地图

1. 控件介绍

Info Visual 高级地图提供默认地图坐标（一种称为“地理位置编码”的过程），相比市场上普遍的在线世界地图，本系列地图内置千万级的地理坐标数据，通过增量渲染技术，配合各种细致的优化，能够进行流畅的缩放平移等交互操作，并针对线数据、点数据等地理数据的可视化提供了吸引眼球的特效。针对中国市场，更丰富了中国地图的可配置项，并且可以任意切换到中国的具体省级地图。

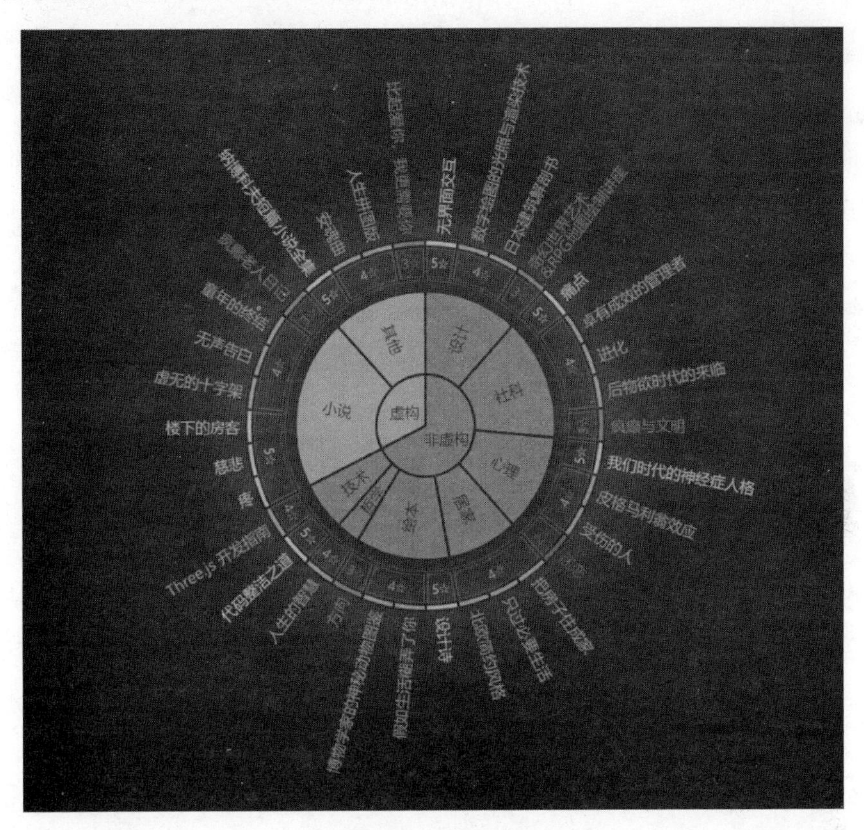

图 5-21　旭日图

✧ 支持离线地图

这可以使用户无须每次打开都需要联网在线加载地图信息，大大提升了制作及阅读报表效率，使交互操作更为平稳流畅。

✧ 支持全国地图与省级地图之间的一键切换

- 用户可以在配置项中一键选择地图类型，无论是全国地图还是任意省份，都可以轻松展现。
- 支持色块地图从全国地图一键下钻至具体省份。
- 用户不仅可以一键下钻至具体省份地图，也可以一键返回至全国地图。

✧ 丰富的可视化配置项

- 用户可以任意设置想显示在地图最中间的区域的经纬度，以及地图的缩放倍数，让阅读者一目了然。
- 用户可以配置色块颜色的渐变范围，地图将自动根据数值大小按颜色等级分类。
- 用户还可以设置标题、图例、文本属性、高亮区域及数据点的颜色等。

✧ 支持高级可定制化需求

每个行业领域都有自己独特的专业诉求，针对这样一些特定的需求，本控件为数据分析师开放了高级的在线编码入口，采用 JavaScript 技术，内嵌 jQuery、Lodash 语言，真正做到让思维无限飞扬，让创意落地生根。

Info Visual 高级地图系列包含 4 个地图控件：色块地图、散点地图、热力地图和流向地图。

❑ 色块地图

色块地图使用不同明暗度、颜色或图案来区别不同地理位置或区域上的值大小，这对反映哪些产品在某个区域中销售量最多的情景很有用。色块地图图片请参考 http://www.sharewinfo.com/。

❑ 散点地图

散点地图，是在地图的基础上，用点的大小、颜色深浅等元素显示相关数据的大小和分布情况，可以让人一眼尽收眼底，做到心中有数。散点地图常被用于资源分布的显示。散点地图图片请参考 http://www.sharewinfo.com/。

❑ 热力地图

热力地图，可以把按地区分类的数据显示在地图上，通过不同的颜色来呈现分析对象的地区分布，并且可以调整显示的颜色明暗度及模糊程度。数据量越大，显示区块的颜色越深。用户可以轻松掌握地图的热力图全貌，不仅对市县，对于所在城市、甚至全国各地某主题（如天气）的数据热度也都可以一手掌握。热力地图图片请参考 http://www.sharewinfo.com/。

❑ 流向地图

流向地图，又名迁徙图，是对收集的用户定位数据，采用基于地理位置的大数据分析后，用“地图+单向迁移线路图”的可视化呈现方式，来动态显示对象（如人员、货物、资金等）的流向情况。它能够动态、即时、直观地展现数据流向。流向地图图片请参考 http://www.sharewinfo.com/。

2. 属性说明

Info Visual 高级地图系列的控件属性分为两类，分别为字段（Fields）、格式（Format）。

❑ 色块地图

色块地图两类属性下的选项见表 5-1 和表 5-2。

表 5-1 色块地图之字段（Fields）属性

No.	选　项	属　性	描　述
1	位置（Location）	–	要绘制圆点的位置，可以是省份、城市等，当位置的名称相同时需使用经度和纬度加以辅助来显示位置
2	图例（Legend）	–	图表中每个度量值的图例
3	颜色（Color）	–	用于色块地图，放置度量值字段
4	工具提示（Tooltips）	–	光标移动到某区域内弹出提示层信息

表 5-2 色块地图之格式（Format）属性

No.	选　项	属　性	描　述
1	地图（Map）	地图类型（Map type）	可选择中国地图或各省份地图
2		地图区域颜色（Area color）	由于色块地图是按照数据大小显示不同颜色，此处设置的地图区域颜色对有数据的区域无效，只对无数据的区域起作用。可设置除色块地图外的其他地图的地图区域颜色
3		地图边框颜色（Border color）	设置地图边框的颜色
4		高亮地图区域颜色（Hightlight area color）	设置地图高亮区域颜色，即选中区域颜色
5		高亮地图边框颜色（Hightlight border color）	设置地图高亮区域边框颜色，即选中区域边框颜色
6		地图中心纬度（Center latitude）	设置需要显示在地图最中间的区域的纬度
7		地图中心经度（Center longitude）	设置需要显示在地图最中间的区域的经度
8		缩放比例（Zoom）	设置地图缩放比例，也可拖动光标来调节地图大小
9	视觉映射（Visual Map）	类型（Type）	可选择“Visualmap”或“Legend”。 1. 选择“Visualmap” 设置色块颜色范围，最多支持 Color Level 设置 5 个颜色层级 最大值即为该字段数据中的最大值 最小值为 0（数据中无负数，若有负数，则为实际最小值） 各区域的颜色深浅根据数据大小显示 2. 选择“Legend” 可设置不同类别在地图中显示圆点的颜色
10	标签（Label）	开关（On-Off）	默认打开
11		类型（Type）	可设置显示地理位置、数据或者都显示
12		显示单位（Display units）	设置数据的单位（无、千、万、百万、亿等）
13		小数位数（Decimal Places）	设置数据的小数位数
14		颜色（Color）	设置标签字体颜色
15		字体大小（Font Size）	设置标签字体大小
16		字体系列（Font Family）	设置标签字体系列
17	图例（Legend）	开关（On-Off）	默认打开
18		位置（Location）	设置图例的显示位置，默认在左上
19		颜色（Color）	设置图例文本的颜色
20		字体大小（Font Size）	设置图例字体大小
21		字体系列（Font Family）	设置图例字体系列
22	标题（Title）	开关（On-Off）	默认打开
23		标题文本（Title Text）	设置标题

（续）

No.	选　项	属　性	描　述
24	标题（Title）	字体颜色（Font color）	设置标题的颜色，默认为黑色
25		背景色（Background color）	设置标题背景颜色，默认无色
26		对齐方式（Alignment）	设置标题对齐方式，可选向左对齐、居中或向右对齐
27		文本大小（Text size）	设置标题字体大小
28		字体系列（Font family）	设置标题字体系列
29	背景（Background）	开关（On-Off）	默认关闭
30		颜色（Color）	背景色选择，与“绘图区”选择背景图片相似，只是当前选项是将背景直接设置为纯色
31		透明度（Transparency）	设置图表背景色透明度
32	锁定纵横比（Lock aspect）	开关（On-Off）	锁定控件比例，默认关闭
33	边框（Border）	开关（On-Off）	设置控件边框颜色，默认关闭
34		颜色（Color）	设置控件边框颜色，即整个控件最边缘的颜色设置
35	常规（General）	开关（On-Off）	默认关闭
36		X 位置（X Position）	整个控件离画布左侧的距离
37		Y 位置（Y Position）	整个控件离画布顶部的距离
38		宽度（Width）	整个控件的宽度
39		高度（Height）	整个控件的高度
40		替换文字（Alt Text）	输入一个描述，以便屏幕阅读器识别该控件，即给当前控件设置一个名称，当使用 Power BI 屏幕阅读器时能够通过搜索将这个独立的控件单独查找出来并加以展现

❑ 散点地图

散点地图两类属性下的选项见表 5-3 和表 5-4。

表 5-3　散点地图之字段（Fields）属性

No.	选　项	属　性	描　述
1	位置（Location）	-	要绘制圆点的位置，可以是省份、城市等，当位置的名称相同时要使用经度和纬度加以辅助来显示位置
2	纬度（Latitude）	-	经度与纬度共同组成一个坐标系，称为地理坐标系，它是一种利三维空间的球面来定义地球表面位置的球面坐标系，能够标识地球的任何一个位置
3	经度（Longitude）	-	同纬度类似
4	图例（Legend）	-	图表中每个度量值的图例
5	散点（Scatter）	-	用于散点地图，放置度量值字段
6	工具提示（Tooltips）	-	光标移动到散点地图内弹出提示信息

表 5-4 散点地图之格式（Format）属性

No.	选　项	属　性	描　述
1	地图（Map）	地图类型（Map type）	可选择中国地图或各省份地图
2		地图区域颜色（Area color）	由于散点地图是按照数据大小显示不同颜色，此处设置的地图区域颜色对有数据的区域无效，只对无数据的区域起作用。可设置除色块地图外的其他地图的地图区域颜色
3		地图边框颜色（Border color）	设置地图边框的颜色
4		高亮地图区域颜色（Hightlight area color）	设置地图高亮区域颜色，即选中区域颜色
5		高亮地图边框颜色（Hightlight border color）	设置地图高亮区域边框颜色，即选中区域边框颜色
6		地图中心纬度（Center latitude）	设置需要显示在地图最中间的区域的纬度
7		地图中心经度（Center longitude）	设置需要显示在地图最中间的区域的经度
8		缩放比例（Zoom）	设置地图缩放比例，也可拖动光标来调节地图大小
9	视觉映射（Visual Map）	类型（Type）	根据是否放置 Legend 所展示的属性及效果有所区别： 1）当无 Legend 分组时，设置散点颜色范围，最多支持 Color Level 设置 5 个颜色层级 最大值即为该字段数据中的最大值 最小值为 0（数据中若有负数，则为实际最小值） 散点颜色深浅根据数据大小显示 2）当有 Legend 分组时，可设置不同类别在地图中显示圆点的颜色
10	标签（Label）	开关（On-Off）	默认打开
1		类型（Type）	可设置显示地理位置、数据或者都显示
2		显示单位（Display units）	设置数据的单位（无、千、万、百万、亿等）
3		小数位数（Decimal Places）	设置数据的小数位数
4		颜色（Color）	设置标签字体颜色
5		字体大小（Font Size）	设置标签字体大小
6		字体系列（Font Family）	设置标签字体系列
7	图例（Legend）	开关（On-Off）	默认打开
8		位置（Location）	设置图例的显示位置，默认在左上
9		颜色（Color）	设置图例文本的颜色
0		字体大小（Font Size）	设置图例字体大小
1		字体系列（Font Family）	设置图例字体系列
2	散点（Scatter）	气泡大小（Scatter Size）	设置气泡大小
3		散点跟随（Follow Data）	有开关按钮，默认关闭。打开后，散点按数据大小跟随，数据越大，散点越大
4		散点效果（Bubble Effect）	有开关按钮，默认关闭。打开后，散点有水纹效果
5	标题（Title）	开关（On-Off）	默认打开

（续）

No.	选　项	属　性	描　述
26	标题（Title）	标题文本（Title Text）	设置标题
27		字体颜色（Font color）	设置标题的颜色，默认为黑色
28		背景色（Background color）	设置标题背景颜色，默认无色
29		对齐方式（Alignment）	设置标题对齐方式，可选向左对齐、居中或向右对齐
30		文本大小（Text size）	设置标题字体大小
31		字体系列（Font family）	设置标题字体系列
32	背景（Background）	开关（On-Off）	默认关闭
33		颜色（Color）	背景色选择，与“绘图区”选择背景图片相似，只是当前选项是将背景直接设置为纯色
34		透明度（Transparency）	设置图表背景色透明度
35	锁定纵横比（Lock aspect）	开关（On-Off）	锁定控件比例，默认关闭
36	边框（Border）	开关（On-Off）	设置控件边框颜色，默认关闭
37		颜色（Color）	设置控件边框颜色，即整个控件最边缘的颜色设置
38	常规（General）	开关（On-Off）	默认关闭
39		X 位置（X Position）	整个控件离画布左侧的距离
40		Y 位置（Y Position）	整个控件离画布顶部的距离
41		宽度（Width）	整个控件的宽度
42		高度（Height）	整个控件的高度
43		替换文字（Alt Text）	输入一个描述，以便屏幕阅读器识别该控件，即给当前控件设置个名称，当使用 Power BI 屏幕阅读器时能够通过搜索将这个独立控件单独查找出来并加以展现

❑ 热力地图

热力地图两类属性下的选项见表 5-5 和表 5-6。

表 5-5　热力地图之字段（Fields）属性

No.	选　项	属　性	描　述
1	位置（Location）	-	要绘制圆点的位置，可以是省份、城市等，当位置的名称相同时需使用经度和纬度加以辅助来显示位置
2	纬度（Latitude）	-	经度与纬度共同组成一个坐标系，称为地理坐标系，它是一种利用维空间的球面来定义地球表面位置的球面坐标系，能够标识地球上的任一个位置
3	经度（Longitude）	-	同纬度类似
4	图例（Legend）	-	图表中每个度量值的图例
5	热力（Heat）	-	用于热力地图，放置度量值字段
6	工具提示（Tooltips）	-	光标移动到图表内弹出提示信息

表5-6 热力地图之格式（Format）属性

No.	选　项	属　性	描　述
1	地图（Map）	地图类型（Map type）	可选择中国地图或各省份地图
2		地图区域颜色（Area color）	由于热力地图是按照数据大小显示不同颜色，此处设置的地图区域颜色对有数据的区域无效，只对无数据的区域起作用。可设置除色块地图外的其他地图的地图区域颜色
3		地图边框颜色（Border color）	设置地图边框的颜色
4		高亮地图区域颜色（Hightlight area color）	设置地图高亮区域颜色，即选中区域颜色
5		高亮地图边框颜色（Hightlight border color）	设置地图高亮区域边框颜色，即选中区域边框颜色
6		地图中心纬度（Center latitude）	设置需要显示在地图最中间的区域的纬度
7		地图中心经度（Center longitude）	设置需要显示在地图最中间的区域的经度
8		缩放比例（Zoom）	设置地图缩放比例，也可拖动光标来调节地图大小
9	视觉映射（Visual Map）	类型（Type）	设置热力效果颜色范围，最多支持 Color Level 设置 5 个颜色层级 最大值即为该字段数据中的最大值 最小值为 0（数据中若有负数，则为实际最小值） 颜色深浅根据数据大小不同显示
10	标签（Label）	开关（On-Off）	默认打开
11		类型（Type）	可设置显示地理位置、数据或者都显示
12		显示单位（Display units）	设置数据的单位（无、千、万、百万、亿等）
13		小数位数（Decimal Places）	设置数据的小数位数
14		颜色（Color）	设置标签字体颜色
15		字体大小（Font Size）	设置标签字体大小
16		字体系列（Font Family）	设置标签字体系列
17	图例（Legend）	开关（On-Off）	默认打开
18		位置（Location）	设置图例的显示位置，默认在左上
19		颜色（Color）	设置图例文本的颜色
20		字体大小（Font Size）	设置图例字体大小
21		字体系列（Font Family）	设置图例字体系列
22	热力（Heat）	模糊值（Blur Size）	热力效果的模糊值，值越大越模糊
23		最小透明度（Min Opacity）	热力效果的最小透明度
24		最大透明度（Max Opacity）	热力效果的最大透明度
25	标题（Title）	开关（On-Off）	默认打开
26		标题文本（Title Text）	设置标题
27		字体颜色（Font color）	设置标题的颜色，默认为黑色

（续）

No.	选　项	属　性	描　述
28	标题（Title）	背景色（Background color）	设置标题背景颜色，默认无色
29		对齐方式（Alignment）	设置标题对齐方式，可选向左对齐、居中或向右对齐
30		文本大小（Text size）	设置标题字体大小
31		字体系列（Font family）	设置标题字体系列
32	背景（Background）	开关（On-Off）	默认关闭
33		颜色（Color）	背景色选择，与“绘图区”选择背景图片相似，只是当前选项是将背景直接设置为纯色
34		透明度（Transparency）	设置图表背景色透明度
35	锁定纵横比（Lock aspect）	开关（On-Off）	锁定控件比例，默认关闭
36	边框（Border）	开关（On-Off）	设置控件边框颜色，默认关闭
37		颜色（Color）	设置控件边框颜色，即整个控件最边缘的颜色设置
38	常规（General）	开关（On-Off）	默认关闭
39		X 位置（X Position）	整个控件离画布左侧的距离
40		Y 位置（Y Position）	整个控件离画布顶部的距离
41		宽度（Width）	整个控件的宽度
42		高度（Height）	整个控件的高度
43		替换文字（Alt Text）	输入一个描述以便屏幕阅读器识别该控件，即给当前控件设置一个名称，当使用 Power BI 屏幕阅读器时能够通过搜索将这个独立的控件单独查找出来并加以展现

❑ 流向地图

流向地图两类属性下的选项见表 5-7 和表 5-8。

表 5-7　流向地图之字段（Fields）属性

No.	选　项	属　性	描　述
1	出发位置（Location）	-	要绘制圆点的出发位置，可以是省份、城市等，当位置的名称相同时需要使用经度和纬度加以辅助来显示位置
2	出发纬度（Latitude）	-	经度与纬度共同组成一个坐标系统，称为地理坐标系，它是一种利用三维空间的球面来定义地球表面位置的球面坐标系，能够标识地球上的任何一个位置
3	出发经度（Longitude）	-	同出发纬度类似
4	到达位置（To Location）	-	用于流向地图，同出发位置类似，是流向图要达到的位置
5	到达纬度（To Latitude）	-	用于流向地图，同出发经纬度类似
6	到达经度（To Longitude）	-	用于流向地图，同出发经纬度类似
7	图例（Legend）	-	图表中每个度量值的图例

（续）

No.	选　　项	属　　性	描　　述
8	流向（Flow）	-	用于流向地图，放置度量值字段
9	工具提示（Tooltips）	-	光标移动到图表内弹出提示信息

表 5-8　流向地图之格式（Format）属性

No.	选　　项	属　　性	描　　述
1	地图（Map）	地图类型（Map type）	可选择中国地图或各省份地图
2		地图区域颜色（Area color）	由于流向地图是按照数据大小显示不同颜色，此处设置的地图区域颜色对有数据的区域无效，只对无数据的区域起作用。可设置除色块地图外的其他地图的地图区域颜色
3		地图边框颜色（Border color）	设置地图边框的颜色
4		高亮地图区域颜色（Hightlight area color）	设置地图高亮区域颜色，即选中区域颜色
5		高亮地图边框颜色（Hightlight border color）	设置地图高亮区域边框颜色，即选中区域边框颜色
6		地图中心纬度（Center latitude）	设置需要显示在地图最中间的区域的纬度
7		地图中心经度（Center longitude）	设置需要显示在地图最中间的区域的经度
8		缩放比例（Zoom）	设置地图缩放比例，也可拖动光标来调节地图大小
9	视觉映射（Visual Map）	类型（Type）	可选择 Visualmap 或 Legend: （1）type 选择 Visualmap 设置气泡颜色范围，最多支持 Color Level 设置 5 个颜色层级 最大值即为该字段数据中的最大值 最小值为 0（数据中若有负数，则为实际最小值） 气泡颜色深浅根据数据大小不同显示 （2）type 选择 Legend 可设置不同图例在地图中显示圆点及流向线条的颜色
10	标签（Label）	开关（On-Off）	默认打开
11		类型（Type）	可设置显示地理位置、数据或者都显示
12		显示单位（Display units）	设置数据的单位（无、千、万、百万、亿等）
13		小数位数（Decimal Places）	设置数据的小数位数
14		颜色（Color）	设置标签字体颜色
15		字体大小（Font Size）	设置标签字体大小
16		字体系列（Font Family）	设置标签字体系列
17	图例（Legend）	开关（On-Off）	默认打开
18		位置（Location）	设置图例的显示位置，默认在左上
19		颜色（Color）	设置图例文本的颜色
20		字体大小（Font Size）	设置图例字体大小
21		字体系列（Font Family）	设置图例字体系列

（续）

No.	选　项	属　性	描　述
22	流向（Flow）	线度宽度（Line Width）	设置流向线条的粗细
23		宽度跟随（Width Follow Data）	线条按数据大小跟随
24		初始曲度（Curveness Start）	设置线条初始曲度
25		阶梯曲度（Curveness Step）	设置线条阶梯曲度
26		气泡（Bubble For）	起点：线条起点显示气泡 终点：线条终点显示气泡 起点和终点：线条起点和终点都显示气泡 可设置气泡大小、气泡跟随
27	标题（Title）	开关（On-Off）	默认打开
28		标题文本（Title Text）	设置标题
29		字体颜色（Font color）	设置标题的颜色，默认为黑色
30		背景色（Background color）	设置标题背景颜色，默认无色
31		对齐方式（Alignment）	设置标题对齐方式，可选向左对齐、居中或向右对齐
32		文本大小（Text size）	设置标题字体大小
33		字体系列（Font family）	设置标题字体系列
34	背景（Background）	开关（On-Off）	默认关闭
35		颜色（Color）	背景色选择，与“绘图区”选择背景图片相似，只是当前选项将背景直接设置为纯色
36		透明度（Transparency）	设置图表背景色透明度
37	锁定纵横比（Lock aspect）	开关（On-Off）	锁定控件比例，默认关闭
38	边框（Border）	开关（On-Off）	设置控件边框颜色，默认关闭
39		颜色（Color）	设置控件边框颜色，即整个控件最边缘的颜色设置
40	常规（General）	开关（On-Off）	默认关闭
41		X 位置（X Position）	整个控件离画布左侧的距离
42		Y 位置（Y Position）	整个控件离画布顶部的距离
43		宽度（Width）	整个控件的宽度
44		高度（Height）	整个控件的高度
45		替换文字（Alt Text）	输入一个描述，以便屏幕阅读器识别该控件，即给当前控件设一个名称，当使用 Power BI 屏幕阅读器时能够通过搜索将这个独的控件单独查找出来并加以展现

3. 应用场景

地图可以说是在人们的工作生活中应用极为广泛的图表了，任何行业，任何领域，只涉及地理位置相关的数据分析，都可以用地图来展现。

中国是人口大国，也是资源大国，自古以来就有地大物博的美名。金矿、银矿、铜矿煤矿、各种稀有金属等多种多样的矿产应有尽有。那么这些宝藏都在哪里呢？这时候，就可以通过散点地图来分析矿产坐标数据和储量数据，展示资源分布情况。

节假日要到了，许多人都想来场说走就走的旅行，相信大家最关心的就是天气情况了。"在北方的寒夜里四季如春"自然是好，但如果"在南方的艳阳里大雪纷飞"，那么心情就不是那么美妙了。此时，人们就需要知道全国范围内的天气情况。这个时候，热力地图就非常有用了，双眼扫一扫地图，就能知道哪儿四季如春、阳光明媚、气温适宜。还等什么，背起行囊出发吧。

在很多政治讨论和演讲中，可能会经常听到移民或人口流动这个主题，往往精辟的观点背后都需要庞大的数据分析做基础。这个时候，就可以使用流向地图来动态展示人员的流动情况。

4．拓展案例

以下案例为全国汽车制造市场分析。

随着汽车产业链配置的加快，汽车行业的发展瞬息万变，从产品设计、生产制造、认证检测、实际使用到最终报废回收，都已经与计算机软件、信息产业建立了密切关系。未来汽车产业将朝着网络化、仿真化、自动化方面继续发展，进一步为汽车制造业降低成本，提高附加值。因此，如何及时、全面地获取信息并快速分析从而为决策者提供准确依据成了重中之重。

案例图片请参考 http://www.sharewinfo.com/。

案例涉及按钮介绍如下。

- New：新建图表。
- Save：保存。
- Reload：重新加载。
- JavaScript：脚本编辑。
- Source：源代码查看。
- Merge：合并代码，即将本次保存的脚本与源代码进行合并。

在脚本编辑区域添加一段 jQuery 脚本，以实现添加条形图的功能。主要代码如下。

```
data.sort(function(a, b) {
                return a.value - b.value;
            })
var barData = [];
var categoryData = [];
var count = data.length;
for (var i = 0; i < data.length; i++) {
    if(i<40){
        categoryData.push(data[i].name);
        barData.push(data[i].value);
    }
}
option={
  geo: {
```

```
                map: 'china',
                left: '10',
                right: '35%',
                center: [100.98561551896913, 31.205000490896193],
                roam: true
            },
    grid: {
                right: 40,
                top: 350,
                bottom: 40,
                width: '20%'
            },

        xAxis: {
                type: 'value',
                scale: true,
                position: 'top',

                boundaryGap: false,
                splitLine: {
                    show: false
                },
                axisLine: {
                    show: false
                },
                axisTick: {
                    show: false
                },
                axisLabel: {
                    margin: 2,
                    textStyle: {
                        color: '#104E8B'
                    }
                },
            },
            yAxis: {
                type: 'category',
                //  name: 'TOP 20',
                nameGap: 16,
                axisLine: {
                    show: true,
                    lineStyle: {
                        color: '#ddd'
                    }
                },
                axisTick: {
                    show: false,
```

```
                lineStyle: {
                    color: '#ddd'
                }
            },
            axisLabel: {
                interval: 0,
                textStyle: {
                    color: '#ddd',
                     fontSize:8,
                }
            },
            data: categoryData
        },
        series:[{
            id: 'bar',
            zlevel: 2,
            type: 'bar',

            symbol: 'none',
            label:{
                color:'#ddd'
            },
            itemStyle: {
                normal: {
                    color: '#ddd'
                }
            },

            data: barData
}]}
```

最后保存并返回报表，就可以看到右下角已经添加了想要的条形图。

2.3 数据文本框

1. 控件介绍

众所周知，目前市面上已发布的 Power BI 可视化控件中，文本框的展现能力是相对较弱的，而在大量的业务报告中，文本框的使用频率跻身所有控件之前三。Microsoft Power BI 推出的文本框仅支持如下功能。

- 静态文本。
- 设置文字字体、颜色、大小、粗细。
- 设置边框、背景色及透明度。
- 设置居中方式。
- 设置超链接。

在进行了大量的市场调研后，笔者总结出呼声最高的几项痛点，并推出这款高级可视化控件——“数据文本框”。它具有以下优点。

✧ 支持动态文本

顾名思义，动态文本支持将动态的数据字段与静态的文本相结合，用丰富的语言文字和图片让单调的数字说话，碰撞出不一样的火花。例如，“自${FromDate}起，您的商店有${Store Visits}位访客”，在这段总结性文字中，“${}”中的内容为可变字段，并可随着源数据变化而变化。

✧ 支持自定义文本布局

有了这项功能，数据文本框已不仅仅是简单的文本框，数据分析师可以自由布局文字、表格、段落、图片、视频甚至动态表情，让报表更生动、更有说服力。

✧ 支持自动换行

✧ 支持一键撤销还原保存

✧ 支持高级可定制化需求

每个行业领域都有自己独特的专业诉求，针对这样一些特定的需求，本控件为数据分析师开放了高级的在线编码入口，采用 JavaScript 技术，真正做到让思维无限飞扬，让创意落地生根。

2. 示例学习

图 5-22 用一个数据文本框实现一张类似签名栏的效果图，图中展现了两个动态信息：编辑用户和当前时间，并设置了一些简单的文字格式。

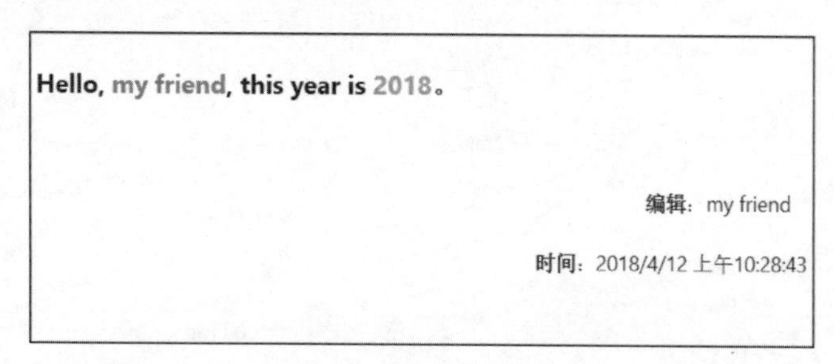
Hello, my friend, this year is 2018。
编辑：my friend
时间：2018/4/12 上午10:28:43

图 5-22　签名栏效果图

如何绘制数据文本框呢？首先，创建一张空白报表并成功连接数据源。之后的操作步骤如下。

➢ 第一步，在空白画布中创建一个数据文本框，如图 5-23 所示。

➢ 第二步，选择要分析的字段加入字段列表，此时控件中会出现示例文字，如图 5-24 所示。

注意，此步骤不可省略，至少需要拖动一个字段才可以继续编辑，例如，本示例中的动态当前时间与业务数据无关，但同样需要拖动任意一个或多个字段到字段列表。

➢ 第三步，进入高级编辑器，如图 5-25 所示。

控件的高级编辑器界面如图 5-26 和图 5-27 所示，初始界面会提供使用模板来帮助数据分析师更好地上手。

高级编辑器界面分为四个部分，分别为菜单栏、工具栏、内容编辑区、高级编码区。

- 菜单栏：可以保存、重新加载数据、浏览数据以及预览效果等。

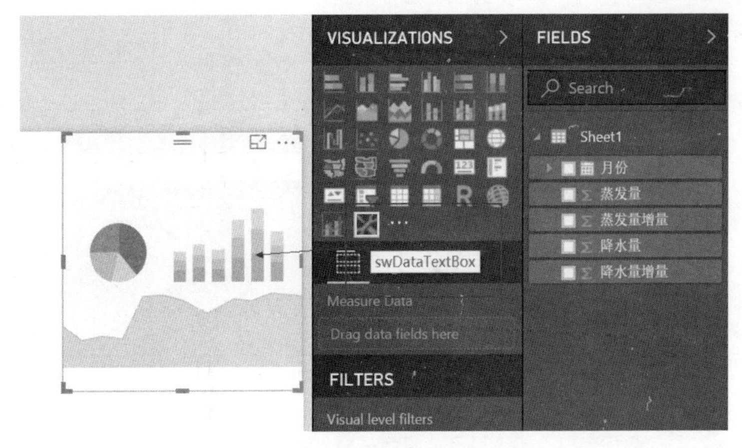

图 5-23　创建文本框

图 5-24　示例 2

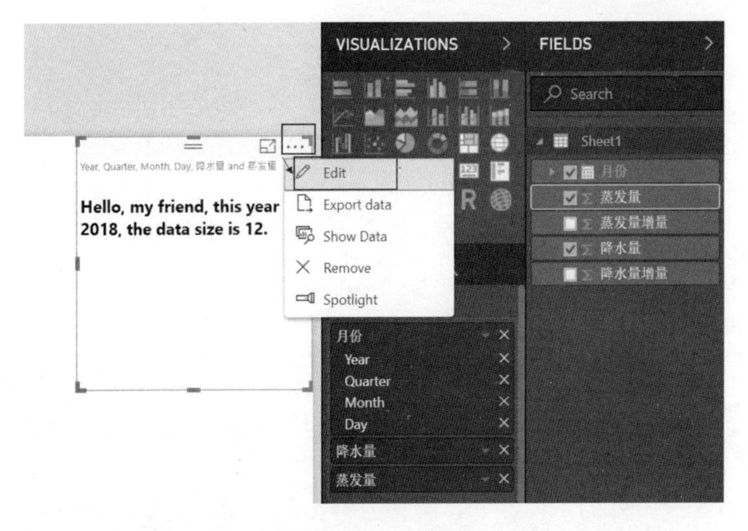

图 5-25　示例 3

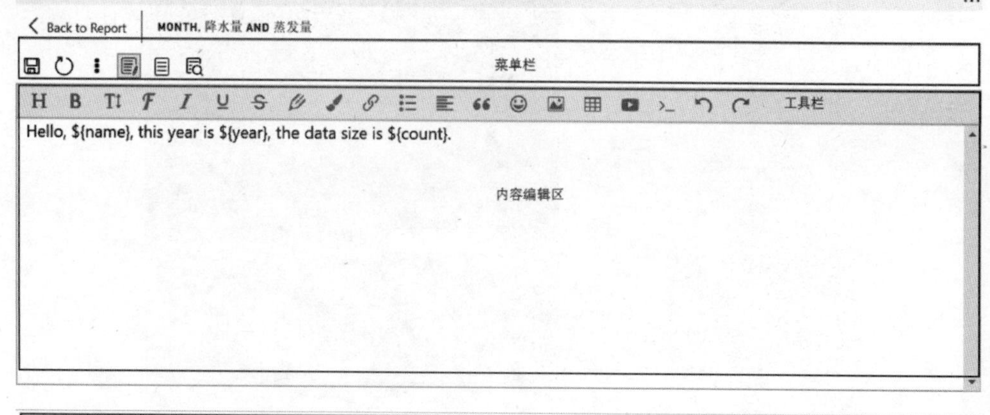


```
1
2    params = {
3      name: "my friend",
4      year: (new Date()).getFullYear(),
5      count: _.size(data)
6    };
```

高级编码区

图 5-26　数据文本框高级编辑器

Back to Report　省份, 订货, 收入, 产品 AND 描述

Hello, ${name}, this year is ${year}。

编辑：${name}

时间：${localtime}

```
1 var v_time=new Date();
2 var v_name="my friend";
3     params = {              //该控件显示信息参数清单
4       name: v_name,
5       //时间定义 year,localtime
6       year:v_time.getFullYear(),
7       localtime:v_time.toLocaleString()
8     };
```

图 5-27　自定义格式

- 工具栏：提供文字大小、粗细、样式、斜体、颜色、背景色、对齐方式等基础设置按钮，更可以设置列表，插入图片、视频、动态表情，设置超链接以及还原撤销等。
- 内容编辑区：控件的主体部分，所有内容在此编辑。其中，动态参数需要以“$参数名}”形式表示。

- 高级编码区：编码区采用 JavaScript 语言，是绑定字段、定义参数的载体。

➢ 第四步，在高级编辑器中编辑内容及自定义格式。

1）在高级编码区键入以下代码。

```
var v_time=new Date();
var v_name="my friend";
    params = {                    //该控件显示信息参数清单
      name: v_name,
      //时间定义 year,localtime
      year:v_time.getFullYear(),
      localtime:v_time.toLocaleString()
};
```

上述代码定义了两个变量 v_time、v_name 以及三个参数 name、year、localtime，并使用 Date()、getFullYear()、toLocaleString()三个时间函数给参数赋值。

2）在内容编辑区，输入以下三行文字。

Hello，${name}，this year is ${year}。

编辑：${name}

时间：${localtime}

上述文字中，使用“${参数名}”的形式调用高级编码区定义的参数，示例中“${name}”“${year}”“${localtime}”分别对应参数 name、year、localtime。

3）充分利用工具箱，给文字定义样式。

- 第一行文字加粗，选中“${name}”“${year}”，分别设置字体颜色为蓝色和橙色，如图 5-28 所示。

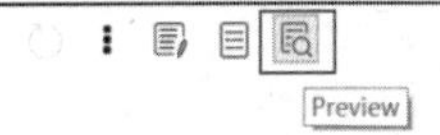
Preview
Hello, my friend, this year is 2018.
编辑：my friend
时间：2018/4/12 上午10:57:02

图 5-28　效果预览

- 第二、三行文字的对齐方式设置为靠右对齐。

➢ 第五步，单击“预览”按钮，可以进行效果预览。

➢ 第六步，返回编辑界面（见图 5-29 中的“1”步骤），保存。

保存成功，会出现图 5-29 所示的“Save success!”提示。

➢ 第七步，单击左上角的“Back to Report”按钮，完成编辑。

3. 应用场景

- 制作醒目直观的标题，抓住报告阅读者的眼球。
- 阐述总结性文字，做画龙点睛之笔。

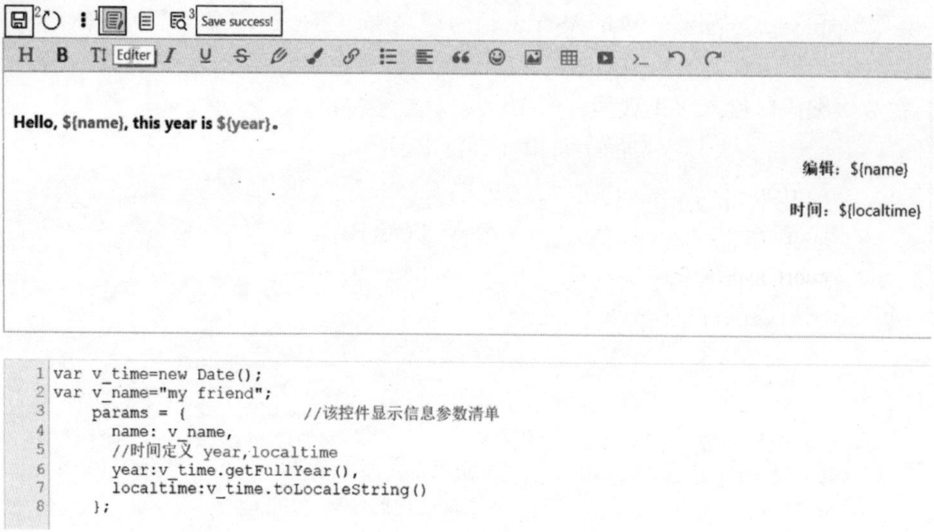

Save success!

H B TI Editer

Hello, ${name}, this year is ${year}。

编辑：${name}

时间：${localtime}

```
1 var v_time=new Date();
2 var v_name="my friend";
3     params = {              //该控件显示信息参数清单
4       name: v_name,
5       //时间定义 year,localtime
6       year:v_time.getFullYear(),
7       localtime:v_time.toLocaleString()
8     };
```

图 5-29　保存结果

- 针对其他可视化图表展现的数据做详细描述，帮助阅读者深入理解。

数据文本框的应用可拓展性极强，这归功于它支持丰富的 js 函数和方法。常见的函数可以分为以下几类。

❑ 数学函数

例 1：**_.round(number, [precision=0])**

描述：计算舍入到一定精度的数字。

参数：*number*（数值类型）：待舍入的对象数值。

[precision=0]（数值类型）：舍入的精度。

返回：返回舍入后的数值（数值类型）。

举例：_.round(4.006);　　// => 4

_.round(4.006, 2);　// => 4.01

_.round(4060, -2);　// => 4100

例 2：**_.subtract(minuend, subtrahend)**

描述：获取两个数值的相减数。

参数：*minuend*（数值类型）：减法中的第一个数值，即被减数。

subtrahend（数值类型）：减法中的第二个数值，即减数。

返回：返回相减以后的差值（数值类型）。

举例：_.subtract (6, 4);　　// => 2

例 3：**_.sum(array)**

描述：计算数组中值的总和。

参数：*array* (数组)：要迭代的数组。

返回：返回汇总值。

举例：_.sum([4, 2, 8, 6]);　// => 20

❑ 字符串函数

例 1：**_.upperCase([string=''])**

描述：将字符串（以空格分隔的单词）转换为大写字母。

参数：*[string='']*（字符串类型）：待转换的对象字符串。

返回：返回转换为大写字母的字符串（字符串类型）。

举例：
```
_.upperCase('--foo-bar');   // => 'FOO BAR'
_.upperCase('fooBar');      // => 'FOO BAR'
_.upperCase('__foo_bar__'); // => 'FOO BAR'
```

例 2：**_.substring(start,stop)**

描述：用于提取字符串中介于两个指定下标之间的字符。

参数：*start*（非负整数）：规定要提取的子串的第一个字符在字符串中的位置。

end（非负整数）：比要提取的子串的最后一个字符在字符串中的位置多 1。如果省略该参数，那么返回的子串会一直到字符串的结尾。

返回：一个新的字符串，该字符串包含原字符串的一个子字符串，其内容是从 start 处到 stop-1 处的所有字符，其长度为 stop 减 start。

举例：
```
var str="Hello world!";
str.substring(3);    // => 'lo world!'
str.substring(3,7);  // => 'lo w'
```

❑ 集合函数

例 1：**_.find(collection, [predicate=_.identity], [fromIndex=0])**

描述：获取集合中满足条件的指定列的第一个值。

参数：*collection*（数组或对象）：被查找的集合。

[predicate=_.identity]（函数）：每次迭代时调用的函数。

[fromIndex=0]（数值类型）：查找的初始位置索引。

返回：返回匹配的元素。

举例：
```
var users = [
  { 'user': 'barney',  'age': 36, 'active': true },
  { 'user': 'fred',    'age': 40, 'active': false },
  { 'user': 'pebbles', 'age': 1,  'active': true }
];

_.find(users, function(o) { return o.age < 40; });
// => object for 'barney'

_.find(users, { 'age': 1, 'active': true });
// => object for 'pebbles'

_.find(users, ['active', false]);
// => object for 'fred'
```

_.find(users, 'active');
// => object for 'barney'

例 2：**_.first(array)**

描述：获取集合中的第一个元素。

参数：*array* (数组)：被查找的集合。

返回：返回集合中的第一个元素。

举例：_.first([1, 2, 3]);　　　　// => 1

❑ 时间函数

例 1：**_.getFullYear()**

描述：获取年份。

参数：无。

返回：返回一个表示年份的 4 位数字。

举例：var d = new Date();
d.getFullYear();　　　　// => 2018

例 2：**_.toLocaleString()**

描述：根据本地时间把 Date 对象转换为字符串，并返回结果。

参数：无。

返回：返回一个时间字符串，以本地时间区表示，并根据本地规则格式化。

举例：var d = new Date();
d.toLocalString();　　　　// => 2018/4/12 下午 5:54:54

4．拓展案例

只要学会灵活运用函数，数据文本框可以实现许多分析要求。

此处以降水量分析为例。

某学术机构在做气象学术报告时需要进行全国范围内月度降水量与蒸发量的持续性析，其结果可为月降水量的长期预报提供有关信息。

如图 5-30 所示，报表的上面文字部分用数据文本框分析出去年 12 个月中降水量最多三个月份以及蒸发量最少的三个月份。在图中的右上角还动态显示出当前日期。其高级编器内容如图 5-31 所示。

在本案例中，为了实现 top N 的效果，采用了 take()、sort()、map()等函数。

具体代码如下。

```
var takeCount=3;
var arrayDataDown=_.take(data.sort(function(n,m){

        return m.降水量-n.降水量;
        }),takeCount);
var arrayDataUp=_.take(data.sort(function(n,m){
        return n.蒸发量-m.蒸发量;
        }),takeCount);
    params = {
        down: (function(){
```

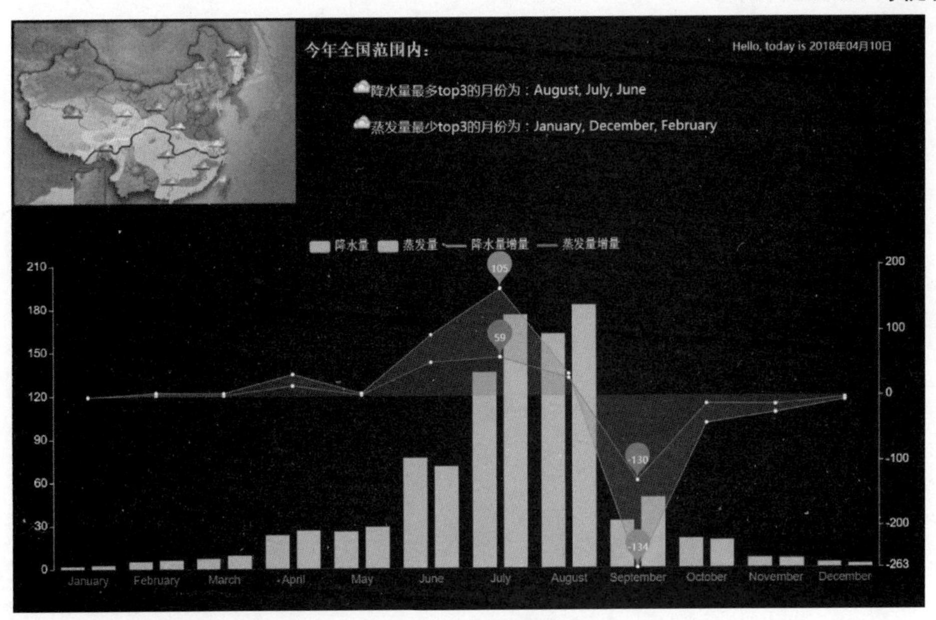

图 5-30　降水量分析

Back to Report

H B T↕ 𝓕 I U S

今年全国范围内：

降水量最多top3的月份为：${down}

蒸发量最少top3的月份为：${up}

```
1  var takeCount=3;
2  var arrayData=_.take(data.sort(function(n,m){
3        return m.降水量-n.降水量;
4        }),takeCount);
5  var arrayData1=_.take(data.sort(function(n,m){
6        return n.蒸发量-m.蒸发量;
7        }),takeCount);
8     params = {
9        down: (function(){
10            var monthString='';
11            arrayData.map(function(n,i){
12              if(i===arrayData.length-1){
13                 monthString+=n.Month+'';
14              }else{
15              monthString+=n.Month+', ';
16                 }
17            });
```

图 5-31　降水量数据文本框高级编辑器内容

```
var monthString='';
arrayDataDown.map(function(n,i){
   if(i===arrayData.length-1){
       monthString+=n.Month+'';
   }else{
```

```
                monthString+=n.Month+', ';
                  }
              });
          return monthString;
              })(),
        up: (function(){
              var monthString='';
              arrayDataUp.map(function(n,i){
                if(i===arrayData1.length-1){
                    monthString+=n.Month+'';
                }else{

                monthString+=n.Month+', ';
                  }
              });
          return monthString;
              })()

      };
```

函数的具体使用方法请参考：https://lodash.com/docs/。

5.2.4 可编辑表格

1. 控件介绍

Info Visual 可编辑表格，提供一个查看并编辑后台数据的接口平台，允许用户在 Power BI 报表上直接修改数据并写回数据库。可编辑表格示例如图 5-32 所示。

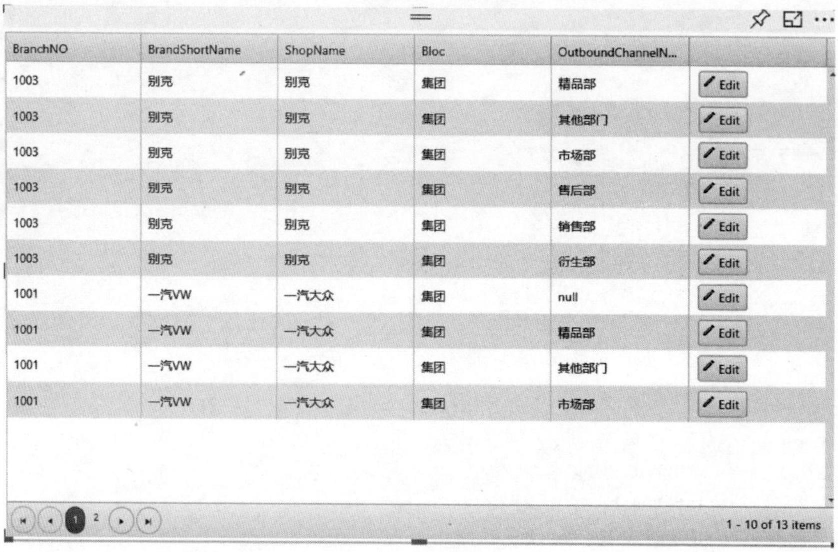

BranchNO	BrandShortName	ShopName	Bloc	OutboundChannelN...	
1003	别克	别克	集团	精品部	Edit
1003	别克	别克	集团	其他部门	Edit
1003	别克	别克	集团	市场部	Edit
1003	别克	别克	集团	售后部	Edit
1003	别克	别克	集团	销售部	Edit
1003	别克	别克	集团	衍生部	Edit
1001	一汽VW	一汽大众	集团	null	Edit
1001	一汽VW	一汽大众	集团	精品部	Edit
1001	一汽VW	一汽大众	集团	其他部门	Edit
1001	一汽VW	一汽大众	集团	市场部	Edit

1 2 1 - 10 of 13 items

图 5-32 可编辑表格

2. 应用场景

➢ 数据上报

数据上报是将下游数据传递到上游的过程，例如快速消费品行业，主要是由卖场中的一
销售人员、促销员、导购员通过一定方式，将前端卖场的销售数量等信息上报给公司或者
销商处负责数据收集的相关人员，方便厂家或者经销商及时掌握市场情况，以便适时补货
调货。传统的上报方式有人工收集、电话传真、邮箱等，而通过 Info Visual 可编辑表格，
些基础的报表数据可以实时上传至后台数据库，快速生成分析报告，从而减少时间、人
、资源成本，也可以在发现错误数据的时候马上进行修改，避免更大的损失。

➢ What-if 分析

假设分析是一种评估程序，即评估如果采取不同的策略方案会产生何种结果，以便作最
的决策。例如先评估若更改实际预测，生产计划和存货水准会有什么变化，再根据不同的
果选择一种最合适的方案。Info Visual 可编辑表格可以让数据分析师在进行假设分析的时
快速构建多种可能的假设情景，高效推演可能出现的结果并做出决策。

➢ 财务预测

很多分析报告的传统做法就是对历史的财务数据进行多维交叉、切割和分析，并以此作
未来规划的基础。事后分析已经落伍，而利用大数据的商业智能预测分析正方兴未艾。预
分析要遵循先定性后定量的原则，如何定量，自然是用数据说话。利用 Info Visual 可编辑
格，可以在获取历史数据的同时，快速构建预测数据，再结合其他可视化工具来展现预测
线。

.2.5 组织架构图

1. 控件介绍

Info Visual 组织架构图，是一种规范化的结构图生成控件，能够简洁明了地展示组织内
等级与权力、角色与职责、功能与关系，有助于帮助员工了解和认识公司，明确工作负责
，及汇报关系和对象。

相比于传统的组织架构图，Info Visual 组织架构图拥有灵活多变、动态实时的特点，设
者只需要在数据库配置好上下级组织关系，即可一键创建自动布局的组织架构图，并可以
由设计颜色、字体、背景、图像等样式。阅读者也可以自由收缩或展开节点，进行全局纵
或局部查看。图表示例如图 5-33 所示。

2. 应用场景

- 通过矩阵式组织结构图明确组织内所有人员的角色和职责。
- 建立等级式职权结构，并以此规范决策程序。
- 建立政令畅通、有序规范、方法得当的信息沟通渠道。
- 建立控制机制，如中心化程度、控制覆盖度。
- 建立工作合作协调机制。
- 建立规范的决策程序。
- 建立特殊的运营程序。

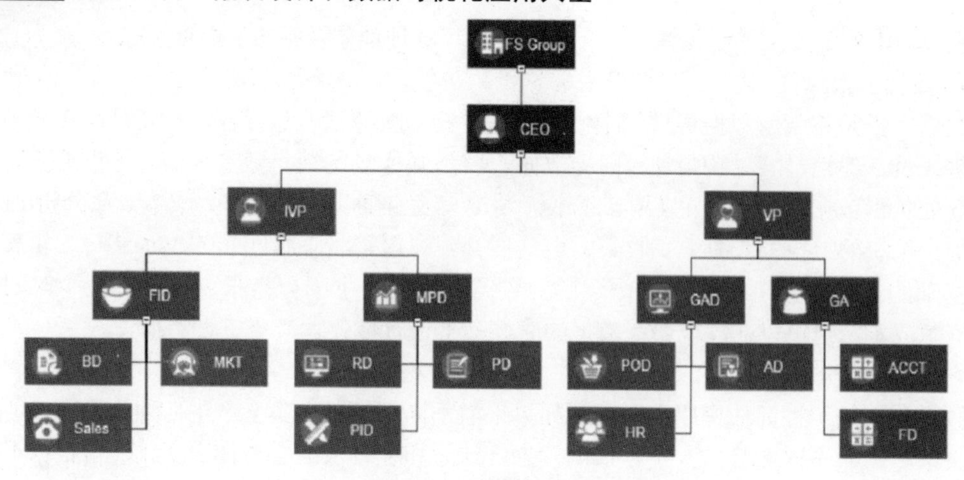

图 5-33　组织架构图

5.2.6　信息图

1．控件介绍

Info Visual 信息图，是组织架构图的升级版，能表现更广泛的业务领域，并具有更丰的配置项以及更友好的操作方式。信息图示例如图 5-34 所示。

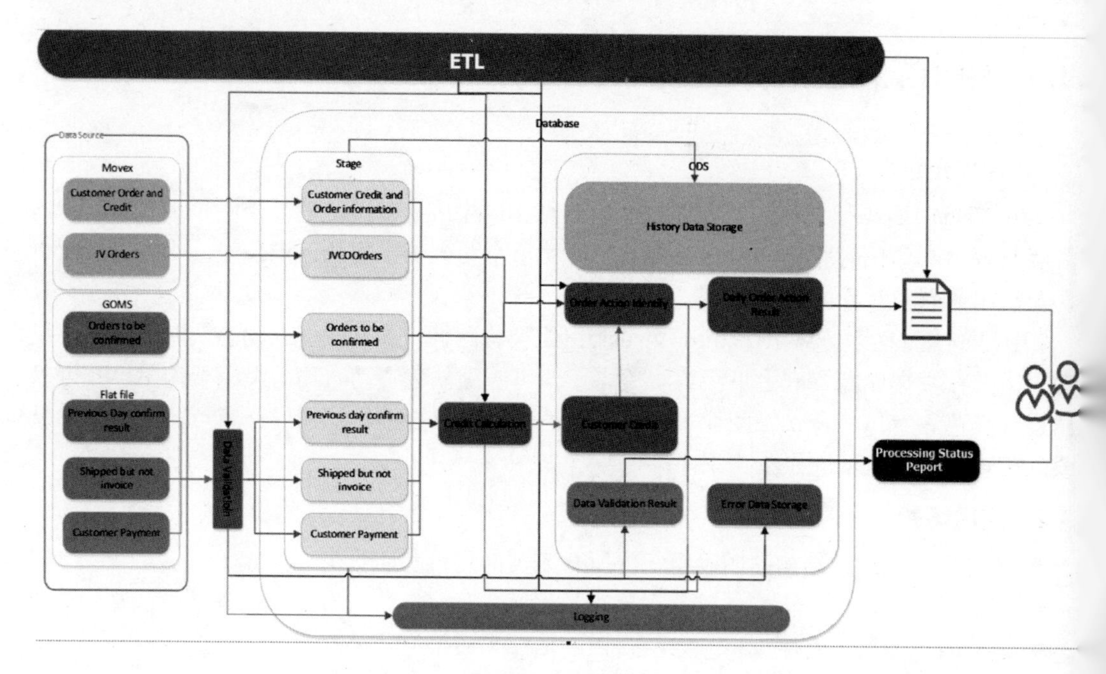

图 5-34　信息图

2．应用场景

Info Visual 信息图主要应用于必须要有一个清楚准确的解释的情景或表达甚为复杂且

的信息的情景，例如在各式各样的文件档案上、各种地图及标志、新闻或教程文件，表现的设计是化繁为简。制作信息图的目的在于用图像的形式表现需要传达的数据、信息和知。这些图像可能由信息所代表的事物组成，也可能是简单的点、线等基本图形。

Info Visual 信息图经常可以应用于数据流程图、概念导图、树形图、时间线图等，并可于广泛的业务领域，如决策规划、事件计划、信息会议、头脑风暴、成本效益分析、风险理、用例图表、项目管理等。

.2.7 报表查看器

1. 控件介绍

报表查看器（Report Viewer），是专为集成微软企业级报表平台 SQL Server Reporting rvices（SSRS）而定制的一款控件，可以在 Power BI 中渲染出 RDL 报表。众所周知，wer BI 是微软最新推出的 BI 概念，而在早期，微软的 BI 产品套装中 SSRS 报表技术已经常成熟。如果可以在 Power BI 报表中渲染出 SSRS 报表，再与 Power BI 绚丽的可视化效相辅相成，可以想象，再困难的需求、再挑剔的审美在数据分析师手中都是信手拈来。

2. 示例说明

图 5-35 所示的报表用报表查看器控件渲染出一张包含矩阵的 RDL 报表。

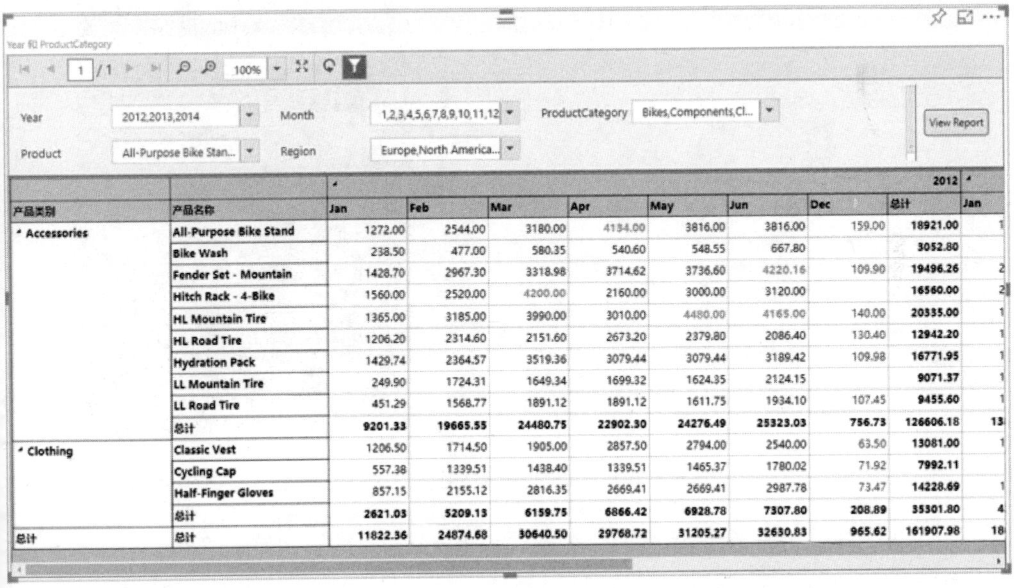

Year 和 ProductCategory

1 /1 100%

Year 2012,2013,2014 Month 1,2,3,4,5,6,7,8,9,10,11,12 ProductCategory Bikes,Components,Cl... View Report

Product All-Purpose Bike Stan... Region Europe,North America...

									2012	
产品类别	产品名称	Jan	Feb	Mar	Apr	May	Jun	Dec	总计	Jan
Accessories	All-Purpose Bike Stand	1272.00	2544.00	3180.00	4134.00	3816.00	3816.00	159.00	18921.00	1
	Bike Wash	238.50	477.00	580.35	540.60	548.55	667.80		3052.80	
	Fender Set - Mountain	1428.70	2967.30	3318.98	3714.62	3736.60	4220.16	109.90	19496.26	2
	Hitch Rack - 4-Bike	1560.00	2520.00	4200.00	2160.00	3000.00	3120.00		16560.00	2
	HL Mountain Tire	1365.00	3185.00	3990.00	3010.00	4480.00	4165.00	140.00	20335.00	1
	HL Road Tire	1206.20	2314.60	2151.60	2673.20	2379.80	2086.40	130.40	12942.20	1
	Hydration Pack	1429.74	2364.57	3519.36	3079.44	3079.44	3189.42	109.98	16771.95	1
	LL Mountain Tire	249.90	1724.31	1649.34	1699.32	1624.35	2124.15		9071.37	1
	LL Road Tire	451.29	1568.77	1891.12	1891.12	1611.75	1934.10	107.45	9455.60	1
	总计	9201.33	19665.55	24480.75	22902.30	24276.49	25323.03	756.73	126606.18	13
Clothing	Classic Vest	1206.50	1714.50	1905.00	2857.50	2794.00	2540.00	63.50	13081.00	1
	Cycling Cap	557.38	1339.51	1438.40	1339.51	1465.37	1780.02	71.92	7992.11	
	Half-Finger Gloves	857.15	2155.12	2816.35	2669.41	2669.41	2987.78	73.47	14228.69	1
	总计	2621.03	5209.13	6159.75	6866.42	6928.78	7307.80	208.89	35301.80	4
总计	总计	11822.36	24874.68	30640.50	29768.72	31205.27	32630.83	965.62	161907.98	18

图 5-35 SSRS 报表

操作步骤如下。

➢ 前置条件。

1）创建一个 Web Service，用于存放 RDL 报表。

2）创建一个 RDL 报表，用于渲染。

3）创建一个空白 Power BI 报表。

➢ 第一步，在空白画布中创建一个报表查看器，并选择任意数据字段，如图5-36所示。

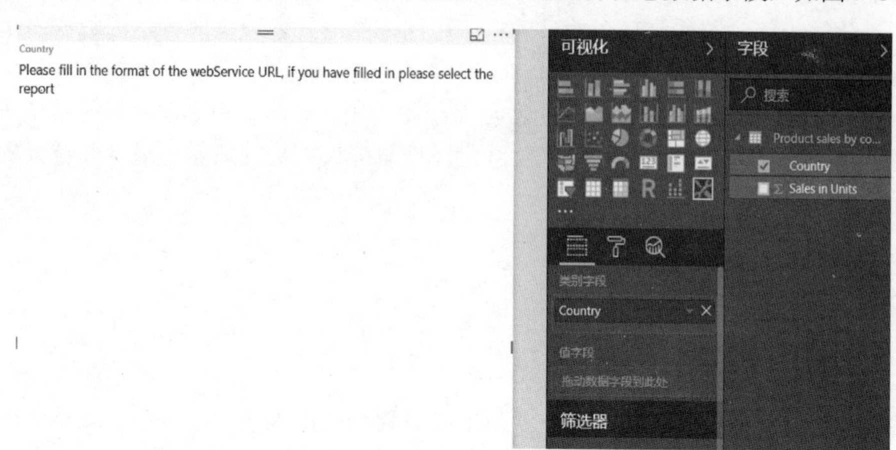

图5-36　示例1

注意，此步骤不可省略，至少需要拖动一个字段才可以继续编辑，例如本示例中的字与RDL报表业务数据无关，但同样需要拖动任意一个或多个字段到字段列表。

➢ 第二步，打开“格式”选项卡，在“服务地址”项中填写服务地址。

该服务地址即为前置条件1）中设置的站点地址，如图5-37所示。

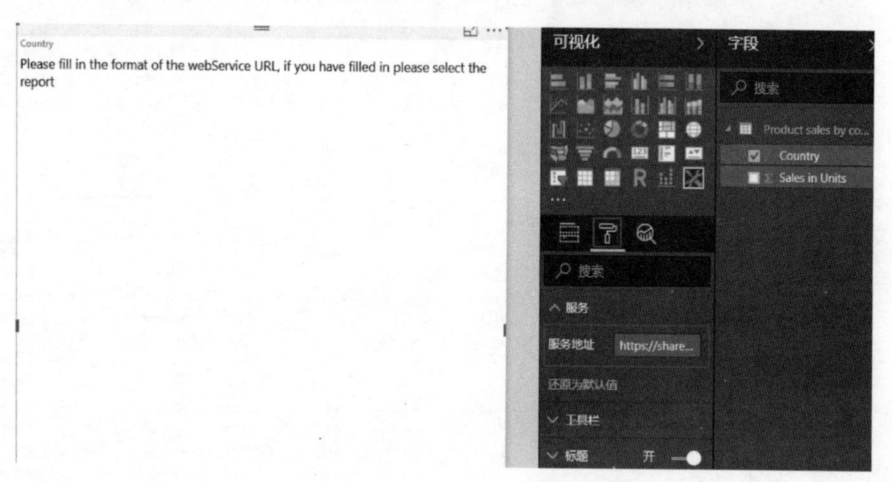

图5-37　示例2

➢ 第三步，单击控件右上角“更多选项”按钮，在功能列表中单击“Edit”按钮，进入辑页面，如图5-38所示。

此时画布会切换到控件的高级编辑器界面，初始界面会提供Web Service站点下已保的所有RDL报表列表，如图5-39所示。

编辑器提供四个功能，上传、删除、参数配置、查看。

- 上传：单击“浏览”按钮，从本地选择制作好的RDL报表，并单击“上传”，将报上传至Web Service。上传成功后会显示“Success!”提示并在列表中即时刷新出上的新报表。

图 5-38　示例 3

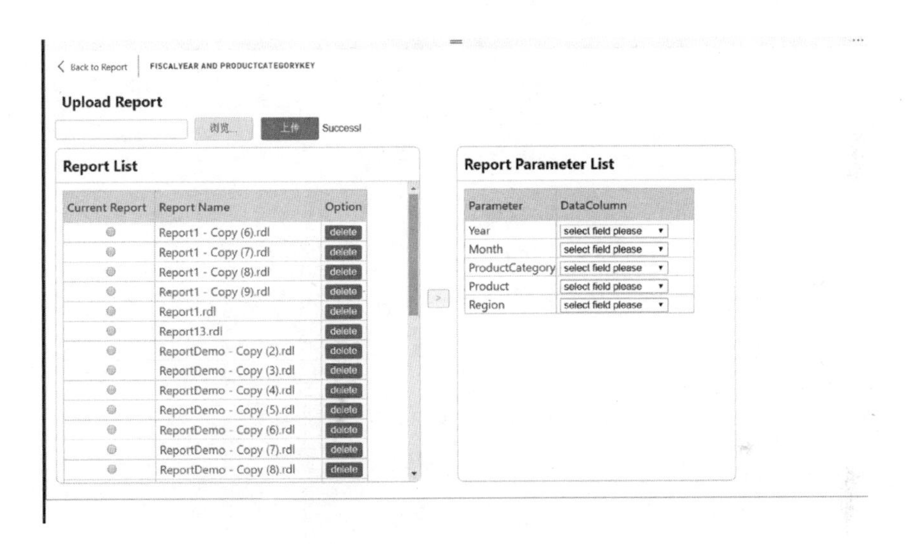

图 5-39　示例 4

- 删除：单击列表中相应报表后面的“delete”按钮，可以删掉 Web Service 中已保存的 RDL 报表。
- 参数配置：在“Current Report”列选择报表，右侧会展示该报表的参数，可以配置 Power BI 中字段与 SSRS 中字段之间的匹配关系，以达到数据联动的效果。
- 查看：在“Current Report”列选择要查看的报表，并单击“Back to Report”，即可展示该报表，如图 5-40 所示。

3. 应用场景

报表查看器的价值在于它为 Power BI 控件无法做到而 SSRS 可以轻易实现的功能需求提了一个平台，例如：

- SSRS 矩阵的分页功能，在 Power BI 的原生控件中无法做到，而该功能为大数据量的展现提供更为完美的解决方案，不仅使报表突破了 Power BI 矩阵对数据量的限制，也让报表的展示性能更上一个台阶。

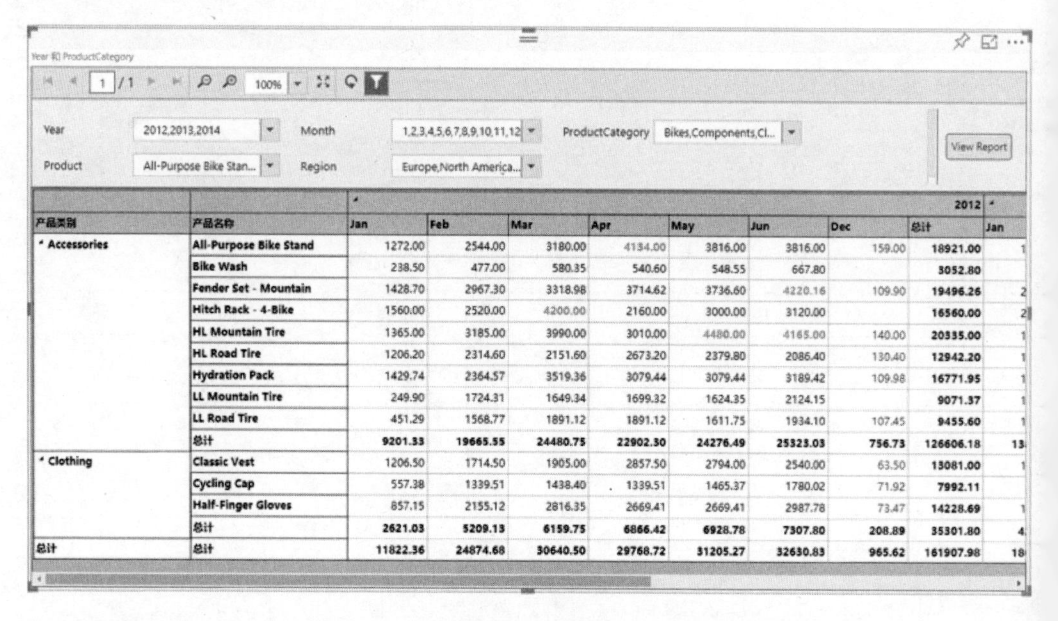

									2012	
产品类别	产品名称	Jan	Feb	Mar	Apr	May	Jun	Dec	总计	Jan
Accessories	All-Purpose Bike Stand	1272.00	2544.00	3180.00	4134.00	3816.00	3816.00	159.00	18921.00	1
	Bike Wash	238.50	477.00	580.35	540.60	548.55	667.80		3052.80	
	Fender Set - Mountain	1428.70	2967.30	3318.98	3714.62	3736.60	4220.16	109.90	19496.26	2
	Hitch Rack - 4-Bike	1560.00	2520.00	4200.00	2160.00	3000.00	3120.00		16560.00	2
	HL Mountain Tire	1365.00	3185.00	3990.00	3010.00	4480.00	4165.00	140.00	20335.00	1
	HL Road Tire	1206.20	2314.60	2151.60	2673.20	2379.80	2086.40	130.40	12942.20	1
	Hydration Pack	1429.74	2364.57	3519.36	3079.44	3079.44	3189.42	109.98	16771.95	1
	LL Mountain Tire	249.90	1724.31	1649.34	1699.32	1624.35	2124.15		9071.37	1
	LL Road Tire	451.29	1568.77	1891.12	1891.12	1611.75	1934.10	107.45	9455.60	1
	总计	9201.33	19665.55	24480.75	22902.30	24276.49	25323.03	756.73	126606.18	13
Clothing	Classic Vest	1206.50	1714.50	1905.00	2857.50	2794.00	2540.00	63.50	13081.00	1
	Cycling Cap	557.38	1339.51	1438.40	1339.51	1465.37	1780.02	71.92	7992.11	
	Half-Finger Gloves	857.15	2155.12	2816.35	2669.41	2669.41	2987.78	73.47	14228.69	1
	总计	2621.03	5209.13	6159.75	6866.42	6928.78	7307.80	208.89	35301.80	4
总计	总计	11822.36	24874.68	30640.50	29768.72	31205.27	32630.83	965.62	161907.98	18

图 5-40　示例 5

- 能使用 SSRS 矩阵的单元格合并、单元格边框线条设置、行列隐藏、字段缩进等丰的样式设置选项，对于追求完美的用户来说无疑是个好消息。
- SSRS 矩阵中能实现基于表达式的单元格值计算，如财务报告中 A 行=B 行+C 行计算。
- SSRS 报表的交互排序功能，大大方便了阅读者迅速聚集焦点到想看的数据上。
- SSRS 矩阵中丰富的指示器，是 KPI 分析的好帮手。
- 此外，还有 SSRS 矩阵的行列分组和聚合等功能。

附　　录

表 1　字段（Fields）属性公共选项

<table>
<tr><th>序号</th><th colspan="2">选　　项</th><th>描　　述</th></tr>
<tr><td>1</td><td>工具提示
（Tooltips）</td><td>-</td><td>光标移动到图内时弹出的提示信息</td></tr>
<tr><td>2</td><td rowspan="4">筛选器
（Filters）</td><td>视觉级筛选器
（Visual level filters）</td><td>筛选控件各字段数据显示范围</td></tr>
<tr><td>3</td><td>页面级筛选器
（Page level filters）</td><td>对指定字段筛选范围进行设置</td></tr>
<tr><td>4</td><td>钻取筛选器
（Drillthrough filters）</td><td>对指定字段进行数据筛选，只能单选</td></tr>
<tr><td>5</td><td>报告级别筛选器
（Report level filters）</td><td>对字段筛选范围进行设置</td></tr>
</table>

表 2　格式（Format）属性公共选项

序号	选　　项	描　　述
1	标题（Title）	对标题文本、字体颜色、背景色、对齐方式、文本大小、字体系列的设置
2	背景（Background）	设置报表背景颜色及透明度
3	锁定纵横比（Lockaspect）	固定横坐标与纵坐标的长宽比例
4	边框（Border）	设置边框颜色
5	常规（General）	设置图表的 X 方向位置、Y 方向位置、宽度、高度及替换文字

本书由资深 BI 工程师精心编写，收集了大量的 Power BI 可视化控件，有 Power BI 原生可视化控件（详见第 3 章内容），也有第三方可视化控件（详见第 4 章内容）。同时又将所有的 Power BI 可视化控件按其展示类型进行了分组介绍，并对其中使用频率高的控件进行了图例介绍、属性介绍、示例介绍和应用场景举例，分析了这些控件在使用过程中存在的一些局限性。针对第 3 章和第 4 章控件的局限性，本书又推荐了几款强大的 Info Visual 可视化控件（详见第 5 章内容）。

本书配有丰富的任务实例，采用图解的方式讲解，避免了纯理论讲解的枯燥。读者不仅可以掌握各控件的常规使用方法，还可以在使用过程中积累经验以提高实战技能。

本书不仅可以作为专业报表设计人员的工作手册，也可以作为 Power BI 报表制作初学者的指导用书。

图书在版编目（CIP）数据

Power BI 数据分析：报表设计和数据可视化应用大全 / 金立钢编著. —北京：机械工业出版社，2018.11

ISBN 978-7-111-61537-8

Ⅰ. ①P… Ⅱ. ①金… Ⅲ. ①可视化软件 ②数据处理 Ⅳ. ①TP31 ②TP274

中国版本图书馆 CIP 数据核字（2018）第 284740 号

机械工业出版社（北京市百万庄大街 22 号 邮政编码 100037）

策划编辑：丁 伦 责任编辑：丁 伦

责任校对：张艳霞 责任印制：常天培

北京圣夫亚美印刷有限公司印刷

2019 年 3 月・第 1 版・第 1 次印刷

184mm×260mm・20 印张・493 千字

0001－3000 册

标准书号：ISBN 978-7-111-61537-8

定价：79.90 元